"十三五"国家重点出版物出版规划项目

材料科学研究与工程技术系列

特种陶瓷工艺与性能

Special Ceramics Process and Properties

● 毕见强 等 编著

哈尔滨工业大学出版社

内 容 简 介

本书由 7 章组成,主要包括绪论,特种陶瓷粉体的制备及其性能表征,特种陶瓷成形工艺,特种陶瓷烧结工艺,特种陶瓷后续加工,结构陶瓷,功能陶瓷,纳米陶瓷及其他特种陶瓷材料等内容。

本书是高等院校材料科学与工程及其相关专业教材,同时也是科技人员的参考书。

图书在版编目(CIP)数据

特种陶瓷工艺与性能/毕见强等编著. —2 版. —哈尔滨:
哈尔滨工业大学出版社,2018.7(2021.12 重印)
ISBN 978-7-5603-6727-9

Ⅰ.①特… Ⅱ.①毕… Ⅲ.①特种陶瓷-高等学校-教材 Ⅳ.TQ174.75

中国版本图书馆 CIP 数据核字(2018)第 119947 号

材料科学与工程
图书工作室

策划编辑	张秀华 杨 桦	
责任编辑	张秀华 杨 桦	
封面设计	卞秉利	
出版发行	哈尔滨工业大学出版社	
社　　址	哈尔滨市南岗区复华四道街 10 号　邮编 150006	
传　　真	0451 - 86414749	
网　　址	http://hitpress.hit.edu.cn	
印　　刷	哈尔滨市工大节能印刷厂	
开　　本	787mm×1092mm　1/16　印张 16.75　字数 400 千字	
版　　次	2008 年 3 月第 1 版　2018 年 7 月第 2 版	
	2021 年 12 月第 2 次印刷	
书　　号	ISBN 978-7-5603-6727-9	
定　　价	36.00 元	

(如因印装质量问题影响阅读,我社负责调换)

再版前言

无机非金属材料是人类生活和社会发展中不可缺少的材料,它和金属材料、高分子材料并列为当代三大固体材料。我国陶瓷研究历史悠久,成就辉煌,堪称是中华文明的伟大象征之一,在我国科学技术发展的历史上占有极其重要的位置。

20世纪以来,特别是第二次世界大战之后,随着科学技术和航天事业的飞速发展,随着宇宙探索、原子能工业、电子和电子计算机等领域的迅速发展,现有材料已经不能满足要求,因此对新材料有了迫切的需求,陶瓷材料就是这些领域迫切需要的材料之一。陶瓷材料虽然具备了许多独特的优点,但要满足这些领域的要求,还要在性质、品种和质量等方面不断提高。经过无数人的努力攻关使陶瓷材料成为具有一系列特殊功能的无机非金属材料,并赋予其新的名称即特种陶瓷。目前,特种陶瓷材料及其制备技术已经得到飞速发展。特种陶瓷材料在微电子技术、激光技术、光纤技术、光电子技术、传感技术、超导技术和空间技术的发展中占有十分重要的甚至是核心的地位。

本书概述了特种陶瓷的发展历史,系统深入地介绍了特种陶瓷从粉体制备、材料成形、烧结到后续加工等方面的工艺,并详细论述了结构陶瓷、功能陶瓷、纳米陶瓷等其他特种陶瓷的主要品种、性能及其应用,综合归纳了目前国内外特种陶瓷生产和研究的现状。其中不仅有编者多年来从事特种陶瓷研究所获得的成果,也有大量国内外特种陶瓷研究方面的最新发现。

本书是高等学校材料及其相关专业本科生专业课教材,也是从事无机非金属材料方面的工程技术人员的参考书。

本书共分7章,其中绪论、第1章、第6章6.1和6.2节由山东大学毕见强编写,第2章、第5章、第6章6.3~6.8节由山东轻工学院赵萍编写,第3章由济南大学邵明梁编写,第4章、第7章由河南理工大学吴玉敏编写。本书由毕见强主编并统稿。

特种陶瓷涉及学科广泛,编者水平有限,尽管在编写过程中竭尽努力但错误缺点仍在所难免,殷切期望广大读者谅解并不吝赐正。

编　者
2017年5月

目　　录

绪　　论

　　材料是我们衣食住行的必备条件,是社会发展的物质基础,它先于人类存在,并且与人类的出现和进化有着密切的联系。纵观整个人类历史,每一种重要材料的发现和使用都会把我们支配自然和改造自然的能力提高到一个新的水平,给社会生产力和人们的生活水平带来巨大的进步,把人类物质文明和精神文明提到一个新的高度。因此,材料的发展水平就是人类社会文明程度的标志,人类文明史中的石器时代、铜器时代、铁器时代就是按当时生产活动中所使用的代表性材料作为依据划分的。材料与食物、居住空间、能源和信息共同组成人类生活的基本资源,不仅在我们的日常生活中,而且对国家的繁荣和安全也起着举足轻重的作用。

　　究竟什么是材料呢?"材料是用以制造有用物件的物质",具体地说,材料是用来制造各种产品的物质,这些物质能用来生产和构成功能更多、更强大的产品。金属、陶瓷、玻璃、半导体、超导体、塑料、橡胶、纤维、砂子、石块,还有许多复合材料都属于材料的范畴。矿物燃料、空气和水虽也可看做是广义的材料,但通常还是把它们归入其他领域。新材料被视为新技术革命的基础和先导。世界各发达国家对材料的研究、开发、生产和应用都极为重视,并把材料科学技术列为 21 世纪优先发展的关键领域之一。

0.1　传统陶瓷与特种陶瓷

　　按照构成,材料一般分为金属材料、无机非金属材料和有机材料。1968 年美国科学院将陶瓷定义为"无机非金属材料或物品"。在材料的大家庭中,陶瓷是最古老的一种,是人类征服自然过程中获得的第一种经化学变化而制成的产品,陶瓷的使用早于人类使用的第一种金属——青铜约 3 000 年。我国现存最早的陶器残片出土于南方的一些洞穴居住遗址中,据碳-14 测定,距今 9 000 ~ 10 000 年。此外,1977 年发掘的中原裴李岗遗址中的陶器为公元前 5 935 年左右的陶器,1976 年发现的磁山遗址中的陶器距今 7 300 年,1973 年发现的浙江余姚河姆渡遗址中的陶器,据测定距今约 7 000 年,2002 年发掘的甘肃大地湾遗址的紫红色三足钵等 200 多件陶器,形态精美,距今 8 000 年。最早出现的陶器大都是泥质和夹砂红陶、灰陶和夹炭黑陶,这类早期陶器的烧结温度为 800 ~ 900 ℃。随着陶器制作的不断发展,到新石器时代,即仰韶文化时期,出现了彩陶,故仰韶文化又称"彩陶文化"。在新石器时代晚期,长江以北已从仰韶文化过渡到龙山文化,长江以南则从马家滨文化进入良渚文化。山东济南历城区龙山镇出现了"黑陶",所以这个时期称为"龙山文化"时期,又称"黑陶文化"。龙山黑陶在烧制技术上有了显著进步,它广泛采用了轮制技术,因此,器形浑圆端正,器壁薄而均匀,将黑陶制品表面打磨光滑,乌黑发亮,薄如蛋壳,厚度仅 1 mm,人称"蛋壳陶"。进入有文字记载的殷商时代,陶器从无釉到有釉,在技术上是一个很大的进步,是制陶技术上的重大成就。为从陶过渡到瓷创造了必要的条件,这一时期釉陶的出现是我国陶瓷发展过程中的"第一次飞跃"。大批精美的秦俑的发掘充分证明了中国秦代(公元前 221~206 年)的制陶术已非常发达,制陶工业达到相当高的水平。汉代以后,釉陶逐渐发展成瓷器,无论从釉面和胎质来看,瓷器的出现无疑是釉陶的又一次重大飞跃。

瓷的发明晚于陶 4 000~5 000 年。如果说制陶是人类社会的普遍现象,只是中国比古埃及、古希腊早 2 000~3 000 年,那么瓷则是中国独一无二的发明。黄河流域和长江以南的商、周遗址的发掘表明,殷、周时期,陶器的烧结温度已达 1 200 ℃,达到了瓷器的烧制温度。"原始瓷器"在中国已有 3 000 年的历史,起始于商成熟于东汉。在浙江出土的东汉越窑青瓷是迄今为止我国发掘的最早瓷器,距今 1 700 年,烧结温度达 1 300~1 310 ℃,在许多方面都达到了近代瓷器的水平。当时的釉具有半透明性,胎还欠致密,这种"重釉轻胎倾向"一直贯穿到宋代的五大名窑(汝、定、官、越、钧)。我国陶瓷发展过程中的"第三次飞跃"是瓷器由半透明釉发展到半透明胎。唐代越窑的青瓷、邢窑的白瓷、宋代景德镇湖田、湘湖窑的影青瓷都享有盛名。到元、明、清朝代,彩瓷发展很快,釉色从三彩发展到五彩、斗彩,一直发展到粉彩、珐琅彩和低温、高温颜色釉。晋朝(公元 265~316 年)吕忱的《字林》中已收入了"瓷"字。英国的李约瑟在《中国科学技术史》中认为,在瓷器方面西方落后于中国 11~13 个世纪。

陶与瓷的重要区别之一是坯体的孔隙度,即吸水率,它取决于原料和烧结温度。它们之间有一个过渡产品,叫炻器。炻器的代表是紫砂。紫砂是一类细炻,始烧于宋,成熟于明。随着中国茶文化的盛行,紫砂成为一类重要的实用品和工艺品。日用陶器及瓷器的分类见表 0.1。

表 0.1　日用陶器及瓷器的分类

种类	粗陶	普通陶	细陶	炻	细炻	普通瓷	细瓷
吸水率/%	11~20	6~14	4~12	3~7	<1	<1	<0.5
烧结温度/ ℃	-800	1 100~1 200	1 250~1 280	—	1 200~1 300	1 250~1 400	1 250~1 400

在一个相当长的历史时期,陶瓷的发展经历了三个阶段,取得三个重大突破。三个阶段是陶器、原始瓷器(过渡阶段)、瓷器,三个重大突破是原料的选择和精制、窑炉的改进和烧成温度的提高、釉的发现和使用。尽管如此,长期以来陶瓷发展是靠工匠技艺的传授,只是满足人们日常生活的需要和达官贵人的享受,没有上升成为一门科学。产品主要是日用器皿、建筑材料(如砖、玻璃)等,通常称为普通陶瓷(或称传统陶瓷)。进入 20 世纪,特别是第二次世界大战之后,为满足电子、电气、热机、能源、空间、自控、传感、激光、通信、计算机等高新技术迅速发展的需要,以及基础理论和测试技术的不断发展,陶瓷材料的研究突飞猛进。为了满足新技术对陶瓷材料提出的特殊性能要求,人们采用传统陶瓷的基本原理和工艺制备出了一系列新型的材料用于现代科学技术中,从原料、工艺和性能上与普通陶瓷有很大差别的一类陶瓷——特种陶瓷应运而生。特种陶瓷这一术语首先出现于 20 世纪 50 年代的英国,当时人们以其性质和用途的不同,分别称作耐火材料、电瓷、电子陶瓷、原子能陶瓷等。可见"特种陶瓷"这一术语可看做无机非金属材料发展过程中

的一个过渡阶段的特有称谓。为区别原有的"陶瓷",人们用各种名称去称呼这种新发展起来的陶瓷,如先进陶瓷、精细陶瓷、工程陶瓷、新型陶瓷、近代陶瓷、高技术陶瓷、高性能陶瓷、工业陶瓷以及特种陶瓷等。虽然它们在含义上有细微的差别,但总的来说是一致或十分相近的。通常认为,特种陶瓷是一类"采用高度精选的原料,具有能精确控制的化学组成,按照便于控制的制造技术加工的,便于进行结构设计的,具有优异特性的陶瓷"。

传统意义上的陶瓷主要指陶器和瓷器,也包括玻璃、搪瓷、耐火材料、砖瓦等。这些材料都是用黏土、石灰石、长石、石英等天然硅酸盐类矿物制成的。因此,传统的陶瓷材料是指硅酸盐类材料,按照性能特点和用途,可分为日用陶瓷、建筑陶瓷、电器绝缘陶瓷(高压陶瓷)、化工陶瓷、多孔陶瓷等。现今意义上的陶瓷材料已有了巨大变化,许多新型陶瓷已经远远超出了硅酸盐的范畴,不仅在性能上有了重大突破,在应用上也已渗透到各个领域。所以,一般认为陶瓷材料是指各种无机非金属材料的通称。表0.2 为特种陶瓷材料与传统陶瓷材料的主要区别。其区别主要体现在以下几个方面:①原材料不同。传统陶瓷以天然矿物,如黏土、石英和长石等不加处理直接使用;而特种陶瓷则使用经人工合成的高质量粉体作起始材料,突破了传统陶瓷以黏土为主要原料的界线,代之以"高度精选的原料"。②结构不同。传统陶瓷是由黏土的成分决定,不同产地的陶瓷有不同的质地,所以由于原料的不同导致传统陶瓷材料中化学和相组成的复杂多样、杂质成分和杂质相较多而不易控制,显微结构粗劣而不够均匀,多气孔;而特种陶瓷一般化学和相的组成较简单明晰,纯度高,即使是复相材料,也是人为调控设计添加的,所以特种陶瓷材料的显微结构一般均匀而细密。③制备工艺不同。传统陶瓷所用的矿物经混合可直接用于湿法成形,如泥料的塑性成形和浆料的注浆成形,材料的烧结温度较低,一般为900 ~ 1 400 ℃,烧成后一般不需加工;而特种陶瓷一般用高纯度粉体添加有机添加剂才能适合于干法或湿法成形,材料的烧结温度较高,根据材料不同为1 200 ~2 200 ℃,烧成后一般尚需加工。在制备工艺上突破了传统陶瓷以炉窑为主要生产手段的界限,广泛采用诸如真空烧结、保

表0.2 特种陶瓷材料与传统陶瓷材料的主要区别

主要区别	特种陶瓷材料	传统陶瓷材料
原　料	人工合成"高度精选的原料"(氧化物和非氧化物两大类)	天然矿物原料,如黏土、石英和长石等
成　型	压制、热压铸、注射、轧膜、等静压成形为主	注浆、可塑成形为主
烧　成	1 200 ~2 200 ℃,广泛采用诸如真空烧结、保护气氛烧结、热压、热等静压等先进手段,燃料以电、油、气为主	一般在1 350 ℃以下,燃料以煤、油、气为主
性　能	以内在质量为主,具有优良的物理化学性能,高强、高硬、耐磨、耐腐蚀、耐高温、抗热震,而且在热、光、声、电、磁、化学、生物等方面具有卓越的功能	以外观效果为主
加　工	一般需要加工(切割、打孔、研磨和抛光)	一般不需要加工
用　途	在石油、化工、钢铁、电子、纺织和汽车等行业中,以及在很多尖端技术领域如航天、核工业和军事工业中有着广泛的应用价值和潜力	炊具、餐具、工艺品

护气氛烧结、热压、热等静压等先进手段。④性能不同。由于以上各点的不同,导致传统陶瓷和特种陶瓷材料性能的极大差异,不仅后者在性能上远优于前者,而且特种陶瓷材料还发掘出传统陶瓷材料所没有的性能和用途。传统陶瓷材料一般限于日用和建筑使用,而特种陶瓷具有优良的物理化学性能,高强、高硬、耐磨、耐腐蚀、耐高温、抗热震,而且在热、光、声、电、磁、化学、生物等方面具有卓越的功能,某些性能远远超过现代优质合金和高分子材料。因而特种陶瓷材料登上新材料革命的主角地位,在各个工业领域,如石油、化工、钢铁、电子、纺织和汽车等行业中,以及尖端技术领域如航天、核工业和军事工业中有着广泛的应用价值和潜力。

19世纪末,人类已经成功地合成氮化硅(Si_3N_4)和碳化硅(SiC),拉开了特种陶瓷进入现代科技文明的序幕,较高纯度陶瓷原料的合成技术和烧结工艺初步形成。第二次世界大战爆发后,为了弥补战略物资的不足,德国考虑使用陶瓷代替钨、钴、镍、铜等特殊金属材料。为此大力开展了关于高纯度耐火陶瓷,具有陶瓷和金属的复合结构的金属陶瓷,以及陶瓷表面涂层等方面的研究。进入20世纪70年代后,世界范围的石油危机使特种陶瓷再次受到重视。在开发新能源和有效利用石油能源的呼声中,相继掀起了有关特种陶瓷材料研究和开发的热潮。人们希望能够用耐高温高强度陶瓷取代耐热合金,制备具有高效率的燃气轮发电机和汽车发动机。为此陶瓷材料的研究和应用技术取得了很大的进展。

表0.3列出有代表性的特种陶瓷材料的研发和应用,其中稳定氧化锆陶瓷(PSZ)的发明将特种陶瓷材料的研究向前推进了一大步。PSZ陶瓷具有接近3 000 MPa的高强度(抗弯)和超出$10 MPa \cdot m^{1/2}$的高韧性。PSZ陶瓷大量用来制备光纤接口、陶瓷刀具和模具。但是,因为PSZ陶瓷的高温强度性能不佳,耐高温陶瓷的研究重点不断倾斜到氮化硅(Si_3N_4)上,Si_3N_4已用来制备一些汽车发动机部件。日本日产汽车公司于1985年首次将装有陶瓷涡轮增压器的轿车投入市场,引起社会的极大关注并鼓舞了从事陶瓷研究工作的科学技术人员。陶瓷涡轮增压器主要利用陶瓷的质量轻和耐高温等特性来提高汽车的加速性能。目前,关于碳化硅(SiC)陶瓷的研究和应用也取得了进展。SiC是共价键结合很强的物质,因此SiC的常压烧结技术属于一项很大的突破。SiC主要用来制作机械密封垫,半导体生产设备的零部件。

表0.3 特种陶瓷材料研发和应用的代表性里程碑

年　　代	研发和应用成果
1844年	Bailamnn发现 Si_3N_4
1891年	Acheson发现 SiC
1931年	Al_2O_3 点火栓的应用
1959年	美国通用电气公司研制出透明 Al_2O_3
1960年	AlN 的热压烧结成功
1961年	英国发现在 Si_3N_4 粉中添加 MgO 后可以热压得到高密度的 Si_3N_4 陶瓷
1971年	日本开发出常压 AlN 烧结工艺
1973年	美国通用电气公司成功研制出 SiC 常压烧结工艺
1975年	澳大利亚发现部分稳定氧化锆陶瓷的增韧强化机理
1985年	在日本载有陶瓷涡轮增压器的轿车投入市场

20 世纪 70 年代掀起了一股世界性的特种陶瓷热,1971 年美国率先推出"脆性材料计划"旨在研究涡轮发动机零件。装有 104 个陶瓷零件的示范涡轮发动机试验表明:涡轮进口温度提高 200 ℃,功率提高 30%,燃料消耗降低 7%。1979 年美国能源部进一步提出了先进燃气轮机计划,研制成功的 AGT100 和 AGT101 发动机,涡轮入口温度分别达到 1 288 ℃ 和 1 371 ℃,在实验室单机室温试验时已达到 10 万 r/min 的水平。德国 1974 年开始实施国家科学部资助的国家计划,1980 年底进行室温试验时,转速 6.5 万 r/min,1 350 ℃ 时,转速 5 万 r/min,在奔驰 2000 汽车上运行了 724 km。日本政府 1978 年制定了"月光计划",包括磁流体发电、先进燃气轮机、先进电池和储能系统等项目,1981 年日本又制定了"下一代工业基础技术发展计划"。特种陶瓷是其中重要的项目之一,1984 年制成的全陶瓷发动机,其热效率达 48%,节约燃料 50%,输出功率提高 30%,质量减轻 30%。1983 年美国能源部为了支持当时正在进行的陶瓷发动机及部件的研究和开发,制定了"陶瓷技术计划"(1996 年改为"发动机系统材料计划"),经过 10 年的研究,美能源部认为结构陶瓷的可靠性问题已经解决,主要是昂贵的价格阻碍了它的商品化。为此,1993 年又开始了一个为期 5 年的"热机用低成本陶瓷计划"。其他国家,如英国、瑞典等都相继参加了这场竞争。我国紧跟世界步伐,1986 年开始实施"先进结构陶瓷与绝热发动机"的 5 年计划。20 世纪 80 年代末,一台无冷却六缸陶瓷柴油发动机大客车运行了 15 000 km。随后,两种沙漠车,EQ2060 和 WTC5400 或 Ul300,在 1995 年进行了行车实验,分别跑了 1 万余千米和 1 100 h,使我国成为世界上少数几个进行陶瓷发动机行车试验的国家之一。

0.2　特种陶瓷的分类、性能与应用

陶瓷材料根据所需的特性不同,作为机械材料、耐热材料、化学材料、光学材料、电气材料和生物医学材料在不同的领域得到广泛的应用。根据性能及用途的不同,特种陶瓷可分为结构材料用陶瓷(主要是用于耐磨损、高强度、耐热、耐热冲击、硬质、高刚性、低热膨胀性和隔热等结构陶瓷材料)和功能陶瓷(包括电磁功能、光电功能和生物-化学功能等陶瓷制品和材料,另外还有核陶瓷材料和其他功能材料等)两大类。特种陶瓷材料按化学组成可分为氧化物陶瓷、氮化物陶瓷、碳化物陶瓷等。此外,为了改善陶瓷的性能,有时要在陶瓷基体中添加各种纤维、晶须、超细微粒等,这样就构成了多种陶瓷基复合材料。与结构陶瓷相比,功能陶瓷的应用技术更成熟,为实现当今的信息技术的高速发展起到了重要作用。从市场销售比例来看,功能陶瓷占三分之二,结构陶瓷占三分之一。近年来,随着科学技术的发展,结构陶瓷和功能陶瓷的界限已逐渐模糊。功能陶瓷也不断需要很好的力学性能,同时兼备一些特殊功能的结构陶瓷也不断出现。结构陶瓷除具有耐高温、耐磨、耐腐蚀性外,还具有质量轻、高弹性、低膨胀性、电绝缘性等特性,因此在许多领域得到应用。虽然市场规模不大,但最具有影响的应用应该是以陶瓷燃气轮机为代表的耐高温陶瓷机器零部件。利用陶瓷的高硬度、低磨耗性、低摩擦系数等特性,广泛地应用于刀具及模具等耐磨零部件。另一方面,陶瓷材料具有其他材料所没有的高刚性、质量轻、耐蚀性等特性,从而被有效地应用在精密测量仪器和精密机床等方面。另外,陶瓷材料具有很好的化学稳定性和耐热性,使之在化工机械和生物工程以及医疗等方面也得到广泛应用。结构陶瓷材料的主要特性和用途见表0.4。随着科学技术的发展,新材料不断出现,新功能不断开发,结构陶瓷与功能陶瓷的界限逐渐模糊,有的材料兼有优越的力学性能和优良的功能效应,这就是"结构陶瓷功能化,功能陶瓷结构化"。

表0.4 结构陶瓷材料的主要特性和用途

主要特能	主 要 应 用 范 围
高温强度及耐热特性	燃气轮发动机部件,汽车发动机部件,陶瓷压辊,陶瓷导辊,热交换器,耐火材料
耐腐蚀,化学稳定性	陶瓷过滤(器)片,泵材料,阀门材料,陶瓷喷嘴,半导体工业用的热处理坩埚
高硬度,耐磨性	陶瓷工具,机械密封垫,陶瓷轴承,模具
密度小,高强比	陶瓷吸盘和夹具
高弹性,低膨胀系数	精密仪器部件,半导体生产装置部件
生物化学性	人工骨头,人工牙根,人工关节
其 他	陶瓷菜刀、剪刀等日常生活用品

初步具有市场规模的主要陶瓷产品有:

①刀具和模具等耐磨陶瓷工具。

②涡轮增压器,陶瓷蜂窝器,火花塞汽车发动机用零部件。

③用于钢铁生产工业陶瓷轧辊和导辊及耐火材料等。

④机械密封垫、陶瓷过滤器、耐腐蚀容器等化工材料。

⑤陶瓷轴承。

⑥半导体工业用的热处理坩埚、陶瓷吸盘和夹具。

⑦精密机械和仪器的陶瓷零部件。

⑧日常生活和医疗用新型陶瓷。

由于大多数特种陶瓷是离子键或共价键极强的材料,所以与金属和聚合物相比,它的熔点高,抗腐蚀和抗氧化,耐热性好,弹性模量、硬度、高温强度高。它的最大缺点是塑性变形能力差,韧性低,不易成形加工。由于这一缺点,材料一经制成,其显微结构就难以像金属和合金那样可通过变形来求得改善,特别是其中的孔洞、微裂纹和有害夹杂不可能通过变形改变其形态和被消除。与此同时,陶瓷力学性能的结构敏感性比金属和合金要强得多,从而陶瓷材料受力时会产生突发性脆断。因此,陶瓷材料韧化问题的研究是当前陶瓷材料重要的研究领域之一,已取得了引人注目的进展。

脆性是陶瓷材料的一个致命弱点。陶瓷的脆性,其直观表现是:在外载荷作用下断裂是无先兆的,爆发性的;间接表现是:无机械冲击性和温度急变性。脆性的本质主要由陶瓷材料的化学键性质和晶体结构所决定。陶瓷材料的化学键主要为离子键、共价键或离子-共价混合键。这些化学键不仅结合强度高,而且还具有方向性。从晶体结构看,在陶瓷中缺少独立的滑移系统,陶瓷材料一旦处于受力状态就难以通过滑移所引起的塑性形变来松弛应力。另外,陶瓷材料中存在着大量的微裂纹,这些微裂纹易于引起应力的高度集中,导致陶瓷材料产生脆性断裂。因此,改善陶瓷材料的脆性、提高韧性是陶瓷工作者长期关注的问题。近几十年来通过研究证实用来改善陶瓷脆性以及强化陶瓷的主要途径是:①氧化锆相变增韧;②微裂纹增韧;③颗粒弥散补强增韧;④纤维(晶须)补强增韧;⑤纳米陶瓷增强增韧。特种陶瓷材料结构的另一个特点是显微结构的不均匀性和复杂性,陶瓷中存在相当数量的气孔相和玻璃相。这些结构特点直接决定了各种陶瓷材料所具备的特殊力学性能和物理性能(电、磁、声、光、热等)。由于上述结构特点,不难理解结构陶瓷为什么具有高熔点、耐磨损、高强度、耐腐蚀等优点,但存在脆性大、难加工、可靠性与重现性差等致命的弱点,给陶瓷材料的工程应用带来许多困难。例如,陶瓷材料强度在同样负荷条件下测试的数据分散性大,用这些数据来考虑实际强度时,一般采用 Weibull 统计法,在考虑陶瓷材料平均强度的同时,用 Weibull 模量(m)作为陶瓷材料强度均匀性的量度,m 值越大,陶瓷材料平均强度值的可信度越高。另外,特种陶瓷材料可以是绝缘体、半导体,也可以成为导体甚至超导体,在电、磁、声、光、热等性能及相互转化方面显示出特殊的优越性,这方面是金属和高分子材料所难以比拟的,功能陶瓷材料在微电子技术、激光技术、光纤技术、光电子技术、传感技术、超导技术和空间技术的发展中占有十分重要的地位。

应该指出,许多陶瓷都具有十分优异的综合性能。例如,Si_3N_4 既具有优良的力学性能,可作为结构材料,又具有高的硬度、低的热胀系数、高的热导率、好的抗腐蚀性、绝缘性等,可以用做刀具材料、抗腐蚀和电磁方面应用的材料。Al_2O_3 除广泛用做电瓷外,又是最重要的刀具陶瓷、磨料、砂轮材料。SiC 既有优良的高温力学性能,是极有前途的高温结构材料,又是常用的发热材料、非线性压敏电阻材料、耐火材料、砂轮和磨料以及原子能材料。ZrO_2 既是优良的刀具材料,又是好的发热材料、耐火材料、高温结构材料,特别是它还具有优良的半导体特性,可用做敏感元件。Al_2O_3,ZrO_3 等还是有名的宝石材料,可用做饰品和轴承。因此必须注意发掘陶瓷材料的综合潜力,不断开拓它的新的应用领域,以适应新技术发展对材料的需求。

在材料的发展过程中,尽管陶瓷出现得最早,但后来还是以金属材料和有机高分子材料为主,所以对它们研究的比较透彻、应用的比较广泛和普及,积累的经验和资料也较充足,地位也比较重要,正因为如此,相对来说潜力也挖掘得比较充分。特种陶瓷发展的历史较短,研究的深度和广度远不如金属和聚合物,而且特种陶瓷具有许多独特的性能,潜力很大,因此,发现新材料的几率是很高的。

特种陶瓷的性能潜力远比其他材料大,这种性能潜力表现在三个方面:①如前所述,许多特种陶瓷具有优异的多方面性能的综合。②特种陶瓷具有更多的有实用价值的功能,特别是电磁功能、化学功能、半导体功能。③适当改变组成或掺杂后,功能可以按人们的要求改变。

从资源讲,特种陶瓷的主要原料是 Al_2O_3,SiO_2,MgO 等,这些原料在地球上储量丰富,容易得到,价格便宜。而金属材料常用的 Ni,Cr,Co 等,这些金属不仅价格贵,而且资源奇缺,是十分重要的战略原料。因此,特种陶瓷材料具有广阔的发展和应用前景。

0.3　特种陶瓷的发展

陶瓷在人类生活和社会建设中是不可缺少的材料,它和金属材料、高分子材料并列为当代三大固体材料。我国的陶瓷研究历史悠久、成就辉煌,它是中华文明的伟大象征之一,在我国的文化和发展史中占有极其重要的地位。就陶瓷的研究进程来看,可简单概括为以下三个阶段。

远在几千年前的新石器时代,我们的祖先就已经用天然黏土作原料,塑造成各种器皿,再在火堰中烧成坚硬的可重复使用的陶器,由于烧成温度较低,陶瓷仅是一种含有较多气孔、质地疏松的未完全烧成制品。大约在 2 000 年前的东汉晚期,人们不断改进,使陶瓷步入瓷器阶段,这是陶瓷技术发展史上意义重大的里程碑。瓷器烧成温度高,质地致密坚硬,表面有光亮的釉彩。随着科学进步与发展,由瓷器又衍生出许多种类的陶瓷。这些陶瓷都是以黏土为主要原料与其他天然矿物原料经粉碎混练—成形—燃烧等过程制成的。由于它的主要原料取之于自然界的硅酸盐矿物(如黏土、长石、石英等),所以可归为硅酸盐类材料和制品。从原始瓷器的出现到近代的传统陶瓷,这一阶段持续了 4 000 余年。

20 世纪以来,特别是第二次世界大战之后,随着人类对宇宙的探索、原子能工业的兴起和电子工业的迅速发展,对陶瓷材料,从性质、品种到质量等方面,均提出越来越高的要求。这促使陶瓷材料发展成为一系列具有特殊功能的无机非金属材料,如氧化物陶瓷、压电陶瓷、金属陶瓷等各种高温和功能陶瓷,陶瓷研究进入第二个阶段——特种陶瓷阶段。在这一阶段陶瓷制备技术飞速发展,在成形方面有等静压成形、热压注成形、注射成形、离心注浆成形、压力注浆成形等成形方法。在烧结上则有热压烧结、热等静压烧结、反应烧结、快速烧结、微波烧结、自蔓延烧结等。此时采用的原料已不再使用或很少使用黏土等传统原料,而已扩大到化工原料和合成矿物,甚至是非硅酸盐、非氧化物原料,组成范围也延伸到无机非金属材料范围。因此认为,广义的陶瓷概念已是用陶瓷生产方法制造的无机非金属固体材料和制品的统称。特种陶瓷包括结构陶瓷和功能陶瓷,结构陶瓷主要用于耐磨损、高强度、耐热、耐冲击、高刚性、低热胀性和隔热等结构材料;功能陶瓷包括电磁功能、光学功能和生物化学功能等陶瓷材料和制品。

到 20 世纪 90 年代,陶瓷研究进入第三个阶段——纳米陶瓷阶段。所谓纳米陶瓷,是指显微结构中的物相就有纳米级尺度的陶瓷材料,它包括晶粒尺寸、晶界宽度、第二相分布、气孔尺寸、缺陷尺寸等均在纳米量级的尺度上。纳米陶瓷是当今陶瓷材料研究中一个十分重要的发展趋向,它将促使陶瓷材料的研究从工艺到理论、从性能到应用都提高到一个崭新的阶段。

传统的陶瓷材料是工业和基础建设所必须的基础材料,特种陶瓷材料更是现代新技术、新兴产业和传统工业技术改造的物质基础,也是发展现代军事技术和生物医学的必要物质条件。

特种陶瓷材料是科学技术的物质基础,是现代技术的发展支柱,在微电子技术、激光技术、光纤技术、光电子技术、传感技术、超导技术和空间技术的发展中占有十分重要的甚至是核心的地位。例如,微电子技术就是在硅单晶材料和外延薄膜技术及集成电路技术的基础上发展起来的。又如空间技术的发展也是与无机新材料息息相关的,以高温 SiO_2 隔热材料和涂覆 SIC 热解碳/碳复合材料为代表的无机新材料的应用为第一艘宇宙飞船飞上太空作出了重要贡献。

无机非金属材料是建立与发展新技术产业、改造传统工业、节约资源、节约能源和发展新能源及提高我国国际竞争力不可缺少的物质条件。例如,氮化硅、碳化硅和氧化铝、氧化铝增韧的高温结构陶瓷及陶瓷基复合材料的研制成功,一改传统无机非金属材料的脆性大、不耐冲击的特点,而作为具有高强度的韧性材料用于制造热机部件、切削刀具、耐磨损耐腐蚀部件等进入机械工业、汽车工业、化学工业等传统工业领域,推动了产品的更新换代,提高了产业的经济效益和社会效益。

国防工业和军用技术历来是新材料、新技术的主要推动者和应用者。在海湾战争中,新技术新武器装备的大量而广泛的应用是多国部队赢得胜利的一个重要因素。在武器和军用技术的发展上,无机新材料及以其为基础的新技术占有举足轻重的地位。由此可见,新世纪的到来给无机非金属材料的发展带来契机和挑战,也为广大材料工作者提出了新任务和新课题。现将纳米陶瓷材料获得的重大突破介绍如下。

(1)气相凝集法制备纳米粉体将成为特种陶瓷粉体研究发展的重点

随着人们对特种陶瓷材料制品性能要求的提高,对其所用粉体性能的要求也将更加苛刻,采用传统的粉体制备法已无能为力,只有气相凝聚法可以实现这一目标。气相凝聚法是直接利用气相或是通过各种手段将物质变为气体,使之在气体状态下发生化学反应或物理变化,最后在快速冷却过程中凝聚形成纳米陶瓷粉。其方法主要有气体中蒸发法、化学气相反应法、电弧等离子体法、高频等离子体法、电子束法和激光法等。

(2)快速原型制造技术(RPM)和胶态成形将向传统成形技术挑战

随着计算机的广泛应用,CAD/CAM 被应用到特种陶瓷的复杂零部件的成形中。RPM 技术就是用积分法制造三维实体,在成形过程中,先由三维造型软体在计算机中变成部件的三维实体模型,然后将其用软件"切"出几个微米厚度的片层,再将这些片层的数据信息传递给成形机,通过材料逐层添加法制造出来,而不需要模具就能成形复杂的特种陶瓷零部件。

特种陶瓷的胶态成形技术结合了普通陶瓷注浆成形工艺和聚合物化学。该工艺技术利用有机单体聚合形成大分子网络将陶瓷粉料的浆料原位固化为坯体,进而制得复杂形状的陶瓷坯体。与注浆成形工艺相比,其优点是:①浆体中固体的体积分数大于50%;②有机物的体积分数约3%;③干燥收缩1%～4%;④烧结收缩<16%;⑤整个过程收缩率较小;⑥生坯强度高,便于机械加工,且凝胶在整个系统中均匀发生,坯体密度均匀且缺陷极少。它是一种原位成形技术,易做复杂形状陶瓷零部件,且易工业化生产。

(3)微波烧结和放电等离子烧结(SPS)是获得纳米块状陶瓷材料的有效烧结方法

微波加热完全不同于普通常规加热方式,具有加热均匀,加热速度快(500 ℃/min 以上),节能和能实现 2 000 ℃以上高温等优点。微波加热还能用于陶瓷间的焊接,为复杂异形陶瓷的制作或陶瓷件的修复创造条件。放电等离子烧结是在瞬间产生几千度至一万度的局部高温,使晶粒表面熔化蒸发,在晶粒接触点(即颈部)凝聚,加速蒸发凝聚的物质传递过程,在较短时间得到高质量的纳米块状陶瓷烧结体。

(4)纳米材料的应用将为特种陶瓷材料带来新的活力

纳米材料是指在纳米范围内的微粒或结构、结晶或纳米复合的材料,由于纳米材料具有"三个特征"和"四个效应",即"具有尺寸小于 100 nm 的原子区域(晶粒或相)、显著的界面原子数、组成区域间相互作用"三个特征和"表面效应、小尺寸效应、量子效应、宏观量子隧道效应"四个效应,使特种陶瓷材料的脆性得以根本的改善,像金属材料和高分子材料那样,可实现陶瓷的塑性变形甚至超塑性变形加工。在功能方面,纳米功能陶瓷的电、光、热、磁性能产生突变,为微包覆、超级过滤、吸附、除臭、触媒、传热器、光学功能元件、电磁功能元件以及生活舒适化、改善环境等方面开辟了广泛的应用前景。

总之,特种陶瓷今后的主要研究任务是:①研究现有陶瓷材料的性能及改性的主要途径;②研究制备陶瓷材料的最佳工艺;③对烧结后的半成品进行精加工技术、金属化与焊接技术的研究;④发掘陶瓷材料的潜能和开发新的陶瓷材料。

第1章 特种陶瓷粉体的制备及其性能表征

特种陶瓷材料的性能在一定程度上是由其显微结构决定的,而显微结构的优劣取决于制备工艺过程。特种陶瓷的制备工艺过程包括粉体制备、成形和烧结三个主要环节。三者之间粉体制备是基础,如果基础的粉体质量不高,即使在成形和烧结时付出再大的代价,也难以获得理想的显微结构以及高质量的特种陶瓷产品。因为粉体性能的优劣,将直接影响到成形和烧结的质量,如果粉体的流动性差、严重团聚、颗粒粗大,则通过成形,无论如何也不可能得到质地均匀、致密度高、无缺陷的生坯,而这样的生坯必然烧结温度非常狭窄,不但烧结条件难以控制,也绝不可能制出显微结构均匀、致密度高、内部无缺陷、外表平整的瓷坯。因此,粉体作为特种陶瓷材料的主体原料,其优劣对特种陶瓷材料是至关重要的。一般要求其为高纯、超细的物体,若原料物体不是高纯和超细的,就不能制得很高质量的坯体。理想的粉体应是:①形状规则(各向同性)一致;②粒径均匀且细小;③不结块;④纯度高;⑤能控制相。特种陶瓷粉料的制备方法一般分为机械法和合成法两种。前者是采用机械粉碎方法将机械能转化为颗粒的表面能,由粗颗粒获得细颗粒的方法。这种方法工艺简单,成本低,适用于工业化大生产,但在粉碎过程中难免混入杂质,而且不易制得 1 μm 以下的微细颗粒。后者是通过离子、原子或分子的反应、成核和成长,收集后进行处理获得微细颗粒的方法。这种方法能制得化学纯度高,粒子可控,均匀性好,颗粒微细的微粉,并可以实现颗粒在分子级水平上的复合、均化,适用于特种陶瓷微细粉料的制备。合成法通常又可分为液相法、固相法和气相法,不过固相法合成出来的原料往往需要进行机械粉碎。

1.1 特种陶瓷粉体应有的特性

粉体对制备特种陶瓷的质量是十分重要的,这里的"质量"除了指产品性能优良与一致性好之外,还包括工艺性能优良且稳定性、重复性好。为能达到这种状态,特种陶瓷粉体应具有如下一些特性。

1. 化学组成精确

化学组成精确是一个最基本的要求,因为对特种陶瓷而言,化学组成直接决定了产品的晶相和性能,若化学组成产生偏离,其结果将会是面目全非。如 PZT 压电陶瓷,当 Zr：Ti＝52：48 时,正是三方相与四方相的相界,当设计的组成落在四方相区内,其产品的压电性能与四方相相对应;若偏离到三方相区内,则产品的压电性能将与设计的要求大不相同,不符合产品质量的要求。

2. 化学组成均匀性好

化学组成均匀性好即表示化学组成分布得均匀一致,因为化学组成分布得不均匀,将会导致局部化学组成的偏离,进而产生局部晶相的偏析和显微结构的差异或异常,从而造成特种陶瓷产品的性能下降,重复性与一致性变差。

3. 纯度高

纯度高要求粉体中杂质质量分数要低,特别是有害的杂质质量分数要尽可能的低,因为杂质的存在将会影响到粉体的工艺性能和产品的物理性能。为了保证粉体的纯度,在选用原材料时,就应该严格控制;其次在制备过程中,应尽量避免有害杂质的引入。粉体的化学成分关系到特种陶瓷的各项性能是否能够得到保证。材料中含杂质的情况,对烧结过程也有不同程度的影响。尽管杂质不一定都有害,但对粉料通常都有一个纯度的要求,对于不够纯度的粉料应忌用或慎用。但需指出,对原料的纯度也应有合理的要求,不能盲目追求不必要的纯度,而造成经济上的浪费,在满足产品性能的前提下尽量采用价格低廉的原料。对于杂质要作具体分析,有的不仅无害,反而是有益的。例如有些杂质能与主成分形成低共熔物而促进烧结;有些Ⅲ、Ⅴ族或Ⅱ、Ⅵ族杂质能作离子价补偿而提高电气性能等。这正是采用不同批量而相同纯度的原料,往往却得不到相同性能产品的主要原因。当更换原料批号或产地时,除应注意其纯度外,还应注意杂质类型与质量分数,分析可能对产品产生的影响,并通过小批量试验而加以证实。

4. 适当小的颗粒尺寸

粉体颗粒尺寸的大小是决定其烧结性能的重要因素,粒度越细、结构越不完整,其活性(不稳定性、可烧结性)越大,不但可降低烧成温度,而且还可展宽烧结温度范围,越有利于烧结的进行。一般来说粉料的粒度越细,其工艺性能越佳。例如,当采用挤制、轧膜、流延等方法成形时,只有当粉料达到一定的细度时,才能使浆料达到必要的流动性、可塑性,才能保证制出的坯体具有足够的粗糙度、均匀性和必要的机械强度。此外,随着粉料粒度的进一步细化,陶瓷的烧成温度也将有所降低,所以对那些烧结温度特别高的电子陶瓷,如 Al_2O_3 瓷、MgO 瓷,以及要低温烧结的独石瓷等,粉料的超细粉碎具有很大的实际意义。对于不同的陶瓷材料其适当的颗粒尺寸不尽相同,但对于功能陶瓷材料而言,其平均颗粒尺寸 $D_{50} = 0.5 \sim 1~\mu m$ 比较适当。当然,粒度过小,不但毫无益处,反而会在以后的制备工艺中引起许多麻烦。粒度过于小,会引起表面活性的急剧增大,并吸附过多的空气,或由于处理不当而吸附有害的气体而导致表面"中毒"。这些均会使成形时容易分层,生坯致密度不易提高。此外,粒度越细,越容易产生团聚,也会影响到成形质量。所有这些最终均影响到烧结的顺利进行,有时会使产品不易烧结,有时会导致瓷坯内晶粒的异常生长,而且粉料越细,加工量越大,磨料掺杂的可能性也大,付出的代价也就越高。因此,粉料应有一个合理的细度,应从整个工艺过程及最终产品的性能做出全面的考虑。

5. 球状颗粒且尺寸均匀单一

粉体颗粒最理想的外形应是球形,因为球形颗粒粉体的流动性好,颗粒堆积密度高(理论计算值为 74%),气孔分布均匀,从而在成形与烧结致密化过程中,可对晶粒的生长和气孔的排除与分布进行有效的控制,以获得显微结构均匀、性能优良、一致性好的产品。

此外,粉体颗粒尺寸应均匀单一,因为颗粒尺寸大小不一,其烧结活性也就产生差异,大小相差越大,这种差异也越大,并使烧结后产品内部的显微结构极不一致,易形成异常的粗晶粒,从而严重地影响到产品的性能。实际上,粉体颗粒尺寸均匀单一的要求是很难达到的,只能在颗粒分布曲线上,使其颗粒尺寸分布非常狭窄,也就是说,只能达到近似地均匀单一。

6.分散性好无团聚

理想的粉体应该是由单个的一次颗粒组成,所谓"一次颗粒"是指粉体中最基本的颗粒。而团聚体则是一次颗粒因静电力、分子引力、表面张力等的作用,而形成的二次颗粒、三次颗粒……。由于团聚体中一次颗粒间的作用力的大小不同,团聚体又有软团聚与硬团聚之分,前者容易被破坏而分散为一次颗粒,而后者比较难被破坏,需要用比较强烈的手段,如加入分散剂、球磨、强超声处理等,才能使其得到分散,因而无团聚体或团聚体较少的粉体,被视为分散性好的粉体。

以上对粉体提出的要求,是理想化的,有些要求是相互制约的,实际上很难完全达到。在实践中,人们只能不断创新与改进粉体制备技术与方法,以努力去接近这些理想化的要求,并在复杂的相互制约中寻找其平衡点。这里应该强调说明,对于不同的陶瓷材料,由于各具特殊性,则对其粉体的性能要求也应有所侧重。

1.2　特种陶瓷粉体的性能及表征

粉体是大量固体粒子的集合,表示物质的一种存在状态,既不同于气体、液体,也不完全同于固体。所以许多学者认为,粉体是气、液、固三态之外的第四相。粉体由一个个的固体颗粒组成,所以它仍然具有很多固体的属性,如物质结构、密度等。它与固体之间最直观也最简单的区别在于:当我们用手轻轻触及它时,会表现出固体所不具备的流动性和变形性。组成粉体的固体颗粒的粒径大小对粉体系统的各种性质有很大影响,其中最敏感的有粉体的比表面积、可压缩性和流动性,同时颗粒的粒度决定了粉体的应用范畴,是粉体诸物性中最重要的特征值。如土木、水利等行业所用的粉体,其颗粒粒径一般在1 cm以上,冶金、食品等所用粉体的粒径为4 μm~1 cm,而纳米材料的颗粒粒径都在几纳米至几十纳米。我们所要研究的特种陶瓷粉体,一般是指其组成颗粒的粒径为0.05~40 μm,并且希望采用颗粒尺寸分布窄或颗粒尺寸分布均匀的粉体。粉体颗粒尺寸对制备工艺过程和烧结都有很大影响。长期以来,许多材料科学工作者都集中在材料组成的研究上,忽视了材料的显微结构及其影响,而陶瓷材料的显微结构在很大程度上是由原材料粉体的特性,如颗粒度、颗粒形状、粒度分布、比表面积所决定的。因此了解和掌握特种陶瓷粉体的基本特性是制备优良陶瓷制品的重要前提。

1.2.1　颗粒的概念

1.颗粒

粉体颗粒一般是指物质本质结构不发生改变的情况下分散或细化,其特点是不可渗透,一般是指没有堆积、絮联等的最小单元,即一次颗粒。尽管如此,一次颗粒由完整的单晶物质构成的情况还比较少见,很多外形比较规则的颗粒,都常常是以完整单晶体的微晶嵌镶结构出现;即使是完全由一颗单晶构成,也在不同程度上存在一些诸如表面层错等缺陷。

2. 团聚体

团聚体由一次颗粒通过表面力吸引或化学键键合形成的颗粒,是很多一次颗粒的集合体。颗粒团聚的原因有:①分子间的范德瓦耳斯引力;②颗粒间的静电引力;③吸附水分的毛细管力;④颗粒间的磁引力;⑤颗粒表面不平滑引起的机械纠缠力。由于以上原因形成的团聚体称为软团聚体,由化学键键合形成的团聚体称为硬团聚体,团聚体的形成使体系能量下降。

3. 二次颗粒

二次颗粒是通过某种方式人为地制造的物体团聚粒子,也有人称之为假颗粒。通常认为:一次颗粒直接与物质的本质结构相联系,而二次颗粒往往是作为研究和应用工作中的一种对颗粒物态描述的指标。

4. 胶粒

胶粒即胶体颗粒。胶粒尺寸小于 100 nm,并可在液相中形成稳定胶体而无沉降现象。

1.2.2　颗粒尺寸

球形颗粒的颗粒尺寸即为其直径,不规则颗粒的颗粒尺寸常为等当直径。表 1.1 为一组等当直径的定义。

表 1.1　等当直径的定义

符　号	名　　称	定　　义
d_v	体积直径	与颗粒同体积的球直径
d_i	表面积直径	与颗粒同表面积的球直径
d_f	自由下降直径	相同流体中,与颗粒相同密度和相同自由下降速度的球直径
d_s	Stoke's 直径	层流颗粒的自由下降直径,即斯托克斯径
d_r	周长直径	与颗粒投影轮廓相同周长的圆直径
d_w	投影面积直径	与处于稳态下颗粒相同投影面积的圆直径
d_A	筛分直径	颗粒可通过的最小方孔宽度
d_M	马丁径(Martin)	颗粒影像的对开线长度,也称定向径
d_F	费莱特径(Feret)	颗粒影像的二对边切线(相互平行)之间距离

1.2.3　颗粒分布

粉体通常由不同尺寸的颗粒组成,即颗粒分布,可分为频率分布和累积分布。频率分布表示与各个粒径相对应的粒子占全部颗粒的百分质量分数;累积分布表示小于或大于某一粒径的粒子占全部颗粒的百分质量分数,是频率分布的积分形式。其中百分质量分数一般以颗粒质量、体积、个数等为基准。颗粒分布常见的表达形式有粒度分布曲线、平均粒径、标准偏差、分布宽度等。粒度分布曲线包括累积分布曲线和频率分布曲线,如图1.1所示。

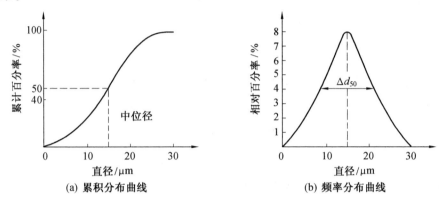

图 1.1 粒度分布曲线

1. 平均粒径

颗粒粒径包括众数直径(d_m)、中位径(d_{50} 或 $d_{1/2}$)和平均粒径($\bar{d}$)。众数直径是指颗粒出现最多的粒度值,即频率曲线的最高峰值;d_{50},d_{90},d_{10} 分别指在累积分布曲线上占颗粒总量为50%,90% 及 10% 所对应的粒子直径;Δd_{50} 指众数直径即最高峰的半高宽。平均粒径的计算公式为

$$\bar{d} = \sum_{i=1}^{m} f_{d_i} d_i \tag{1.1}$$

式中,i 为粒度间隔的数目;d_i 为某一间隔内的平均粒径;f_{d_i} 为颗粒在粒度间隔的个数或质量分数。

2. 标准偏差 σ

标准偏差 σ 用于表征体系的粒度分布范围,σ 越大,粒度分布越宽,其表达式为

$$\sigma = \sqrt{\frac{\sum n(d_i - d_{50})^2}{\sum n}} \tag{1.2}$$

式中,n 为体系中的颗粒数;d_i 为体系中任一颗粒的粒径;d_{50} 为中位径。

3. 分布宽度

体系粒度分布范围也可用分布宽度 SPAN 表示,SPAN 数值越大,说明粒度分布范围越宽,其表达式为

$$\frac{D_0}{\text{SPAN}} = \frac{k_B T}{3\pi\eta_0 d} = \frac{d_{90} - d_{50}}{d_{10}} \tag{1.3}$$

粉体的颗粒尺寸及分布、颗粒形状等是其最基本的性质,对陶瓷的成形、烧结有直接的影响。因此,做好颗粒的表征具有极其重要的意义。

1.2.4 粉体粒度测定方法

1. X射线小角度散射法

小角度 X 射线是指 X 射线衍射中倒易点阵原点(0 0 0)附近的相干散射现象。散射角 ε 大约为 $0.01 \sim 0.1$ rad。ε 与颗粒尺寸 d 及 X 射线波长 λ 的关系为

$$\varepsilon = \frac{\lambda}{d} \tag{1.4}$$

假定粉体粒子为均匀大小,则散射强度 I 与颗粒的重心转动惯量的回转半径 $\bar{R}$ 的关系为

$$\ln I = a - \frac{4\pi \bar{R}^2 \varepsilon^2}{3\lambda^2} \tag{1.5}$$

式中,a 为常数。

如得到 $\ln I - \varepsilon^2$ 直线,由直线斜率 σ 得到 $\bar{R}$,即

$$\bar{R} = \sqrt{\frac{3\lambda^2}{4\pi}} \sqrt{-\sigma} \tag{1.6}$$

X 射线波长约为 0.1 nm,而可测量的 ε 为 $10^{-2} \sim 10^{-1}$ rad,故可测的颗粒尺寸为几纳米到几十纳米。用此种方法测试时按 GB/T 13221—1991《超细粉末粒度分布的测定——X 射线小角散射法》进行,从测试结果可知平均粒度和粒度分布曲线。

2. X射线衍射线线宽法

用一般的表征方法测定得到的是颗粒度而不是晶粒度,X 射线衍射线线宽法是测定颗粒晶粒度的最好方法。同时,这种方法不仅可用于分散颗粒的测定,也可用于晶粒极细的纳米陶瓷的晶粒大小的测定。当晶粒度小于一定数量级时,由于每一个晶粒中某一族晶数目的减少,使得 Debye 环宽化并漫射(同样使衍射线条宽化),这时衍射线宽度与晶粒度的关系可由谢乐公式表示,即

$$B = \frac{0.89\lambda}{D\cos\theta} \tag{1.7}$$

式中,B 为半峰值强度处所测量得到的衍射线条的宽化度,以弧度计;D 为晶粒直径;λ 为所用单色 X 射线波长;θ 为入射束与某一组晶面所成的半衍射角或称布拉格角。

谢乐公式的适用范围是微晶的尺寸为 $1 \sim 100$ nm,晶粒较大时误差增加。当颗粒为单晶时,该法测得的是颗粒度;当颗粒为多晶时,该法测得的是组成单个颗粒的单个晶粒的平均晶粒度。但是,采用衍射仪对衍射峰宽度进行测量时,由于仪器条件等原因会有线条宽化,故上式的使用中,B 值应校正,即由晶粒度引起的宽化度为实测宽化与仪器宽化之差。

3. 沉降法

沉降法测定颗粒尺寸是以 Stoke's 方程为基础的,该方程表达了一球形颗粒在层流状态的流体中,自由下降速度与颗粒尺寸的关系,所测得的尺寸相当于 Stoke's 直径,是一种常用的粉体粒度的测量方法,可分为重力沉降法和离心沉降法。

重力沉降法测定颗粒尺寸分布有增值法和累计法两种。增值法是测定密度或浓度随时间或高度变化的速率；累计法是测量沉积在悬浮液表面下某特定距离上颗粒的总量和时间。依靠重力沉降的方法，一般只能测定大于 100 nm 的颗粒尺寸，因此在用沉降法测定纳米粉体的颗粒时，需要借助于离心沉降法。在离心力的作用下使沉降速率增加，并采用沉降场流分级装置，配以先进的光学系统，以测定 100 nm 甚至更小的颗粒，这时粒子的 Stoke's 直径可表示为

$$d_{st} = \left[\frac{18\eta U_{st}}{(\rho_s - \rho_t)g} \right]^{1/2} \tag{1.8}$$

式中，η 为分散体系的黏度；ρ_s 为固体粒子的密度；ρ_t 为分散介质的密度；U_{st} 为颗粒沉降末速度；g 为重力加速度。

沉降方法的优点是可以分析颗粒尺寸范围宽的样品，颗粒大小比率为 100：1，缺点是分析时间长。

4. 激光散射法

粒子和光的相互作用，能发生吸收、散射、反射等多种现象，即在粒子周围形成各角度的光强度分布取决于粒径和光的波长。但这种通过记录光的平均强度的方法只能表征一些颗粒比较大的粉体。对于纳米粉体，主要是利用光子相关光谱来测量粒子的尺寸，即以激光作为相干光源，通过探测由于纳米颗粒的布朗运动所引起的散射光的波动速率来测定粒子的大小分布，其尺寸参数不取决于光散射方程，而是取决于 Stock's – Einstein 方程，即

$$D_0 = \frac{k_B T}{3\pi\eta_0 d} \tag{1.9}$$

式中，D_0 为微粒在分散系中的扩散系数；k_B 为玻耳兹曼常数；T 为绝对温度；η_0 为溶剂黏度；d 为等价圆球直径。

由式（1.9）可知，只要测出 D_0 的值，就可获得 d 值。

这种方法称动态光散射法或推弹性光散射，目前主要应用在测量纳米颗粒粒度分布上，虽然时间不长，但现在已被广泛地应用，其特点是：

① 重复性好，测量速度快，测定一次只用十几分钟，而且一次可得到多个数据。

② 能在分散性最佳的状态下进行测定，可获得精确的粒径分布，加上超声波分散后，立刻能进行测定，不必像沉降法那样分散后经过一段时间再进行测定。

5. 比表面积法

颗粒的比表面积 S_w 与其直径 d（设颗粒呈球形）的关系为

$$S_w = \frac{6}{\rho d} \tag{1.10}$$

式中，S_w 为质量比表面积；d 为颗粒直径；ρ 为颗粒密度。

测定粉体的比表面积，就可根据上式求得颗粒的一种等当粒径，即表面积直径。

测定粉体比表面积的标准方法是利用气体的低温吸附法，即以气体分子占据粉体颗粒表面，测量气体吸附量，计算颗粒比表面积的方法。目前最常用的是 BET 吸附法，该理

论认为气体在颗粒表面吸附是多层的,且多分子吸附键合能来自于气体凝聚相变能。BET 公式为

$$\frac{p}{V(p_0 - p)} = \frac{1}{V_m C} + \frac{(C-1)p}{V_m C p_0} \tag{1.11}$$

式中,p 为吸附平衡时吸附气体的压力;p_0 为吸附气体的饱和蒸气压;V 为平衡吸附量;C 为常数;V_m 为单分子层饱和吸附量。

BET 法测定比表面积的关键在于确定气体的吸附量 V_m,常用的方法有容量法和质量法。在已知 V_m 的前提下,可求得样品的比表面积 S_w,即

$$S_w = \frac{V_m N \sigma}{M_V W} \tag{1.12}$$

式中,N 为阿佛加德罗常数;W 为样品质量;σ 为吸附气体分子的横截面积;V_m 为单分子层饱和吸附量;M_V 为气体摩尔质量。

比表面积法的测定范围为 $0.1 \sim 1\,000\ \text{m}^2/\text{g}$,以 ZrO_2 粉体为例,颗粒尺寸的测定范围为 $1 \sim 10\,000\ \text{nm}$。

6. 显微镜分析法

用显微镜测量颗粒径是唯一对颗粒既可观察又可测量的方法。它测量的是颗粒的一次直径,而且可以观察颗粒形貌,甚至微观结构,用显微镜测定颗粒的形状、组成、大小等的精确性比其他方法要好得多。所用仪器有普通光学显微镜、扫描电镜、透射电镜以及大型图像分析仪器等,为颗粒分析提供了良好的测试条件。由于颗粒在显微镜下的影像一般是两维空间,所以用下面几种方法比较合适。

(1)马丁径

马丁径也称定向径,是最简单的粒径表示法。它是指颗粒影像的对开线长度,该对开线可以在任何方向上画出,只要对所有颗粒保持同一方向。

(2)费莱特径

费莱特径是指颗粒影像的二对边切线(相互平行)之间的距离,只要选定一个方向之后,任意颗粒影像的切线都必须与该方向平行。以上两种表示法都是以各颗粒按随机分布为条件的。

(3)投影面积径

投影面积径是指与颗粒影像有相同面积的圆的直径,此外还有团聚系数法、瓶颈数法、素坯密度-压力法等。

1.2.5 粉体的填充

粉体的填充是指粉体内部颗粒在空间的排列状况。为了定量地表征粉体的力学、电学、传热以及流体透过性等粉体特征,必须研究构成粉体的颗粒排列状态。填充结构随颗粒粒度大小、颗粒间相互作用力的大小,以及填充条件而变化。一般认为,粉体的排列状态是不均匀的,存在着局部的填充结构变化,这对粉体现象有很大影响。在实际的粉体原料中,往往是在一定程度上团聚的颗粒,即所谓二次颗粒。由于特种陶瓷粉料一般较细,表面活性较大,因受分子间的范德瓦耳斯引力、颗粒间的静电引力、吸附水分的毛细管力、

颗粒间的磁引力及颗粒间表面不平滑而引起的机械纠缠力等,更易发生一次颗粒间的团聚,将影响粉体的成形特性,如粉料的填充特性等。

粉体的填充特征及其填充体的集合组织是特种陶瓷粉体成形的基础。当粉体颗粒在介质中以充分分散状态存在时,颗粒的种种性质对粉体性能起决定性影响,然而粉体的堆积、压缩、团聚等特性又具有重要的实际意义。比如,对特种陶瓷而言,因为它不仅影响生坯结构,而且在很大程度上决定烧结体的显微结构。而特种陶瓷的显微结构尤其是在烧结过程中形成的显微结构,对陶瓷的性能将起着很大的影响。一般认为,粉体的结构起因于颗粒的大小、形状、表面性质等,这些性质决定粉体的凝聚性、流动性及填充性等,而填充特性又是诸特性的集中表现。

1. 粉体颗粒的表面能和表面状态

我们知道,如把晶体破碎,破断面就成为新的表面,这时新的晶体表面上的原子所处的状态就与内部原子不一样。内部原子在周围原子的均等作用下处于能量平衡的状态;而表面原子则只是一侧受到内部原子的引力,另一侧则处于一种具有"过剩能量"的状态,该"过剩能量"就称为表面能。同样,粉体颗粒表面的"过剩能量"就称为粉体颗粒的表面能。

如图 1.2 所示,内部原子①、②在周围原子的均等作用下处于能量平衡的状态;而表面原子③~⑩则只是一侧受到内部原子的引力,另一侧则处于一种具有"过剩能量"的状态。当物质被粉碎成细小颗粒时,就会出现大量的新表面,并且这种新表面的量值随粒度变小而迅速增加,这时处于表面的原子数量发生显著变化。表 1.2 是当粒径变化时,一般物质颗粒其原子数与表面原子数之间的比例变化。从表中可见,当粒径变小时,表面原子的比例增加不可忽视。在这种情况下,几乎可以说,颗粒的表面状态决定了该粉体的各种性质,其中起主导作用的就是表面能的骤变。

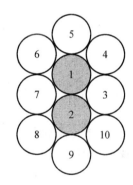

图 1.2　组成粉体颗粒的原子示意图

表 1.2　物质颗粒细化后其原子数与表面原子数之间的比例

粒径/nm	原子数	$\dfrac{\text{表面原子数}}{\text{原子数}}$/%
20	2.5×10^5	10
10	3×10^4	20
5	4×10^3	40
2	250	80
1	30	99

例如,取 1 g 铜粉,将它粉碎成各种粒径的细粉,然后测量相对于不同粒径的比表面积以及计算表面能与铜原子结合能之比,其结果如图 1.3 所示。可见,当粒径小于1 μm

时,表面能已经不能忽视,就人们较为熟知的直接效应来说,它成为粉体粒子的附着与凝聚的重要原因。

如前所述,表面能是由于表面结构所引起的。事实上,绝对纯净的表面是没有的。表面结构受表面粒子的性质、大小、电荷及其极化的影响,表面能也随之发生变化。例如,当表面离子被极化或者表面上极性较大的离子数增加、极性较小的离子数减少时,当表面的离子、分子吸附其他物质时,都会导致表面能的下降。

在离子晶格和金属晶格的表面层中,由于阴离子半径大,容易极化而形成偶极子。而偶极子的正电荷端受内部邻近的阳离子排斥,结果导致阴离子在表面层前进了。而阳离子大部分难以极化,相对来说后退了。图1.4为NaCl的晶体结构示意图。

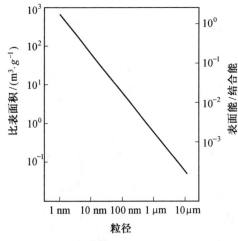

图1.3 比表面积及表面能与结合能之比随颗粒
大小的变化曲线

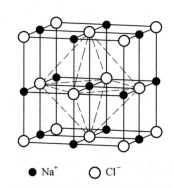

图1.4 NaCl的晶体结构示意图

图1.5为NaCl晶体沿(100)面破碎时的状态。A为理想的(100)面,B为极化后的表面,C为极化再重排的表面。随着A至C状态的变化,表面能下降。由A至B过程中,表面能的降低由其表面离子极化大小决定。由图1.5可知,B至C的过程是离子重排位移的过程,此时Cl^-向表面前进,Na^+却向后退。根据晶格形成原则即极化性能小的离子占据于力场强度最低处,表面层的Na^+要后退少

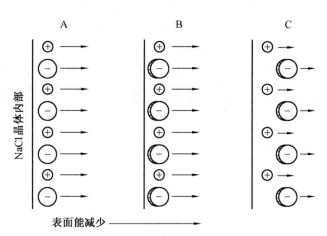

图1.5 NaCl晶体表面层离子极化及重排

许,其配位数由平均为5变得比5稍大一些,而Cl^-则前进。这个表面状态包括有阴、阳离子的位移,这一过程必须要经过一定的时间。由于离子间的距离改变,离子间相互极化增

加,键的性质由离子键向共价键过渡。这样,表面离子排列的稳定性增加,表面能及化学活性下降,这时形成平衡的表面状态。该表面层离子的重排位移,只有在新表面形成时,其表面能的增加比局部晶格畸变所需的能量更大时才能发生。

2. 粉体颗粒的吸附与凝聚

粉体之所以区别于一般固体而呈独立物态,其主要原因是因为一方面它是细化了的固体;另一方面,在接触点上与其他粒子间有相互作用力存在,我们从日常现象中可以观察到这种引力或结合力。如附于固体表面的颗粒,只要有一个很小的力就可使它们分开,但这种现象会反复出现,这表明二者之间存在着使之结合得并不牢固的引力。此外,颗粒之间也相互附着而形成团聚体。对于液体,由于液滴粒子碰到之后就合而为一,界面立即消失;而固体粒子则不然,除了由物质本身的状态决定外,还与固体的表面性质有关。我们把存在于异种固体表面的引力称为附着力;把存在于同种固体表面间的引力称为凝聚力。一个颗粒依附于其他物体表面上的现象称为附着。广义而言,一个颗粒依附在其他颗粒表面上(即使二者大小、形状均相同),也称为附着。与之相对应的凝聚则是指颗粒间在各种引力作用下的团聚。必须指出,这种引力也包括下述的摩擦力。附着力可视为仅作用于接触面垂直方向上的力;摩擦力则是作用于沿接触面水平方向欲产生分离、移动的阻力。由于要明确区别并分离出这种力是很困难的,所以把产生凝聚的力(包括摩擦力)通称为凝聚力。粉体颗粒的附着凝聚机制有多种原因,但从现象上看,它多半与单个颗粒的动能,即由颗粒大小(质量)和速度决定的动量呈反向的力作用。在粉体中附着和凝聚现象虽然具有和粒度同等的重要性,但由于其复杂性使测定机制难于确立。一般将作用于颗粒固体表面间的力分类归纳在表 1.3 中。

表 1.3　颗粒附着凝聚机制

颗粒状态	机　　制	颗粒状态	机　　制
颗粒间无 夹杂物	范德瓦耳斯力 静电力 磁力	颗粒间有 夹杂物	液膜架桥 黏结物质 固化

(1)范德瓦耳斯力

范德瓦耳斯力就是分子间力,主要包括三个方面,即取向作用、诱导作用和色散作用。取向作用是指极性分子之间的永久偶极矩效应;诱导作用是指极性分子与非极性分子间的诱导效应,即诱导偶极矩与永久偶极矩之间的效应;色散作用是指在非极性分子之间,由于构成原子的电子在空间分布上瞬时不均匀所产生的瞬时偶极矩效应。分子间力是长程力,它的大小是颗粒间矩 a 和颗粒直径 D_p 的函数。通常,当两分子相互靠近接触时,分子间这三种作用是同时存在的。

(2)静电力

相互接触的颗粒相对运动时,颗粒间将有电荷的转移,由于电荷的转移,颗粒将带电,颗粒间有作用力存在,称为静电力。当粒径为 D_p 的两个球形颗粒分别带有相反电荷 Q_1,Q_2 时,两者若发生附着,则附着力是颗粒间距 a 的函数,这就是静电力。一般颗粒间附着力测定相当困难,但颗粒与平板间的附着力,测定却比较容易。

（3）液膜附着力

由颗粒间液膜产生的附着力和静电附着力一样，都是粉体系统中最一般的相互作用力。大气中多少存在有一定水分，由于蒸汽压的不同，水分将会吸附、凝结在颗粒表面上。凡具有亲水性表面的颗粒，通常被几个分子层厚的水膜所覆盖。湿度越大，水膜越厚。当水分多到可以把颗粒接触点视为液态时，这时由水膜产生的附着力可由颗粒间隙内水膜的毛细管负压力和表面张力之和来表示。

（4）其他表面作用机构

颗粒的附着凝聚机构中还有黏结、烧结、固化结合等，这些机构对于粉体的各单元操作极为重要。比如，黏结对于造粒、烧结对于保形固形等都具有决定意义。

此外，还有因形状而产生的机械纠缠力以及磁场影响所产生的磁力，它们也会引起颗粒间的相互缠结及集聚。

3. 粉体的填充特性

粉体的填充特性及其填充体的集合组织是特种陶瓷粉末成形的基础。当粉体颗粒在介质中以充分分散状态存在时，颗粒的种种性质对粉体性能起着决定性影响，而粉体的堆积、压缩、团聚等特性又具有重要的实际意义。比如，对特种陶瓷来说，因为它不仅影响生坯结构，而且在很大程度上决定烧结体的显微结构。

一般认为，粉体的结构起因于颗粒的大小、形状、表面性质等，并且这些因素决定粉体的凝聚性、流动性、填充性等，而填充特性又是各特性的集中表现。

粉体的填充组织往往可以通过粉体层中空隙部分的量来表示。空隙部分是指被粉体粒子以外的介质所占有的部分。这种空隙量的表示方法有表观密度，即单位体积粉体层的质量；气孔率，即粉体层中空隙部分所占的容积率。这种空隙或孔大小及分布在不同程度上影响它的填充特性，而空隙又取决于填充类型、颗粒形状和粒度分布等。

（1）等大球的致密填充

最基本的致密排列方式有两种，即立方密堆和六方密堆。立方密堆是每一层球取立方形式，第二层球处于第一层球所成的空隙上。这种密堆结构的致密度为74.05%；六方密堆的第一、第二层球排列与立方密堆相同，只是第三层以上对着第一层的形式加上去，其致密度仍为74.05%，只是密堆结构上有所差异。

（2）等大球的不规则填充

要想将球一个接连一个地依次填充成为上述的规则排列，在实际填充操作中是根本不可能的。斯考特用直径为1/8寸的钢球十分谨慎地进行填充实验，结果证实，在可能获得的最密填充中，空隙率为0.363，即36.3%（致密度为63.7%），并且还求得这种填充方式下球的配位分布。后来人们都把这种填充方式称为不规则填充。特种陶瓷粉体与规则填充相比，更接近于不规则填充。

（3）异直径球的填充

在等大球填充所生成的空隙中，如果进一步再填充小球，可以获得更加紧密的集合体。理论上，当空隙中填充无数个无限小的小球时空隙率应该是越来越小。但是，在这些小球的填充中，颗粒间的摩擦以及相互作用均不可忽视。并且因为假定的理想混合配置与实际粉体的填充有很大的差异，所以最终还是以实际粉体填充作为研究的出发点。

(4)加压压密填充

实际的粉体间不仅存在重力,而且还存在颗粒间的相互作用力、黏附力等。而压力的加入可以减少以上力的作用,使粉体密度增大。

加压压密过程中,附加压力较小时,通过粉体层内颗粒的相对位置移动的填充比较密实,但进一步增大压力,会出现颗粒变形、破碎等情况。因此,压力大小的范围要根据具体情况确定。

图 1.6 所示为成形压力与相对密度的关系曲线,凝聚颗粒或湿式粉碎的 Al_2O_3,在达到某个压力以前,密度不增加,一超过这个压力,就急剧增加。而经过粉碎,粒子间键合被切断的 Al_2O_3,一增加压力,密度立即就开始增加。这种 Al_2O_3 凝聚是固体成团,是硬团聚。可见,进行填充时先要破坏该团聚。

影响粉体的密实因素有多种,但就颗粒的特性对填充率的影响有以下几点。

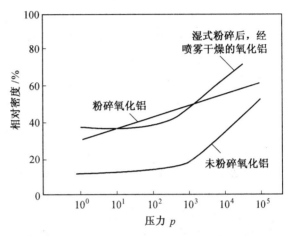

图 1.6 二种填充情况下的压力与相对密度之间的关系

①颗粒大小的影响。Roller 的实验结果表明,当颗粒的粒径不大时粒径越小,填充越疏松;如果粒径变大,大到超过临界粒径(大约 20 μm)时,则粒径对于填充率的影响并不大,这是因为颗粒间接触处的凝聚力受到粒径影响已不太大。反之,与颗粒自重有关的力却随着粒径的三次幂比例急速增大。因此,随着粒径的增大,即粒子自重增大,颗粒凝聚力的影响可以忽略不计,可以认为粒径的变化对于填充率的影响甚微。因此,一般粉体粒子的粒径是大于还是小于临界粒径,对于粉体的填充性能影响极大。

②颗粒形状和凝聚的影响。球形颗粒容易填充,棒状或针状等颗粒难以填充。有时针状颗粒在成形时的加压过程中,会发生颗粒折断,使填充状态发生变化。当然,陶瓷中有时为了改善韧性和强度,往往人为地加入针状颗粒。

二次颗粒的形状很不规则,致密填充很困难。另外,由于二次颗粒是原来颗粒的集合体,它自身的内部还保持有空隙,所以二次颗粒的填充层是空隙率很大的粗填充。必须指出的是,二次颗粒在填充过程中会因冲击力和静压力而被破坏,填充过程和最终状态也会相应发生变化。

1.2.6 颗粒形貌结构分析

1. 透射电子显微镜(TEM)

透射电子显微镜是高分辨率、高放大倍数的显微镜,它以聚焦电子束为照明源,使用对电子束透明的薄膜试样,利用透射电子成像,是应用最广泛的一种电子显微镜。其工作原理是:电子束经聚焦后均匀照射到试样的某一观察微小区域上,入射电子与试样物质相互作用,透射的电子经放大投射在观察图形的荧光屏上,显出与观察试样区的形貌、组织、结构对应的图像。

作为显微技术的一种,透射电子显微镜是一种准确、可靠、直观的测定、分析方法。由于电子显微镜以电子束代替普通光学显微镜中的光束,而电子束波长远短于光波波长,结果使电子显微镜的分辨率大大提高,成为观察和分析纳米颗粒、团聚体及纳米陶瓷的最有力方法。对于纳米颗粒,不仅可以观察其大小、形态,还可根据像的衬度来估计颗粒的厚度、是空心还是实心;通过观察颗粒的表面复型还可了解颗粒表面的细节特征。对于团聚体,可利用电子束的偏转和样品的倾斜从不同角度进一步分析,观察团聚体的内部结构,从观察到的情况可估计团聚体内的键合性质,由此可判断团聚体的强度。其缺点是只能观察微小的局部区域,所获数据统计性较差。

2. 扫描电子显微镜(SEM)

SEM 的工作原理与电视相似,是利用聚集电子束在试样表面按一定时间、空间顺序进行扫描,与试样相互作用产生二次电子信号发射(或其他物理信号),发射量的变化经转换后在镜外显示屏上逐点呈现出来,得到反映试样表面形貌的二次电子像。

利用 SEM 的二次电子像观察表面起伏的样品和断口,同时特别适合于粉体样品,可观察颗粒三维方向的立体形貌,具有放大倍率高、分辨率大、景深大、保真度好、试样制备简单等特点。另外,扫描电镜可较大范围地观察较大尺寸的团聚体的大小、形状和分布等几何性质。因此,SEM 发展十分迅速,在加入相应附件后,SEM 还能进行加热、冷却、拉伸及弯曲等动态过程的观察。

3. 扫描隧道显微镜(STM)

扫描隧道显微镜(STM)是 20 世纪 80 年代初发展起来的一种新型表面结构研究工具,其基本原理是基于量子隧道效应和三维扫描。利用直径为原子尺度的针尖,在离样品表面小于 1 nm 时,双方原子外层的电子云略有重叠。这时样品和针尖间产生隧道电流,其大小与针尖到样品的间距不变,并使针尖沿表面进行精确的三维移动,根据电流的变化反馈出样品表面起伏的电子信号。扫描隧道显微镜自发明以来发展迅速,目前又出现了一系列新型显微镜,包括原子力显微镜、激光力显微镜、摩擦力显微镜、磁力显微镜、静电力显微镜、扫描热显微镜、弹道电子发射显微镜、扫描隧道电位仪、扫描离子电导显微镜、扫描近场光学显微镜和扫描超声显微镜等。

扫描隧道电子显微镜具有很高的空间分辨率,能真实地反映材料的三维图像,观察颗粒三维方向的立体形貌,在纳米尺度上研究物质的特性,可以对单个原子和分子进行操纵,对研究纳米颗粒及组装纳米材料都很有意义。

1.2.7 成分分析

化学组成包括主要成分、次要成分、添加剂及杂质等。化学组成对粉料的烧结及纳米陶瓷的性能有极大影响,是决定陶瓷性质的最基本的因素。因此,对化学组分的种类、质量分数,特别是微量添加剂、杂质的质量分数级别、分布等进行表征,在陶瓷的研究中都是非常必要和重要的。化学组成的表征方法可分为化学分析法和仪器分析法。而仪器分析法按原理可分为原子光谱法、特征 X 射线法、光电子能谱法、质谱法等。

1. 化学分析法

化学分析法是根据物质间相互的化学作用,如中和、沉淀、络合、氧化-还原等测定物质质量分数及鉴定元素是否存在的一种方法。该方法所用仪器简单,准确性和可靠性都比较高。但是,对于陶瓷材料来说,这种方法有较大的局限性。这是因为陶瓷材料的化学稳定性较好,很难溶解,多晶的结构陶瓷更是如此。因此,基于溶液化学反应的化学分析法对于这些材料的限制较大,分析过程耗时、困难。此外,化学分析法仅能得到分析试样的平均成分。

2. 特征 X 射线分析法

特征 X 射线分析法是一种显微分析和成分分析相结合的微区分析方法,特别适用于分析试样中微小区域的化学成分。其基本原理是用电子探针照射在试样表面待测的微小区域上,来激发试样中各元素的不同波长(或能量)的特征 X 射线(或荧光 X 射线),然后根据射线的波长或能量进行元素定性分析,根据射线的强度进行元素的定量分析。

3. 原子光谱分析法

原子光谱是基于原子外层电子的跃迁,分为发射光谱与吸收光谱两类。原子发射光谱是指构成物质的分子、原子或离子受到热能、电能或化学能的激发而产生的光谱,该光谱由于不同原子的能态之间的跃迁不同而不同,同时随元素的浓度变化而变化,因此可用于测定元素的种类和浓度。原子吸收光谱是物质的基态原子吸收光源辐射所产生的光谱,基态原子吸收能量后,原子中的电子从低能级跃迁至高能级,并产生与元素的种类与浓度有关的共振吸收线,根据共振吸收线可对元素进行定性和定量分析。用于原子光谱分析的样品可以是液体、固体或气体。

(1)原子发射光谱的特点

①灵敏度高,绝对灵敏度可达 $10^{-8} \sim 10^{-9}$。

②选择性好,每一种元素的原子被激发后都产生一组特征光谱线,其光谱性质有较大差异,由此可以准确确定该元素的存在,所以光谱分析法仍然是元素定性分析的最好方法。

③适合定量测定的浓度范围为 5% ~20%,高浓度时误差高于化学分析法,低浓度时准确性优于化学分析法。

④分析速度快,一个试样可进行多元素分析,多个试样连续分析,且样品用量少。

(2)原子吸收光谱的特点

①灵敏度高,绝对检出限量可达 10^{-14} 数量级,可用于微量元素分析,是目前最灵敏的方法之一。

②准确度高,一般相对误差为 0.1% ~0.5%。

③选择性较好,由于原子吸收谱线仅发生在主线系,而且谱线很窄,所以光谱干扰小,克服光谱干扰容易,选择性强。

④方法简便,分析速度快,可以不经分离直接测定多种元素。

⑤分析范围广,目前应用原子吸收光谱测定的元素已超过 70 种。

原子吸收光谱的缺点是,由于样品中元素需要逐个测定,故不适用于定性分析。

4.质谱法

质谱法是20世纪初建立起来的一种分析方法,其基本原理是:将被测物质离子化,利用具有不同质荷比(也称质量数,即质量与所带电荷之比)的离子在静电场和磁场中所受的作用力不同,因而运动方向不同,导致彼此分离。经过分别捕获收集而得到质谱,确定离子的种类和相对浓度,从而对样品进行成分定性及定量分析。

质谱分析的特点是可作全元素分析,适于无机、有机成分分析,样品可以是气体、固体或液体;分析灵敏度高,选择性、精度和准确度较高,对于性质极为相似的成分都能分辨出来,用样量少,一般只需 10^{-6} g 级样品,甚至 10^{-9} g 级样品也可得到足以辨认的信号;分析速度快,可实现多组份同时检阅。现在质谱法使用较广泛的是二次离子质谱分析法(SIMS)。它是利用载能离子束轰击样品,引起样品表面的原子或分子溅射,收集其中的二次离子并进行质量分析,就可得到二次离子质谱。其横向分辨率达 100~200 nm。现在二次中子质谱分析法(SNMS)发展也很快,其横向分辨率为 100 nm,个别情况下可达 10 nm。质谱仪的最大缺点是结构复杂,造价昂贵,维修不便。

1.2.8 粉体晶态的表征

1. X 射线衍射法

X 射线衍射法是利用 X 射线在晶体中的衍射现象测试晶态,其基本原理是布拉格方程,即

$$n\lambda = 2d\sin\theta \tag{1.13}$$

式中,θ 为布拉格角;d 为晶面间距;λ 为 X 射线波长。

满足布拉格公式可实现衍射。根据试样的衍射线的位置、数目及相对强度等确定试样中包含有哪些结晶物质以及它们的相对质量分数,基本的方法有单晶法、多晶法和双晶法等。具有不损伤样品、无污染、快捷和测量精度高,还能得到有关晶体完整性的大量信息等优点。目前,X 射线衍射法的用途越来越广泛,除了在无机晶体材料中的应用外,还在有机材料、钢铁冶金以及纳米材料的研究中发挥巨大作用。

2. 电子衍射法

电子衍射法与 X 射线法原理相同,遵循劳厄方程或布拉格方程所规定的衍射条件和几何关系。只不过其发射源是以聚焦电子束代替了 X 射线。电子波的波长短,使单晶的电子衍射谱和晶体倒易点阵的二维截面完全相似,从而使晶体几何关系的研究变得比较简单。另外,聚焦电子束直径大约为 0.1 μm 或更小,因而对这样大小的粉体颗粒上所进行的电子衍射往往是单晶衍射图案,与单晶的劳厄 X 射线衍射图案相似。而纳米粉体一般在 0.1 μm 范围内有很多颗粒,所以得到的多为断续或连续圆环,即多晶电子衍射谱。

电子衍射法包括选区电子衍射、微束电子衍射、高分辨电子衍射、高分散性电子衍射、会聚束电子衍射等方法。电子衍射物相分析的特点如下。

①分析灵敏度高,小到几十甚至几纳米的微晶也能给出清晰的电子图像。适用于试样总量很少、待定物在试样中浓度很低(如晶界的微量沉淀)和待定物颗粒非常小的情况

下的物相分析。

②可以得到有关晶体取向关系的信息。

③电子衍射物相分析可与形貌观察结合进行,得到有关物相的大小、形态和分布等资料。

此外,谱学表征提供的信息也是十分丰富的。选用合适的谱学表征手段,能得到大量的包括化学组成、晶态和结构以及尺寸效应等内容的重要信息。尤其对于粒径小于10 nm的超细颗粒,更适合于谱学表征。这里主要介绍较为常用的红外、拉曼以及紫外可见光谱。

3. 红外光谱法

将一束不同波长的红外线照射到物质的分子上,某些特定波长的红外线被吸收,形成红外吸收光谱。红外光谱是使用广泛的谱学表征手段,其应用包括两方面,即分子结构的研究和化学组成研究,它们都可应用在陶瓷的表征中。与其他研究物质结构的方法相比较,红外光谱法有以下特点。

①特征性高,从红外光谱图产生的条件以及谱带的性质看,每种化合物都有其特征红外光谱图,这与组成分子化合物的原子质量、键的性质、力常数以及分子的结构形式有密切关系。因此,几乎很少有两个不同的化合物具有相同的红外光谱图。

②不受物质的物理状态的限制,气态、液态和固态均可测定。

③测定所需的样品极少,只需几毫克甚至几微克。

④操作方便,测定速度快,重复性好。

⑤已有的标准图谱较多,便于查阅对照。

红外光谱法的缺点是灵敏度和精度不够高,一般用于定性分析、定量分析较困难。但用有机物对纳米粉体进行改性或包覆时,红外光谱能有效地判断有机物的吸附以及成键情况。另外,在研究纳米粉体的分散和吸附时,红外光谱也是一种广为采用的方法。测试中,可以通过改变压片样品的浓度或利用差谱来提高检测精度。

4. 拉曼光谱法

拉曼光谱法是建立在拉曼效应基础上的,与红外光谱相同,其信号来源于分子的振动和转动。每个分子产生的拉曼光谱谱带的数目多少、位移大小、谱带强度和形状都直接与分子的振动及转动相关联。记录并分析这些谱线,即可得到有关物质结构的一些信息。对纳米粉体和纳米陶瓷来说,同样可以用拉曼光谱进行晶相、受热过程中物质的相变以及超细粉体的尺寸效应进行研究。拉曼光谱的特点是可以用很低的频率进行测量,在形态上和解释上较红外光谱简单,且所需样品少。现代拉曼光谱仪已有显微成像系统,能进行微区分析。配备光纤后,可以实现远程检测,只需要把激光传到样品上,而无需把样品拿到实验室。"遥测"技术使拉曼光谱在工业应用中极有前景。拉曼光谱的缺点是要求样品必须对激发辐射透明。

目前,用拉曼光谱表征颗粒正受到越来越多的关注,很多颗粒的红外光谱并没有表现出尺寸效应,但它们的拉曼光谱却有显著的尺寸效应。如 ZrO_2,TiO_2 等超细颗粒的拉曼光谱与单晶或尺寸较大的颗粒明显不同。纳米颗粒尤其是粒径小于 10 nm 颗粒的拉曼光谱的特点主要表现在：

①低频的拉曼峰向高频方向移动或出现新的拉曼峰；

②拉曼峰的半高宽明显宽化，拉曼位移的原因是复杂的，表面效应是造成其尺寸效应的主要原因，另外，非化学计量比以及光子限域效应也是重要原因。

5. 紫外-可见光吸收光谱法

紫外-可见光吸收光谱法是利用物质分子对紫外可见光的吸收光谱对物质的浓度和结构进行分析研究的方法。物质受光照射时，通常发生两种不同的反射现象，即镜面反射和漫反射。镜面反射如同镜子反射一样，光线不被物质吸收，反射角等于入射角，对于纳米粉体和纳米陶瓷，主要发生的是漫反射。漫反射满足 Kubelka-Munk 方程式，即

$$\frac{(1-R_{\infty})^2}{2R_{\infty}} = \frac{K}{S} \tag{1.14}$$

式中，K 为吸收系数，与吸收光谱中的吸收系数的意义相同；S 为散射系数；R_{∞} 为无限厚样品的反射系数 R 的极限值。

实际上，反射系数 R 通常采用与已知的高反射系数(R_{∞})标准物质比较来测量，测定 R_{∞}(样品)与 R_{∞}(标准物)的比值，将此比值对波长作图，构成一定波长范围内该物质的反射光谱。粉体团聚在液相介质中由于二次颗粒对光的散射，难以获得吸收带边界明显的吸收光谱。可以通过将粉体压片，然后放在附有积分球的分光光度计中进行。但用吸收光谱研究超细纳米粉体的尺寸效应时，应该关注物体颗粒尺寸的均匀性，若尺寸分布过宽，也难以获得可靠的结果。总的来讲，该方法具有灵敏度高、准确度好、选择性好、操作简便、分析速度快、应用广泛等特点。

1.3 特种陶瓷粉体的制备

粉体性能直接影响陶瓷的性能，为了获得性能优良的特种陶瓷材料，制备出高纯、超细、组分均匀分布和无团聚的粉体是关键的第一步。

粉体的制备方法一般来说有两种，一是粉碎法，二是合成法。粉碎法是由粗颗粒来获得细粉的方法，通常采用机械粉碎（机械制粉），现在已发展到采用气流粉碎，但不易制得粒径在 1 μm 以下的微细颗粒。合成法是由离子、原子、分子通过反应、成核和成长、收集、后处理来获得微细颗粒的方法（化学制粉）。这种方法的特点是纯度高、粒度可控，均匀性好，颗粒微细，可以实现颗粒在分子级水平上的复合、均化。通常合成法包括固相法、液相法和气相法。

合成法可得到性能优良的高纯、超细、组分均匀的粉料，其粒径可达 10 nm 以下，是一类很有前途的粉体（尤其是多组分粉体）制备方法。但这类方法需要较复杂的设备，制备工艺要求严格，因而成本也较高。机械混合制备多组分粉体工艺简单、产量大，但得到的粉体组分分布不均匀，特别是当某种组分很少的时候，这种方法常常会使粉体引入杂质。本节主要介绍广泛用于特种陶瓷粉体制备的合成法。

1.3.1 固相合成法

固相法是以固态物质为原料,通过一定的物理与化学过程制备陶瓷粉体的方法。它不像气相法和液相法伴随有气相→固相、液相→固相那样的状态(相)变化,制得的固相粉体和最初固相原料可以是同一物质,也可以不是同一物质。

图 1.7 为固相法制备陶瓷粉体的基本流程。

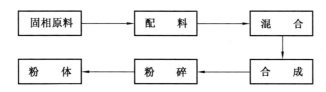

图 1.7　固相法制备陶瓷粉体基本流程图

1. 原料的准备

图 1.7 中所列的固相原料,可以是天然矿物、化工原料(氧化物)、化学试剂等。最早固相法的起始原料多为天然矿物,如黏土、长石、石英、滑石、方解石、膨润土、菱镁矿、硅灰石等,通常被称为传统固相法,是日用陶瓷、低压电瓷和高压电瓷等所常采用的。而氧化物陶瓷则采用工业氧化物原料为固相材料,是结构陶瓷、装置陶瓷和绝缘陶瓷基片等所常采用的。对于化学组成比较复杂(即多组分)的现代功能陶瓷材料,则采用化学试剂为固相原料。

2. 配料及混合

陶瓷所需组分的固相原料按照制品要求的比例称重后,要经过充分混合(其中也包含着一定的细化作用),使其分布均匀,各原料之间处于充分接触的状态,以利于混合物在一定温度下,各组分之间的化学反应进行得比较充分和完全,并获得所需的物相。由于这种化学反应是在固相之间发生的,所以也称为固相反应。可见混合是一个物理过程,而固相反应是一个化学过程。混合一般可分为干混与湿混两种,混合的主要设备有振动磨机与球磨机等。干混在振动磨机和球磨机中均可进行,但湿混主要是在球磨机中进行。从混合的效果来讲,湿混优于干混,但干混的优点是混合后的混合物无需烘干或脱水;而湿混的混合物是浆状,需要脱水或烘干,而在脱水或烘干的过程中,由于原料间比重的差异会造成原料中部分原料的合成分离与分层,破坏了原来混合的效果。为了确保湿混的良好混合效果,人们采用了榨滤或喷雾干燥的办法,保证混合物在脱水过程中的均匀性。

3. 原料的合成

混合物在一定的温度下,经固相反应(亦称合成)到尽可能完全后,才能获得所需的物相。作为固相反应,事实上包含有很多内容,如化合反应、分解反应、固溶反应、氧化还原反应、出溶反应以及相变等。这里侧重介绍三种主要的反应,即化合反应、热分解反应以及氧化还原反应。实际工作中往往几种反应同时发生,并且反应生成物需要粉碎。

(1)化合反应法

化合反应法一般的反应方程式为

$$A(s)+B(s) \longrightarrow C(s)+D(g)$$

两种或者两种以上的粉末,经混合后在一定的热力学条件和气氛下反应而成为复合物粉末,有时也伴有一些气体逸出。

钛酸钡粉末的合成就是典型的固相化合反应,等摩尔比的钡盐 $BaCO_3$ 和二氧化钛混合物粉末在一定条件下发生反应,其反应式为

$$BaCO_3+TiO_2 \longrightarrow BaTiO_3+CO_2$$

该固相化学反应在空气中加热进行,生成用于 PTC 制作的钛酸钡盐,放出二氧化碳。但是,该固相化合反应的温度控制必须得当,否则得不到理想的粉末状钛酸钡。采用这种方法还可以生产出

$$Al_2O_3+MgO \longrightarrow MgAl_2O_4(尖晶石)$$
$$3Al_2O_3+2SiO_2 \longrightarrow 3Al_2O_3 \cdot 2SiO_2(莫来石)$$

（2）热分解反应法

用硫酸铝铵在空气中进行热分解,就可以获得性能良好的 Al_2O_3 粉末,其分解过程为

$$Al_2(NH_4)_2(SO_4)_4 \cdot 24H_2O \xrightarrow{200\ ℃} Al_2(SO_4)_3 \cdot (NH_4)_2(SO_4)_4 \cdot H_2O+23H_2O \uparrow$$

$$Al_2(SO_4)_3 \cdot (NH_4)_2(SO_4)_4 \cdot H_2O \xrightarrow{500 \sim 600\ ℃} Al_2(SO_4)_3+2NH_3 \uparrow +SO_3 \uparrow +2H_2O \uparrow$$

$$Al_2(SO_4)_3 \xrightarrow{500 \sim 600\ ℃} \gamma\text{-}Al_2O_3+3SO_3 \uparrow$$

$$\gamma\text{-}Al_2O_3 \xrightarrow[1.0 \sim 1.5\ h]{1\ 300\ ℃} \alpha\text{-}Al_2O_3$$

许多金属的硫酸盐、硝酸盐等都可以通过热分解反应法获得特种陶瓷用氧化物粉体。

（3）氧化物还原法

特种陶瓷 SiC,Si_3N_4 的原料粉,在工业上多采用氧化物还原方法制备,或者还原碳化,或者还原氮化。例如 SiC 粉末的制备,是将 SiO_2 与碳粉混合,在 $1\ 460 \sim 1\ 600\ ℃$ 的加热条件下,逐步还原碳化。其反应历程为

$$SiO_2+C \longrightarrow SiO+CO$$
$$SiO+C \longrightarrow Si+CO$$
$$Si+C \longrightarrow SiC$$

同样,在 N_2 条件下,通过 SiO_2 与 C 的还原-氮化,可以制备 Si_3N_4 粉末。其基本反应式为

$$3SiO_2+6C+4N_2 \longrightarrow 2Si_3N_4+6CO$$

4. 细化过程

经合成后获得具有所需物相的物料,再经过细化,才能成为制备陶瓷产品所需的粉体（或瓷料）。在固相法中,细化均采用机械方法,因而也称粉碎,对于特种陶瓷而言,最常用的粉碎设备有振动磨机、球磨机、胶体磨机、气流粉碎机等,之后又发展并出现了偏心球磨机和砂磨机等。前者可将粉体细化到平均粒径 $D_{50}=1 \sim 5\ \mu m$,而后者可将粉体细化到平均粒径 $D_{50}<1\ \mu m$,甚至达到 $0.4 \sim 0.7\ \mu m$。因而偏心球磨机和砂磨机将被大量应用于现代功能陶瓷粉体的制备。不过由于砂磨机对研磨介质的材质要求极高,因而将限制其扩大应用。

综上所述,固相法是一种设备和工艺简单、便于工业化生产的粉体制备方法,也是目前在科研和工业化生产中采用的最主要的一种特种陶瓷粉体制备方法。但是它却有着许多缺点,首先是由于在细化过程中,主要采用了机械粉碎手段,非常容易造成一些有害杂质的引入,从而损害特种陶瓷材料的性能。如在 PTC 陶瓷粉体的制备过程中,任何细小的不慎,均可导致 Al_2O_3,Fe_2O_3,ZrO_2 等杂质的引入,从而大大恶化 PTC 陶瓷的电性能。其次,机械手段的混合和细化均无法使组分的分布达到微观的均匀,粒度难以达到 1 μm以下,因此很难满足特种陶瓷材料,特别是功能陶瓷材料粉体充分合成的要求。因为大多数特种功能陶瓷粉体合成的固相反应,主要为扩散机制所控制,若各固相原料的扩散特性差异大,再加上原料微观分布的不均匀,使扩散反应难以顺利进行而达到生成目的物相,如制备 PMN 基功能陶瓷粉体时不可避免地存在着一定数量的烧录石相,就是一个很好的例证。

1.3.2 液相合成法

液相合成法也称湿化学法或溶液法,其制备的粉体具有颗粒形状和粒度易控制、化学组成精确、表面活性好、易添加微量成分、工业化生产成本低等特点,目前已经得到广泛的应用。液相合成法制备陶瓷粉体的基本流程如图1.8所示。从均相的溶液出发,将相关组分的溶液按所需的比例进行充分的混合,再通过各种途径将溶质与溶剂分离,得到所需要组分的前驱体,然后将前驱体经过一定的分解合成处理,获得特种陶瓷粉体,可以细分为沉淀法、醇盐水解法、溶胶-凝胶法、溶济蒸发法、水热法等。

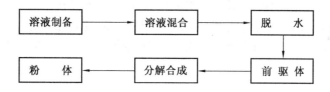

图 1.8　液相合成法制备陶瓷粉体的基本流程

1. 沉淀法

沉淀法是在金属盐溶液中施加或生成沉淀剂,并使溶液挥发,对所得到的盐和氢氧化物通过加热分解得到所需的陶瓷粉末的方法。溶液一达到过饱和溶解度就生成沉淀,沉淀生成的基本过程是:①形成过饱和态;②形成新相的核;③从核长成粒子;④生成相的稳定化。

这种方法能很好地控制组成,合成多元复合氧化物粉末,很方便地添加微量成分,得到很好的均匀混合,反应过程简单,成本低,但必须严格控制操作条件。沉淀法分为直接沉淀法、均匀沉淀法和共沉淀法。

(1)直接沉淀法

通常的沉淀法是将溶液中的沉淀进行热分解,然后合成所需的氧化物微粉。然而只进行沉淀操作也能直接得到所需的氧化物,即在溶液中加入沉淀剂,反应后所得到的沉淀物经洗涤、干燥、热分解而获得所需的氧化物微粉,也可仅通过沉淀操作就直接获得所需要的氧化物。沉淀操作包括加入沉淀剂或水解,沉淀剂通常使用氨水等,来源方便,经济便宜,不引入杂质离子。$BaTiO_3$ 微粉可以采用直接沉淀法合成。例如,将 $Ba(OC_3H_7)_2$ 和 $Ti(OC_5H_{11})_4$ 溶解在异丙醇或苯中,加水分解(水解),就能得到颗粒直径为 5 ~ 15 nm(凝聚体<1 μm)的结晶性好的化学计量的 $BaTiO_3$ 微粉。通过水解过程消除杂质,纯度可显著地提高(纯度>99.98%)。采用这种 $BaTiO_3$ 微粉进行成形、烧结,所得制品的介电常数比一般的 $BaTiO_3$ 微粉烧结体高得多。在 $Ba(OH)_2$ 水溶液中滴入 $Ti(OR)_4$(R:丙基)后也能得到高纯、平均颗粒直径为 10 nm 左右的化学计量的 $BaTiO_3$ 微粉。此外,在以硝酸铝为原料,氨水为沉淀剂,采用直接沉淀法制备 Al_2O_3 超细粉末时,为了降低煅烧温度,提高粉末的烧结活性,可以在制备工艺中采用添加晶体等方法达到目的。

(2)均匀沉淀法

一般的沉淀过程是不平衡的,但如果控制溶液中的沉淀剂浓度,使之缓慢地增加,则使溶液中的沉淀处于平衡状态,且沉淀能在整个溶液中均匀地出现。通常为了克服直接沉淀法的缺点,可以改变沉淀剂的加入方式,不是从外部加入,而是在溶液内部缓慢均匀生成,从而消除沉淀剂的不均匀性,这种沉淀方法就是均匀沉淀法。

这种方法的特点是不外加沉淀剂,而是利用某一化学反应使溶液内生成沉淀剂。在金属盐溶液中加入沉淀剂溶液时,即使沉淀剂的质量分数很低,不断搅拌,沉淀剂的浓度在局部溶液中也会变得很高。均匀沉淀法是使沉淀剂在溶液内缓慢地生成,消除了沉淀剂的局部不均匀性。例如,将尿素水溶液加热到 70 ℃ 左右,发生的水解反应为

$$(NH_2)_2CO+3H_2O \longrightarrow 2NH_4OH+CO_2 \uparrow$$

在内部生成沉淀剂 NH_4OH,并立即将其消耗掉,所以其浓度经常保持在很低的状态。因此沉淀的纯度很高,颗粒均匀致密,容易进行过滤、清洗。除尿素水解后能与 Fe,Al,Sn,Ga,Th,Zr 等生成氢氧化物或碱式盐沉淀物外,利用这种方法还能使磷酸盐、草酸盐、硫酸盐、碳酸盐均匀沉淀。

(3)共沉淀法

大多数电子陶瓷是含有两种以上金属元素的复合氧化物,要求粉末原料的纯度高,组成均匀,同时要求粉末原料是烧结性良好的超微粒子。按一般的混合、固相反应和粉碎的方法进行原料调制,纯度和组成的均匀性均存在问题。采用共沉淀法可以克服这些缺点,合成具有优良特性的粉末原料。共沉淀法是在混合的金属盐溶液(含有两种或两种以上的金属离子)中添加沉淀剂,即得到各种成分混合均匀的沉淀,然后进行热分解。在含多种阳离子的溶液中加入沉淀剂后,所有离子完全沉淀的方法称为共沉淀法,它又可分为单相共沉淀和混合物的共沉淀。这种方法与固相反应法相比,能制得化学成分均一且易烧结的粉体。在一般情况下,过剩的沉淀剂使溶液中的全部阳离子同时沉淀下来成为混合物,而在特殊情况下,存在阳离子生成符合要求的前驱体化合物。

①单相共沉淀。沉淀物为单一化合物或单相固溶体时,称为单相共沉淀,又称化合物沉淀法。例如,在 $BaCl_2$ 和 $TiCl_4$ 的混合水溶液中,采用滴入草酸的方法沉淀出以原子尺度混合的 $BaTiO(C_2O_4)_2 \cdot 4H_2O$(Ba 与 Ti 之比为 1)。$BaTiO(C_2O_4)_2 \cdot 4H_2O$ 经热分解后,就得到具有化学计量组成且烧结性良好的 $BaTiO_3$ 粉体。采用类似的方法,能制得固溶体的前驱体 $(Ba,Sr)TiO(C_2O_4)_2 \cdot 4H_2O$ 及各种铁氧体和钛酸盐。单相共沉淀法的缺

点是适用范围窄。

②混合物共沉淀。如果沉淀产物为混合物时,称为混合物共沉淀。四方氧化锆或全稳定立方氧化锆的共沉淀制备就是一个很普通的例子。采用 $ZrOCl_2 \cdot 8H_2O$ 和 Y_2O_3(化学纯)为原料来制备 $ZrO(Y_2O_3)$ 的纳米粒子的过程如下:Y_2O_3 用盐酸溶解得到 YCl_3,然后将 $ZrOCl_2 \cdot 8H_2O$ 和 Y_2O_3 配制成一定浓度的混合溶液,在其中加 NH_4OH 后便有 $Zr(OH)_4$ 和 $Y(OH)_3$ 的沉淀粒子缓慢形成。其反应式为

$$ZrOCl_2 + 2NH_4OH + H_2O \longrightarrow Zr(OH)_4 \downarrow + 2NH_4Cl$$

$$YCl_3 + 3NH_4OH \longrightarrow Y(OH)_3 \downarrow + 3NH_4Cl$$

得到的氢氧化共沉淀物经洗涤、脱水、煅烧可得到具有很好烧结活性的 $ZrO_2(Y_2O_3)$ 微粒。混合物共沉淀过程是非常复杂的,溶液中不同种类的阳离子不能同时沉淀,各种离子沉淀的先后与溶液的 pH 值密切相关。

2. 醇盐水解法

采用这种方法能制得微细而高纯度的粉体。金属醇盐 $M(OR)_n$(M 为金属元素,R 为烷基)一般可溶于乙醇,遇水后很容易分解成乙醇和氧化物或共水化物。金属醇盐有以下独特优点:①金属醇盐通过减压蒸馏或在有机溶剂中重结晶纯化,可降低杂质离子的质量分数;②金属醇盐中加入纯水,可得到高纯度、高表面积的氧化物粉末,避免了杂质离子的进入;③如控制金属醇盐或混合金属醇盐的水解程度,则可发生水解-缩聚反应,在近室温条件下,形成金属-氧-金属键网络结构,从而大大降低材料的烧结温度;④在惰性气体下,金属醇盐高温裂解,能有效地在衬底上沉积,形成氧化物薄膜,亦能用于制备超纯粉末和纤维;⑤由于金属醇盐易溶于有机溶剂,几种金属醇盐可实行分子级水平的混合。直接水解可得到高度均匀的多组分氧化物粉末,控制水解则可制得高度均匀的干凝胶,高温裂解可制得高度均匀的薄膜、粉末或纤维。金属醇盐具有挥发性,因而易于精制,金属醇盐水解时不需添加其他阳离子和阴离子,所以能获得高纯度的生成物。根据不同的水解条件,可以得到颗粒直径从几纳米到几十纳米的化学组成均匀的复合氧化物粉体。其突出优点是反应条件温和、操作简单,但成本较高,这种方法是制备单一和复合氧化物高纯微粉的重要方法之一。

增韧氧化锆(四方氧化锆)中稳定剂(Y_2O_3,CeO_2 等)的加入具有决定性的作用,为得到均匀弥散的分布,一般采用醇盐加水分解法制备粉料。把锆或锆盐与乙醇一起反应合成锆的醇盐 $Zr(OR)_4$,同样的方法合成钇的醇盐 $Y(OR)_3$,把两者混合于有机溶剂中,加水使其分解,将水解生成的溶胶洗净、干燥,并在 850 ℃ 煅烧得到粉料。根据不同水解条件可得到从几纳米到几十纳米均匀化学组成的复合氧化锆粉料,由于金属醇盐水解不需添加其他离子,所以能获得高纯度成分。此外,这种方法也可用于 $BaTiO_3$,PLZT,$SrTiO_3$ 等微粉的制取。醇盐水解法制备的超微粉体不但具有较大的活性,而且粒子通常呈单分散状态,在成形中表现出良好的填充性,具有良好的低温烧结性能。

3. 溶胶-凝胶法

溶胶-凝胶法是 20 世纪 60 年代发展起来的,近年来多用于制备纳米颗粒和薄膜。它将金属氧化物或氢氧化物浓的溶胶转变为凝胶,再将凝胶干燥后进行煅烧,然后制得氧化

物的方法。这种方法曾作为核燃料用的锕系元素氧化物的合成法而进行研究,用于能形成浓的溶胶且可以转变为凝胶的氧化物系。用这种方法制得的 ThO_2 烧结性良好,可在 1 150 ℃温度下进行烧结。所得制品的密度为理论密度的99%,可见致密程度相当高。总之,溶胶–凝胶法具有以下优点:①在溶液中进行反应,均匀度高;②化学计量准确,易于改型掺杂;③烧结温度可较大降低;④制得的粉料粒径小,分布均匀,纯度高。采用溶胶–凝胶法制备纳米粉体的基本流程,如图1.9所示。

图1.9 溶胶–凝胶法制备纳米粉体的基本流程

莫来石,最早发现于苏格兰的莫来岛,因此而得名。天然莫来石在地壳中质量分数很少,世界上没有具有经济价值的天然莫来石矿,现实中大多使用人造莫来石。莫来石具有许多优良特性,其热传导系数和热膨胀系数较低,抗蠕变性和抗热震稳定性好,电绝缘性和化学稳定性优良,高温强度较高。由于莫来石具有这些优良特性,故莫来石在结构、电子、光学等领域得到广泛的应用。溶胶–凝胶法是制备莫来石粉料的方法之一。所用原料有:正硅酸乙酯(TEOS)、硝酸铝($Al(NO_3)_3 \cdot 9H_2O$)、无水乙醇(EtOH)、蒸馏水、盐酸。设定组成配方 $Al_2O_3 : SiO_2 = 3 : 2$,TEOS:EtOH:$H_2O = 1 : 1 : 4$。操作步骤为:

①按一定比例制备正硅酸乙酯、水、乙醇的混合液,并加入催化剂盐酸,放置一段时间进行预水解;

②制备硝酸铝的乙醇溶液;

③将预水解后的混合液和硝酸铝的乙醇液混合,并在一定的温度下水洗加热,得到湿凝胶;

④老化后的湿凝胶用无水乙醇洗涤3次,再在烘箱中烘干得到干凝胶;

⑤干凝胶在高温下煅烧后即得到莫来石粉。

溶胶–凝胶法是很有优势的粉体制备方法,利用溶胶–凝胶法制备的纳米粉体可用于电子材料、生物材料、结构陶瓷等多种材料。当前,国际上溶胶–凝胶与粉体制备技术的研究已经相当活跃。随着各种新技术、新设备的出现,可以预见,溶胶–凝胶技术将会迎来一个全新的发展阶段。

4. 溶剂蒸发法

沉淀法存在下列几个问题:生成的沉淀呈凝胶状,水洗和过滤困难;沉淀剂(NaOH,KOH)作为杂质混入粉料中,如采用可以分解消除的 NH_4OH,$(NH_4)_2CO_3$ 作沉淀剂,Ca^{2+},Ni^{2+} 会形成可溶性络离子;沉淀过程中各成分可能分离;在水洗时一部分沉淀物再溶解。为解决这些问题,研究了不用沉淀剂的溶剂蒸发法。这种方法是将溶液通过各种物理手段进行雾化获得超微粒子的一种化学与物理相结合的方法,基本过程是溶液的制备、喷雾、干燥、收集和热处理,其特点是颗粒分布比较均匀,一般为球状,流动性好,能合成复杂的多成分氧化物粉料。

（1）冰（冷）冻干燥法

将金属盐水溶液喷到低温有机液体上，使液滴瞬时冷冻，然后在低温降压条件下升华、脱水，再通过分解制得粉料，这就是冰冻干燥法。采用这种方法能制得组成均匀、反应性和烧结性良好的微粉。"阿波罗"号航天飞机上所用燃料电池（掺 Li 的 NiO 氧电极），就是采用冰冻干燥法和喷雾干燥法制造的，在 150 ℃ 以下显示出很强的活性。在冰冻干燥法中，由于干燥过程中冰冻液体并不收缩，因而生成粉料的表面积比较大，表面活性高。

冰冻干燥法分冻结、干燥、焙烧三个过程。①液滴的冻结：使金属盐水溶液快速冻结用的冷却剂是不能与溶液混合的液体。例如，将干冰与丙酮混合作冷却剂将己烷冷却，然后用惰性气体携带金属盐溶液由喷嘴中喷入己烷。除了用己烷作冷冻剂外，也可用液氮作冷冻剂（77 K）。但是用己烷的效果较好，因为用液氮作冷冻剂时气相氮会环绕在液滴周围，使液滴的热量不易传出来，从而降低了液滴的冷冻速度，使液滴中的组成盐分离，成分变得不均匀。②冻结液滴的干燥：将冻结的液滴加热，使水快速升华，同时采用凝结器捕获升华的水，使装置中的水蒸气降低，达到提高干燥效率的目的。

冷冻干燥法具有一系列优点：在溶液状态下均匀混合，适于添加微量组分，有效合成特种陶瓷材料，精确控制最终组分；制备的粉体粒度为 10~500 nm，容易获得易烧结的特种陶瓷微粉；操作简单，特别适合高纯陶瓷材料用微粉的制备。

（2）喷雾干燥法

喷雾干燥法是将溶液分散成小液滴喷入热风中，使之迅速干燥的方法。例如铁氧体的超细微粒可采用此种方法进行制备。具体程序是将镍、锌、铁的硫酸盐的混合水溶液喷雾，获得了 10~20 μm 混合硫酸盐的球状粒子，经 1 073~1 273 K 焙烧，即可获得镍锌铁氧体软磁超微粒子，该粒子是由 200 nm 的一次颗粒组成。喷雾干燥法应用广泛，工艺简单，制得的粉体具有化学均匀性好，重复性、稳定性与一致性好，以及球状颗粒、流动性好的特点，适于工业化大规模生产微粉的方法。

（3）喷雾热分解法

喷雾热分解法是一种将金属盐溶液喷雾至高温气氛中，立即引起溶剂的蒸发和金属盐的热分解，从而直接合成氧化物粉料的方法。此方法也可称为喷雾焙烧法、火焰雾化法、溶液蒸发分解法。喷雾热分解法和上述喷雾干燥法适合于连续操作，所以生产能力很强。喷雾热分解法中有两种方法，一种方法是将溶液喷到加热的反应器中，另一种方法是将溶液喷到高温火焰中。多数场合使用可燃性溶剂（通常为乙醇），以利用其燃烧热。例如，如将 $Mg(NO_3)_2 + Mn(NO_3)_2 + 4Fe(NO_3)_2$ 的乙醇溶液进行喷雾热分解，就能得到 $(Mg_{0.5}Mn_{0.5})Fe_2O_4$ 的微粉。喷雾热分解法不需过滤、洗涤、干燥、烧结及再粉碎等过程，产品纯度高，分散性好，粒度均匀可控，能够制备多组分复合粉体。

5. 水热法

水热法是指密闭体系如高压釜中，以水为溶剂，在一定的温度和水的自生压力下，原始混合物进行反应的一种合成方法。由于在高温、高压水热条件下，能提供一个在常压条件下无法得到的特殊的物理化学环境，使前驱物在反应系统中得到充分的溶解，并达到一定的过饱和度，从而形成原子或分子生长基元，进行成核结晶生成粉体或纳米晶，既可制备单组分微小单晶体，又可制备多组分化合物粉体，而且所制备的粉体粒度细小均匀、纯度高、分散性好、无团聚、形状可控、晶型好,利于环境净化,是一种极有应用前景的纳米陶瓷粉体的制备方法。

水热法的特点主要有:①由于反应是在相对高的温度和压力下进行,因此有可能实现在常规条件下不能进行的反应。②改变反应条件(温度、酸碱度、原料配比等)可能得到具有不同晶体结构、组成、形貌和颗粒尺寸的产物。③工艺相对简单,经济实用,过程污染小。

水热法最初主要用于单组分氧化物(如 ZrO_2,Al_2O_3 等)的制备,随着制备技术的不断改进和发展,水热法广泛应用于单晶生长、陶瓷粉体和纳米薄膜的制备、超导体材料的制备与处理及核废料的固定等研究领域。一些非水溶剂也可以代替水作为反应介质,如乙醇、苯、乙二胺、四氯化碳、甲酸等非水溶剂就曾成功地用于非水溶剂水热法中制备纳米粉体。

此外,近年来水热法制备纳米氧化物粉体技术又有新的突破,将微波技术引入水热制备技术中,可在很短的时间内制得优质的 CdS 和 Bi_2S_3 粉体;采用超临界水热合成装置可连续制备纳米氧化物粉体;将反应电极埋弧技术应用到水热法制备技术中制备粉体等。

6. 超临界流体沉积技术

当一种流体的温度和压力同时比其临界温度(T_c)和临界压力(p_c)高时就称为超临界流体(SCF)。在临界温度和临界压力时流体的液相和气相变得不能区分,该点称为临界点。超临界流体具有类似液体的密度、类似气体的黏度和扩散性。另外,超临界流体的表面张力远远低于液体,在超临界区,随着温度或压力的很小的变化,这些性质可呈现出很大的变化,其特殊的物理性质使超临界流体成为一种优良的溶剂和抗熔剂,用于溶解和分离物质。常用的超临界流体包括乙烯、二氧化碳、一氧化氮、丙烯、丙烷、氨、正戊烷、乙醇和水,临界温度依次升高。

自 1822 年 Cagniard 发现流体的超临界现象以来,人们对其性质的认识越来越深入,近年来应用超临界流体(SCF)的新兴技术有超临界流体萃取、超临界流体中的化学反应、超临界流体沉积技术等。超临界流体沉积技术是正在研究中的一种新技术。在超临界情况下,降低压力可以导致过饱和的产生,而且可以达到高的过饱和速率,固体溶质可从超临界溶液中结晶出来。由于这种过程在准均匀介质中进行能够更准确地来控制结晶过程。由此可见,从超临界溶液中进行固体沉积是一种很有前途的新技术,能够生产出平均粒径很小的细微粒子,而且还可控制其粒度尺寸的分布。

1.3.3　气相合成法

气相法是直接利用气体或者通过各种手段将物质变成气体,使之在气体状态下发生物理变化或化学反应,最后在冷却过程中凝聚长大形成粉体的方法。由气相生成粉体的方法有如下两种:一种是系统中不发生化学反应的蒸发–凝聚法(PVD),另一种是气相化学反应法(CVD)。PVD 法是将原料加热至高温(用电弧或等离子流等加热),使之气化,接着在电弧焰和等离子焰与冷却环境造成的较大温度梯度条件下急冷,凝聚成微粒状物料的方法。采用这种方法能制得颗粒直径在 5 ~ 100 nm 的微粉,其纯度、粒度、晶形都很好,成核均匀,粒径分布窄,颗粒尺寸能够得到有效控制,这种方法适用于制备单一氧化物、复合氧化物、碳化物或金属的微粉。

CVD法通常包括一定温度下的热分解、合成或其他化学反应,多数采用高挥发性金属卤化物、羰基化合物、烃化物、有机金属化合物、氧氯化合物和金属醇盐原料,有时还涉及使用氧、氢、氨、甲烷等一系列进行氧化还原反应的反应性气体。该法所用设备简单,反应条件易控制,产物纯度高,粒径分布窄,特别适于规模生产。

(1)低压气体中蒸发法(气体冷凝法)

气体冷凝法是采用物理方法制备微粉的一种典型方法,是在低压的氩、氮等惰性气体中加热金属,使其蒸发后形成超微粒或纳米微粒。加热源有以下几种:电阻加热法;等离子喷射法;高频感应法;电子束法;激光法。这些不同的加热方法使得制备出的超微粒的量、品种、粒径大小及分布等存在一些差别。气体冷凝法早在1963年由Ryozi Uyeda及其合作者研制出,即通过在纯净的惰性气体中的蒸发和冷凝过程获得较干净的纳米微粒。20世纪80年代初,Gleiter等人首先提出,在超高真空条件下采用气体冷凝法制得具有清洁表面的纳米微粒,图1.10为气体冷凝法制备纳米微粒的原理图。

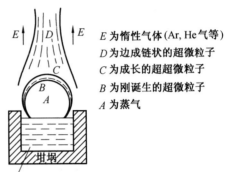

E为惰性气体(Ar, He气等)
D为边成链状的超微粒子
C为成长的超超微粒子
B为刚诞生的超微粒子
A为蒸气

熔化的金属、合金或离子化合物、氧化物

图1.10　气体冷凝法制备纳米微粒的原理图

整个过程是在超高真空室内进行,通过分子涡轮泵使其达到0.1 Pa以上的真空度,然后充入低压(约2 kPa)的纯净惰性气体(He或Ar,纯度为99.999 6%)。欲蒸的物质(例如CaF_2,NaCl,FeF等离子化合物、过渡族金属氮化物及易升华的氧化物等)置于坩埚内,通过钨电阻加热器或石墨加热器等加热装置逐渐加热蒸发,产生原物质烟雾,由于惰性气体的对流,烟雾向上移动,并接近充液氮的冷却棒(冷阱,77 K)。在蒸发过程中,由原物质发出的原子由于与惰性气体原子碰撞迅速损失能量而冷却,这种有效的冷却过程在原物质蒸气中造成很高的局域过饱和,这将导致均匀的成核过程。因此,在接近冷却棒的过程中,原物质蒸气首先形成原子簇,然后形成单个纳米微粒。在接近冷却棒表面的区域内,由于单个纳米微粒的聚合而长大,最后在冷却棒表面上积累起来,用聚四氟乙烯刮刀刮下来并收集起来获得纳米粉。

气体冷凝法是通过调节惰性气体压力,用蒸发物质的分压即蒸发温度或速率,或惰性气体的温度来控制纳米微粒粒径的大小。实验表明,随蒸发速率的增加(等效于蒸发源温度的升高)粒子变大,或随着原物质蒸气压力的增加,粒子变大。气体冷凝法特别适于制备由液相法和固相法难以直接合成的非氧化物系的微粉,粉体纯度高,结晶组织好,粒度可控,分散性好。

(2)溅射法

溅射法制备超微粒子的原理,如图1.11所示。用两块金属板分别作为阳极和阴极,阴极为蒸发用的材料,在两电极间充入Ar气(40~250 Pa),两电极间施加的电压为0.3~1.5 kV。由于两电极间的辉光放电使Ar离子形成,在电场的作用下Ar离子冲击阴极靶材表面,使靶材原子从其表面蒸发出来形成超微粒子,并在附着面上沉积下来。粒子的大小及尺寸分布主要取决于两电极间的电压、电流和气体压力,靶材的表面积越大,原子的蒸发速度越高,超微粒的获得量越多。

有人用高压气体中溅射法来制备超微粒子,靶材达高温,表面发生熔化(热阴极),在两极间施加直流电压,使高压气体,例如 13 kPa 的 15% H_2 +85% He 的混合气体,发生放电,电离的离子冲击阴极靶面,使原子从熔化的蒸发靶材上蒸发出来,形成超微粒子,并在附着面上沉积下来,用刀刮下来收集超微粒子。

用溅射法制备纳米微粒有以下优点:可制备多种纳米金属,包括高熔点和低熔点金属。常规的热蒸发法只能适用于低熔点金属;能制备多组元的化合物纳米微粒,如 $Al_{52}Ti_{48}Cu_{91}Mn_9$ 及 ZrO_2 等;通过加大被溅射的阴极表面可提高纳米微粒的获得量。

(3)通电加热蒸发法

此法是通过碳棒与金属相接触,通电加热使金属熔化,金属与高温碳素反应并蒸发形成碳化物超微粒子。图 1.12 为通电加热蒸发法制备 SiC 超微粒的装置图。

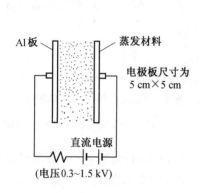

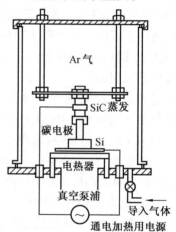

图 1.11　溅射法制备超微粒子的原理　　　图 1.12　通电加热蒸发法制备 SiC 超微粒装置

碳棒与 Si 板(蒸发材料)相接触,在蒸发室内充有 Ar 或 He 气,压力为 1 ~ 10 kPa,在碳棒与 Si 板间通交流电(几百安培),Si 板被其下面的加热器加热,随 Si 板温度上升,电阻下降,电路接通。当碳棒温度达到白热程度时,Si 板与碳棒相接触的部位熔化。当碳棒温度高于 2 473 K 时,在它的周围形成了 SiC 超微粒的"烟",然后将它们收集起来。

SiC 超微粒的获得量随电流的增大而增多。例如在 400 Pa 的 Ar 气中,当电流为 400A,SiC 超微粒的收得率为约 0.5 g/min。惰性气体种类不同超微粒的大小也不同,He 气中形成的 SiC 为小球形,Ar 气中为大颗粒。

用此种方法还可以制备 Cr,Ti,V,Zr,Hf,Mo,Nb,Ta 和 W 等碳化物超微粒子。

(4)混合等离子法

这是采用 RF 等离子与 DC 等离子组合的混合方式获得超微粒子的方法,图 1.13 为混合等离子法制备超微粒子的装置。

图 1.13 中石英管外的感应线团产生高频磁场(几兆赫)将气体电离产生 RF 等离子体,由载气携带的原料经等离子体加热反应生成超微粒子并附着在冷却壁上。由于气体

或原料进入 RF 等离子体的空间会使 RF 等离子弧焰被搅乱,导致超微粒的生成困难。为了解决这个问题,采用沿等离室轴向同时喷出 DC(直流)等离子电弧束来防止 RF 等离子弧焰受干扰,因此称为"混合等离子"法。该制备方法有以下几个特点:产生 RF 等离子体时没有采用电极,不会有电极物质(熔化或蒸发)混入等离子体而导致等离子体中含有杂质,因此超微粒的纯度较高;等离子体所处的空间大,气体流速比 DC 等离子体慢,使反应物质在等离子空间滞留时间长,物质可以充分加热和反应;可以产生 O_2 等其他方法不能产生的等离子体;可使用非惰性气体(反应性气体)。因此,可制备化合物超

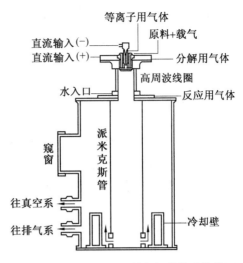

图 1.13　混合等离子法制备超微粒子的装置

微粒子,即混合等离子法不仅能制备金属超微粒,也可制备化合物超微粒,产品多样化。

(5)激光诱导化学气相沉积(LICVD)

LICVD 法制备超细微粉是近几年兴起的,LICVD 法具有清洁表面、粒子大小可精确控制、无黏结、粒度分布均匀等优点,并容易制备出几纳米至几十纳米的非晶态或晶态纳米微粒。目前,LICVD 法已制备出多种单质、无机化合物和复合材料超细微粉末。LICVD 法制备超细微粉已进入规模生产阶段,美国的 MIT(麻省理工学院)于 1986 年已建成年产几十吨的装置。

激光制备超细微粒的基本原理是利用反应气体分子(或光敏剂分子)对特定波长激光束的吸收,引起反应气体分子激光光解(紫外光解或红外多光子光解)、激光热解、激光光敏化和激光诱导化学合成反应,在一定工艺条件下(激光功率密度、反应池压力、反应气体配比和流速、反应温度等),获得超细粒子空间成核和生长。例如用连续发出的 CO_2 激光(10.6 μm)辐照硅烷气体分子(SiH_4)时,硅烷分子很容易热解,热解生成的气相硅 Si(g)在一定温度和压力条件下开始成核和生长,粒子成核后的典型生长过程包括如下五个过程:

反应体向粒子表面的输运过程;

在粒子表面的沉积过程;

化学反应(或凝聚)形成固体过程;

其他气相反应产物的沉积过程;

气相反应产物通过粒子表面输运过程。

粒子直径可控制在小于 10 nm,通过工艺参数调整,粒子大小可控制在几纳米至 100 nm,且粉的纯度高。用 SiH_4 除了能合成纳米 Si 微粒外,还能合成 SiC 和 Si_3N_4 纳米微粒,粒径可控制在几纳米至 70 nm,粒度分布可控制在正负几纳米以内。激光制备纳米粒子装置一般有两种类型:正交装置和平行装置,其中正交装置使用方便,易于控制,工程实用价值大。

图 1.14 为 LICVD 法合成纳米粉装置。图中激光束与反应气体的流向正交,用波长为 10.6 μm 的二氧化碳激光,最大功率为 150 W,激光束的强度在散焦状态为 270 ~ 1 020 W/cm²,聚焦状态为 105 W/cm²,反应室气压为 8.11 ~ 101.33 Pa,激光束照在反应气体上形成了反应焰。经反应在火焰中形成了微粒,由氩气携带进入上方微粒捕集装置。由于纳米微粒比表面积大,表面活性高,表面吸附性强,在大气环境中,上述微粒对氧有严重的吸附(约 1% ~ 3%),物体的收集和取出要在惰性气体环境中进行,对吸附的氧可在高温下(>1 273 K)通过 HF 或 H₂ 处理。目前 LICVD 法的研究重点是在继续研究其内在规律的同时,开展超细粉的成形烧结技术及相关理论方面的探讨,以寻求激光制粉新气源和反应途径。LICVD 法已成为粉体制备工艺中最有发展前途的方法之一,正得到迅速发展。

(6)爆炸丝法

这种方法适用于工业上连续生产纳米金属、合金和金属氧化物的纳米物体。基本原理是先将金属丝固定在一个充满惰性气体(5×10⁶ Pa)的反应室中,如图 1.15,丝两端的卡头为两个电极,它们与一个大电容相连接形成回路,加 15 kV 的高压,金属丝在 500 ~ 800 kA 电流下进行加热,融断后在电流中断的瞬间,卡头上的高压在融断处放电,使熔融的金属在放电过程中进一步加热变成蒸气,在惰性气体碰撞下形成纳米金属或合金粒子沉降在容器的底部,金属丝可以通过一个供丝系统自动进入两卡头之间,从而使上述过程重复进行。

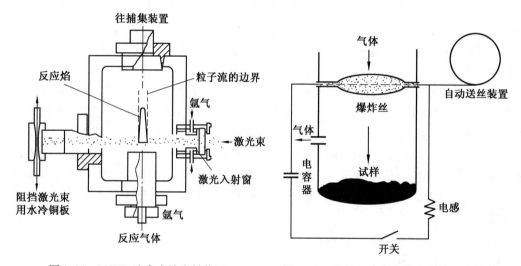

图 1.14　LICVD 法合成纳米粉装置　　　图 1.15　爆炸丝法制备纳米粉体装置示意图

为了制备某些易氧化的金属氧化物纳米粉体,可通过两种方法来实现:一是先在惰性气体中充入一些氧气,另一方法是将已获得的金属纳米粉进行水热氧化。用这两种方法制备的纳米氧化物有时会呈现不同的形状,例如由前者制备的氧化铝为球形,后者则为针状粒子。

(7)化学气相凝聚法(CVC)和燃烧火焰-化学气相凝聚法(CF-CVC)

这是通过金属有机先驱物分子热解获得纳米陶瓷粉体的方法。化学气相凝聚法的基本原理是利用高纯惰性气体作为载气,携带金属有机前驱物,例如六甲基二硅烷等,进入铝丝炉,如图1.16,炉温为1 100~1 400 ℃,气氛的压力保持在100~1 000 Pa 的低压状态,在此环境下,原料热解形成团簇,进而凝聚成纳米粒子,最后附着在内部充满液氮的转动衬底上,经刮刀刮下进入纳米粉收集器。

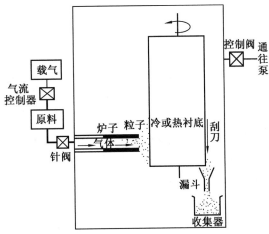

燃烧火焰-化学气相凝聚法采用的装置基本上与 CVC 法相似,不同处是将钼丝炉改换成平面火焰燃烧器,如图1.17,燃烧器的前面由一系列喷嘴组成。

当含有金属有机前驱物蒸气的载气(例如氩气)与可燃性气体的混合气体均匀地流过喷气嘴时,产生均匀的平面燃烧

图1.16 化学蒸发凝聚(CVC)装置示意图(工作室压力为 100~1 000 Pa)

火焰,火焰由 C_2H_2、CH_4 或 H_2 在 O_2 中燃烧所致。反应室的压力保持 100~500 Pa 的低压,金属有机前驱物经火焰加热在燃烧器的外面热解形成纳米粒子,附着在转动的冷阱上,经刮刀刮下收集。此法比 CVC 法的生产效率高得多,因为热解发生在燃烧器的外面,而不是在炉管内,因此反应充分并且不会出现粒子沉积在炉管内的现象。此外,由于火焰的高度均匀,保证了形成每个粒子的原料都经历了相同的时间和温度的作用,粒径分布窄。

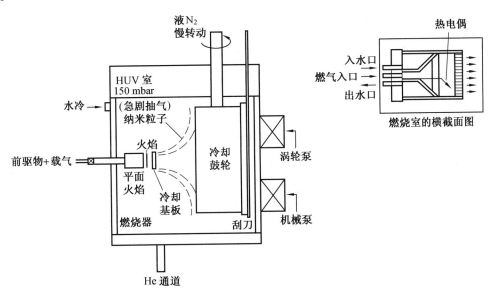

图 1.17 燃烧火焰-化学气相凝聚装置

第2章 特种陶瓷成形工艺

特种陶瓷的成形技术与方法对于制备性能优良的制品具有重要的意义,它比起传统陶瓷来具有不同的特点。特种陶瓷成形方法主要是根据制品的性能、形状、大小、厚薄、产量和成本等方面的要求决定的。

2.1 配料计算

在特种陶瓷工艺中,配料对制品的性能和以后各道工序的影响很大,例如,PZT 压电陶瓷在配料中,ZrO_2 的质量分数变动 0.5% ~ 0.7% 时,Zr/Ti 就从 52/48 变到 54/46。从图 2.1 可以看到,此时 PZT 陶瓷极化后的介电常数的变动是很大的。PZT 压电陶瓷配方组成点多半是靠近相界线,由于相界线的组成范围很窄,一旦组成点发生偏离,导致制品性能波动很大,甚至会使晶体结构从四方相变到立方相。

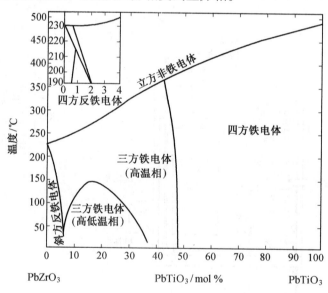

图 2.1 $PbZrO_3$–$PbTiO_3$ 固溶体相图

配料的设计非常复杂,将配料计算结果作为进行配方试验的依据,在试验的基础上决定产品的最后配方。在进行配方计算和配方试验之前,必须对所使用的原料化学组成、矿物组成、物理性质以及工艺性能进行全面分析,同时对产品的质量要求和性能要求也要全面了解,才能做出科学配方,保证配方最大限度地获得预期效果。在确定陶瓷配方时,遵循下列原则。

①产品的物理化学性质以及使用要求是考虑坯料组成的主要依据。如电瓷要有较高的机械强度和电气绝缘性能。釉面砖则应规格一致,釉面光滑平整并有一定的吸水率等。因此在设计配方时,一定要考虑各类陶瓷材料的基本性能要求。

②借鉴一些工厂或研究单位积累的经验和数据,既可节省时间,又有助于提高效率。对于已经总结出经验的原料对坯料性质的影响关系,无论是定性的说明或定量的数据都值得参考。对于新材质或新产品的配方,则以原有的经验和相近的规律为基础进行试验创新。由于原料性质的差异和生产条件的不同,则不能机械地搬用。

③了解各种原料对产品性质的影响是配料的基础。陶瓷是多组分材料,每种坯料中都含有多种原料,不同的原料在生产过程以及产品的结构中都起着不同的作用。有的原料构成产品的主晶相,有的是玻璃相的主要来源,还有少量的添加物可以调节产品的性质。在陶瓷产品的性质中,有些能互相吻合和促进,有些是互相制约的,采用多种原料的配方有利于控制产品的性能,制造出稳定的材料。

④配方应满足生产工艺的要求。坯料应适应成形、干燥与烧成的要求。要求坯料组成和性能稳定,要求成形性能、干燥性能(干坯强度、干燥收缩)和烧成性能(烧结温度、烧结温度范围等)良好。

2.1.1 关于配方计算

在特种陶瓷生产中,常用的配料计算方法有两种:一种是按化学计量式进行计算,另一种是根据坯料预期的化学组成进行计算。

1. 按化学计量式计算

在特种陶瓷配方中,常常遇到这样的化学分子式:$Ca(Ti_{0.54}Zr_{0.46})O_3$,$(Ba_{0.85}Sr_{0.15})TiO_3$,$Pb_{0.9325}Mg_{0.0675}(Zr_{0.44}Ti_{0.56})O_3$ 等。这种分子式实质上与 ABO_3 相似,其特点是 A 位置上和 B 位置上各元素右下角系数的和等于 1。例如,$(Ca_{0.85}Ba_{0.15})TiO_3$ 可以看成是 $CaTiO_3$ 中有 15% mol 的 Ca 被 Ba 取代了。同样,$Ca(Ti_{0.54}Zr_{0.46})O_3$ 为 $CaTiO_3$ 中 46% mol 的 Ti 被 Zr 取代了。至于 $Pb_{0.95}Sr_{0.05}(Ti_{0.54}Zr_{0.46})O_3$ 就要复杂一些,但同样可以根据这一方式来进行分析。从上面的情形看,ABO_3 型化合物中,A 或 B 都能被其他元素所取代,从而能达到改性的目的。但这种取代能形成固溶体及化合物,这种取代不是任意的,而是有条件的。

明确化学分子式的意义后,就可以通过化学分子式计算各原料的质量分数,以及各原料的质量分数组成,这种方法也叫化学式计量方法。已知

$$物质的质量 = 该物质的摩尔数 \times 该物质的摩尔质量$$

为了配制任意质量的坯料,先要计算出各种原料在坯料中的质量分数。设各种原料的质量分别为 $m_i(i = 1, 2, \cdots, n)$;各原料的摩尔数分别为 x_i;各原料的摩尔质量分别为 M_i,则各原料的质量为

$$m_i = x_i M_i$$

知道了各种原料的质量就可求出各原料的质量分数。设质量分数为 A_i 则

$$A_i = \frac{m_i}{\sum_{i=1}^{n} m_i} \times 100\%$$

应当指出,上面的计算是按纯度为 100% 设想的,但一般原料都不可能有这样高的纯度,因此计算时要根据原料的实际纯度再换成实际的原料质量。设实际的原料质量为 m',纯度为 P 时,则

$$m' = \frac{m}{P}$$

除了原料的纯度外,原料中多少还含有一定的水分,因此,在配料称量前,如果原料不是很干,需要进行烘干,或者扣除水分(有些原料还特别容易吸收水分,这种情况称量时不应忽视)。

在配方计算时,原料有氧化物(如 MgO),也有碳酸盐($MgCO_3$)以及其他化合物。其计算标准一般根据所用原料化学分子式计算最为简便。只要把主成分按摩尔数计算配入坯料中即可。对于用铅类氧化物配料,如果用 PbO 配料,则 PbO 为 1 mol,如果用 Pb_3O_4 时,PbO 就是 3 mol。

为了方便起见,可以把结果列成一个表,以便检查和验算有无差错。

例如,配制料方为($Ba_{0.85}Ca_{0.15}$)TiO_3,采用 $BaCO_3$,$CaCO_3$,TiO_2 原料进行配料,计算出各项料的质量分数。

按以上所述的计算法,列入表 2.1 进行计算。

表 2.1　各项料的质量分数

配　　料	项　　　　目			
	x_i/mol	摩尔质量 M_i	原料质量 $m_i = x_i M_i$	$A_i = \dfrac{m_i}{\sum\limits_{i=1}^{n} m_i} \times 100\%$
$BaCO_3$	0.85	197.35	167.75	62.174
$CaCO_3$	0.15	147.63	22.15	8.208
TiO_2	1.00	79.9	79.90	29.615
			$\sum\limits_{i=1}^{3} m_i = 269.80$	$\sum\limits_{i=1}^{3} A_i = 99.997\%$

对于特种陶瓷的配方,其组成有的简单,有的比较复杂。除了主成分外,还有添加物。这些添加物有的是为了调整性能,有的是为了调整工艺参数。其用量是根据试验研究的结果和实际生产经验确定的。配方时,可以按质量百分比组成表示,也可以采用外加方式表示。

还必须指出,在配料时,每次配料都不可能完全相同,如果原料有所变更,有可能出现不同情况。因此,每一次配料都应标明原料的产地、批量、配料日期和人员,以便当制品性能发生变化时进行查考和分析。如果有条件,每批原料应作化学分析,尤其是微量杂质,这在特种陶瓷研制和生产中也是很重要的。

2. 根据坯料预定化学组成进行配料计算

一般工业陶瓷,如装置瓷、低碱瓷等,常采用这种方法进行计算。

例　已知坯料的化学组成见表 2.2。

表 2.2　坯料的化学组成

化学组成	Al_2O_3	MgO	CaO	SiO_2
$w_B/\%$	93	1.3	1.0	4.7

用原料氧化铝(工业纯,未经煅烧)、滑石(未经煅烧)、碳酸钙、苏州高岭土配制,求出其组成的质量分数。

解　设氧化铝、碳酸钙的纯度为100%;滑石为纯滑石($3MgO \cdot 4SiO_2 \cdot H_2O$),其理论质量分数为31.7% MgO,63.5% SiO_2,4.8% H_2O;苏州高岭土为纯高岭土($Al_2O_3 \cdot 2SiO_2 \cdot 2H_2O$),其理论质量分数为39.5% Al_2O_3,46.5% SiO_2,14% H_2O。

下面根据化学组成计算原料的质量分数:

①配方中的CaO只能由$CaCO_3$引入,因此,引入质量为1(以100为基准)的CaO,需$CaCO_3$的质量为

$$CaCO_3 \text{ 的质量} = 1/0.560\ 3 = 1.78$$

其中0.560 3为$CaCO_3$转化为CaO的转化系数。

②配方中的MgO只能由滑石引入,因此引入质量为1.3的MgO需要的滑石质量为

$$滑石的质量 = 1.3/0.317 = 4.10$$

③配方中的SiO_2由高岭土和滑石同时引入,所以需引入的高岭土质量为

$$高岭土质量 = (4.7 - 由滑石引入的 SiO_2 \text{ 质量})/0.465 =$$
$$(4.7 - 4.10 \times 0.635)/0.465 = 4.51$$

④工业Al_2O_3的引入质量为

$$工业 Al_2O_3 \text{ 的质量} = 93 - 由高岭土引入的 Al_2O_3 \text{ 质量} =$$
$$93 - 4.51 \times 0.395 = 91.22$$

⑤引入原料的总质量为

$$m = 1.78(CaCO_3) + 4.10(滑石) + 4.51(高岭土) +$$
$$91.22(工业纯氧化铝) = 101.61$$

⑥原料组成的质量分数为

$$CaCO_3 = 1.78/m \times 100\% = 1.75\%$$

$$滑石 = 4.1/m \times 100\% = 4.03\%$$

$$高岭土 = 4.51/m \times 100\% = 4.44\%$$

$$工业纯氧化铝 = 91.22/m \times 100\% = 89.77\%$$

总计 99.99%

假设采用煅烧过的氧化铝和滑石进行配料,计算方法相同。

2.2　坯料预处理

2.2.1　成形前的原料处理

许多情况下,原料粉末在使用前要进行一定的处理,如煅烧、粉碎、分级、净化等。原料进行处理的目的是调整和改善其物理、化学性质,使之适应后续工序和产品性能的需要。原料处理包括改变粉末的物理性质和化学性质,如改变粉末的粒度、粒度分布、颗粒形状、流动性和成形性,改变晶型,去除氧化物、吸附气体和低挥发点杂质,消除游离碳,洗去因各种原因引入的夹杂等。原料是否需要进行处理和进行哪些处理要根据具体情况决定。

1. 原料煅烧

煅烧的主要目的:

①去除原料中易挥发的杂质、化学结合和物理吸附的水分、气体、有机物等,从而提高原料的纯度;

②使原料颗粒致密化及结晶长大,这样可以减少在以后烧结中的收缩,提高产品的合格率;

③完成同质异晶的晶型转变,形成稳定的结晶相,如 $\gamma\text{-}Al_2O_3$ 煅烧成 $\alpha\text{-}Al_2O_3$。

2. 原料的混合

对传统陶瓷采用球磨机进行粉碎,球磨机既是粉碎工具又是混合工具。混合均匀性较好,但对特种陶瓷来说,通常采用细粉进行配料混合,不需要再进行磨细,主要是满足均匀混合的要求。

(1)加料的次序

在特种陶瓷的坯料中常常加入微量的添加物,以达到改性的目的。由于它们占的比例很小,为了使这部分用量很小的原料在整个坯料中均匀分布,在操作上要特别仔细,这就要研究加料的次序。一般先加入一种用量多的原料,然后加用量少的原料,最后再把另一种用量较多的原料加在上面。这样用量少的原料就夹在两种用量较多的原料中间,可以防止用量少的原料黏在球磨筒筒壁上,或黏在研磨体上造成坯料混合不均匀,影响制品的性能。

(2)加料的方法

在特种陶瓷的制备中,常常需要使用两种或两种以上的原料,这就需要混合。有时虽然是一种原料,但要加入一些微量的添加剂,也需要混合。混合的好坏直接影响到产品的性能,特别是当被混合物的密度、配料比相差悬殊,或物料性质相差十分悬殊时就增加了混料的难度。既可以采用干混也可以采用湿混,湿混的介质可以是水、酒精或其他有机物质。

在特种陶瓷中,有时少量的添加物并不是一种简单的化合物,而是一种多元化合物。例如,一种配方组成为 $K_{0.5}Na_{0.5}NbO_3 + 2\% PbMg_{1/3}Nb_{2/3}O_3 + 0.5\% MnO_2$,$PbMg_{1/3}Nb_{2/3}O_3$ 质

量分数很小,其中个别原料的质量分数就更小了。在这种情况下,如果配料时多元化合物不经预先合成,而是一种一种地加进去,就会产生混合不均匀和称量误差,并会产生化学计量的偏离,而且摩尔数越小,产生的误差就越大,这样会影响到制品的性能,达不到改性的目的。因此,必须事先合成为某一种化合物,然后再加进去,这样既不会产生化学计量偏离,又能提高添加物的作用。

(3)湿法混合时的分层

在配料时虽然采用湿磨混合,其分散性、均匀性都较好,但由于原料的密度不同,特别是当密度大的原料,料浆又较稀时,更容易产生分层现象,对于这种情况,应在烘干后仔细地进行混合,然后过筛就可以减少分层现象了。

(4)球磨筒的使用

在特种陶瓷研究和生产中,球磨筒(或混合用器)最好能够专用,或者至少同一类型的坯料应专用。否则,由于前后不同配方的原料因黏球磨筒及研磨体,引进杂质而影响到配方组成,从而影响到制品的性能。

混合可以在球磨机、V型混料机、锥形混料机、酒桶式混料机、螺旋混料机以及其他形式的混料机中进行,采用哪种混料机由条件和需要决定。例如,V型混料机、酒桶式混料机、锥形混料机较适合干混或半干混,螺旋混料机较适合于泥浆,球磨机则除混合外还可以附加以磨细功能,甚至使被混物料之间产生"合金化"。

3. 塑化

(1)塑化

所谓塑化是指在物料中加入塑化剂使物料具有可塑性的过程。在传统陶瓷中,黏土本身就是一种很好的塑化剂,所以无需另加塑化剂。在粉末冶金中,因为金属粉末有良好的塑性,因此也常不加或只加极少量的塑化剂,只有在压制难压物料时才加塑化剂。粉末冶金中常将塑化剂称为黏结剂,并与润滑剂混称为成形剂。在特种陶瓷生产中,除少数品种含有少量黏土外,坯料用的原料几乎都是采用化工原料,这些原料没有可塑性。因此,成形之前先要进行塑化。

可塑性是指坯料在外力作用下发生无裂纹的形变,当外力去掉后不再恢复原状的性能。

塑化剂是指使坯料具有可塑性能力的物质。有两大类:一类是无机塑化剂,一类是有机塑化剂。对于特种陶瓷,一般采用有机塑化剂。塑化剂由三种物质组成:

① 黏结剂,能黏结粉料。通常有:聚乙烯醇(polyvinyl alcohol,PVA)、聚乙烯醇缩丁醛(polyvinyl butyral,PVB)、聚乙烯乙二醇(polyvinyl glycol,PVG)、甲基纤维素(methyl cellulose,MC)、羧甲基纤维素(carboxy methyl cellulose,CMC)、乙基纤维素(ethy cellulose,EC)、羧丙基纤维素(hydroxy propyl cellulose,HPC)、石蜡(Wax)等。

② 增塑剂,溶于黏结剂中使其易于流动。有机增塑剂通常有甘油、酞酸二丁酯、草酸、乙酸三甘醇等。无机增塑剂有水玻璃(Na_2SiO_3)、黏土($xAl_2O_3 \cdot ySiO_2 \cdot 2H_2O$)、磷酸铝($AlPO_4$)等。

③ 溶剂,能溶解黏结剂、增塑剂并能和物料构成可塑物质的液体。常用的有水、无水酒精、丙酮、苯、醋酸乙酯等。

选择塑化剂要根据成形方法、物料性质、制品性能要求、塑化剂的价格以及烧结时塑化剂是否能排除及排除的温度范围等。

（2）塑化机理

无机塑化剂在传统陶瓷中主要指黏土物质,其塑化机理是加水后形成带电的黏土-水系统,使其具有可塑性和悬浮性。

有机塑化剂一般也是水溶性的,是亲水的,同时又是有极性的。因此,这种分子在水溶液中能生成水化膜,对坯料表面有活性作用,能被坯料的粒子表面所吸附,而且分子上的水化膜也一起被吸附在粒子表面上,因而在瘠性粒子的表面,既有一层水化膜,又有一层黏性很强的有机高分子。这种高分子是蜷曲线性分子,能把松散的瘠性粒子黏结在一起。由于有水化膜的存在,使其具有流动性,从而使坯料具有可塑性。图2.2为PVA有机塑化剂的塑化结构。

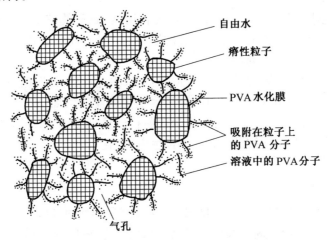

自由水

瘠性粒子

PVA水化膜

吸附在粒子上的PVA分子

溶液中的PVA分子

气孔

图2.2　PVA有机塑化剂的塑化结构

（3）几种常用的黏结剂

①聚乙烯醇。聚乙烯醇简称PVA,通常呈白色或淡黄色,是一种由许多链节连成的蜷曲而不规则的线型结构的高分子化合物。高分子化合物分子量的大小,对它的性质有很大的影响。用于塑化剂的分子量不宜过大,也不宜过小。聚合度n一般选择在1 500～1 700为宜,如果n过大,则弹性过大,不利于成形,过小则链短、强度低、脆性大,也不利于成形。

在使用PVA塑化剂时,如果坯料中含有某些氧化物,如CaO,BaO,ZnO,B_2O_3和某些盐类,如硼酸盐、磷酸盐等。一般最好不采用PVA,因为它们与PVA会生成一种有弹性的组合物,不利于成形。

②聚醋酸乙烯酯。聚醋酸乙烯酯为无色透明状或黏稠体的非晶态高分子化合物,不溶于水和甘油而溶于低分子量的醇、酯、酮、苯、甲苯中,聚合度通常在400～600之间。当坯料呈酸性(pH<7)时,用聚乙烯醇为宜,呈碱性(pH>7)时,用聚酸乙烯酯为宜。在使用聚酸乙烯酯作塑化剂,选用溶剂如苯、甲苯等时,因其有毒性,且挥发时刺激性很大要特别注意防护。

③羧甲基纤维素。羧甲基纤维素简称CMC,能溶于水,但不溶于有机溶剂。羧甲基纤维素烧后残留氧化钠和其他氧化物组成的灰分,因此选用时要考虑灰分掺入对制品性

能的影响。

④石蜡。石蜡通常为白色的结晶体,是一种固体的塑化剂,熔点在50℃左右,具有冷流动性,在受热时呈热塑性。热压铸成形是利用石蜡的热塑性,而干压成形是利用它的冷流动性,一般情况都使用石蜡作塑化剂。

（4）塑化剂对坯体性能的影响

①注意还原作用的影响。塑化剂在焙烧时由于氧化不完全,而产生CO气体,该气体将会同坯体中某些成分发生作用,导致还原反应,使制品的性能变坏。因此对焙烧工艺要特别注意。

②对电性能的影响。除了上面的还原作用对坯体的性能影响外,由于塑化剂挥发时产生一定的气孔,也会影响到制品的绝缘性和电性能。

③对机械强度的影响。塑化剂挥发是否完全和塑化剂用量的大小,都会影响到产生气孔的多少,从而将影响到坯体的机械强度。

④塑化剂用量的影响。一般情况下,塑化剂的质量分数越少越好,但塑化剂过低,坯体达不到致密化也容易分层。

⑤塑化剂挥发速率的影响。对塑化剂挥发温度的要求是低于坯体的烧成温度,而且挥发温度范围要大一些,有利于控制,否则因塑化剂集中在一个很窄的温度范围内剧烈挥发,容易产生开裂等现象。图2.3为PVA黏结剂的挥发情况。

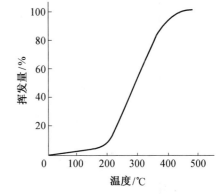

图2.3　PVA黏结剂的挥发情况（升温速度75℃/h）

4.造粒

对特种陶瓷的粉料,一般希望越细越好,有利于高温烧结,可降低烧成温度,提高产品的最终性能。但在成形时却不然,尤其对于干压成形来说,粉料的假颗粒度越细,流动性反而不好,这不仅不利于进行自动压制,而且粉末不能均匀地填充模子的每一个角落,易产生空洞,致密度不高。同时粉末细、松装密度小,装模容积大,为此成形前常常需要造粒。

所谓造粒就是在很细的粉料中加入一定塑化剂（如水）,制成粒度较粗、具有一定假颗粒度级配、流动性好的粒子（约20~80目）,又叫团粒。常用的造粒方法有普通造粒法、压块造粒法、喷雾造粒法和冻结干燥法。

普通造粒法通常是将加入适当黏结剂的粉料在专制的造粒机上进行,常用的造粒机有圆筒造粒机、圆盘造粒机等。另外,也可将坯料加入适当的塑化剂后,经混合过筛,得到一定大小的团粒。这种方法简单易行常用于实验室。但团粒质量较差,大小不一,团粒体积密度小。

压块造粒法是将加好黏结剂的粉料在较低压力下（相对于压制压力）预压成块,然后粉碎过筛（或擦筛）。这种方法形成的团粒体积密度较大。

喷雾造粒所用设备与吸雾干燥相同,是把坯料与塑化剂混合后（一般用水）形成料浆,再用喷雾器喷入造粒塔进行雾化、干燥,出来的粒子即为质量较好的团粒。这种造粒方法产量大,形成流动性好的球状团粒,可以连续生产。

冻结干燥法是将金属盐水溶液喷雾到低温有机液体中，液体立即冻结，使冻结物在低温减压条件下升华，脱水后进行热分解，从而获得所需的成形粉料。这种粉料成球状颗粒聚集体，组成均匀，反应性与烧结性良好，不需要喷雾干燥设备，主要用于实验室。

成形坯体质量与团粒质量关系密切，所谓团粒的质量是指团粒的体积密度、堆集密度和形状。体积密度大，成形后坯体质量好，球状团粒易流动且堆集密度大。

比较以上几种造粒方法，喷雾造粒的质量更好些。

5. 瘠性物料的悬浮

特种陶瓷在成形时，根据需要可以采用注浆成形，但是特种陶瓷的坯料一般为瘠性物料，不易于悬浮。为了达到悬浮和便于注浆成形，必须采取一定的措施。

特种陶瓷所用瘠性物料大致分为两类：一类与酸不起作用，一类与酸起作用。因此，根据不同情况采用不同方法。不溶于酸的可以通过有机表面活性物质的吸附，使其悬浮。现以 Al_2O_3（不溶于酸）为例讨论悬浮机理。

用盐酸处理 Al_2O_3 后，在 Al_2O_3 粒子表面生成三氯化铝（$AlCl_3$），三氯化铝立即水解，其反应式为

$$Al_2O_3 + 6HCl \Longrightarrow 2AlCl_3 + 3H_2O$$
$$AlCl_3 + H_2O \Longrightarrow AlCl_2OH + HCl$$
$$AlCl_2OH + H_2O \Longrightarrow AlCl(OH)_2 + HCl$$

从上面的反应式可见，Al_2O_3 在水中生成 $AlCl_2^+$ 和 $AlCl^{2+}$ 离子，犹如从 Al_2O_3 粒子表面吸附了一层 $AlCl_2^+$ 和 $AlCl^{2+}$，使 Al_2O_3 成为一个带正电荷的胶粒，然后胶粒吸附 OH^- 而形成一个庞大的胶团，如图2.4所示。悬浮液中 HCl 浓度变化（pH 值的变化）对悬浮性能有较大的影响。当 pH 值低时，即 HCl 浓度高，溶液中的 Cl^- 增多而逐渐进入吸附层，取代 OH^-，生成 $AlCl_3$。由于 Cl^- 的水化能力比 OH^- 强，Cl^- 水化膜厚，因此 Cl^- 进入吸附层个数减少，而留在扩散层的数量增加，即胶粒正电荷升高，扩散层增厚，结果胶粒 ζ 电位升高，溶液黏度降低，流动性提高，有利于悬浮。如果 HCl 浓度太高，由于 Cl^- 压入吸附层，中和掉较多的粒子表面的正电荷，使正电荷降低，扩散层变薄，ζ 电位下降，黏度升高，不利于悬浮。当悬浮液中 HCl 的浓度低（pH 值大）时，溶液中 Cl^- 减少，胶粒正电荷降低，流动性降低，不利于悬浮。因此，对于 Al_2O_3 料浆，pH 值在3.5左右时流动性最好，且悬浮性也较好，图2.4为 Al_2O_3 粒子双电层示意图。

其他氧化物料浆最适宜的 pH 值见表2.3。

表2.3 氧化物料浆最适宜的 pH 值

原　料	pH 值
氧化铝	3~4
氧化铬	2~3
氧化铍	4
氧化铀	3.5
氧化钍	<3.5
氧化锆	2.3

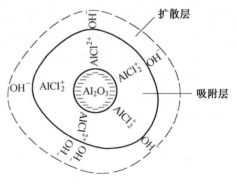

图2.4 Al_2O_3 粒子双电层示意图

对于与酸起反应的瘠性坯料要通过表面活性物质的吸附来达到悬浮的目的。一般用到的表面活性吸附剂为烷基苯磺酸钠(用量为0.3%~0.6%),其原理是由于它在水中能离解出大阴离子被吸附在粒子表面上,使粒子具有负电荷,根据这一原理同样可以达到悬浮的目的。

2.3 成形工艺

20世纪70年代末,伴随着陶瓷热机部件的研制,高技术陶瓷也受到了各国政府、研究部门及产业界的高度重视。进入90年代后,高技术陶瓷的发展遇到了许多问题,其中成形工艺是制造高技术陶瓷产品最为关键的环节之一。引起材料破坏的缺陷大多源于坯体中,亦即形成于成形过程,成形过程所造成的缺陷往往是陶瓷材料的主要危险缺陷,控制和消除这些缺陷的产生是促使人们深入研究成形工艺的主要原因,它可以有效地降低烧结温度和坯体烧缩率,加快致密化进程,减少烧结制品的机加工量,消除和控制烧结过程中的开裂、变形、晶粒长大等缺陷,调控界面结构组成。因此,成形工艺在整个陶瓷制备技术中起着承上启下的作用,是制备高性能陶瓷及其部件的关键。

粉体必须经过成形才能烧结致密,特种陶瓷材料的粉体因为是瘠性料,所以必须经添加有机的黏结剂等有机物方可成形。成形方法根据物料中的液相质量分数可分为干法和湿法两种。干法成形的粉体含湿量不大于15%左右,使用较高压力得到质量较好的坯体。湿法成形由于物料可塑性变形或有流动性,因而可得到较复杂的形状,不需施加压力或压力相对很小,但坯体质量(主要指缺陷)的控制相对较难。目前成形技术的发展有两个趋势:一是发展新的成形方法,如压滤法,它结合了干压法和注浆法的优点,并且可得到比干压法高得多的成形密度。又如胶凝自固化成形,利用特殊的化学反应使料浆自行固化成形。二是所谓的净尺寸成形,即通过对成形方法和成形过程的控制,使坯体烧结收缩后的尺寸尽可能地与最终产品的尺寸要求相一致,从而较大幅度地降低制造成本。

2.3.1 特种陶瓷的主要成形方法

所谓成形就是将粉末制成要求形状的半成品,特种陶瓷的主要成形方法可分为:
①压力成形方法。如干压成形、冷等静压成形、干袋式等静压成形等。
②可塑成形方法。或称塑性料团成形方法,如可塑毛坯挤压、轧膜成形等。
③浆料成形方法。或称注浆成形方法,如料浆浇注、离心浇注、流延成形等。
④注射成形。
⑤其他成形方法。如压滤法、固体自由成形制备技术、直接凝固注模成形、温度诱导成形、电泳沉积成形等。表2.4列出了几种常用陶瓷成形方法的特点及典型技术参数。

表 2.4　几种常用陶瓷成形方法的特点及典型技术参数

成形方法		溶剂质量分数/%	有机物质量分数/%	成形压力/MPa	成形坯体形状
压力法	干压	0~4	1~2	10~50	简单
	等静压	0~4	1~2	50~300	
	热压	0	0	20~35	
塑性	塑性充模	30~40	5~10	1~10	复杂
	挤出	30~40	5~10	1~70	柱状
	注射	0	30~40	10~150	复杂
浆料	压滤	40~60	1~2	0.1~4	复杂
	注浆	40~60	1~2	0.1~4	复杂
	流延	30~50	20~30		薄膜

1. 压力成形方法

所谓压力成形是用粉料,即固体颗粒和空气的混合物为原料在一定的压力下进行成形。为了减少摩擦和增加强度,粉料中可能含有少量液体、黏结剂包裹在颗粒外面。为了密实化,需要将颗粒之间的空气尽可能排除出去,通常采用加压的方法迫使颗粒互相靠近,将空气排除。由于颗粒之间以及颗粒与模具壁的摩擦力,成形压力向模具内粉体深处的传递发生衰减,对于单轴加压,压力 p_h 随模具深度 h 的变化如下式

$$p_h = p_a \exp(-4fKh/D)$$

式中,p_a 为成形压力;f 为摩擦系数;D 为模具直径;K 为常数,不仅随着模具的深度衰减,并且沿着径向和轴向同时变化。

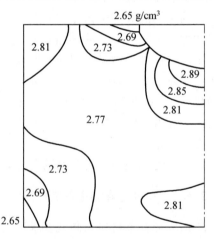

图 2.5　通过压力成形形成的带有半球形凹面坯体中的密度分布

对于压头不是平面型的模具,压力分布不均匀性更为明显。图 2.5 是以 MnZn 铁氧体粉料为原料,在带有半球型压头的圆柱形模具中成形出的坯体中各处的密度分布。从图上可见在球形头的正下方密度最高,其次是靠近模壁和上模头的交界处及沿着轴向直到底部,而在靠近模壁与下模头交界处以及靠近上模头的球形根部的密度最低,坯体内部各处密度分布也很不均匀,各处密度的最大差别达 0.24 g/cm³。此例说明对于形状稍微复杂一点的制品,用压力成形无法保证坯体各处的密度均匀性,坯体密度不均匀将引起干燥和烧成时变形及开裂。

(1)干压成形

图 2.6 为单向和双向压制及压坯密度沿高度的分布,这是最常用的成形方法。由于粉末颗粒之间,粉末与模冲、模壁之间的摩擦,使压制压力损失,造成压坯密度分布的不均匀。单向压制时,密度沿高度方向降低。为了改善压坯密度的分布,一方面可以改为双向

压制(包括用浮动阴模),另一方面可以在粉末中混入润滑剂,如油酸、硬酯酸锌、硬酯酸镁、石蜡汽油溶液等。

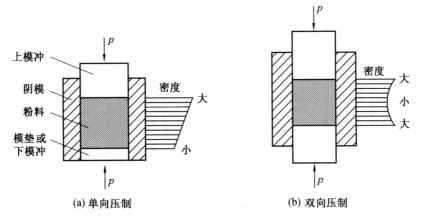

图 2.6 单向和双向压制及压坯密度沿高度的分布

陶瓷材料的压制压力一般为 40~100 MPa,模压成形一般适用于形状简单、尺寸较小的制品。随着压模设计水平和压机自动化程度的提高,一些形状复杂的零件也能用压制方法生产,钢模压制易于实现自动化。

①干压成形的工艺原理。干压成形的实质是在外力作用下,颗粒在模具内相互靠近,并借内摩擦力牢固地把各颗粒联系起来,保持一定形状。这种内摩擦力作用在相互靠近的颗粒外围结合剂薄层上。图 2.7 为加压后结构的变化及颗粒的接触情况,图(a)为球形接触,(b)为尖顶接触。无论何种情况,当颗粒接触时,R_1 将大于 R_2,R_2 相当于微孔半径或微孔隙,这样由于微孔压力会把各颗粒拉近紧贴,也即通常所说的"黏着力"。

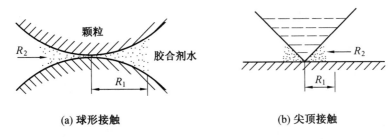

图 2.7 加压后结构的变化及颗粒的接触情况

干压坯体可以看做是由一个液相(结合剂)层、空气、坯料组成的三相分散体系。如果坯料的颗粒级配和造粒恰当,堆集密度比较高,那么空气的质量分数可以大大减少。随着压力增大,坯料将改变外形,相互滑动,间隙被填充减少,逐步加大接触,相互贴紧。由于颗粒之间进一步靠近,使胶体分子与颗粒之间的作用力加强,因而坯体具有一定的机械强度。如果坯料颗粒级配合适,结合剂使用正确,加压方式合理,干压法可以得到比较理想的坯体密度。

②影响干压成形的主要因素。

a. 粉体粒度分布。合适的粒度分布,可提高素坯充填密度。

b.流动性。喷雾或造粒后的粉体,具有良好流动性,它能在自动成形条件下,快速充填到模具内,避免架桥和死角形成,对获得均匀坯体尤为重要。

c.黏接剂和润滑剂。选择合适的润滑剂和黏接剂将有助于降低模壁与粉体以及粉体之间的磨擦,从而使素坯密度保持均匀,也降低了模具的磨损,此外黏接剂对素坯强度影响也是十分关键的。

d.模具设计。很大程度上依赖于工程师们的经验,以及材料烧结收缩率,选择合适的形状和公差来保证成形工艺的质量和成品率。

(2)冷等静压制,简称等静压制

等静压成形又叫静水压成形,它是利用流体(水、油)作为传递介质来获得均匀静压力施加到材料上的一种方法。粉末被包封在与流体隔绝的橡胶或塑料模内,然后将它浸没于加压容器中的液体内。流体可以是甘油、机油、水(需加防锈剂)或者其他非压缩性液体,通过高压泵将压力通过流体的传递施加在橡胶模的各个方向。伴随着橡胶模变形使粉体被均匀加压成形。通常冷等静压所用的压力在 50 ~ 300 MPa 之间。采用较高压力时,降压时速率必须加以控制,以免少量被压缩气泡由于突然降压而迅速膨胀造成坯体开裂。

等静压制与干压成形相比有以下优点:①素坯密度高、均匀、缺陷少,烧成收缩比一般干压要低。能压制具有凹形、空心、细长件以及其他复杂形状的零件;②磨擦损耗小,成形压力较低;③压力从各个方面传递,压坯密度分布均匀、压坯强度高;④模具成本低廉。

等静压制的缺点是:压坯尺寸和形状不易精确控制,生产率较低,不易实现自动化;干袋式等静压制方法(dry bag isostatic pressing)可克服不易实现自动化的缺陷。这种方法因操作人员不与液体介质接触,故称"干袋",单台生产率已达 500 ~ 3 800 件/h。干袋式等静压制适用于生产陶瓷球、管、过滤器、磨轮、火花塞等。图 2.8 和 2.9 分别为湿式等静压制和干袋式等静压制原理示意图。陶瓷的压制压力一般为 70 ~ 200 MPa,通常采用天然橡胶、氯丁橡胶、聚氨基甲酸酯、聚氯乙烯等做模具。

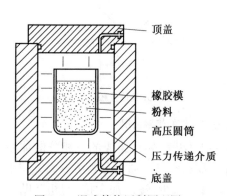

图 2.8　湿式等静压制原理图

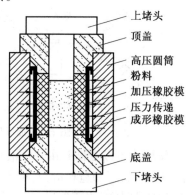

图 2.9　干袋式等静压制原理图

利用等静压工艺成形,如施加足够的压力,可将团聚体压碎。图 2.10 所示两种氧化锆粉料经受不同的等静压力后通过测定压实体的空隙分布,发现 ZY - 800 粉料只用 300 MPa 即可使团聚体之间的空隙消失,亦即表明团聚体已被破坏,而 ZY - 600 粉料须压到 400 MPa 才能将团聚体破坏。粉料中团聚体的强度同粉料的制备方法、煅烧温度、料浆中结合剂的种类及质量分数等工艺参数有关。等静压成形可大大提高坯体密度的均匀性,但是等静压成形需要用柔性材料,如橡胶、塑料等做模具,除了球形、圆柱形等简单形状之外,无法保证形状和尺寸的准确性,同样也不能成形出复杂形状的制品。由此看来,通过机械力量不能既使粉体中颗粒尽可能靠近,同时又保证整个粉体密集体具有复杂的外形和准确的尺寸。

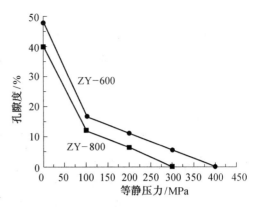

图 2.10 氧化锆粉体压坯中团聚体破坏所需的等静压力

2. 可塑成形方法

可塑成形法是利用模具或刀具等运动所造成的压力、剪力、挤压等外力对只有可塑性的坯料进行加工,迫使坯料在外力作用下发生可塑变形而制成坯的成形方法。可塑成形法所用泥料含水量高,干燥热耗大(需要蒸发大量水分),变形开裂等缺陷较多,对泥料要求较苛刻。但是,可塑成形所用坯料制备比较方便,对泥料加工所用外力不大,对模具强度要求不很高,操作也比较容易掌握。塑性成形主要困难是在烧成前大量有机物要排除,它还带来对环境的污染,必须十分小心。在水-黏土系统中干燥开裂是主要问题。

(1)可塑成形工艺原理

可塑泥团是由固相、液相、气相组成的塑性-黏性系统,由粉料、黏结剂、增塑剂和溶剂组成。可塑泥团与料浆的重要差别在于固液比不同,可塑泥团含水一般为 19% ~ 26%,而料浆含水高达 30% ~35%。泥团颗粒间存在着两种力:①吸引力,主要有范德瓦耳斯力、静电引力和毛细管力。吸引力作用范围约 2 nm。毛细管力是泥团颗粒间引力的主要来源。②斥力,在水介质中,斥力作用范围约 20 nm。当系统中水质量分数高,颗粒相距较远,表现出以斥力为主。当水质量分数低时,颗粒接近,表现出以吸引力为主,成为泥团。

可塑成形要求泥团有一定的可塑性,如果一个泥团在外力作用下极易变形,外力去除后又基本保留这种变形,我们说这种泥团具有良好的可塑性,图 2.11 为可塑性泥团的变形曲线。当应力很小时,应力 σ 与应变 ε 呈直线关系,变形是可逆的。这种弹性变形主要是泥团中含有少量的空气和有机塑化剂引起的。如果应力超过 σ_y,则出现不可逆的假塑性变形,σ_y 被称之为流动极限或屈服极限。应力超过 σ_y 后,泥团具有塑性性质,去除应力后,只能部分恢复应变 ε_y,剩下的 ε_n

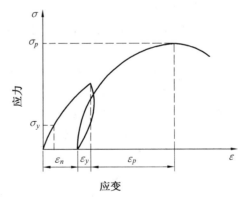

图 2.11 可塑泥团的变形曲线

是不可逆部分。若重新施加应力超过 σ_p,泥团开裂破坏,此时的应变值为 ε_p。成形时,希望泥团长期维持塑性状态。如果压力缓慢和多次加到泥团上,则有利于塑性状态的形成。有两个参数对泥团成形是重要的,一个是屈服极限 σ_y,另一个是出现裂纹的变形量 ε_p。希望泥团有高的屈服极限,以防偶然的外力引起变形。也希望有足够大的破裂变形量,以便成形过程中不出现裂纹。常用"$\sigma_y \times \varepsilon_p$"来评价泥团的成形能力。不同的可塑成形方法对这两个参数的要求是不同的,挤压和拉坯成形要求 σ_y 高些,以使坯体形状稳定,旋压成形或滚压成形要求 σ_y 可小些。影响泥团可塑性的主要因素有:

①陶瓷原料的性质和组成。原料本身一般是不能改变的因素。阳离子交换力强的原料,一方面可使粒子表面形成水膜,增加可塑性,另一方面由于粒子表面带有电荷,不会聚集,降低粒度。比表面积增加,也可增加阳离子交换能力,同时细粒原料形成水膜所需的水量多、毛细管力大,这些是细粒泥团塑性好的原因。图 2.12 为黏土泥团可加工性与粒度 d 的关系。从图看出,黏土粒度越细,含水量越多,可加工性越好。

②吸附离子的影响。从被吸附的阳离子

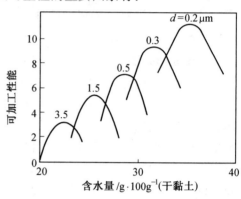

图 2.12　黏土泥团塑性与颗粒度尺寸的关系

价数来考虑,三价阳离子价数高,和带负电荷的粒子吸引力大,大部分进入胶团的吸附层中,整个胶粒电荷低,因而斥力减小引力增加,所以泥团可塑性增加。二价阳离子次之,一价阳离子最小,在一价阳离子中,氢是一个例外,因为它实际上是一个原子核,所以电荷密度最高,吸引力也最大,从而可塑性也最大。原料颗粒吸附不同的阳离子时,其可塑性的顺序和阳离子交换的顺序是相同的,即

$$H^+ > Al^{3+} > Ba^{2+} > Ca^{2+} > Mg^{2+} > NH_4^+ > K^+ > Na^+ > Li^+$$

③溶剂的影响。最常用的溶剂(分散介质)是水,只有含有适当水分时,泥团才有最大的可塑性。一般来说,水膜厚度为 $0.2~\mu m$ 时泥团的可塑性最高。

(2)挤压成形

挤压是利用液压机推动活塞,将已塑化的坯料从挤压嘴挤出。由于挤压嘴的内型逐渐缩小,从而活塞对泥团产生很大的挤压力,使坯料致密并成形。挤压被广泛用于生产砖、地砖、管子、棒以及具有等截面的长形部件。截面形状非常复杂的部件也可采用挤压,最具代表性的是大量用于汽车尾气排放管的蜂窝陶瓷生产,也可用于生产热交换器的蜂窝结构。图 2.13 是通用挤压设备示意图。

挤压成形是将真空统制的泥料放入挤制机内,这种挤制机一头可以对泥料施加压力,另一头装有机嘴即成形模具。通过更换机嘴,能挤出各种形状的坯体,也有将挤制嘴直接安装在真空练泥机上,成为真空练泥挤压机,挤出的制品性能更好。挤压机有立式和卧式两类,依产品的大小等加以选择。挤压机适合挤制棒状、管状(外形可以是圆形或多角形,但上下尺寸大小一致)的坯体,然后待晾干后,可以再切割成所需长度的制品。一般常用挤制 $\phi 1 \sim 30~mm$ 的管、棒等细管,壁厚可小至 $0.2~mm$ 左右。随着粉料质量和泥料可塑性的提高,也用来挤制长 $100 \sim 200~mm$,厚 $0.2 \sim 3~mm$ 片状坯膜,半干后再冲制成不同形状的片状制品,或用来挤制 $100 \sim 200$ 孔/cm^2 的蜂窝状或筛格式穿孔瓷制品,如图 2.14 所示。

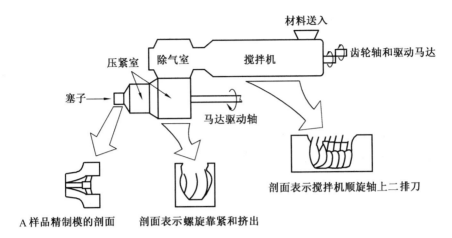

图 2.13　通用挤压设备示意图

①挤压过程参数的影响。

a.挤压嘴锥角 α(见图 2.15)。α 过小,则挤压压力小,坯体不致密,强度低。α 过大,则阻力大,不易挤出。经验证明,当挤压件直径 $d<10$ mm 时,α 为 $12°\sim13°$ 为宜;当挤压件 $d>10$ mm 时,$\alpha=17°\sim20°$ 为宜,挤压更大的坯件时,α 可增大至 $20°\sim30°$。

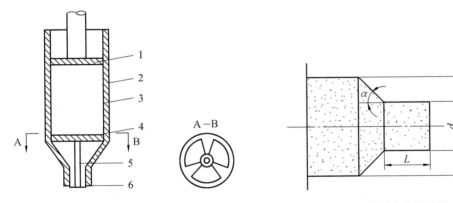

图 2.14　立式挤制机结构示意图

图 2.15　挤压嘴各部分尺寸

1—活塞;2—挤压筒;3—瓷料;4—型环;5—型芯;6—挤嘴

b.挤压件直径与挤压筒直径之比 d/D。一般 d/D 取 $1/1.6\sim1/2$,为了使坯件表面光滑,密度均匀,坯件从挤压嘴出来后要经过一定长度的定型段 L。一般取 $L=(2\sim2.5)d$。

c.当挤压管件时,管壁的厚度必须能承受自身的质量。表 2.5 的数据可作为选择壁厚的参考。

表 2.5　推荐的挤压管外径与壁厚尺寸　　　　　　　　　单位:mm

挤压管外径	3	4~10	12	14	17	18	20	25	30	40	50
管壁最小厚度	0.2	0.3	0.4	0.5	0.6	1.0	2.0	2.5	3.5	5.5	7.5

②挤压法成形对泥料的要求。

a. 粉料细度和形状:细度要求较细,外形圆润,以长时间小磨球球磨的粉料为好,当然要考虑能耗问题。

b. 溶剂、增塑剂、黏结剂等:用量要适当,同时必须使泥料高度均匀,否则挤压的坯体质量不好。

挤压法的优点是污染小,操作易实现自动化,可连续生产,效率高,适合管状、棒状产品的生产。但挤嘴结构复杂,加工精度要求高。由于溶剂和结合剂较多,因此坯体在干燥烧成时收缩较大,性能受到影响。

(3)轧膜成形(roll forming)

轧膜成形是新发展起来的一种可塑成形方法,在特种陶瓷生产中较为普遍,适宜生产 1 mm 以下的薄片状制品。轧膜成形是将准备好的坯料,拌以一定量的有机黏结剂(一般采用聚乙烯醇),置于两辊轴之间进行辊轧,通过调节轧辊间距,经过多次轧辊,最后达到所要求的厚度,如图 2.16 所示。轧好的坯片,需经冲切工序制成所需要的坯件,但不宜过早地把轧辊调近,急于得到薄片坯体,因为这样会使坯料和结合剂混合不均,坯件质量不好。

轧辊成形时,坯料只是在厚度和前进方向受到碾压,在宽度方向受力较小,因此坯料和黏结剂不可避免地会出现定向排列。干燥和烧结时,横向收缩大,易出现变形和开裂,

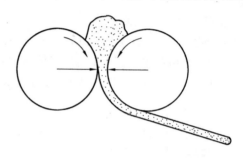

图 2.16　轧膜成形的原理

坯体性能也会出现各向异性,这是轧膜成形无法消除的问题。对于厚度要求在 0.08 mm 以下的超薄片,轧膜成形是很难轧制的,质量也不易控制。

3. 浆料成形方法(注浆成形、料浆浇注成形)

(1)基本工艺原理

所谓浆料成形是指在粉料中加入适量的水或有机液体以及少量的电解质形成相对稳定的悬浮液,将悬浮液注入石膏模吸去水分,达到成形的目的。浆料成形的关键是获得好的料浆,其主要要求有:

①良好的流动性,足够小的黏度,以便倾注。

②当料浆中固液比发生某种程度的变化时,其黏度变化要小,以便在浇注空心件时,容易倾除模内剩余的料浆。

③良好的悬浮性,足够的稳定性,以便料浆可以贮存一定的时间,同时在大批量浇注时,前后料浆性能一致。

④料浆中水分被石膏吸收的速度要适当,以便抑制空心坯件的壁厚和防止坯件开裂。

⑤干燥后坯件易于与模壁脱开,便于脱模。

⑥脱模后的坯件必须有足够的强度和尽可能大的密度。

在上述要求中,一定的流动性和稳定性是最重要的,料浆的流动性主要由黏度决定,料浆的黏度可用经验公式表示为

$$\eta = \eta_0(1 - C) + K_1 C^n + K_2 C^m$$

式中，η，η_0 分别表示料浆和液体介质的黏度；C 表示料浆中固相的浓度；n，m，K_1，K_2 为实验常数（如对高岭土料浆来说，$n = 1$，$m = 3$，$K_1 = 0.03$，$K_2 = 7.5$）。

当料浆浓度较低时，η 主要受第一项 η_0 的影响。但太低的浓度是不合适的，因为过多的水分会降低坯件的强度，使烧结收缩变大，这些都是不希望的。

除固相浓度外固相颗粒形状也影响料浆的黏度，因为料浆在流动过程中，不同形状的颗粒所受的阻力也不同，如下的经验公式适用于惰性介质配成的稀悬浮液，即

$$\eta = \eta_0(1 + KV)$$

式中，V 是悬浮液中固相所占的分数；K 称之为形状系数，形状越不规则，形状系数越大，流动阻力也越大，K 值可以从表 2.6 中查出。

表 2.6　固体颗粒的形状系数

颗粒形状	球　　形	椭圆形 长轴/短轴 = 4	层片状 长/厚 = 12.5	棒状 20 × 6 × 3
形状系数/K	2.5	4.8	53	80

除固相质量分数、颗粒形状、介质黏度外，影响料浆流动性的因素还有：料浆温度，原料及料浆的处理方法等。

溶液能否悬浮是由两个条件决定的，一是布朗运动、范德瓦耳斯力和静电力的平衡，二是水化膜的形成。

图 2.17 为胶体化学中常用的双电层模型，图 2.18 是与图 2.17 对应的双电层电位图。A 为粒子表面，B 为吸附层界面，C 为扩散层界面，所以 AB 是吸附层，BC 是扩散层。图 2.18 中，E 是 A 对 C 的电位，ξ 是 B 对 C 的电位。因为固相的电位和介质的电位都是固定的，是它们的种类和状态决定的，所以可以变动的是电位 ξ。在溶液中加入絮凝剂或反絮凝剂可以调整双电层的厚度，从而调整 ξ 电位。当溶液中加入反絮凝剂时，双电层增厚，ξ 电位增加。这种情况可表示为

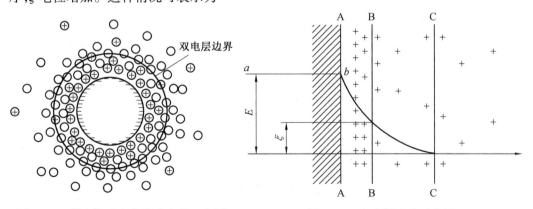

图 2.17　带电粒子在水溶液中的双电层
结构示意图

图 2.18　双电层电位示意图

$$\xi = 4\pi e d/\varepsilon$$

式中，e 为粒子表面电荷；d 为双电层厚度；ε 为介质的介电常数。所以当粒子和介质一定

时,ξ 和 d 成正比。

ξ 电位的提高增加团粒间的斥力,有利于克服范德瓦耳斯力(引力)和布朗运动,获得良好的悬浮性。水基陶瓷体系常用的反絮凝剂见表 2.7。

表 2.7 水基陶瓷体系常用的反絮凝剂

无机物	有机物
碳酸钠	硅酸钠
硼酸钠	焦磷酸钠
聚丙烯酸钠	聚丙烯酸铵
醋酸钠	琥珀酸钠
酒石酸钠	聚磺酸钠

(2)浆料成形的主要工艺方法

①空心注浆也称单面注浆(drain casting)。这种方法用的石膏模没有型芯,料浆注满型模并经过一定时间后,将多余浆料倒出,坯体在模内固定下来,之后出模得到制品。空心注浆操作如图 2.19 所示,此方法适于制造小型薄壁产品,如坩埚、花瓶、管件等。

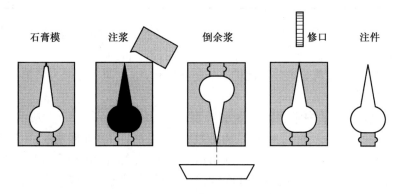

石膏模　　注浆　　倒余浆　　修口　　注件

图 2.19 空心注浆花瓶过程示意图

②实心注浆也称双面注浆(solid casting)。料浆注入外模与模芯之间,坯体内部形状由型芯决定,这种工艺适于制造两面形状和花纹不同的大型厚壁产品。实心注浆常用较浓的料浆,以缩短吸浆时间。在形成坯件的过程中,模型从两个方向吸取泥浆内的水分。靠近模壁处,坯体较致密,中心部分较疏松。实心注浆的操作如图 2.20 所示。表 2.8 为空心和实心注浆对泥浆性能要求的参考指标,是一些工厂浇注陶瓷制品的参考指标。

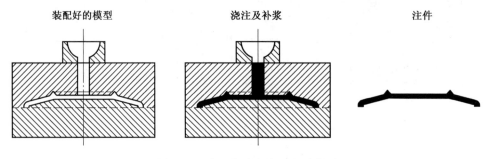

装配好的模型　　浇注及补浆　　注件

图 2.20 实心浇注鱼盘过程示意图

表 2.8　空心和实心注浆对泥浆性能要求的参考指标

泥浆指标	空心注浆	实心注浆
水分/%	31 ~ 34	31 ~ 32
密度/g · cm⁻³	1.55 ~ 1.7	1.8 ~ 1.95
万孔筛余/%	0.5 ~ 1.5	1 ~ 7
流动性(孔径为 7 mm 的恩氏黏度计)/s	10 ~ 15	15 ~ 20
厚化系数(静置 30 min)	1.1 ~ 1.4	1.5 ~ 2.2

③压力注浆。压力注浆有以下优点:a. 缩短吸浆时间。当压力为 0.7 MPa 时,形成 12.7 mm 厚的坯体所需时间为 13 min。若压力增加到 7 MPa 时,形成同样厚度的坯体只需 2 min。b. 减小坯体干燥时的收缩量。常压注浆时,与坯体表面平行方向的干燥收缩为 3%,垂直方向为 2%。在 7 MPa 压力下注浆时,上述两个方向的收缩分别减小到 0.8% 和 0.3%。c. 降低坯体脱模后残留的水分。常压注浆时,残留水分约 19.5%,在 7 MPa 压力下注浆时,残留水分仅 17%。

④离心注浆。这种方法制得的坯体厚度均匀,特别适于制造大型环状铸件。图 2.21 为离心注浆示意图。离心注浆成形是将制备好的一定体积分数的悬浮体在高的离心转数下沉聚的一种净尺寸成形的技术。该工艺的特点是对悬浮体的固相体积分数没有严格的要求,几乎不需要添加有机黏结剂,克服了脱脂工艺所造成的种种不利因素,但该工艺会造成大颗粒先于小颗粒沉降,造成坯体分层。针对这一问题,Lange 采用高电解质浓度、体积分数小于 30% 的微团聚浆料离心成形,以克服坯体分层的现象。解决这一问题的另一思路是通过制备高浓度的悬浮体(大于 60%),大颗粒和小颗粒不会由于离心作用而产生坯体分层的现象。

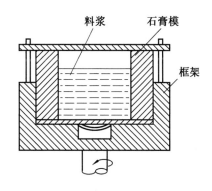

图 2.21　离心注浆示意图

离心注浆成形首先被用于 Al_2O_3 单组分材料和 Al_2O_3-ZrO_2 复相陶瓷的成形,烧结后的密度大于 99%。这一工艺成本较低,易于控制。然而,对复杂形状的部件,浆料的充模和坯体各部分的均匀性仍是一个需要深入研究的问题。

⑤真空注浆。将石膏模置于真空(负压)中进行浇注叫真空注浆,其特点是可以把泥浆中含有的空气排除。

⑥凝胶注浆。凝胶注浆成形是近年来发明的一种新的陶瓷成形技术。这一方法首先是将陶瓷粉料分散于含有有机单体的溶液中,制备成高固相体积分数的悬浮体(>50%),然后注入一定形状的模具中,在一定的催化、温度条件下,有机单体聚合,体系凝胶,从而导致悬浮体原位凝固,最后经过干燥可得较高强度的坯体。这种聚合物——溶剂凝胶载体中只含有 10% ~ 20% 的有机物,溶剂可通过干燥排除,而这一过程中网络聚合物不会随之迁移。因为聚合物质量分数低,故此可以容易地排除,干燥后的坯体强度很高,并可

进行加工。干燥后的坯体含有质量分数大于5%的高分子黏结剂,这些黏结剂的排除可以同烧结连续进行,也可以单独烧除后再进行烧结。影响凝胶注浆成形的主要因素有催化剂、引发剂的用量以及泥浆制备时的分散剂和pH值。制备低黏度流变性良好的高固相体积分数(>50%)的浆料是注浆成形的关键。催化剂、引发剂的用量对凝胶发生的温度及时间有显著影响,对特定的体系和工艺要进行调整。表2.9为Al_2O_3凝胶注浆成形的工艺条件。

表2.9　Al_2O_3凝胶注浆成形的工艺条件

项　　目	工艺条件
有机单体	$C_2H_3CONH_3$,预混液中质量分数为14%
交联剂	$C_7H_{10}N_2O_2$,预混液中质量分数为0.1%~1%
催化剂	$C_6H_{16}N_2$,1.9~5.6 ml/每升泥浆
引发剂	$(NH_4)_2S_2O_8$,0.17~0.4 ml/每升泥浆
固相体积分数	55%

(3)流延成形

流延成形是制备层状陶瓷薄膜的一种成形方法。这种成形方法可以制作厚度小于0.05 mm的薄膜,这种薄膜常用于小体积、大容量的电子器件,如电容器、热敏电阻、铁氧体和压电陶瓷坯体,特别有利于生产混合集成电路基片等制品。

整个流延工艺包括:泥浆注入到一匀速移动的载体表面(通常是由醋酸纤维素、聚四氟乙烯、聚酯或赛璐玢透明纸所构成的膜),然后泥浆流经一可调控厚度的刀片下,形成一均匀膜层,随后泥浆被小心干燥,形成薄且可挠曲的片子。此片子在烧成前可按所需尺寸进行切割和叠层。流延成形看似简单,但要求非常严格的控制来避免弯曲、厚度不均匀,以及其他缺陷的产生。

最熟悉的流延成形是刮刀成形(doctor blade casting process),其原理如图2.22所示。流延成形的料浆由黏结剂、塑化剂、悬浮剂和溶剂等组成,表2.10列出了几种陶瓷浆料的实用配方。流延成形的工艺过程为:将细分散的陶瓷粉料悬浮在由溶剂、塑化剂、黏接剂和悬浮剂组成的无水溶液中,成为可塑且能流动的料浆。将料浆置于料斗中,从料斗下部流至传送带上,用刮刀控制膜的厚度,当料浆在刮刀下流过时,便在流延机的运输带上形成薄层的坯带,坯带缓慢向前移动,等到溶剂逐渐挥发后,粉料固体微粒便聚集在

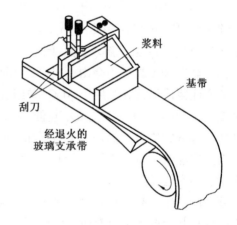

图2.22　流延机加料部分结构示意图

一起,形成较为致密的、似皮革柔韧的坯带,用刮刀控制厚度,再经红外线加热等方法烘干,得到膜坯,连同载体一起卷轴待用,最后按所需要的形状切割或开孔再冲压出一定形状的坯体,之后烧成。薄膜的厚薄与刮刀至基面的间距、基带运动速度、浆料黏度及加料

漏斗内浆面的高度有关。

表 2.10 实用料浆配方举例

陶瓷粉料	溶　剂	黏结剂	塑化剂	分散剂	特种添加剂
59.5% Al_2O_3 0.1% MgO	8.9% 乙醇 23.2% 三氯乙烯	2.4% PVB	2.2% 辛基邻苯 二甲酸酯 2.2% PEG	1.0% 鱼油	—
66.5% Al_2O_3 0.1% MgO	16.3% 水	7.0% 丙烯酸微乳液	2.6% PFG 3.1% BBP	2.5% 芳基磺酸	三硝基甲 0.2% 苯 蜡化微乳 0.1% 液
67.4% Al_2O_3	26.5% 乙醇 MEK（共沸）	2.75% PVB 10/98	4.2% PEG 1.8% BBP	0.45% 磷酸酯	—
77.5% $BaTiO_3$ 掺杂	10.5% 乙醇 MEK（共沸）	7.0% B7 （30% MEK）	2.0% PEG 2.2% BBP	0.35% 磷酸酯	0.36% 环已酮
68.7% PZT 掺杂	7.8% 乙醇 18.7% 三氯乙烯	2.9% PVB	聚亚烃基乙 1.7% 二醇 0.9% PEG	—	0.2% 聚乙烯
79.4% PZT 掺杂	10.0% MEK 2.5 T 基醋酸酯 2.5% 二甲苯	丁基和甲基 丙烯酸甲酯 4.2% 共聚物	1.4% DOP	—	—

注：PVB—聚丁缩醛，PEG—聚乙二醇，BBP—丁（基）-苄（基）邻苯二甲酸酯，DBP—邻苯二甲酸二丁酯，MEK—甲基-乙基酮，DOP—邻苯二甲酸二辛酯。

由于要制造超薄制品，因此粉料要求细、粒形圆润，这样才能得到良好流动性的料浆。在膜的厚度方向要求有一定的料粒数堆积，所以粉料粒度要求与膜厚有关。例如制取 40 μm 厚的薄坯时，设厚度方向要有 20 个颗粒堆积、那么粉末粒度要求 2 μm 以下。

流延成形设备简单，工艺稳定，可连续操作，便于自动化，生产效率高，但黏结剂质量分数高，因而收缩率可达 20% ~ 21%。

制备料浆添加剂的选择与用量也应重视，尤其对超薄坯来说，料浆的质量或有无气泡对制品质量有较大影响，因此有的料浆要经过真空处理。

流延成形方法的发展和超薄体的获得对特种陶瓷生产，尤其对电子工业的发展提供了新的途径。例如电容器，在满足工作电压等级和能量损耗的条件下，希望其体积尽可能做得小而电容量尽可能大，其关系式为

$$C_v = C/V = 1.11 S\varepsilon/(4\pi dSd \times 10^6) \approx 0.885 \times 10^{-6} \varepsilon/d^2$$

式中，C 为电容器，μF；V 为有效体积，cm^3；C_v 为比电容，μF/cm^3；ε 为相对介电常数；S 为平行板面积；d 为介质厚度，cm。

由上式可以看出，比电容 C_v 与介电常数 ε 成正比，与介质厚度 d 的平方成反比。因此，在满足上述条件的情况下，提高比电容有两种方法，一是提高材料的介电系数，二是尽可能降低陶瓷介质的厚度。如果材料确定以后，ε 基本变动不大，所以降低厚度更加有效。

流延成形法的成形设备并不复杂,而且工艺稳定,可连续操作便于生产自动化,生产效率高。但流延成形法黏结剂质量分数高,因而收缩率较大,高达 20% ~ 21%,应予以注意。

4. 注射成形方法

陶瓷注射成形最早的是 1937 年用于火花塞绝缘子的制造。20 世纪 70 年代末 80 年代初,由于注射成形技术具有可成形复杂形状制品,尺寸精度高,机加工量少以及自动化程度高,适合于大规模生产等特点,受到了国内外政府、研究部门和工业界的广泛重视,并且取得了一定的进展。例如,日本的京都陶瓷公司已经用注射成形技术小批量生产涡轮增压器转子及其他发动机陶瓷部件。

陶瓷的注射成形技术是基于塑料的注塑成形技术而发展形成的一门多学科技术,但是比塑料的注塑成形技术复杂得多。它既涉及诸如材料的流变学、脱脂过程中聚合物的热功当量,降解及反应动力学等一些理论问题,更包括了许多工艺性很强的技术问题。图 2.23 给出了注射成形的工艺流程,主要包括,①配料与混炼。即将可烧结的陶瓷粉料与合适的有机载体(具有不同性质和功能的有机物)在一定温度下混炼,以提供陶瓷注射成形所必需的流动性及生坯强度。②注射成形。混炼后经干燥、造粒的混合物料在一定温度和压力下高速注入模具内,达到完好的充模和脱模。③脱脂。通过加热或其他物理和化学方法将成形体内有机物扣除。④烧结。脱脂后的坯体在高温下烧结致密。以上四点中,前三项是陶瓷注射成形所特有的。围绕着这些方面,国内外研究者就有机载体的选择、陶瓷粉料与有机载体混合物流变学特性、注射充模的动态过程、注射成形体的脱脂动力学进行了许多富有成效的研究。

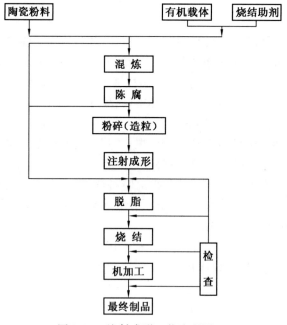

图 2.23　注射成形工艺流程图

(1)配料与混炼

配料与混炼是注射成形的第一步,它应当包括选择合适的有机载体、陶瓷粉料在有机载体中的分散,以及具有良好的流变性的高固相体积分数的浓悬浮体的制备三个方面。

①有机载体及其选择。陶瓷作为一门粉体科学,成形工艺的首要问题是如何将粉体固化成形。陶瓷注射成形是利用热塑性有机物的低温固化、热固性有机物的高温固化和水溶性聚合物的凝胶化的特性,将粉体与有机物在专用的混炼设备中充分混炼后成形的一种工艺。因此,合适的有机载体的选择非常重要。

陶瓷注射成形使用的有机载体主要的是高分子黏结剂,次要的是低分子增塑剂,润滑剂和偶联剂等工艺助剂。黏结剂应具有 6 项功能,a. 使粉料有良好的流动性,以满足无缺陷的充模过程;b. 润滑粉料,以利于分散和消除裹气;c. 在混合过程和成形条件下是稳定的;d. 脱脂初期提供足够的坯体强度;e. 脱脂后有尽可能少的残留物;f. 低成本。

Evans 认为其他工艺助剂应保证不与黏结剂反应,有助于改善粉料与有机载体混合物的流变性,在混合过程中使颗粒在有机介质中均匀分散,消除团聚;其次,应当具有低挥发性。陶瓷注射成形工艺由于所用有机黏结剂的不同,因而其混合物料系统又分为热塑性系统、热固性系统和水溶性系统。

(i)热塑性系统。由于热塑性聚合物具有足够的流动性,并能通过分子量大小及分布的选择来调节其脱脂阶段的热降解特性,因而得到了广泛的应用。像聚乙烯(PE)、聚丙烯(PP)、聚丁烯一类的聚烯烃类聚合物首先在美国获得应用。随后,聚苯乙烯(PS)、聚甲基丙烯酸酯(PMMA)、乙烯醋酸乙烯酯共聚物(EVA)、乙烯丙烯酸乙酯共聚物(EEA)等也被引入到陶瓷注射成形。齐藤胜义对注射成形用 PE、PP、EEA、EVA、PS 及纤维类聚合物、聚酰胺树脂的性能与结构分析后,指出热塑性树脂的玻璃转化温度不应重合,并应与其他类型的结合剂有良好的相容性。

为使陶瓷注射成形悬浮体固相体积分数达 50% 以上,还需要引入增塑剂、润滑剂和偶联剂,例如邻苯二甲酸二丁酯、邻苯二甲酸二乙酯、邻苯一甲酸二辛酯、邻苯二甲酸丙烯酯、硬脂酸、辛酸、微晶石蜡、钛酸脂及硅烷等有机物均已在陶瓷注射成形中获得成功的应用。

(ii)热固性系统。热固性树脂的优点是,在脱脂过程中能够减小成形坯体的变形以及提供反应烧结所需的大量的碳,因而 80 年代初研究较多。但是,由于其成形性和流变性较热塑性树脂差,且用量较大,现在已很少使用。它的主要成分是环氧树脂和酚醛树脂等。一个成功的例子是美国福特汽车公司反应烧结 SiC 陶瓷粉末的注射成形,其配方为:SiC 粉末的体积分数为 47%,酚醛-酚甲醛共聚物的体积分数为 47%,石墨的体积分数为 5%,硬脂酸锌的体积分数为 1%。

(iii)水溶性系统。Sarkar 和 Greminger 注意到了水溶性聚合物,如甲基、羟基乙烷基和羟基丙甲基纤维素,使用它们可实现常温下的注射成形,从而克服了使用热塑性系统在坯体成形阶段所造成的温度梯度、密度梯度和分层等缺陷,并且使脱脂从数天缩短为数小时。

以水溶性有机物纤维素乙醚为有机载体,甘油和硼酸作为脱模剂,已成功地用于金属粉末的注射成形系统中。另外,利用琼脂的水溶性凝胶化也已用于 Si_3N_4 陶瓷粉末的注射成形中。

②陶瓷粉料在有机载体中的分散。在低黏度的流体中,大量的研究工作集中在浓悬

浮体中颗粒的分散行为上。在水基介质中,固液界面的胶体化学特性决定颗粒的分散。在非水介质中,一般使用强极性溶剂或使用表面活性剂使颗粒分散。在陶瓷注射成形中,由于使用了大量的高分子聚合物,高黏度的非牛顿流体要求使用剪切式的混合设备达到颗粒分散的目的,其颗粒分散的效果取决于混合设备的设计。

"Z"字形和"σ"形双叶片式混合设备被广泛应用在陶瓷注射成形的混料中。lrving和 Saxtox 详细介绍了有关叶片的形貌及混合设备对粉体的要求,陶瓷注射成形的早期专家如 Schvartzwalder 和 Taylor 倾向于使用这种设备,研究也表明使用这类设备可达到良好的分散效果。

密闭式的混炼设备(banbary-type mixers)大量用于高黏度的颜料和填料的混合,它是由一对"8"字形的包含两个相反旋转的凸式转子的罐体组成。Quackenbush 等使用与扭矩流变仪相同的混料设备,取得了良好的分散结果。双滚式轧膜机也是一种混合高黏度材料的理想设备,它由两个旋转相反、不同转速并可调节两者间隙的滚子组成。清华大学使用该设备混料使颗粒在有机载体中充分混合,获得了良好的结果。Birchall 等用该类型的设备成功地分散高固相质量分数的可充模的水泥浆料。

单螺旋和双螺旋式的挤制成形设备也可用来混合注射成形悬浮体,但是,单螺旋式挤制机不如双螺旋式挤制机分散效果好,用双螺旋式挤制机混料的分散效果要比用双叶片式的混料设备好。为了提高注射悬浮体的固相质量分数,常常要加入表面活性剂或偶联剂。例如硅烷、钛酸酯、锆酸酯、锆铝酸酯都已成功地用于改善注射悬浮体的颗粒分散行为,降低黏度或增加界面的结合性。

(2)注射成形设备

陶瓷注射成形机一般分为活塞式注射成形机和往复式螺旋注射成形机,如图 2.24 和 2.25 所示。Peshek认为活塞式陶瓷注射成形机磨损小,但腔体中有限的强制对流传导阻碍了热传递,因此在腔体中引入了一个"鱼雷"状的部件,用以改善热传递。往复式螺旋注射成形机由于螺旋式的通道较长,且与加热套紧密接触,热传递充分,温度均匀,注射压力易于控制,因而再现性和操作周期得到改善。

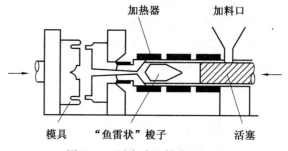

图 2.24 活塞式注射成形机

另外,Peltsman 介绍了一种低压注射成形机,是以石蜡等小分子有机物为黏结剂,靠气压注入模腔固化成形。他认为这种设备避免了高压设备物料与机器的磨损,成本低。这种方法及

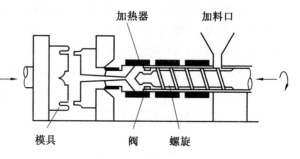

图 2.25 往复式螺旋注射成形机

设备就是我国生产的热压铸成形机,一般注射压力仅为 0.69 MPa。所用有机物载体主要为黏度低、流动性好的小分子量有机物,如石蜡、硬脂酸等。此法在反应烧结 Si_3N_4 和 Si

粉的注射成形中取得较好的效果。Shaffer认为高固相体积分数低压注射成形,尺寸精度高,易于烧结,颗粒长大倾向小,强度高。A·Miymoto提出一种浆料注射成形工艺(slip injection moulding),把浆料注射与黏结剂超临界萃取技术结合起来,既可以容易地成形小截面积的制品,又可以成形大截面的制品,是在一定的温度及真空条件下,将陶瓷浆料与有机黏结剂在密闭容器中混合,然后在0.2~1 MPa的压力下注入橡胶模型中,通过超临界萃取工艺将坯体中部分黏结剂去除,从而大大缩短了脱脂时间,巧妙地解决了排塑问题。

(3)充模及固化

充模是注射成形阶段的一个重要步骤,虽然它只在短短的几秒钟之内完成,但是却有许多影响因素。从陶瓷注射成形有关的机器和材料参数中可以看出,注射充模与模具的温度、注射压力、注射速度、保压压力、保压时间、注射悬浮体的温度以及该温度下的流变性等因素相关。增加保压压力和延长保压时间,有助于保压补浆和减少坯体密度差,同时也可以改善坯体脱脂后的分层现象。

要使保压补浆能够进行,必须延长浇口封凝时间,否则模具内的悬浮体尚未凝固,浇口已经封凝,将会造成一定的温度梯度以及残余应力。英国Brunel大学在注射机喷嘴与浇口之间连接了一个压力频率可调节的活塞,使浇口的悬浮体封凝时间延长,从而解决了保压补浆的问题,如图2.26所示。

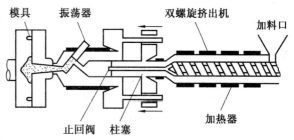

图2.26 Brunel大学陶瓷注射成形机

注射悬浮体的温度是一个不易确定的参数。从改善悬浮体流动性及充模效果考虑,提高悬浮体的温度较为有利,但过高的温度易导致有机物的挥发而影响黏度。另外,若挥发物不能从模具内排除,还可能会在坯体内产生裹气。因此,在保证注射悬浮体具有必要的流动性的前提下,注射溶体温度不宜过高。同时,模具的温度不应与注射悬浮体的温度相差太大,否则将会造成先与模具接触的部分首先凝固,中心部分尚处于流体状态,也会产生温度差,造成坯体分层及残余应力。

除了上述的因素之外,模具的设计与注射充模的动态过程直接相关,不合理的模具设计将会造成悬浮体的缠绕,导致坯体的不均匀性,如图2.27所示。

(4)脱脂

用于注射成形的有机载体的体积分数为30%~50%,如此众多的有机物,如何将之有效地排除,而不影响坯体的颗粒分布,是一件十分困难的事情,也是陶瓷注射成形工艺中耗时最长、耗能最大的

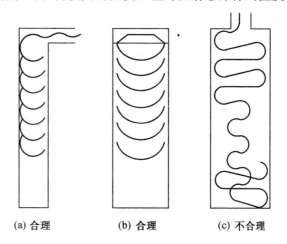

(a) 合理　　(b) 合理　　(c) 不合理

图2.27 圆柱体注射充模动态过程示意图

一道工序。一般需要 30～200 h,有时甚至达 400 h。脱脂作为一个物理化学反应过程,其工艺控制复杂,易造成坯体开裂、变形、空洞等缺陷。因此,脱脂能否顺利完成,对于保证坯体质量、提高制品合格率、减少能耗,以及规模化生产至关重要。

有机物脱脂大致有四种方法:①在隋性气氛中有机物的热降解;②氧化降解;③蒸发或升华;④溶剂萃取。

①热降解。热降解使用十分广泛,其加热速率非常缓慢,对复杂形状的制品需要数周时间。如果相对加热速度较快或温度不能精确控制,聚合物分解发生在一个窄的温度范围内,高速降解制品的蒸气压力会导致鼓泡和开裂。Quakenbush 等的研究表明,在分解的早期需要一个非常缓慢的加热速率,以提供排除大量黏结剂所必需的通道。

在热降解过程中,真空和隋性气体较为有利,它可以避免有机物和氧气发生强烈的放热反应,从而导致坯体开裂。利用热降解在脱脂期间常把成形坯体埋在粉中,因为它可以使炉子温场均匀,避免表面辐射加热,并可通过毛细管力的作用吸附有机物,同时可起到支撑坯体和减少成形坯体表面的压力梯度。但是埋粉对成形坯体有机物吸附率的快慢、对脱脂坯体质量会产生重要影响。

②氧化降解。Mutsuddy 在调查了各种脱脂途径之后,认为聚烯烃(polyoletims)类有机物氧化降解最有效。聚烯烃类无论是石蜡还是高聚物都广泛地应用于陶瓷的注射成形之中,它们的热降解特性、反应产物等均已被大量的文献所研究。尽管聚丙烯的规正度不影响热降解特性,但无规聚丙烯(APP)比等规聚丙烯(IPP)更易于与氧起反应,从而生成更多的三元碳。由旁链分支所生产的三元碳非常易受攻击,由于这个原因,聚丙烯不如聚乙烯稳定。

Edirisinghe 也注意到了聚丙烯的易降解特性,并且在无规聚丙烯、等规聚丙烯以及微晶石蜡的有机混合物系统中,引入了低分子量的聚丙烯,在氧化降解过程中,产生了一个更稳定的初始失重,从而给后期大量有机物的排除创造了条件。这是因为聚合物宽的分子量分布有利于降解过程中挥发物的速率控制。

③蒸发或升华(evaporation or sublimation)。Weich 优先想到了黏结剂的蒸发或升华,他将陶瓷制品置于一个可控黏结剂分压和温度的装置中,于是可以控制扩散和蒸发,挥发的黏结剂可以重新冷凝后使用。水溶性聚合物和水基聚合物体系可以用此法控制干燥速率。

④溶剂萃取(solvent extraction)。在有机载体中,一种组成溶于萃取溶剂,一种不溶于萃取溶剂。例如热塑性石蜡和热固性树脂组成的有机物体系,便可采用溶剂萃取方法脱脂。此种方法的优点在于脱脂速度快、成本低。最近,瑞士雷达表表壳采用陶瓷注射成形技术制造,这种陶瓷表壳耐磨、美观,它采用热塑性树脂为黏结剂,在强酸(如盐酸或硝酸)溶液中将高分子聚合物通过萃取分解为单体,使有机物排除从而大大简化了脱脂工艺。

除了采用不同方法脱脂外,脱脂设备的改进也是非常必要的。Cong Dong 采用一个压力频率和大小可调节的气氛脱脂装置、大大缩短了脱脂时间,并且获得了良好质量的脱脂坯体。

精细陶瓷的注射成形工艺由于其可成形各种形状的零部件、机加工量少、自动化程度高,在今后的研究中,仍然是极具生命力的成形工艺。然而由于工艺环节多,影响因素复

杂,脱脂过程耗时耗能,难于控制,从而限制了其产业化的步伐。今后尚需研究和解决的问题主要有以下几个方面:

①颗粒在有机载体中的分散研究(包括颗粒表面改性技术的研究);

②高固相体积分数浓悬浮体的制备;

③注射工艺参数的优化及注射成形设备的革新;

④脱脂方法及设备的开发;

⑤降低成本(包括工艺成本、模具成本等)。

5. 其他成形方法

(1)压滤成形

在注浆成形的基础上加压发展得到压滤成形(简称 PSC)。水不再是通过毛细管作用力脱除,而是在压力的驱动下脱除,脱水速度加快,提高了生产效率。从原理上讲,压滤成形技术与压力注浆很相似,可广义地看做压力注浆。主要原理是在气压或机械加压作用下,使具有良好分散的浆料通过输浆管进入多孔模腔内,一部分液态介质通过模腔微孔排出,从而固化成形。其多孔模具可以选用多孔不锈钢、多孔塑料和石膏等材料,如图 2.28 所示。影响压滤过程的 4 个因素为:坯体中的压力降、液体介质的黏度、坯体的表面积、坯体中孔隙的分布情况以及压滤成形模具。压滤成形压力对成形坯体的均匀性影响较大,一方面压力对可压缩性坯层中的颗粒产生作用,使其更加紧密地排列;另一方面压力可以减小及消除由制品几何形状和坯层固化面推进方向所造成的密度梯度,从而提高整体均匀性。但是压力太大会使坯体中存在明显的残余应力,会导致随后干燥和烧结过程中的缺陷、裂纹和开裂。

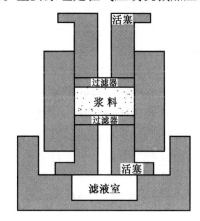

图 2.28　压滤成形模具

压滤成形模具的设计特别重要,孔隙的尺寸及分布要在合适的范围内。理想的设计应该根据成形制品形状和尺寸,在模具的不同部位采用不同渗透系数的多孔材料,并合理安排浆料入口,通过成形时不同部位不同固化速率来控制坯体固化层形成过程和固化面的推进方向,获得整体均匀的坯体。压滤成形虽然能提高产品质量,但提高产品质量所带来的效益不能补偿昂贵的投资,限制了压滤成形的进一步发展。

(2)固体自由成形制备技术

20 世纪 60 年代以来,随着计算机技术的发展给各行各业带来了根本性的变革。固体自由成形制造技术即是在计算机控制下,自由堆积材料而完成零件的成形和制造的过程。这一全新概念的提出,具有深远的意义,它使得固体材料的制造可在桌面上完成,大大减小了成形所占的空间和时间,改善了操作环境,提高了成形部件的自动化程度,易于实现规模化生产。与此类似的另一种称为熔合沉积陶瓷制备法(fused deposition of ceramics,FDC)。

SFF 技术是通过连续喷雾印刷头,利用计算机对所需部件形状提供的信息,有选择地把黏结剂滴落在粉床上,逐层将粉末黏结(或称打印)迭加成最终部件。FDC 技术有所不同,它是以高聚物和石蜡为载体,将其与陶瓷粉料均匀混炼后,制成类似注射成形用的预混料。然后通过多维数控成形系统,采用激光或其他方法将这种混合料堆积成所需形状的部件,采用此技术已制出形状各异的陶瓷部件。SFF、FDC 技术操作灵活,具有很高的自动化程度,有一定的应用前景。但该工艺使用了体积分数为 40% 左右的石蜡和高聚物,因此烧结前存在复杂的脱脂过程。

快速部件制造技术(rapid part manufacturing,RPM)即是在固体自由成形概念上提出的全新成形方法,是将部件分解成二维薄层,利用计算机辅助设计(CAD)产生制造部件的几何信息,通过多维数控成形系统,采用激光或其他方法将材料一层一层迭加或堆积成所需的部件,是计算机辅助设计、数控技术、激光、材料等多学科技术的集成。此研究 20世纪 80 年代首先出现在机械制造业,1987 年,美国 3D System 公司推出了第一代光造型机 SLA‐1(stereolithography),可用于制造塑料制品。1991 年,Helisys 公司推出了叠层物件制造机,可用于造纸、金属或陶瓷等制品。

将快速部件制造技术应用于高性能陶瓷部件的制造还是近年的事情。三维印刷(three dimensional printing)成形技术即是由 3D System 公司推出的陶瓷部件制造技术,图2.29 给出了其工艺流程图。它将粉体通过连续喷雾印刷头,利用计算机对所需部件形状提供的信息,有选择地逐层将粉末黏结(或称为印刷或打印)迭加并热处理成最终的部件。连续喷雾印刷头结构示意图如图 2.30 所示,其喷头直径约为 0.34 mm,喷头在 50 ~60 kHz 的压电陶瓷片的作用下,连续喷出雾状液滴(droplets),这些细小的液滴经过环形电容器选择性带电。根据计算机提供的部件形状喷涂,不带电液滴直接落在粉末床上将粉末黏连起来。在不希望黏接的区域内,使带电的液滴经过高压电极偏转而被收集器收集,防止与粉末接触。3D System 公司的三维印刷设备如图 2.31 所示。其形状类似于加

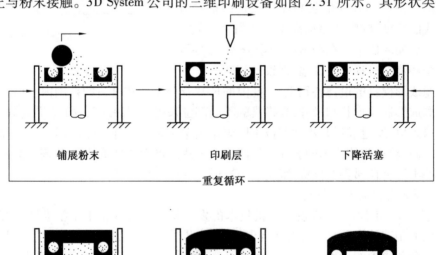

铺展粉末　　　　　　　印刷层　　　　　　　下降活塞

重复循环

中间阶段　　　　　　最后印刷层　　　　　　最终部件

图 2.29　三维印刷工艺流程图

工车间的机床,其印刷头也类似于打印机的打印头,打印头在 x 轴方向缓慢移动,在 y 轴方向快速移动,在 z 轴方向移动速度非常慢,从而保证成形坯体均匀和拥有较高的密度。表2.11给出了三维印刷成形的材料及其应用。

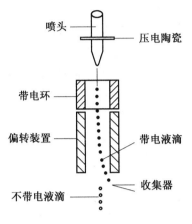

图2.30 连续喷雾印刷头示意图

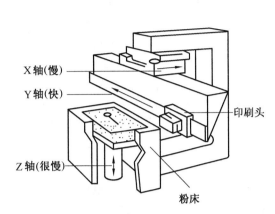

图2.31 三维印刷设备示意图

表2.11 三维印刷成形材料及其应用

粉 末	黏 结 剂	应 用
氧化铝,其他氧化物或非氧化物陶瓷	良好分散的氧化铝,氧化锆或氧化硅	高技术陶瓷部件的制备
氧化铝	SiO_2 胶体	用于热气体过滤的多孔陶瓷材料
碳化硅	SiO_2 胶体	用于金属基复合材料预成形
不锈钢或其他金属粉末	乳胶	用于注射成形部件
碳化钨,钴	正在研制中	用于快速加工的金属陶瓷部件

(3)直接凝固注模成形

直接凝固注模成形技术是最近由瑞士 Gauckler 教授研究小组发明的一种具有创新的陶瓷异形部件的成形技术。DCC 是一种生物酶技术、胶态化学及陶瓷工艺学溶为一体的成形技术。它是通过改变 pH 值,或者增加离子强度的方法降低陶瓷粉体表面电荷来成形的,要求陶瓷悬浮体的稳定机理为静电稳定。图2.32 为氮化硅陶瓷 DCC 成形原理示意图。在极性水介质中,陶瓷粉体表面带有相当高的同性电荷,颗粒间的排斥力超过 Van der Waals 吸引力,陶瓷粉体能被很好地分散开,陶瓷悬浮体处于稳定状态,具有比较低的黏度。当改变 pH 值到等电点,或者增加电解质离子强度压缩颗粒表面双电

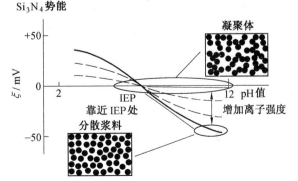

图2.32 氮化硅陶瓷 DCC 成形原理示意图

层,使颗粒间的 Van der Waals 吸引力超过排斥力,颗粒凝聚成形。酶在 DCC 中起重要作用,它通过分子合成及降解反应改变陶瓷悬浮体的 pH 值或者离子强度。反应在温和的环境下进行,通过温度及酶浓度进行控制。这样从分散比较好的悬浮体转变到黏弹性体,而不影响粉体分散的均相程度。常用的酶反应体系为尿素酶水解尿素体系、酰胺酶水解胺类物质体系、葡(萄)糖苷酶-葡萄糖体系、胶质,蛋白质水解酶体系,它们能把 pH 值从酸性变为碱性。即其思路是将低黏度(<1 Pa·S)高固相体积分数的悬浮体(体积分数小于 50%)注入模腔之后,通过内部延迟反应催化剂将悬浮体的 pH 值缓慢移向等电点或者增加盐的浓度使悬浮体原位聚沉凝固,坯体达到一定的强度后脱模。该工艺避免了注射成形的脱脂环节,所用有机物质量仅占 0.1%~1%,所用模具成本低,可制备显微结构均匀形状复杂的陶瓷制品,尤其适宜制备大截面尺寸的部件。反应式为

$$NH_2CONH_2+H_2O+urease\rightarrow H_2CO_3+2NH_3+urease$$
$$pH=4\rightarrow pH=9$$

用增加离子强度的方法得到的坯体断口不平整,而调节 pH 值到等电点的方法得到的坯体断口平整。说明用增加离子强度的办法效果更好,得到的坯体更密实。图 2.33 为 DCC 成形的"工"字形 Si_3N_4 坯体的密度分布。酶加入后,放置一段时间(大约 2.5 h),然后注模,这时坯体中没有裂纹。配料时加一定量的盐和放置一段时间都能得到好的坯体。DCC 工艺的主要过程为高固相浆料的制备和浆料凝固成形。DCC 工艺的主要优点为不需要或只需少量的有机添加剂(<1%)坯体不需脱脂,坯体密度均匀,相对密度高(55%~70%),可以成形大尺寸形状复杂的陶瓷部件。

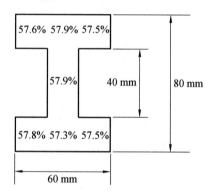

图 2.33　DCC 成形的"工"字形 Si_3N_4 坯体的密度分布

(4)温度诱导成形

温度诱导成形(简称 TIF)是由德国斯图加特 Max-Plank 研究所发明的一种成形方法。这种方法制备的陶瓷悬浮体具备高的固相体积分数和低质量分数的有机载体,在结构陶瓷及功能陶瓷的制备方面具有很大的优势。TIF 利用物质溶解度随温度的变化产生凝胶化,它采用小分子分散剂在室温下起稳定作用,得到高固相体积分数的陶瓷浆料,升高温度利用溶解驱动力把陶瓷粉体吸附的分散剂层变为聚合物大分子层,聚合物之间通过桥联絮凝而成形。例如,Al_2O_3 的水基浆料通过柠檬酸三胺的作用而得到很好的分散效果,当聚丙烯酸加入浆料体系中时,由于柠檬酸三胺吸附层的阻碍作用及聚丙烯酸分子的等价电荷作用,聚丙烯酸并不能吸附到陶瓷粉体表面。随温度升高,Al_2O_3 粉体的分散性增高,聚丙烯酸分子会逐渐代替柠檬酸三胺分子而吸附到 Al_2O_3 粉体表面,它的长分子链伸展到溶液中触及到其他粉体形成桥联的网络。桥联的网络限制了溶剂的移动,增加了黏度导致固化成形。

TIF 最大的优点是有机载体的用量特别低,在很大程度上减轻了脱脂过程的负担。

实验证明有机载体的浓度低至陶瓷粉体的 50ppm 时,还能发生凝胶化的 MgO 等 2 价阳离子能在很大程度上提高胶态化的进行。由 TIF 成形所得到的陶瓷部件在机械性能上远好于冷等静压成形所得到的陶瓷部件。TIF 成形时坯体的强度增加,但坯体中孔隙多。

（5）电泳沉积成形

电泳沉积成形（简称 EC）先是成功地运用于水基陶瓷浆料基础上的传统陶瓷的生产,而后运用有机溶剂在先进陶瓷制备上受到广泛的重视。电泳成形的作用机理是利用直流电场颗粒迁移,并进而沉淀到极性相反的电极上。因而电泳沉积是由颗粒电泳迁移和颗粒在电极上放电沉积 2 个串联过程所组成。在电泳成形过程中要求陶瓷浆料的分散性比较好,颗粒能单独沉淀到电极上而不受其他颗粒的影响。颗粒之间有 3 种分散机制:静电力作用机制、空间作用机制、静电-空间作用机制。在电泳迁移的作用下颗粒间的距离缩短,Van der Waals 吸引力开始起主导作用,浆料的稳定分散性开始失去,陶瓷颗粒逐渐沉积到电极上。Hamaker 描述沉积质量和浆料体系性质及电场性质的关系为

$$m = C(\mu_e \cdot E \cdot t)$$

式中,m 为沉积质量;μ_e 为电泳迁移率;C 为陶瓷浆料的固相体积分数;t 为沉积时间。随着 μ_e、C、t 越大,m 越大。式中没有涉及放电沉积速率,沉积质量及沉积速率应该由颗粒电泳迁移速率和放电沉积速率二者中最慢的一步控制。

电泳沉积成形由于其简单性、灵活性、可靠性而逐步用于多层陶瓷电容器、传感器、梯度功能陶瓷、薄层陶瓷试管以及各种材料的涂层等。

2.3.2 成形技术发展趋势

不同的成形技术有各自不同的优点,但同时也都有一定的局限性。总的来说,以下几方面将成为 21 世纪陶瓷成形工艺发展的主流。

（1）制备低黏度高固质量分数浆料,保证素坯强度

如果不考虑对粉体的要求,那么成形工艺的首要问题将是低黏度高固质量分数浆料的制备,因为这是保证素坯密度和强度的前提。低黏度将使浆料顺利进行,而且低黏度还是成形复杂形状陶瓷部件的要求;高固质量分数是提高素坯密度和强度的基础,高密度的坯体可降低烧结温度,减小收缩率,避免坯体在烧结过程中可能产生的变形、开裂等缺陷。实现低黏度高固质量分数粉体浆料的制备要综合考虑多种因素,例如对原料粉体进行适当的表面改性,降低高价反离子杂质浓度,引入高效的分散剂等。

（2）过程尽量避免,少用有机添加剂

由于成形工艺大多需要加入不同量剂的黏接剂、分散剂等有机添加剂,因而在烧结之前常需脱脂,而脱脂过程将会引起坯体开裂等缺陷,因此要尽量避免脱脂过程。目前解决这一问题的有效途径是在保证坯体强度或密度的前提下,不用或尽量少用有机添加剂。

（3）实行净尺寸原位凝固,避免坯体收缩

近 10 多年来,净尺寸原位凝固技术已经受到人们的高度重视,注凝成形、DCC 法等迅速发展这一技术仍将是陶瓷成形工艺的发展主流。高性能陶瓷是一种脆性的难加工的材料,净尺寸成形可以减少烧结体的机加工量,而原位凝固技术使得坯体在固化过程中避免收缩,浆料进行原位固化,避免了浆料在固化过程中可能引起的浓度梯度等缺陷,从而

为成形坯体的均匀性和可靠性提供保证。净尺寸原位凝固技术通常是在物理化学的理论基础上,借助一些可操作的物理反应(如温度诱导絮凝成形和胶态振动注模成形等)或化学反应(如注凝成形和直接凝固注模成形等)使物料快速实现固化。开展新的符合要求的物理反应或化学反应的研究并将其应用于陶瓷成形领域,仍是 21 世纪陶瓷成形工艺发展的方向之一。

(4)实现自动化成形,降低材料成本

众所周知,陶瓷材料具有许多优异性能,但目前仍因成本问题使其实际应用受到很大限制。从陶瓷生产过程的各个环节入手,进行低成本陶瓷材料的研究开发将也是未来陶瓷材料领域面临的艰巨任务,其中连续化自动化的成形工艺将是解决这一问题的有力手段之一。

第3章 特种陶瓷烧结工艺

陶瓷的烧结是一个重要工序,烧结的目的是把粉状物料转变为致密体。烧结后的致密体是一种多晶材料,是由晶体、玻璃体、气孔及杂质组成。烧结过程直接影响晶粒尺寸和分布,气孔尺寸和分布,以及晶界的体积分数……。陶瓷的性能不仅与材料组成(化学组成和矿物组成)有关,还与材料的显微结构有密切关系。如果配方相同而晶粒尺寸不同的两个烧结体,由于晶粒在长度或宽度方向上某些参数的叠加,使晶界出现的频率不同会引起材料性能产生差异。材料的断裂强度(σ)与晶粒尺寸(G)的函数关系为

$$\sigma = f(G^{-1/2})$$

由上式可见,细小晶粒有利于强度的提高。材料的电学和磁学参数在很宽的范围内受晶粒尺寸的影响。为提高导磁率希望晶粒择优取向,要求晶粒大而定向。除晶粒尺寸外,显微结构中气孔常成为应力的集中点而影响材料的强度,气孔又是光散射中心而使材料不透明,气孔又对畴壁运动起阻碍作用而影响铁电性和磁性等,烧结过程可以通过控制晶界移动前抑制晶粒的异常生长或通过控制表面扩散、晶界扩散和晶格扩散而充填气孔,用改变显微结构的方法使材料性能改善。因此,当配方、原料粒度、成形等工序完成以后,烧结是使材料获得预期的显微结构以使材料性能充分发挥的关键工序。由此可见,了解粉末烧结过程的现象和机理,了解烧结动力学及影响烧结因素对控制和改进材料的性能有着十分重要的实际意义。

3.1 烧结理论

3.1.1 烧结定义

粉料成形后形成具有一定外形的坯体,坯体内一般包含百分之几十气体(约35% ~ 60%)而颗粒之间只有点接触,如图3.1(a)所示。在高温下发生的主要变化是,颗粒间接触面积扩大,颗粒聚集,颗粒中心距逼近,如图3.1(b)所示;逐渐形成晶界,气孔形状变化,体积缩小;从连通的气孔变成各自孤立的气孔并逐渐缩小,以致最后大部分甚至全部气孔从晶体中排除,这就是烧结的主要物理过程。这些物理过程随烧结温度的升高而逐渐推进。同时,粉末压块的性质也随这些物理过程的进展而出现坯体收缩、气孔率下降、致密、强度增加、电阻率下降等变化,如图3.2所示。

根据烧结粉末体所出现的宏观变化可以认为,一种或多种固体(金属、氧化物、氮化物、黏土……)粉末经过成形,在加热到一定温度后开始收缩,在低于熔点温度下变成致密、坚硬的烧结体,这种过程称为烧结。

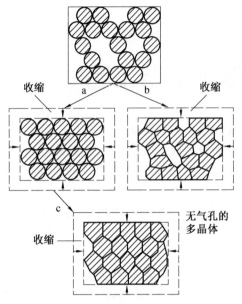

图 3.1 烧结现象示意图

a—颗粒聚焦;b—开口堆积中颗粒中心逼近;c—封闭堆积体颗粒中心逼近

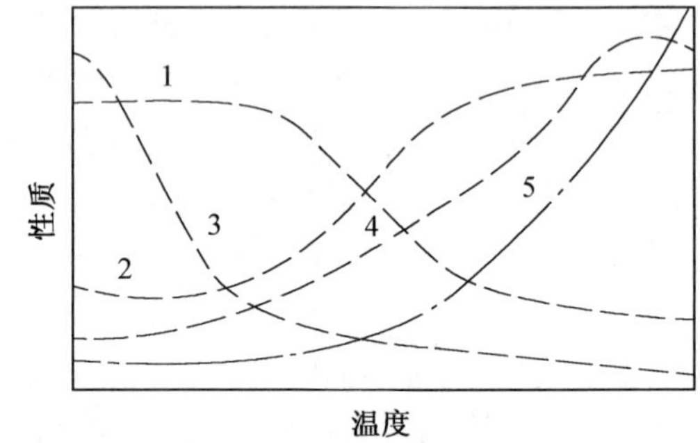

图 3.2 烧结温度对物理量的影响

1—气孔率;2—密度;3—电阻;4—强度;5—晶粒尺寸

这样的定义仅仅描述了坯体宏观上的变化,对烧结本质的揭示是很不够的。一些学者认为,为了揭示烧结的本质,必须强调粉末颗粒表面的黏结和粉末内部物质的传递和迁移。因为只有物质的迁移才能使气孔充填和强度增加。在研究和分析了黏着和凝聚的烧结过程后认为:由于固态中分子(或原子)的相互吸引,通过加热,使粉末体产生颗粒黏结,经过物质迁移使粉末体产生强度并导致密化和再结晶的过程称为烧结。

由于烧结体宏观上出现体积收缩、致密度提高和强度增加,因此烧结程度可以用坯体收缩率、气孔率、吸水率或烧结体密度与理论密度之比(相对密度)等指标来衡量。

3.1.2 与烧结有关的概念

1. 烧结与烧成

烧成包括多种物理和化学变化,例如脱水、坯体内气体分解、多相反应和熔融、溶解、烧结等。而烧结仅指粉料经加热而致密化的简单物理过程,显然烧成的含义及包括的范围更宽,一般都发生在多相系统内。而烧结仅仅是烧成过程的一个重要部分。

2. 烧结和熔融

烧结是在远低于固态物质的熔融温度下进行的,泰曼发现烧结温度(T_s)和熔融温度(T_M)有如下关系,即

$$金属粉末\ T_s \approx (0.3 \sim 0.4) T_M$$

$$盐\quad 类\ T_s \approx 0.57\ T_M$$

$$硅\ 酸\ 盐\ T_s \approx 0.8 \sim 0.9\ T_M$$

烧结和熔融这两个过程都是由原子热振动引起的,但熔融时全部组元都转变为液相,而烧结时至少有一组元处于固态。

3. 烧结与固相反应

这两个过程均在低于材料熔点或熔融温度之下进行,并且过程的始终都至少有一相是固态。两个过程不同之处是固相反应必须至少有两组元参加,如 A 和 B,并发生化学反应,最后生成化合物 AB。AB 结构与性能不同于 A 与 B。而烧结可以只有单组元或者两组元参加,但两组元并不发生化学反应。仅仅是在表面能驱动下,由粉体变成致密体。从结晶化学观点看,烧结体除可见的收缩外,微观晶相组成并未变化,仅仅是晶相显微组织上排列致密和结晶程度更完善。当然随着粉末体变为致密体,物理性能也随之有相应的变化。实际生产中往往不可能是纯物质的烧结,例如纯氧化铝烧结时,除了为促使烧结而人为地加入一些添加剂外,往往“纯”原料氧化铝中还或多或少地含有杂质。少量添加剂与杂质的存在出现了烧结的第三组元,甚至第四组元。因此,固态物质烧结时,就会同时伴随发生固相反应或局部熔融出现液相。实际生产中,烧结、固相反应往往是同时穿插进行的。

3.1.3　烧结过程推动力

粉状物料经压制成形后,颗粒之间仅仅是点接触,可以不通过化学反应而紧密结合成坚硬的物体,这一过程必然有一推动力在起作用。

粉料在粉碎与研磨过程中消耗的机械能以表面能形式贮存在粉体中,又由于粉碎引起晶格缺陷,据测定 MgO 通过振动研磨 120 min 后,内能增加 10 kJ/mol。一般粉末体表面积在 1 ~ 10 m²/g,由于表面积大而使粉体具有较高的活性,粉末体与烧结体相比是处在能量不稳定状态。任何系统降低能量是一种自发趋势。根据近代烧结理论的研究认为:粉状物料的表面能大于多晶烧结体的晶界能,这就是烧结的推动力。粉体经烧结后,晶界能取代了表面能,这是多晶材料稳定存在的原因。

粒度为 1 μm 的材料烧结时所发生的自由能降低约 8.3 J/g,而 α-石英转变为 β-石英时能量变化为 1.7 kJ/mol,一般化学反应前后能量变化超过 200 kJ/mol。因此烧结推动力与相变和化学反应的能量相比还是极小的。粉体烧结不能自发进行,必须加以高温,才能促使粉末体转变为烧结体。

目前常用 γ_{GB} 晶界能和 γ_{SV} 表面能的比值来衡量烧结的难易,某材料 γ_{GB}/γ_{SV} 越大越容易烧结,反之难烧结。为了促进烧结,必须使 $\gamma_{SV} \gg \gamma_{GB}$。一般 Al_2O_3 粉的表面能约为 1 J/m²,而晶界能为 0.4 J/m²,两者之差较大,比较易烧结。而一些共价键化合物如 Si_3N_4,SiC,AlN 等,它们的 γ_{GB}/γ_{SV} 值高,烧结推动力小,因而不易烧结。清洁的 Si_3N_4 粉末 γ_{SV} 为 1.8 J/m²,但它极易在空气中被氧污染而使 γ_{SV} 降低;同时由于共价键材料原子之间强烈的方向性而使 γ_{GB} 增高。对于固体表面能一般不等于表面张力,但当界面上原子排列是无序的,或在高温下烧结时,两者仍可当做数值相同来对待。

粉末体紧密堆积以后,颗粒间仍有很多细小气孔通过,在这些弯曲的表面上由于表面张力的作用而造成的压力差为

$$\Delta p = 2\gamma/r \tag{3.1}$$

式中,γ 为粉末体表面张力;r 为粉末球形半径。

若为非球形曲面,可用两个主曲率 r_1 和 r_2 表示,即

$$\Delta p = \gamma(\frac{1}{r_1} + \frac{1}{r_2}) \tag{3.2}$$

以上两个公式表明,弯曲表面上的附加压力与球形颗粒(或曲面)曲率半径成反比,与粉料表面张力成正比。由此可见,粉料越细,由曲率而引起的烧结动力越大。

若有 Cu 粉颗粒,其半径 $r = 10^{-4}$ cm,表面张力 $\gamma = 1.5$ N/m,由式(3.1)可得

$$\Delta p = 2\gamma/r = 3 \times 10^6 \text{ J/m}$$

可引起体系每摩尔自由能变化为

$$\Delta G = V\Delta p = 7.1 \text{ cm}^3/\text{mol} \times 3 \times 10^6 \text{ J/m} = 21.3 \text{ J/mol}$$

由此可见,烧结中由于表面能而引起的推动力还是很小的。

3.1.4 烧结过程中的物质传递

烧结过程除了要有推动力外,还必须有物质的传递过程,这样才能使气孔逐渐得到填充,使坯体由疏松变得致密。许多学者对烧结过程中物质传递方式和机理进行了研究,提出的见解有,①蒸发和凝聚;②扩散;③黏滞流动与塑性流动;④溶解和沉淀。实际上烧结过程中的物质传递现象很复杂,不可能用一种机理来说明。因此在烧结过程中可能有几种传质机理在起作用,但在一定条件下某种机理占主导地位,条件改变了,起主导作用的机理有可能随之改变。

1. 蒸发-凝聚

在高温过程中,由于表面曲率不同,必然在系统的不同部位有不同的蒸气压,于是通过气相有一种传质趋势,这种传质过程仅仅在高温下蒸气压较大的系统内进行,如氧化铅、氧化铍和氧化铁的烧结。这是烧结中定量计算最简单的一种传质方式,也是了解复杂烧结过程的基础。

蒸发-凝聚传质采用的模型如图 3.3 所示。在球形颗粒表面有正曲率半径,而在两个颗粒联接处有一个小的负曲率半径的颈部,根据公式(3.3)可以得出,物质将从蒸气压高的凸形颗粒表面蒸发,通过气相传递而凝聚到蒸气压低的凹形颈部,从而使颈部逐渐被填充。

根据图 3.3 所示球形颗粒半径和颈部半径 x 之间的开尔文关系式为

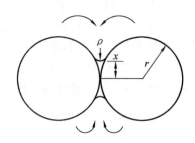

图 3.3　蒸发-凝聚传质

$$\ln p_1/p_0 = \frac{\gamma M}{dRT}(\frac{1}{\rho} + \frac{1}{x}) \tag{3.3}$$

式中,p_1 为曲率半径为 ρ 处的蒸气压;p_0 为球形颗粒表面蒸气压;γ 为表面张力;d 为密度。

式(3.3)反映了蒸发-凝聚传质产生的原因(曲率半径差别)和条件(颗粒足够小时压差才显著),同时也反映了颗粒曲率半径与相对蒸气压差的定量关系。只有当颗粒半

径在 10 μm 以下，蒸气压差才较明显地表现出来。而约在 5 μm 以下时，由曲率半径差异而引起的压差已十分显著，因此一般粉末烧结过程较合适的粒度至少为 10 μm。

在式(3.3)中，由于压力差 $p_0 - p_1$ 很小，由高等数学可知，当充分小时，$\ln(1 + x) \approx X$。所以 $\ln p_1/p_0 = \ln(1 + \Delta p/p_0) \approx \Delta p/p_0$，又由于 $x \gg \rho$，所以式(3.3)又可写为

$$\Delta p = \frac{\gamma M p_0}{d\rho RT} \tag{3.4}$$

式中，Δp 为负曲率半径颈部和接近于平面的颗粒表面上的饱和蒸气压之间的压差。

根据气体分子运动论可以推出物质在单位面积上凝聚速率正比于平衡气压和大气压差的朗格缪尔(Langmuir)公式，即

$$U_m = \alpha \Delta p \left(\frac{M}{2\pi RT}\right)^{1/2} \text{ g/(cm}^2 \cdot \text{s)} \tag{3.5}$$

式中，U_m 为凝聚速率，每秒每平方厘米上凝聚的克数；α 为调节系数，其值接近于 1；Δp 为凹面与平面之间蒸气压差。

当凝聚速率等于颈部体积增加时，有

$$U_m \cdot A/d = \mathrm{d}v/\mathrm{d}t \quad \text{cm}^3/\text{s} \tag{3.6}$$

根据烧结模型公式(3.3)中，将相应的颈部曲率半径 ρ、颈部表面积 A 和体积 V 代入式(3.6)，并将式(3.5)代入式(3.6)得

$$\frac{\gamma M p_0}{d\rho RT}\left(\frac{M}{2\pi RT}\right)^{1/2} \cdot \frac{\pi^2 \chi^3}{r} \cdot \frac{1}{d} = \frac{\mathrm{d}\left(\frac{\pi\chi^4}{2r}\right)}{\mathrm{d}\chi} \cdot \frac{\mathrm{d}\chi}{\mathrm{d}t} \tag{3.7}$$

将式(3.7)移项并积分，可以得到球形颗粒接触面积颈部生长速率关系式

$$x/r = \left(\frac{3\sqrt{\pi r}\,M^{3/2}p_0}{\sqrt{2}\,R^{3/2}T^{3/2}d^2}\right)^{1/3} \cdot r^{-2/3} \cdot t^{1/3} \tag{3.8}$$

此方程得出了颈部半径(x)和影响生长速率的其他变量(r, p_0, t)之间的关系。

肯格雷(Kingery)等曾以氯化钠球进行烧结试验，氯化钠在烧结温度下有颇高的蒸气压，实验证明式(3.8)是正确的。实验结果用直线坐标图 3.4(a)和对数坐标图 3.4(b)两种形式表示。

从方程(3.8)中可见，接触颈部的生长 x/t 随时间 t 的 1/3 次方而变化。在烧结初期观察到的速率规律如图 3.4(b)所示。由图 3.4(a)可见颈部增长只在开始时比较显著，随着烧结的进行，颈部增长很快就停止了。因此说这类传质过程用延长烧结时间不能达到促进烧结的效果。从工艺控制考虑，两个重要的变量是原料起始粒度 r 和烧结温度 T，粉末的起始粒度越小，烧结速率越大。由于蒸气压 p_0 随温度升高而呈指数地增加，因而提高温度对烧结有利。

蒸发-凝聚传质的特点是烧结时颈部区域扩大，球的形状改变为椭圆，气孔形状改变，但球与球之间的中心距不变，也就是在这种传质过程中坯体不发生收缩。气孔形状的变化对坯体一些宏观性质有可观的影响，但不影响坯体密度。气相传质过程要求把物质加热到可以产生足够蒸气压的温度。对于几微米的粉末体，要求蒸气压最低为 10 ~ 1 Pa，才能看出传质的效果。而烧结氧化物材料往往达不到这样高的蒸气压，如 Al_2O_3 在

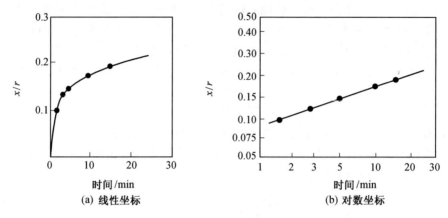

图 3.4　氯化钠在 750 ℃时球形颗粒之间颈部生长

1 200 ℃时蒸气压只有 10^{-41} Pa,因而,一般硅酸盐材料的烧结中这种传质方式并不多见。但近年来一些研究报导,ZnO 在 1 100 ℃以上烧结和 TiO₂ 在 1 300 ~ 1 350 ℃烧结时,符合方程(3.8)的烧结速率。

2. 扩散

在大多数固体材料中,由于高温下蒸气压低,则传质更容易通过固态内质点扩散过程来进行。

烧结的推动力是如何促使质点在固态中发生迁移的呢?库津斯基(Kuczynski)1949 年提出颈部应力模型,他假定晶体是各向同性的。图 3.5 表示两个球形颗粒的接触颈部,从其上取一个 弯曲的曲颈基元 $ABCD$,ρ 和 x 为两个主曲率半径。假设指向接触面颈部中心的曲率半径 x 具有正号,而颈部曲率半径 ρ 为负号。又假设 x 与 ρ 之间的夹角均为 θ,作用在曲颈基元上的表面张力 F_x 和 F_p 可以通过表面张力的定义来计算。由图 3.5 可见

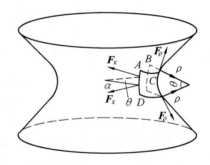

图 3.5　作用在"颈"部弯曲表面上的力

$$F_x = \gamma\, \overline{AD} = \gamma\, \overline{BC}$$

$$F_\rho = -\gamma\, \overline{AB} = -r\, \overline{DC}$$

$$\overline{AD} = \overline{BC} = 2\left(\rho\sin\frac{\theta}{2}\right)$$

$$\overline{AB} = \overline{DC} = x\theta$$

由于 θ 很小,所以 $\sin\theta = \theta$,因而得到

$$F_x = \gamma\rho\,\theta, \quad F_\rho = -\gamma x\,\theta$$

作用在垂直于 $ABCD$ 元上的力 F 为

$$F = 2\left[F_x\sin\frac{\theta}{2} + F_\rho\sin\frac{\theta}{2}\right]$$

将 F_x 和 F_ρ 代入上式,并考虑 $\sin\dfrac{\theta}{2} \approx \dfrac{\theta}{2}$,可得

$$F = \gamma\theta^2(\rho - x)$$

力除以其作用的面积即得应力,$ABCD$ 元的面积 $= \overline{AB} \times \overline{CD} = \rho\theta \cdot x\theta = \rho x\theta^2$。作用在面积元上的应力 σ 为

$$\sigma = F/A = \frac{\gamma\theta^2(\rho - x)}{x\rho\,\theta^2} = \gamma\left(\frac{1}{x} - \frac{1}{\rho}\right) \tag{3.9}$$

因为 $x \gg \rho$,所以 $\sigma \approx -\gamma/\rho$。

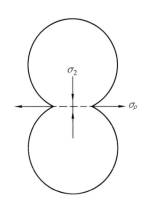

图 3.6　作用在颈表面的最大应力

式(3.9)表明作用在颈部的应力主要由 F_ρ 产生,F_x 可以忽略不计。从图 3.5 与式(3.9)可见 σ_ρ 是张应力。两个相互接触的晶粒系统处于平衡,如果将两晶粒看做弹性球模型,根据应力分布可以预料,颈部的张应力 σ_ρ 由两个晶粒接触中心处的同样大小的压应力 σ_2 平衡,这种应力分布如图 3.6 所示。

两颗粒直径均为 2 μm,接触颈部半径 x 为 0.2 μm,此时颈部表面的曲率半径 ρ 约为 0.01 ~ 0.001 μm。若表面张力为 72 J/cm^2。由式(3.9)可计算得 $\sigma_\rho \approx 10^7$ N/m^2。

在烧结前的粉末体如果是由同径颗粒堆积而成的理想紧密堆积,颗粒接触点上最大压应力相当于外加一个静压力。在真实系统中,由于球体尺寸不一、颈部形状不规则,堆积方式不相同等原因,使接触点上应力分布产生局部剪应力。因此在剪应力作用下可能出现晶粒彼此沿晶界剪切滑移,滑移方向由不平衡的剪应力方向而定。烧结开始阶段,在这种局部剪应力和流体静压力影响下,颗粒间出现重新排列,从而使坯体堆积密度提高,气孔率降低,坯体出现收缩,但晶粒形状没有变化,颗粒重排不可能导致气孔完全消除。

在扩散传质中要达到颗粒中心距离缩短必须有物质向气孔迁移,气孔作为空位源,空位进行反向迁移。颗粒点接触处的应力促使扩散传质中物质的定向迁移。

下面通过晶粒内不同部位空位浓度的计算来说明晶粒中心靠近的机理。

在无应力的晶体内,空位浓度 C_o 是温度的函数,其表达式为

$$C_o = \frac{n_0}{N} = \exp\left(-\frac{E_v}{kT}\right) \tag{3.10}$$

式中,N 为晶体内原子总数;n_0 为晶体内空位数;E_v 为空位生成能。

由于颗粒接触的颈部受到张应力,而颗粒接触中心处受到压应力。颗粒间不同部位所受的应力不同,不同部位形成空位所作的功也不同。

在颈部区域和颗粒接触区域由于有张应力和压应力的存在,而使空位形成所作的附加功为

$$E_t = -\gamma/\rho\Omega = \sigma\Omega$$
$$E_n = \gamma/\rho\Omega = \sigma\Omega \tag{3.11}$$

式中,E_t,E_n 分别为颈部受张应力和压应力时,形成体积为 Ω 空位所做的附加功。

在颗粒内部未受应力区域形成空位所作功为 E_v，因此在颈部或接触点区域形成一个空位作功 E'_v 为

$$E'_v = E_v \pm \sigma\Omega \tag{3.12}$$

在压应力区（接触点）为

$$E'_v = E_v + \sigma\Omega$$

在张应力区（颈表面）为

$$E'_v = E_v - \sigma\Omega$$

由式（3.12）可见，在不同部位形成一个空位所作的功的大小次序为：张应力区空位形成功 < 无应力区 < 压应力区，由于空位形成功不同，因而不同区域引起空位浓度差异。

若 $[C_n]$，$[C_0]$，$[C_t]$ 分别代表压力区、无应力区和张应力区的空位浓度，则

$$[C_n] = \exp\left(-\frac{E'_v}{kT}\right) = \exp\left[-\frac{E_v + \sigma\Omega}{kT}\right] = [C_0]\exp\left(-\frac{\sigma\Omega}{kT}\right)$$

若 $\dfrac{\sigma\Omega}{Kt} \ll 1$，当 $x \to 0$，$\mathrm{e}^{-x} = 1 - x + \dfrac{x^2}{2!} - \dfrac{x^3}{3!} + \dfrac{x^4}{4!}\cdots$

则

$$\exp\left(-\frac{\sigma\Omega}{kT}\right) = 1 - \frac{\sigma\Omega}{kT}$$

$$[C_n] = [C_0]\left(1 - \frac{\sigma\Omega}{kT}\right) \tag{3.12}$$

同理

$$[C_t] = [C_0]\left(1 + \frac{\sigma\Omega}{kT}\right) \tag{3.13}$$

由式（3.13）和式（3.14）可以得到颈表面与接触中心处之间空位浓度的最大差值 $\Delta_1[C]$，计算公式为

$$\Delta_1[C] = [C_t] - [C_n] = 2[C_0]\frac{\sigma\Omega}{kT} \tag{3.14}$$

由式（3.14）和式（3.10）可以得到颈表面与颗粒内部（没有应力区域）之间空位浓度差值 $\Delta_2[C]$，即

$$\Delta_2[C] = [C_t] - [C_n] = 2[C_0]\frac{\sigma\Omega}{kT} \tag{3.15}$$

由以上计算可见，$[C_t] > [C_0] > [C_n]$ 和 $[C] > \Delta_2[C]$。这表明颗粒不同部位空位浓度不同，颈表面张应力区空位浓度大于晶粒内部，受压应力的颗粒接触中心空位浓度最低。空位浓度差是自颈到颗粒接触点大于颈至颗粒内部。系统内不同部位空位浓度的差异对扩散时空位的漂移方向是十分重要的。扩散首先从空位浓度最大部位（颈表面）向空位浓度最低的部位（颗粒接触点）进行，其次是颈部向颗粒内部扩散。空位扩散即原子或离子的反向扩散。因此，扩散传质时，原子或离子由颗粒接触点向颈部迁移，达到气孔充填的结果。

图 3.8 为扩散传质途径，从图中可以看到扩散可以沿颗粒表面进行，也可以沿着两颗粒之间的界面进行或在晶粒内部进行，分别被称为表面扩散、界面扩散和体积扩散。不论扩散途径如何，扩散的终点是颈部。当晶格内结构基元（原子或离子）移至颈部，原来结

构基元所占位置成为新的空位,晶格内其他结构基元补充新出现的空位,就这样以"接力"方式物质向内部传递而空位向外部转移。空位在扩散传质中可以在以下三个部位消失:自由表面、内界面(晶界)和位错。随着烧结进行,晶界上的原子(或离子)活动频繁,排列很不规则,因此晶格内空位一旦移动到晶界上,结构基元的排列只需稍加调整空位就易消失。随着颈部填充和颗粒接触点处结构基元的迁移出现了气孔的缩小和颗粒中心距逼近,表现在宏观上则是气孔率下降和坯体的收缩。

3. 黏滞流动与塑性流动

液相烧结的基本原理与固相烧结有类似之处,推动力仍然是表面能。不同的是烧结过程与液相量、液相性质、固相在液相中的溶解度、润湿行为有密切关系。因此,液相烧结动力学研究比固相烧结更为复杂。

(1)黏性流动

在液相质量分数很高时,液相具有牛顿型液体的流动性质,这种粉末体的烧结比较容易通过黏性流动而达到平衡。除有液相存在的烧结出现黏性流动外,弗仑克认为,在高温下晶体颗粒也具有流动性质,它与非晶体在高温下的黏性流动机理是相同的。在高温下物质的黏性流动可分为两个阶段:第一阶段,物质在高温下形成黏性流体,相邻颗粒中心互相逼近,增加接触面积,接着发生颗粒间的黏合作用和形成一些封闭气孔;第二阶段,封闭气孔的黏性压紧,即小气孔被玻璃相包围压力作用下,由于黏性流动而密实化。

而决定烧结致密化速率主要有三个参数:颗粒起始粒径、黏度、表面张力。原料的起始粒度与液相黏度这两项主要参数是相互配合的,它们不是孤立地起作用,而是相互影响的。为了使液相和固相颗粒结合更好,液相黏度不能太高,若太高,可用加入添加剂降低黏度及改善固-液相之间的润湿能力。但黏度也不能太低,以免颗粒直径较大时,重力过大而产生重力流动变形。也就是说,颗粒应限制在某一适当范围内,使表面张力的作用大于重力的作用,在液相烧结中,必须采用细颗粒原料且原料粒度必须合理分布。

(2)塑性流动

在高温下坯体中液相质量分数降低,而固相质量分数增加,这时烧结传质不能看成是牛顿型流体,而是属于塑性流动的流体,过程的推动力仍然是表面能。为了尽可能达到致密烧结,应选择尽可能小的颗粒、黏度及较大的表面能。

在固-液两相系统中,液相量占多数且液相黏度较低时,烧结传质以黏性流动为主,而当固相量占多数或黏度较高时则以塑性流动为主。实际上,烧结时除有不同固相液相外,还有气孔存在,因此实际情况要复杂得多。

塑性流动传质过程在纯固相烧结中同样也存在,可以认为晶体在高温高压作用下产生流动是由于晶体晶面的滑移,即晶格间产生位错,而这种滑移只有超过某一应力值才开始。

4. 溶解-沉淀机理

在烧结时,固、液两相之间发生如下传质过程:细小颗粒(其溶解度较高)以及一般颗粒的表面凸起部分溶解进入液相,并通过液相转移到粗颗粒表面(这里溶解度较低)而沉淀下来。这种传质过程发生于具有足量的液相生成的物质中,液相能润湿固相,固相在液相中有适当的溶解度。

而传质过程是以下列方式进行的:首先,随着烧结温度提高,出现足够量液相。固相颗粒分散在液相中,在液相毛细管的作用下,颗粒相对移动,发生重新排列,得到一个更紧密的堆积,结果提高了坯体的密度。这一阶段的收缩量与总收缩的比取决于液相的数量。当液相的体积分数大于35%时,这一阶段是完成坯体收缩的主要阶段,其收缩率相当于总收缩率的60%左右。第二,被薄的液膜分开的颗粒之间搭桥,在接触部位有高的局部应力导致塑性变形和蠕变。这样促进颗粒进一步重排。第三,液相的重结晶过程,这一阶段的特点是细小颗粒和固体颗粒表面凸起部分的溶解,通过液相转移并在粗颗粒表面上析出。在颗粒生长和形状改变的同时,使坯体进一步致密化。颗粒之间有液相存在时颗粒互相压紧,颗粒间有压力作用下又提高了固体物质在液相中的溶解度。

例如 Si_3N_4 是高度共价键结合的化合物,共价键程度约占70%,体扩散系数(bulk dif-fu-sion coefficient)不到 10^{-7} cm^3/s,因而纯 Si_3N_4 很难进行固相烧结,而必须加入添加剂,如 MgO、Y_2O_3、Al_2O_3 等,这样在高温时它们和 α-Si_3N_4 颗粒表面的 SiO_2 形成硅酸盐液相,并能润湿和溶解 α-Si_3N_4,在烧结温度下析出 β-Si_3N_4。

3.2 烧结工艺

3.2.1 影响烧结的因素

1. 原始粉料的粒度

无论在固态或液态的烧结中,细颗粒由于增加了烧结的推动力,缩短了原子扩散的距离和提高颗粒在液相中的溶解度而导致烧结过程的加速。一般烧结速率与起始粒度的1/3 次方成正比,从理论上计算,当起始粒度从 2 μm 缩小到 0.5 μm,烧结速率增加64倍。这个结果相当于粒径小的粉料烧结温度降低 150~300 ℃。图 3.7 是刚玉坯体烧结程度与起始粒度的关系。

有资料报导 MgO 的起始粒度为 20 μm 以上时,即使在 1 400 ℃保持很长时间,也相对密度70%,而不能进一步致密化。若粒径在 20 μm 以下,温度为 1 400 ℃,或粒径在 1 μm 以下温度为 1 000 ℃时,烧结速度很快。如果粒径在 0.1 μm 以下,其烧结速率与热压烧结相差无几。

从防止二次再结晶考虑,起始粒径必须细而均匀,如果细颗粒内有少量大颗粒存在,则易发生晶粒异常生长而不利烧结。一般氧化物材料最适宜的粉末粒度为 0.05~0.5 μm。

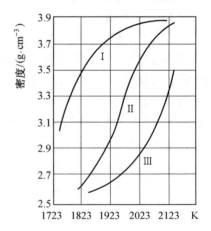

图 3.7　刚玉坯体烧结程度与细度的关系
Ⅰ—粒度为 1 μm;Ⅱ—粒度为 2.4 μm;Ⅲ—粒度为 5.6 μm

原料粉末的粒度不同,烧结机理有时也会发生变化。例如 AlN 的烧结,当粒度为 $0.78 \sim 4.4$ μm 时,粗颗粒按体积扩散机理进行烧结,而细颗粒则按晶界扩散或表面扩散机理进行烧结。

2. 外加剂的作用

在固相烧结中,少量外加剂(烧结助剂)可与主晶相形成固溶体促进缺陷增加;在液相烧结中,外加剂能改变液相的性质(如黏度、组成等),因而都能起促进烧结的作用。外加剂在烧结体中的作用如下:

(1)外加剂与烧结主体形成固溶体

当外加剂与烧结主体的离子大小、晶格类型及电价数接近时,它们能互溶形成固溶体,致使主晶相晶格畸变,缺陷增加,便于结构基元移动而促进烧结。一般地说,它们之间形成有限置换型固溶体比形成连续固溶体更有助于促进烧结。外加剂离子的电价和半径与烧结主体离子的电价和半径相差越大,使晶格畸变程度增加,促进烧结的作用也越明显。例如 Al_2O_3 烧结时,若加入 3% Cr_2O_3 则形成连续固溶体需在 1 860 ℃烧结,而加入 (1% ~2%) TiO_2 只需在 1 600 ℃左右就能致密化。

(2)外加剂与烧结主体形成液相

外加剂与烧结体的某些组分生成液相,由于液相中扩散传质阻力小、流动传质速度快,因而降低了烧结温度和提高了坯体的致密度。例如在制造 95% Al_2O_3 材料时,一般加入 CaO、SiO_2,在 $CaO:SiO_2=1$ 时,由于生成 $CaO—Al_2O_3—SiO_2$ 液相,而使材料在 1 540 ℃即能烧结。

(3)外加剂与烧结主体形成化合物

在烧结透明的 Al_2O_3 制品时,为抑制二次再结晶,消除晶界上的气孔,一般加入 MgO 或 MgF_2。高温下形成镁铝尖晶石($MgAl_3O_4$)而包裹在 Al_2O_3 晶粒表面,抑制晶界移动速率,充分排除晶界上的气孔,对促进坯体致密化有显著作用。

(4)外加剂阻止多晶转变

ZrO_2 由于有多晶转变,体积变化较大而使烧结发生困难,当加入 5% CaO 以后,Ca^{2+} 离子进入晶格置换 Zr^{4+} 离子,由于电价不等而生成阴离子缺位固溶体,同时抑制晶型转变,使致密化易于进行。

(5)外加剂起扩大烧结范围的作用

加入适当外加剂能扩大烧结温度范围,给工艺控制带来方便。例如锆钛酸铅材料的烧结范围只有 20 ~40 ℃,如加入适量 La_2O_3 和 Nb_2O_5 以后,烧结范围可以扩大到 80 ℃。

必须指出的是,外加剂只有加入量适当时才能促进烧结,如不恰当地选择外加剂或加入量过多,反而会起阻碍烧结的作用。因为过量的外加剂会防碍烧结相颗粒的直接接触,影响传质过程的进行。表 3.1 是 Al_2O_3 烧结时外加剂种类和数量对烧结活化能的影响。表中指出,加入 2% 氧化镁使 Al_2O_3 烧结活化能降低到 398 kJ/mol,比纯 Al_2O_3 活化能 502 kJ/mol 低,因而促进烧结过程。而加入 5% MgO 时,烧结活化能升高到 545 kJ/mol,则起抑制烧结的作用。

表3.1　外加剂种类和数量对 Al_2O_3 烧结活化能(E)的影响

添加剂	无	MgO		Co_3O_4		TiO_2		MnO_2	
		2%	5%	2%	5%	2%	5%	2%	5%
$E/(kJ \cdot mol^{-1})$	500	400	545	630	560	380	500	270	250

烧结时加入何种外加剂,加入量多少合适,目前尚不能完全从理论上解释或计算,还需根据材料性能要求通过试验来决定。

3. 烧结温度和保温时间

在晶体中晶格能越大,离子结合也越牢固,离子的扩散也越困难,所需烧结温度也就越高。各种晶体键合情况不同,因此烧结温度也相差很大,即使对同一种晶体烧结温度也不是一个固定不变的值。提高烧结温度无论对固相扩散或对溶解-沉淀等传质都是有利的。但是单纯提高烧结温度不仅浪费燃料,很不经济,而且还会促使二次再结晶而使制品性能恶化。在有液相的烧结中,温度过高使液相量增加,黏度下降,制品变形。因此不同制品的烧结温度必须通过试验来确定。

由烧结机理可知,只有体积扩散才能导致坯体致密化,表面扩散只能改变气孔形状而不能引起颗粒中心距的逼近,因此不出现致密化过程,图3.8所示为表面扩散、体积扩散与温度的关系。在烧结高温阶段主要以体积扩散为主,而在低温阶段以表面扩散为主。如果材料的烧结在低温时间较长,不仅不引起致密化反而会因表面扩散改变了气孔的形状,而给制品性能带来损害。因此从理论上分析应尽可能快地从低温升到高温以创造体积扩散的条件。高温短时间烧结是制造致密陶瓷材料的好方法,但还要结合考虑材料的传热系数、二次再结晶温度、扩散系数等各种因素,合理地制定烧结温度。

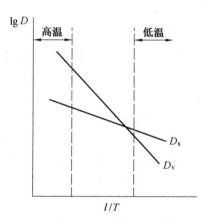

图3.8　扩散系数与温度的关系
D_s—表面扩散系数;D_v—体积扩散系数

4. 盐类的选择及其煅烧条件

在通常条件下,原始配料均以盐类形式加入,经过加热后以氧化物形式发生烧结。盐类具有层状结构,当其分解时,这种结构往往不能完全破坏,原料盐类与生成物之间若保持结构上的关联性,那么盐类的种类、分解温度和时间将影响烧结氧化物的结构缺陷和内部应变,从而影响烧结速率与性能。

(1)煅烧条件

关于盐类的分解温度与生成的氧化物的性质之间的关系有大量研究报导。例如 $Mg(OH)_2$ 分解温度与生成的 MgO 的关系如图3.9和3.10所示。由图3.9可见,低温下煅烧所得的 MgO,其晶格常数较大,结构缺陷较多,随着煅烧温度升高,结构性较好,烧结温度相应提高。图3.10表明,随 $Mg(OH)_2$ 煅烧温度的变化,烧结表观活化能 E 及频率

因子 A 的变化。实验结果显示在 900 ℃煅烧的 $Mg(OH)_2$ 所得的烧结活化能最小,烧结活性较高。因此说,煅烧温度越高,烧结性越低的原因是由于 MgO 的结晶良好,活化能增高造成的。

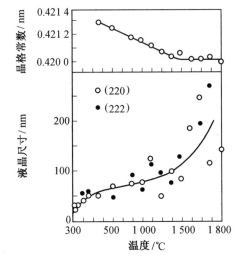

图 3.9　$Mg(OH)_2$ 的煅烧温度与生成 MgO 的晶格常数及微晶尺寸的关系

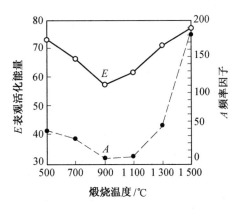

图 3.10　$Mg(OH)_2$ 的煅烧温度与所得 MgO 形成体相对于扩散烧结的表观活化能和频率因子之间的关系

（2）盐类的选择

表 3.2 是用不同的镁化合物在一定条件下分解制取的 MgO 的性能比较,可以看出,随着原料盐的种类不同,所制得的 MgO 烧结性能有明显差别,由碱式碳酸镁、醋酸镁、草酸镁、氢氧化镁制得的 MgO,其烧结体可以分别达到理论密度的 93% ~ 82%;而由氯化镁、销酸镁、硫酸镁等制得的 MgO,在同样条件下烧结,仅能达到理论密度的 66% ~ 50%。如果对煅烧获得的 MgO 的性质进行比较,则可看出用能够生成粒度小、晶格常数较大、微晶较小、结构松弛的 MgO 的原料盐来获得活性 MgO,其烧结性良好;反之,用生成结晶性较高,粒度大的 MgO 的原料盐来制备 MgO,其烧结性差。

表 3.2　镁化合物分解条件与 MgO 性能的关系

镁化合物	最佳温度 /℃	颗粒尺寸 /nm	所得 MgO/nm		1 400 ℃/3 h 烧结体	
			晶格常数	微晶尺寸	体积密度	理论值/%
碱式碳酸镁	900	50 ~ 60	0.4212	50	3.33	93
醋酸镁	900	50 ~ 60	0.4212	60	3.09	87
草酸镁	700	20 ~ 30	0.4216	25	3.03	85
氢氧化镁	900	50 ~ 60	0.4213	60	2.92	82
氯化镁	900	200	0.4211	80	2.36	66
硝酸镁	700	600	0.4211	90	2.03	58
硫酸镁	1 200 ~ 1 500	106	0.4211	30	1.76	50

5. 气氛的影响

烧结气氛一般分为氧化、还原和中性三种,在烧结中气氛的影响是很复杂的。

一般地说,在由扩散控制的氧化物烧结中,气氛的影响与扩散控制因素有关,与气孔内气体的扩散和溶解能力有关。例如 Al_2O_3 材料是由阴离子(O^{2-})扩散速率控制烧结过程,当它在还原气氛中烧结时,晶体中的氧从表面脱离,从而在晶格表面产生很多氧离子空位,使 O^{2-} 扩散系数增大导致烧结过程加速。表3.3是不同气氛下 $\alpha-Al_2O_3$ 中 O^{2-} 离子扩散系数和温度的关系。用透明氧化铝制造的钠光灯管必须在氢气炉内烧结,就是利用加速 O^{2-} 扩散,使气孔内气体在还原气氛下易于逸出的原理来使材料致密从而提高透光度。若氧化物的烧结是由阳离子扩散速率控制,则在氧化气氛中烧结,表面积聚了大量氧,使阳离子空位增加,则有利于阳离子扩散的加速而促进烧结。

封闭气孔内气体的原子尺寸越小越易于扩散,气孔消除也越容易。如像氩或氮那样的大分子气体,在氧化物晶格内不易自由扩散最终残留在坯体中。但若像氢或氦那样的小分子气体,扩散性强,可以在晶格内自由扩散,因而烧结与这些气体的存在无关。

当样品中含有铅、锂、铋等易挥发物质时,控制烧结时的气氛更为重要。如锆钛酸铅材料烧结时,必须要控制一定分压的铅气氛,以抑制坯体中铅的大量逸出,保持坯体的化学组成不发生变化,否则将影响材料的性能。

表3.3 不同气氛下 $\alpha-Al_2O_3$ 中 O^{2-} 离子扩散系数和温度的关系

温度/℃ 扩散系数 /cm²·s⁻¹ 气氛	1 400	1 450	1 500	1 550	1 600
氢气	8.09×10^{-12}	2.36×10^{-11}	7.11×10^{-11}	2.51×10^{-10}	7.5×10^{-10}
空气		2.97×10^{-12}	2.7×10^{-11}	1.97×10^{-10}	4.9×10^{-10}

由于烧结气氛的影响常会出现不同的结论,这与材料组成、烧结条件、外加剂种类和数量等因素有关,所以必须根据具体情况慎重选择。

6. 成形压力的影响

粉料成形时必须加一定的压力,除了使其有一定形状和一定强度外,同时也给烧结创造了颗粒间紧密接触的条件,使其烧结时扩散阻力减小。一般地说,成形压力越大,颗粒间接触越紧密对烧结越有利。但若压力过大使粉料超过塑性变形限度,就会发生脆性断裂。适当的成形压力可以提高生坯的密度。而生坯的密度与烧结体的致密化程度有正比关系。

影响烧结的因素除了以上六点以外,还有生坯内粉料的堆积程度、加热速度、保温时间、粉料的粒度分布等,所以影响烧结的因素很多,而且相互之间的关系也较复杂,在研究烧结时如果不充分考虑这些因素,并恰当地运用,就不能获得具有重复性和高致密度的制品,同时也对烧结体的显微结构和机、电、光、热等性质产生显著的影响。下面以工艺条件对氧化铝瓷坯性能与结构的影响为例(表3.4)说明上述影响因素。由表3.4看出,要获得一个好的烧结材料,必须对原料粉末的尺寸、形状、结构和其他物理性能有充分的了解,对工艺制度控制与材料显微结构形成之间的相互联系进行综合考察,只有这样才能真正理解烧结过程。

表 3.4　工艺条件对氧化铝瓷坯性能与结构的影响

	试　样　号	1	2	3	4	5	6	7	8	9	10
组成	$\alpha-Al_2O$	细	细	细	粗	粗	粗	细	细	细	细
	外加剂	无	无	无	无	1% MgO					
	黏结剂	8% 油酸									
烧结条件	烧结温度/℃	1910	1910	1910	1800	1800	1800	1600	1600	1600	1600
	保温时间/min	120	60	15	60	15	5	240	40	60	90
	烧结气氛	真空湿 H_2									
性能	体积密度/(g·cm⁻³)	3.88	3.87	3.87	3.82	3.92	3.93	3.94	3.91	3.92	3.92
	总气孔率/%	3.0	3.3	3.3	3.3	2.0	1.8	1.6	2.2	2.0	1.8
	常温抗折强度/MPa	75.2	140.3	208.8	208.8	431.1	483.6	484.8	552	579	581
结构	晶粒平均尺寸/μm	193.7	90.5	54.3	25.1	11.5	8.7	9.7	3.2	2.1	1.9

注:"粗"指原料粉碎后小于 1 μm 的占 35.2% ;"细"指粉碎后小于 1 μm 的占 90.2% 。

3.2.2　烧结方法

正确地选择烧结方法是使特种陶瓷具有理想的结构及预定的性能之关键。如在通常的大气条件下(无特殊气氛,常压下)烧结,无论怎样选择烧结条件,也很难获得无气孔或高强度制品。在传统陶瓷生产中经常采用常压烧结(pressureless sintering)方法,这种方法比特殊烧结方法生产成本低,是最普通的烧结方法,这里就不作详细介绍。

1. 低温烧结

在尽可能低的温度下制备陶瓷是人们早有的愿望,这种方法可以降低能耗,使产品价格降低。

低温烧结方法主要有引入添加剂、压力烧结,使用易于烧结的粉料等方法。下面介绍:

(1)引入添加剂

这种方法根据添加剂作用机理可分为如下两类:添加剂的引入使晶格空位增加,易于扩散,烧结速度加快;添加剂的引入使液相在较低的温度下生成,出现液相后晶体能作黏性流动,因而促进了烧结。

当不存在液相时,陶瓷粉料通常是通过扩散传质而烧结的。实际上,理想晶体是不存在的,晶体总是存在一定数量的空位,颈部的空位浓度高,其他部分的空位浓度低,空位浓度梯度的存在,导致空位浓度高的部分(通常两颗粒的接界处——颈部)向空位浓度低的部分扩散,而质点(离子)向相反方向扩散,使物料烧结。引入的添加剂固溶于主晶相,空位就增加,促进了扩散,使物料易于烧结,如 Al_2O_3 中添加 TiO_2,MgO,MnO 等后,就显著地促进了烧结。

当添加剂引入后可以在较低的温度下生成液相,由于黏性流动(以颗粒为单位的迁移)导致烧结,如 Si_3N_4 中添加 MgO,Y_2O_3,Al_2O_3 等均可加快烧结速度。

总之,添加剂能使材料显示出新的功能,提高强度、抑制晶粒成长、促进烧结等。

(2)使用易于烧结的粉料

易于烧结粉料的制备方法大致分为通用粉料制备工艺和特殊粉料制备方法,他们的区别主要是制备工艺过程的变化。这里所指的制备工艺过程是母盐的化学组成、母盐的制备条件、煅烧条件、粉碎条件等。由于这些工艺过程的变化,使所得的陶瓷粉料的烧结性发生微妙的变化。如用四异丙醇钛为原料制得的 TiO_2 粉体平均颗粒度为 0.08 μm,烧结后材料密度达到理论密度的99%,烧成体的晶粒大小约 0.15 μm,烧结温度为 800 ℃,比用传统工艺制备的 TiO_2 粉料烧结温度降低 500~600 ℃(通常 TiO_2 的烧结温度为 1 300~1 400 ℃);用四乙醇钛为原料,合成的 TiO_2 粉体的平均粒度为 0.3 μm,烧结后材料密度为理论密度的99%,烧成体的晶粒大小约 1.2 μm,烧结温度为 1 050 ℃。总之,随着粉末颗粒的微细化,粉体的显微结构和性能将会发生很大的变化,尤其是对亚微米-纳米级的粉体来说,它在内部压力、表面活性、熔点等方面都会有意想不到的性能。因此粉料在烧结过程中能加速动力学过程、降低烧结温度和缩短烧结时间。

2. 热压烧结

如果在加热粉体的同时进行加压,那么烧结主要取决于塑性流动,而不是扩散。对于同一材料而言,压力烧结与常压烧结相比,烧结温度低得多,而且烧结体中气孔率也低。另外,由于在较低的温度下烧结抑制了晶粒成长,所得的烧结体致密,且具有较高的强度(晶粒细小的陶瓷强度较高)。

(1)一般热压法

一般热压法又叫压力烧结法,是对较难烧结的料粉或生坯在模具内施加压力,同时升温烧结的工艺。加压操作有:恒压法,整个升温过程中都施加预定的压力;高温加压法,高温阶段才加压力;分段加压法,低温时加低压、高温时加到预定的压力。此外又有真空热压烧结、气氛热压烧结、连续加压烧结等。其基本结构示于图 3.11 中。图 3.12 示出热压 MgO 粉体的致密化过程。

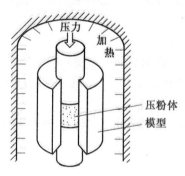

图 3.11　热压示意图

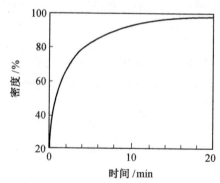

图 3.12　MgO 粉体热压致密过程(1 300 ℃,280 MPa)

在热压中,最重要的是模型材料的选择。使用最广泛的模型材料是石墨,但因目的不同,也有使用氧化铝和碳化硅的。最近还开发了纤维增强的石墨模型,这种模型壁薄可经受 $30 \sim 50$ MPa 的压力。表 3.4 列出单轴加压的热压模型材料。

表 3.4　单轴加压的热压模型材料

模型材料	最高使用温度/℃	最高使用压力/MPa	备　　注
石　墨	2 500	70	中性气氛
氧化铝	1 200	210	机械加工困难,抗热冲击性弱,易产生蠕变。
氧化锆	1 180		
氧化铍	1 000	105	
碳化硅	1 500	280	机械加工困难,有反应性,价高。
碳化钽	1 200	56	
碳化钨、碳化钛	1 400	70	
二硼化钛	1 200	105	机械加工困难、价高,易氧化、易产生蠕变。
钨	1 500	245	
钼	1 100	21	
耐腐蚀高温镍合金不锈钢	1 100		易产生蠕变。

加热方式几乎都采用高频感应方法,对于导电性能好的模型,可以采用低电压、人电流的直接加热方式。

热压法的缺点是加热、冷却时间长,而且必须进行后期加工,生产效率低,只能生产形状不太复杂的制品。使用热压法可制备强度很高的陶瓷车刀等。就氧化铝烧结体而言,常压烧结制品的抗折强度约为 350 MPa,热压制品的抗折强度为 700 MPa 左右。热压法在制备很难烧结的非氧化物陶瓷材料中,也获得广泛的应用。

现以氮化硅为例介绍热压法。在氮化硅粉末中,加入氧化镁等添加剂,在 1 700 ℃下,施以 30 MPa 的压力,则可达到致密化。在这种情况下,因为氮化硅与石墨模型发生反应,其表面生成碳化硅,所以需在石墨模型内涂上一层氮化硼,以防止发生反应,并便于脱模。但是,由于 BN 中含有 B_2O_3,它具有吸湿性,如果在使用过程中急速加热就会把吸附水分放出,从而容易产生裂缝。因此使用这种脱模剂时,在热压时必须注意。另外模型材料与试料的膨胀系数之差太大时,在冷却时会产生应力,这一点极为重要。

(2)高温等静压法

高温等静压(HIP)法,就受等静压作用这一点而言,类似于成形方法中所述的橡皮模加压成形。高温等静压法中用金属箔代替橡皮模(加压成形中的橡胶模具),用气体代替液体,使金属箔内的粉料均匀受压,如图 3.13 所示。通常所用的气体为氮气、氩气等惰性气体。模具材料有金属箔(低碳钢、镍、钼)、玻璃等,也可先在大气压下烧成具有一定形状的非致密体,然后进行高温等静压烧结(可不用金箔模具)。

一般在 $100 \sim 300$ MPa 的气压下,将被处理物体升到从几百度(℃)至 2 000 ℃的高温下压缩烧结。

和一般热压法相比 HIP 法使物料受到各向同性的压力,因而陶瓷的显微结构均匀,另外 HIP 法中施加压力高能使陶瓷坯体在较低的温度下烧结,使常压不能烧结的材料有可能烧结。

就氧化铝陶瓷而言,常压下普通烧结必须烧至
1 800 ℃以上的高温,热压(20 MPa)烧结需要烧至
1 500 ℃左右,而 HIP(400 MPa)烧结,在 1 000 ℃
左右的较低温度下就已经致密化了。

①容器法。本方法开始在陶瓷烧结中应用,目
的是研究难烧结物质——氮化硅和碳化硅的致密
化。该方法的目标是尽量减少对高温材料特性有
不利影响的添加剂的用量。与热压法相比它可以
进行复杂形状的成形和各向同性的成形。以
Si_3N_4,SiC 为例,用普通玻璃为容器材料,在工艺结

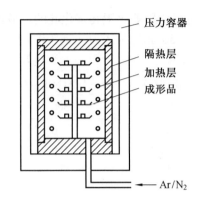

图 3.13　HIP 设备结构

束时将玻璃除掉,再进行精加工。但要特别注意被处理物与玻璃之间不产生反应,并且温
度的准确测定是很重要的问题。图 3.14 示出 Si_3N_4 的烧结情况。

②无容器法。一般的烧结制品都含有百分之几的气孔,而且有微小缺陷存在,机械性
能波动很大,容易产生次品。这种情况在大型化、难烧结物质中是经常出现的。烧结体的
密度如果达到 90% 左右,内部气孔因呈闭塞状态,所以原成形品用 HIP 法处理才能取得
好的效果。利用这一原理可除掉超硬工具结构内部的残留气孔,大幅度提高成品率。

在 Si_3N_4,SiC,铁氧体等陶瓷材料制造中,HIP 法很适用。图 3.15 所示为 Mn-Zn 铁氧
体在烧结中使用 HIP 法的实例。

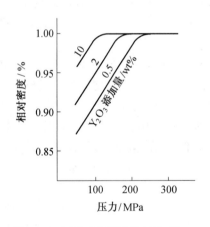

图 3.14　用玻璃容器法烧结 Si_3N_4

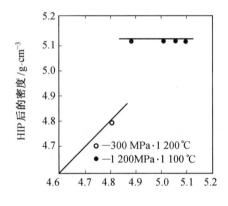

图 3.15　Mn-Zn 铁氧体在 HIP(无容器法)前后
的密度变化

3. 气氛烧结

对于在空气中很难烧结的制品(如透光体或非氧化物),为防止其氧化等,研究了气
氛烧结方法。即在炉膛内通入一定气体,形成所要求的气氛,在此气氛下进行烧结。

(1)制备透光性陶瓷的气氛烧结

透光性陶瓷的烧结方法有气氛烧结和热压法两种,如前所述采用热压法时只能得到
形状比较简单的制品,而在常压下的气氛烧结则操作工序比较简单。

高压钠蒸气灯用氧化铝透光灯管,除了要使用高纯度原料,微量地加入抑制晶粒异常成长的添加剂外,还必须在真空或氢气中进行特殊气氛烧结。

为使烧结体具有优异的透光性,必须使烧结体中气孔率尽量降低(直至零),但在空气中烧结时,很难消除烧结后期晶粒之间存在的孤立气孔。相反,在真空或氢气中烧结时,气孔内的气体被置换而很快地进行扩散,气孔就易被消除。除 Al_2O_3 透光体之外,MgO,Y_2O_3,BeO,ZrO_2 等透光体均采用气氛烧结。

(2)防止氧化的气氛烧结

特种陶瓷中引人注目的 Si_3N_4,SiC 等非氧化物,由于在高温下易被氧化,因而在氮及惰性气体中进行烧结。对于在常压下高温易于气化的材料,可使其在稍高压力下烧结。

(3)引入气氛片的烧结

锆钛酸铅压电陶瓷等含有在高温下易挥发成分的材料,在密闭烧结时,为抑制低熔点物质的挥发,常在密闭容器内放入一定量的与瓷料组成相近的坯体即气氛片,也可使用与瓷料组成相近的粉料。其目的是形成较高易挥发成分的分压,以保证材料组成的稳定,达到预期的性能。

4. 其他烧结方法

随着科学技术不断发展,新的特种陶瓷的烧结方法也不断地推出,如:

(1)电场烧结

陶瓷坯体在直流电场作用下的烧结。某些高居里点的铁电陶瓷,如铌酸锂陶瓷在其烧结温度下对坯体的两端施加直流电场,待冷却至居里点($T_c = 1\,210\ ℃$)以下撤去电场,即可得到有压电性的陶瓷样品。

(2)超高压烧结

即在几十万大气压以上的压力下进行烧结。其特点是,不仅能够使材料迅速达到高密度,具有细晶粒(小于 $1\ \mu m$),而且使晶体结构甚至原子、电子状态发生变化,从而赋予材料在通常烧结或热压烧结工艺下所达不到的性能。而且,可以合成新型的人造矿物。此工艺比较复杂,对模具材料、真空密封技术以及原料的细度和纯度均要求较高。

(3)活化烧结

其原理是在烧结前或者在烧结过程中,采用某些物理的或化学的方法,使反应物的原子或分子处于高能状态,利用这种高能状态的不稳定性,容易释放出能量而变成低能态,作为强化烧结的新工艺,所以又称为反应烧结(reactive sintering)或强化烧结(intensified sintering)。活化烧结所采用的物理方法有:电场烧结、磁场烧结、超声波或辐射等作用下的烧结等。所采用的化学方法有:以氧化还原反应,氧化物、卤化物和氢氧化物的离解为基础的化学反应以及气氛烧结等。它具有降低烧结温度、缩短烧结时间、改善烧结效果等优点。对某些陶瓷材料,它又是一种有效的织构技术。也有利用物质在相变、脱水和其他分解过程中,原子或离子间结合被破坏,使其处于不稳定的活性状态。如使其比表面积提高、表面缺陷增多;加入可在烧结过程中生成新生态分子的物质;加入可促使烧结物料形成固溶体、增加晶格缺陷的物质,皆属活化烧结。另外,加入微量可形成活性液相的物质促进物料玻璃化,适当降低液相黏度,润湿固相,促进固相溶解和重结晶等,也均属活化烧结。

（4）活化热压烧结

这是在活化烧结的基础上又发展起来的新工艺，即利用反应物在分解反应或相变时具有较高能量的活化状态进行热压处理，可以在较低温度、较小压力、较短时间内获得高密度陶瓷材料，是一种高效率的热压技术。例如，利用氢氧化物和氧化物的分解反应进行热压制成钛酸钡、锆钛酸铅、铁氧体等电子陶瓷；利用碳酸盐分解反应热压制成高密度的氧化铍、氧化钍和氧化铀陶瓷；利用某些材料相变时热压，制成高密度的氧化铝陶瓷等。

第4章 特种陶瓷后续加工

烧成后的特种陶瓷材料还需进行加工才能成为工程构件,加工可以改善特种陶瓷材料的外观和表面性质,还可以进行封接。

特种陶瓷制品的后续加工包括冷加工、热加工、表面金属化和封接,现分述如下。

4.1 概 述

4.1.1 特种陶瓷后续加工的必要性

特种陶瓷由于具有高强度、高硬度、耐腐蚀、导电性、绝缘性、生物相溶性等特点,广泛应用于航空航天、机电、医学等方面。特种陶瓷在应用前必须根据用户要求进行加工后才能成为工程构件使用。如在机械结构上使用时,必须与金属零部件接合或配合,这就要求特种陶瓷零部件的精确度与金属零部件相一致。而特种陶瓷经过成形、烧结后虽然具有一定的形状和尺寸,但由于工艺过程中有较大的收缩,使烧结体尺寸偏差在毫米数量级甚至更大,远远达不到要求的精度,因而需要精加工。又如压电性虽取决于晶体结构,但如果不将形状和尺寸确定下来,那么谐振频率就无法确定下来。

特种陶瓷在成形和烧结过程中,由于受各种因素的影响,制品表面不同程度会有黏附、微裂纹,甚至整个表面被其他化合物所包裹。所以必须对制品进行表面加工处理,使其达到要求的表面形状。

4.1.2 特种陶瓷后续加工的特殊性

特种陶瓷的加工大多是除去加工,即把工件不必要的部分除去,而创造新生面的加工方法,其机理是对材料的破坏。但由于特种陶瓷材料的高硬度、低韧性,对这些破坏的控制是非常困难的,其可加工性比金属差很多。

特种陶瓷材料导电性低、化学稳定性高,这就限制了它的加工方法,除了一些特殊材料外,一般不能用电加工或化学蚀刻。

特种陶瓷是脆性材料,无论切削或磨削加工,每一次的去除量很小。而目前特种陶瓷生产受工艺的限制,尺寸精度很低,这就使特种陶瓷的总加工量很大,加工成本相当高。

现代技术需要将陶瓷与陶瓷、陶瓷与金属牢固地封接起来使用,尤其是陶瓷与金属间封接的需求在不断扩大。但由于陶瓷和金属性质上的差异,焊料往往不能润湿陶瓷表面,也不能与之作用而形成牢固的黏接,因而陶瓷与金属的封接有别于金属与金属间的焊接,需要特殊的工艺。

4.2 冷加工

在常温下,通过机械等方法改变特种陶瓷材料的外形和表面状态的过程,称为冷加工。冷加工方法多种多样,仅介绍常用的几种。

4.2.1 机械加工

机械加工是陶瓷材料的传统加工技术,也是应用最广泛的加工方法,主要指对陶瓷材料进行切削、磨削、钻孔等。其工艺简单,加工效率高,但由于特种陶瓷材料的高硬高脆性,这种方法难以加工形状复杂、尺寸精度高、表面粗糙度低、高可靠性的陶瓷部件。

1. 切削加工

切削加工是利用金刚石、立方氮化硼、硬质合金钢等超硬刀具对特种陶瓷材料进行平面加工,一般要求切削刀具的硬度是被加工材料硬度的4倍左右。通常采用湿法切削,即不间断地向刀具喷射切削液。切削液的作用是带走切削碎屑,减少刀具与材料的摩擦,带走产生的热量,减少材料表面损伤等。

加工过程中,材料表面受机械应力作用,容易产生凹坑、崩口、表面及表下层微裂纹。研究表明,Al_2O_3 和 Si_3N_4 陶瓷的临界切削深度为 $a_{max} = 2~\mu m$,SiC 陶瓷的 $a_{max} = 1~\mu m$。当切削深度 $a > a_{max}$ 时,材料会产生脆性破坏;$a < a_{max}$ 时,为塑性切削。

影响切削加工的工艺参数有刀具材料、切削液、刀具切削进给速度和进给量。工件的加工精度取决于机床的精度,一般可达 0.01 mm 以下。

2. 磨削、研磨和抛光

特种陶瓷烧结体或切削表面,由于在成形、烧结及加工过程中引入大量的凹痕和微裂纹等缺陷(一般来说切削后陶瓷表面机械损伤层的厚度达 20~70 μm),严重影响材料的强度,在工程使用及力学性能测试之前需要经过磨削、研磨和抛光处理。它们都是通过磨料与加工陶瓷材料表面的相互运动,对陶瓷材料表面进行划痕和剥离,以实现陶瓷材料表面的平整,只是磨料颗粒度大小及工具的材质不同,加工精度不同。

(1)磨削

磨削是利用高速旋转的砂轮的磨粒对加工材料的表面进行挤压,通过脆性断裂或塑性变形产生磨屑,从而形成新的表面,如图4.1和4.2所示。

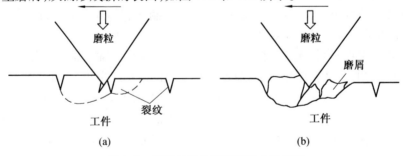

图4.1 陶瓷材料的磨削脆性去除机理

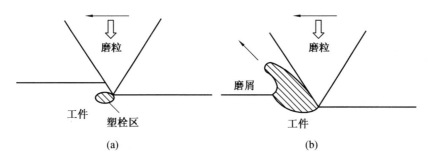

图 4.2 陶瓷材料的磨削塑性去除机理

以何种机理加工材料,取决于材料的强度、断裂韧性以及磨料尺寸、形状、转速等磨削条件。对于断裂韧性 K_{IC} 较小、相对硬度 K_V 较大的陶瓷材料来说,容易产生脆性破坏型。相同的材料高速磨削时 K_{IC} 会有所增加,K_V 有所减少,有可能转为塑性变形。若磨料粒径较小,应力场区域较小,易产生塑性变形。

①磨具的选择。磨具多采用金刚石磨具(D-磨具),软质陶瓷也可选用 SiC 磨具。金刚石磨具硬度大,损耗小,可进行高效高精度加工。金刚石磨具的选择主要考虑磨料的粒度、结合剂、集中度等。

一般磨料的粒度越粗,磨削效率越大,但加工面的粗糙度也越大,易产生损伤;若过细,则精度高,但效率低。在能达到加工精度要求时,尽量选择粗粒度。粗磨削时磨料粒度一般为 $125 \sim 90$ μm,精磨削时粒度取 $50 \sim 30$ μm。

用于金刚石砂轮的结合剂主要有四种:树脂结合剂、金属结合剂、陶瓷结合剂、电镀金属结合剂。其中树脂结合剂是以酚醛树脂为主的有机结合剂,因使用方便灵活,加工效率高,加工面光洁度好,广泛用于精密玻璃、陶瓷的加工。

集中度是指金刚石层中 1 cm^3 中含有金刚石颗粒的量,若金刚石浓度为 4.4 克拉/cm^3,其集中度为 100;浓度为 2.2 克拉/cm^3,其集中度为 50。一般金刚石砂轮的集中度为 $75 \sim 100$。

②磨具转速。磨具转速取决于磨削条件,如粗磨时磨料的切入深度大一些,磨具转速必然要小些;精磨时磨削量要比粗磨小,转速可快些。

用树脂作黏结剂的人造金刚石砂轮,在湿式磨削(用冷却液)时的转速为 $20 \sim 30$ m/s。

③磨削液。在磨削时一般用水及水溶性磨削液,水将陶瓷材料磨屑冲洗出来,冷却摩擦产生的热,降低磨具的磨损。为减少金刚石的氧化磨损,增加润滑,也可使用煤油等非水溶性磨削液。

(2)研磨和抛光

①研磨。研磨时一般采用粗磨和精磨两道工序。开始时用粗磨料研磨,提高研磨效率,然后使用细磨料,直至材料表面的毛面变得较细致达到抛光要求时。研磨常用的磨料有天然或人造金刚砂、碳化硅、碳化硼、白刚玉等粉末,粒度为 $10 \sim 3$ μm。磨盘一般为铸铁材质。

②抛光。为提高抛光效率和抛光质量,抛光和研磨一样也分为粗抛和精抛两道工序。粗抛时,快速除去研磨时造成的凹陷层和裂纹层,精抛时,尽可能无损伤抛光,使材料表面

光滑。在抛光中,为获得高光洁度、高平整度的加工面,一般采用软质、富于弹性的微粉磨料和工具,常用的抛光微粉有氧化镁、二氧化硅、三氧化二铬等,粒度小于 0.5 μm。抛光盘为铸铝材料,抛光垫(抛光盘的表面层部分)材料一般选用聚氨酯、无纺布、沥青、聚四氟乙烯等。

研究表明,在抛光过程中,摩擦产生了大量的热量,若磨料、抛光液、材料组分在摩擦生热作用下发生化学反应,生成低溶点的化合物,则可提高加工效率,改善加工质量。如 Si_3N_4 和 SiC 最适合的磨料是 Cr_2O_3,因为 Si_3N_4 和 SiC 同 Cr_2O_3 生成软质的 CrN,$CrSi_2$;而加工 Al_2O_3 陶瓷的最佳磨料为 SiO_2,是由于低溶点使 $3Al_2O_3 \cdot 2SiO_2$ 莫来石形成。

③其他。研磨机和抛光机的转速、压力以及研磨液、抛光液的浓度对磨光效率和质量都有很大的影响。

3. 钻孔加工

陶瓷发动机应用在航天航空、化工机械等工程领域,通常需要对陶瓷材料进行钻孔加工,尤其是有螺纹的孔洞加工是陶瓷材料加工工艺要求极高的工艺过程。目前,机械钻削法只能加工数毫米的陶瓷孔洞,而微小孔洞的加工需要超声加工、激光加工、放电加工和机械加工等的复合加工。

4.2.2 高压磨料水加工

1. 基本原理

在高达 2 ~ 3 倍音速的水流冲击作用下,强大的冲击力使陶瓷表面产生一定长度的裂纹,随着射流冲击力的增加,裂纹不断扩展,碎屑从陶瓷表面脱落,从而达到加工的目的。

特种陶瓷常为高强超硬材料,若用纯水射流约需 700 ~ 1 000 MPa 的高压,工程中很难实现,用磨料水射流可大幅度提高高压水射流的冲击能力。一般磨料采用天然的石榴石。

2. 影响加工的因素

由基本原理可知,影响加工的因素主要是射流的冲击力的大小。而高压磨料水射流对陶瓷表面冲击力 F 的大小取决于以下因素。

冲击力 F 可由下式求得

$$F = (\rho_{水} + \rho_{磨}) \cdot sV^2 \tag{4.1}$$

式中,s 为喷嘴截面积;V 为磨料水流速度;$\rho_{水}$,$\rho_{磨}$ 为水、磨料密度。

通常 V 与水的压力 p 成正比,$V = (K_0 p)^{1/2}$,K_0 为比例常数,所以

$$F = sK_0(\rho_{水} + \rho_{磨})p \tag{4.2}$$

陶瓷材料在水压头作用下,表面产生局部裂纹的临界载荷为

$$p_c = aK_{IC}^4 / H_V^3 \tag{4.3}$$

其中 a 为与压头的几何形状有关的参数,K_{IC} 表示陶瓷材料的断裂韧性,H_V 是陶瓷材料的维氏硬度。

当水压头冲击力 F 大于 p_c 时,微裂纹扩展形成碎屑,起到加工陶瓷的目的。

4.2.3　超声波加工

1. 基本原理

超声波是振动频率超过每秒 16 000 次的振动波,超声波加工(ultrasonic machining)就是利用工具端面作超声频振动,带动工具和陶瓷工件间的磨料悬浮液冲击和抛磨工件进行加工。随着工具在三维方向上的进给,工具端部的形状被逐步复制在陶瓷元件上,如图 4.3 所示。

2. 影响加工速度的因素

(1)进给压力的大小

材料的去除速度随工作强度的增大而提高,只有达到某一临界压强时,磨料对陶瓷材料才有磨削作用。几种常见的陶瓷材料的临界压强如下:SiC(反应烧结)为 2.4 MPa, Si_3N_4(常压烧结)为 4.8 MPa, Al_2O_3(92%)为 1.1 MPa, Al_2O_3(99.5%)为 1 MPa。

(2)磨料硬度的高低

磨料硬度越高,加工速度越快。常用的磨料为碳化硼、碳化硅、金刚石、刚玉等。

(3)磨料悬浮液浓度

磨料悬浮液浓度太大或太小都会使加工速度降低,通常采用的浓度为(0.5~1)% 左右(磨料对水的质量比)。

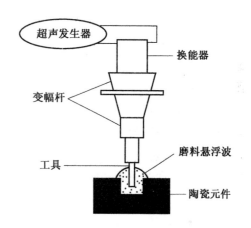

图 4.3　超声波加工示意图

工作液一般选用水,为提高材料表面质量,也可用煤油或机油作为液体介质。

(4)被加工材料的性质

被加工材料越脆,则承受冲击载荷的能力越低,因此越易被加工;反之韧性较好的材料不易加工。如用超声波加工 Al_2O_3 和 SiC 的去除速率比 Si_3N_4 高。

超声波加工设备简单,操作维修方便,加工速率高于机械加工。加工过程中在元件上的作用力小,材料表面产生的机械应力较小,对材料的损伤小,表面光洁度好,适合于各种形状复杂、不导电的硬脆材料。

4.2.4　黏弹性流动加工

黏弹性流动加工是利用一种含磨料的半流动状态的黏性磨料介质,在一定压力作用下反复在工件待加工表面滑过,从而达到表面抛光或除去毛刺的目的。

该法适用范围广,尤其适用于各种型孔、交叉孔、喷嘴小孔等内壁的精加工,对小型零件可同时加工多件。

4.2.5　超光滑表面抛光技术

随着光学、微电子、航天、激光等技术的发展,要求材料表面的粗糙度达到亚纳米级(小于 1 nm),传统的工艺已不能满足要求,近年来又发展了新的抛光技术。

1. 浮法抛光

浮法抛光是一种非接触式抛光,被抛光工件相对于锡制抛光盘作高速运动,工件和磨盘间由于抛光液的作用产生厚约几微米的液膜,磨料颗粒在这层液膜中运动,不断撞击工件表面达到抛光的目的。抛光液用粒径为 4～7 nm 的 SiO_2、CeO_2 或 Al_2O_3 的去离子水溶液。可得表面粗糙度小于 1 nm 的超光滑面。

2. 低温抛光

在 0 ℃ 以下对工件进行抛光,抛光液冷却成冰的抛光膜层,抛光时和工件接触并相对运动而产生切削作用。表面粗糙度小于 0.5 nm。

3. 离子束抛光

把惰性气体或其他元素的离子在电场中加速,撞击工件表面原子或分子达到微量去除的目的。表面粗糙度达 0.6 nm。

4. 磁性磨料抛光

在磁场中填充粒径很小的磁性磨料,由于磁场作用,磨料在工件间既回转又振动,从而实现工件表面的抛光。该法可用于曲面的抛光。

4.3　热加工

对陶瓷材料局部加热使其熔化、蒸发等来改变材料外观和表面状态的加工方法。

4.3.1　放电加工

放电加工(electrical discharge machining,EDM)是一种无接触式精细热加工技术。首先将型模(刻丝)和加工元件分别作为电路的阴阳极,液态绝缘电介质将两极分开,通过悬浮于电介质中的高能等离子体的刻蚀作用,表面材料发生熔化、蒸发或热剥离而达到加工材料的目的。由于加工过程模具未与工件直接接触,故无机械应力作用于材料表面,因此,放电加工是理想的高脆、超硬陶瓷材料的加工方法。陶瓷工件放电加工后表面粗糙度可控制在 R_a 小于 0.3 μm。

放电加工包括两种类型,刻模加工(die-sinking EDM)和线切割加工(wire-cutting EDM)。刻模加工的模具一般为铜、钢、优质合金和专用石墨,绝缘电介质为煤油和大分子量的碳氢化合物,如图 4.4 所示。刻模加工可对陶瓷材料进行螺纹加工和钻孔加工。刻丝加工的线材一般为钢、铜和钼基材料,绝缘电介质为煤油和乙醇水溶液。

放电加工时,陶瓷材料的可加工性取决于其电导率、熔点、比热、导热系数等。当单相材料或陶瓷/陶瓷、陶瓷/金属复合材料的电阻小于 100 Ω·m 时,可用该法加工。

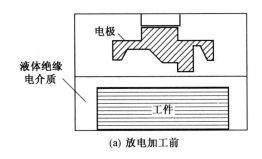
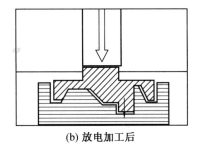

电极

液体绝缘
电介质

工件

(a) 放电加工前　　　　　　　　　(b) 放电加工后

图 4.4　刻模加工示意图

由于大多数陶瓷材料是离子型、共价型或两者结合的多晶材料,是电的绝缘体。为提高其可加工性,通常利用复相设计和表面改性等方法提高陶瓷材料的导电率。TiC,TiN,TiB_2,ZrB_2 等导电相颗粒已被成功添加于 Si_3N_4,SiC 等陶瓷材料基体中提高材料的导电性能。同时,热力学计算表明,TiC,TiN 与 Si_3N_4,SiC 有良好的相容性,在提高材料的导电率的同时改善了材料的断裂韧性。此外,同种离子不同价位在烧结过程中替换产生的晶格空位和多余电子也可改善材料的导电性能。如 TiO_2 中添加 Ti_2O_3,ZrO_2 中添加 CaO 等。

4.3.2　激光加工

激光加工(laser machining)是利用高能量的均匀激光束作为热源,在加工陶瓷材料表面局部点产生瞬时高温,局部点熔融或汽化而去除材料。激光加工是一种无摩擦、无接触式加工技术,加工过程不需要模具,通过控制激光束在陶瓷表面的聚焦位置,实现三维复杂形状材料的加工。

影响激光加工的因素如下:

1. 输出功率和照射时间

激光的输出功率大,照射时间长,则所打的孔就越大而深,且锥度较小。一般激光钻孔和切削所需的输出功率为 150 W ～ 15 kW,照射时间为几分之一秒至几毫秒。

2. 焦距和发散角

采用短焦距和发散角小的激光束,可以获得更小的光斑和更高的功率密度。

3. 工件材料

在实际生产中,须根据工件材料的性能选择合适的激光器。对高反射率和透射率的工件应作适当的处理,如打毛或黑化,以增大对激光的吸收效率。通常所用的激光源为 CO_2 和 Nd:YAG 激光。

目前,用激光已能加工直径为 4 ～ 5 μm,深径比达 10 以上的微孔。但同放电加工一样,由于陶瓷材料导热率低,高能束可能会在材料表面产生热应力集中,形成微裂纹和大的碎屑、甚至材料断裂。研究表明,Si_3N_4 材料在激光加工过程中并未熔融,而是发生了升华,分解为 Si 和 N_2,沉积的 Si 和 Si_3N_4 的热膨胀系数相差很大,材料表面产生微裂纹,强度损失 30% ～ 40%,所以,必须进行加工后处理。

4.3.3 复合加工

传统加工技术效率高,但表面光洁度差,尺寸精度低;各种新型电、热、化学、激光等加工技术适合加工精度要求高,形状复杂同时具有特定性能的陶瓷材料,但加工的尺寸小。若将两者结合起来,可提高材料的加工效率和改善加工后材料的表面质量,是陶瓷材料加工技术发展的方向。复合加工技术有,化学机械加工、电解磨削、超声机械磨削、电火花磨削、超声电火花复合加工、电解电火花复合加工、电解电火花机械磨削复合加工等。

4.4 表面金属化

由于陶瓷材料表面结构与金属表面结构不同,在封接金属与陶瓷时,焊料往往不能润湿陶瓷表面,也不能与之作用形成牢固的黏结,所以,需要先在陶瓷表面牢固地黏附一层金属薄膜,从而实现金属与陶瓷的封接。

4.4.1 被银法

被银法又称烧渗银法,是指在陶瓷表面烧渗一层金属银,作为电容器、滤波器的电极或集成电路基片的导电网络。由于银的导电能力强、抗氧化性好,在银面上可直接焊接金属。但对于电性能要求较高的材料,如在高温,高湿和直流电场作用下使用,由于银离子容易向介质中扩散,造成电性能恶化,因而不易采用被银法。

工艺流程如下:
$$瓷件的预处理 \rightarrow 银浆的配置 \rightarrow 涂敷 \rightarrow 烧银$$

1. 瓷件的预处理

瓷件在涂敷银浆之前必需预先进行净化处理。处理的方法很多,通常用 70~80 ℃的肥皂水浸洗,再用清水冲洗。也可采用合成洗涤剂超声波振动清洗。清洗后在 100~110 ℃烘箱中烘干。当对银层的质量要求较高时,可在电炉中煅烧 500~600 ℃,烧去瓷件表面的各种有机污秽。

2. 银浆的配制

(1)含银原料

含银原料主要有 Ag_2CO_3,Ag_2O,Ag

①Ag_2CO_3:可由 $AgNO_3$ 和 Na_2CO_3 或 $(NH_4)_2CO_3$ 溶液进行化学反应,得到
$$2AgNO_3 + Na_2CO_3 =\!=\!= Ag_2CO_3 \downarrow + 2NaNO_3$$

Ag_2CO_3 在烧渗中放出大量 CO_2 易使银层起泡或起皮,由于它易分解成氧化银,使银浆的性能不稳定,因此用得不多。

②Ag_2O:可由 Ag_2CO_3 加热分解而得到
$$Ag_2CO_3 =\!=\!= Ag_2O + CO_2 \uparrow$$

Ag_2O 较 Ag_2CO_3 稳定,按上述分解的 Ag_2O 颗粒较细,烧渗后的银层质量较好。若直接用

化学纯的 Ag_2O,因颗粒较粗,烧渗后的银层质量不如前者。

③Ag:可直接用三乙醇胺 $N(CH_2CH_2OH)_3$ 还原碳酸银而得到

$$6Ag_2CO_3+N(CH_2CH_2OH)_3 \longrightarrow N(CH_2COOH)_3+12Ag\downarrow+6CO_2\uparrow+3H_2O$$

也可用 $AgNO_3$ 加入氨水后用甲醛或甲酸还原而得到

$$AgNO_3+NH_4OH \longrightarrow AgOH+NH_4NO_3$$

$$2AgOH \longrightarrow Ag_2O+H_2O$$

$$Ag_2O+CH_2O=2Ag+HCOOH$$

或

$$Ag_2O+HCOOH=2Ag+CO_2\uparrow+H_2O$$

这种方法银质量分数较高,在烧渗过程中没有分解产物。

（2）溶剂

为降低烧银温度,并使银与基体牢固结合,需要加入适量的溶剂。这种溶剂在较低的温度下能与基体反应形成良好的中间层,使金属银与基体牢固紧密地结合在一起。溶剂一般包括熔块和低熔点化合物。

①熔块。铅硼熔块配方:二氧化硅 26%,铅丹 46%,硼酸 17%,二氧化钛 4.3%,碳酸钠 6.7%,混合研磨后在 $1\,000 \sim 1\,100$ ℃熔融。

铋镉熔块配方:氧化铋 40.5%,氧化镉 11.1%,二氧化硅 13.5%,硼酸 33%,氧化钠 1.9%。混合研磨后在 800 ℃熔融。

以上熔块熔融后,水淬、冷却、粉磨。

②低熔点化合物。根据具体配方不同可直接采用化学试剂或预先合成:如硼酸铅采用氧化铅与硼酸在 $600 \sim 620$ ℃熔融,反应式为

$$PbO+2H_3BO_3 \longrightarrow PbB_2O_4+3H_2O$$

经水淬后,用蒸馏水煮沸 $3 \sim 6$ h,以去除未反应完的硼酸,洗涤烘干,研磨。

（3）黏合剂

黏合剂的作用是使银浆具有一定的黏性,能很好地黏附在基体表面上,但要求它在低于 350 ℃下需烧除干净且不残存灰分。常用的有松香、乙基纤维素、硝化纤维,为了调节银浆的稀稠及干燥速度,常加入松节油、松油醇、环已酮等,为了使银浆涂布均匀、致密、光滑,得到光亮的烧渗银层,还要加入一些油类,常用的有蓖麻油、亚麻仁油、花生油等。

将制备好的含银原料、黏结剂、溶剂按一定比例配料后,在刚玉球磨罐中球磨 $70 \sim 90$ h,以达到要求的细度。

3. 涂敷

涂银的方法很多,有手工、机械、浸涂、喷涂、丝网印刷等。涂敷前要将银浆搅拌均匀,根据银层的厚度要求,可采用二次被银一次烧银、二次被银二次烧银或三次被银三次烧银等方法。

4. 烧银

烧银前要在 60 ℃的烘箱内将银层烘干,使部分溶剂挥发,以免烧银时银层起皮。银的烧渗过程分为四个阶段:

（1）室温～350 ℃

主要是排除银浆中的黏合剂。在烧除黏合剂的过程中,因有大量气体产生,要通风排气,升温速度每小时不超过 150～200 ℃,以免银层起泡、开裂。

（2）350～500 ℃

碳酸银或氧化银分解为金属银,此阶段升温速度可稍快一些。

（3）500 ℃～最高温度

在 500～600 ℃左右,硼酸铅先熔化成玻璃态,氧化铋的熔融温度要高一些,还原出来的银粒依靠玻璃液彼此黏结,又由于玻璃液和基体表面的润湿性,能够渗入基体表层,并有一定的反应,形成中间过渡层,从而保证了银层和基体间的牢固结合。银的熔点 960 ℃,烧银的最高温度不超过 910 ℃,一般为 825±20 ℃左右,保温 15～20 min。

（4）冷却阶段

在基体热稳定性允许的情况下,以最快的速度冷却,以获得结晶细密的优质银层。

烧银的整个过程都要求保持氧化气氛,因为碳酸银、氧化银的分解是一个可逆过程,如不把 CO_2 及时排出,银层会还原不足,增大银层的电阻和损耗,同时也降低银层与基体表面的结合强度。

几种银浆的配方

云母电容器银浆:碳酸银 100 g,氧化铋 1.25 g,松香 60 g,松节油 90 cm^3,烧渗温度 550±20 ℃

陶瓷电容器银浆:氧化银 100 g,硼酸铅 1.45 g,氧化铋 1.53 g,松香 7.15 g,松节油 32.5 cm^3,蓖麻油 5 cm^3,烧渗温度 860±10 ℃

装置瓷银浆:氧化银 100 g,铅硼熔块 5 g,松香 9 g,松节油 23.5 cm^3,花生油 6.7 cm^3,烧渗温度 820±10 ℃

陶瓷滤波器银浆:氧化银 100 g,硼酸铅 1.8 g,氧化铋 1.46 g,松香 9.1 g,松节油 30 cm^3,蓖麻油 1.2 cm^3,烧渗温度 650±10 ℃

独石电容器银浆:银 100 g,氧化铋 6 g,松节油 2.4 cm^3,硝化棉 1.5 g,环己酮 16.13 cm^3,邻苯二甲酸二丁脂 3.5 cm^3,松油醇 4.1 cm^3,烧渗温度 840±20 ℃

4.4.2 烧结金属粉末法

烧结金属粉末法是在高温还原性气氛中,使金属粉末在陶瓷材料表面上烧结成金属薄膜的一种方法。对不同种类的陶瓷金属化,其金属粉末配比也各异。

1. 钼锰法

烧结金属粉末法中最常用的是钼锰法,它最初用于含硅陶瓷如 75 瓷、95 瓷（Al_2O_3 质量分数）的表面金属化,后来通过在烧结粉末中加入含硅活化剂,也可用于透明 Al_2O_3 瓷。

（1）瓷件的预处理

用 CCl_4 擦洗后放入质量分数为 10% 的 NaOH 溶液中煮 30 min,除去表面的污物,取出后先用质量分数为 5% 的 HCl 溶液清洗,再用自来水、蒸馏水冲洗、烘干。

（2）原料的处理

①钼粉。使用前先在干 H_2 气氛中于 1 100 ℃下处理，并将处理过的钼粉 100 g 加入 500 mL 无水乙醇中摇动 1 min，然后静置 3 min 倾出上层细颗粒悬浮液，再静置数小时使其澄清，最后取出细颗粒沉淀，在 40 ℃下烘干即可使用。这样获得的细颗粒，用显微镜分析其粒度范围如表 4.1 所示。

表 4.1　处理后钼粉颗粒度组成

μm	<1	1 ~ 5	6 ~ 10	11 ~ 15	>15
w/%	30.97	50.97	13.10	3.53	1.41

②锰粉。电解锰片在钢球磨中磨 48 h，以磁铁吸去磨下的铁屑，再用酒精漂洗出细颗粒（方法与钼粉相同），颗粒分析结果如表 4.2 所示。

表 4.2　处理后锰粉的颗粒组成

μm	<1	1 ~ 5	6 ~ 10	11 ~ 15	>15
w/%	22.6	64.4	11.7	0.6	0.6

（3）金属化涂浆的配制与涂敷。

取 100 g 钼锰金属的混合粉末（钼：锰＝4：1），在其中加入 25 g 硝棉溶液（用 100 mL 醋酸丁酯加入约 12 g 硝化纤维配制，硝化纤维的用量随其质量优劣而定）及适量的草酸二乙酯，以玻璃棒搅拌均匀，至料浆能沿玻璃棒成线状流下为准。每次使用前若稠度不合适，可再加入少量硝棉纤维或草酸二乙酯进行调节。涂层厚度平均为 50 μm 左右，即可进行金属化烧结。

关于钼锰法金属化的机理，概括起来可以认为：钼锰法中的锰在含有超过 0.001% 体积水分的氢气中，被氧化成 MnO。这种氧化作用在 800 ℃左右完成。在高温下，它熔入玻璃相中降低其黏度。这种低黏度的玻璃相，一面渗入钼层的空隙，另一面向陶瓷基体中渗透。由于 Al_2O_3 在玻璃相中产生溶解–重结晶过程，因此往往在界面上析出大颗粒的刚玉晶体。MnO 除熔入玻璃相外，还能与 Al_2O_3 作用形成锰铝尖晶石，或与 SiO_2 反应形成蔷薇辉石。钼在高温下开始烧结，并形成一层多孔的烧结层，同时钼的表面在湿氢中被轻微的氧化。此微量的氧化物能溶解于渗入到金属化层孔隙的玻璃相中，使玻璃相对钼有良好的润湿性，被包裹在玻璃态物质中的钼颗粒得到很好的烧结，并逐渐向瓷体方向迁移。冷却后，金属相层就通过过渡层与陶瓷基体紧密地结合。金属化层的厚度约为 50 μm，中间层厚度约 30 μm，随金属化层厚度的增加，中间层的厚度也随之增加。

（4）上镍

在金属化烧成后，为改善焊接时金属化层与焊料的润湿性能，须在其上面再上一层镍层，这一镍层可用涂镍粉后烧成的方法，也可以用电镀的方法。

①烧镍。将镍粉用上述钼粉漂洗的方法获得细微粒，并采用和制金属化钼锰浆一样的方法制成纯镍浆，涂在已经烧结好的金属化层上面，厚度约 40 μm，在 980 ℃干 H_2 气氛中烧结 15 min，使之与低层牢固结合。

②电镀镍。电极上采用的镍板用纯度为 99.52% 的电解镍板，电镀液组成如表 4.3 所示。

表 4.3　镍电镀液的组成

试剂	$NiSO_4 \cdot 7H_2O$	$Na_2SO_4 \cdot 10H_2O$	$MgSO_4 \cdot 7H_2O$	NaCl	H_3BO_3
g/L	140	50	30	5	20

该法操作简单,工艺周期短。

2. 透明刚玉瓷的表面金属化

由于透明刚玉瓷不含玻璃相,使用传统的钼锰法涂层是很困难的,可以通过加入不同的活化剂使金属化层与陶瓷基体牢固结合,如表4.4所示。

表 4.4　活化剂的组成

	SiO_2	Al_2O_3	MnO	CaO
S-1	13.00	44.06	39.55	3.39
S-2	23.00	39.00	35.00	3.00
S-3	43.00	28.87	25.91	2.22

这些活化剂的熔融温度不同,但都可以在 1 400 ~ 1 500 ℃和透明刚玉瓷表面发生反应,具有良好的润湿性,并和钼粉也有良好的润湿。活化剂中 SiO_2 的质量分数对金属化层和陶瓷基体的结合程度影响较大。

金属化涂层配方如表4.5所示,其他工艺与钼锰法相同。

表 4.5　金属化涂层配方

	钼粉/%	S-1	S-2	S-3
MS-1	50	50	——	——
MS-2	50	——	50	——
MS-3	50	——	——	50

3. 非金属氧化物陶瓷表面金属化的方法

碳化物、氮化物等非氧化物陶瓷多由强共价键化合物烧结而成,与其他物质的反应能力低,表面涂层较困难。

以 Si_3N_4 为例:将 Si_3N_4 陶瓷件表面研磨后,清洗处理,用 50Ni-17Cr-25Fe-7Si-C 的混合粉末制成膏剂,涂敷在 1 200 ℃、真空度为 10^{-2} Pa、非氧化气氛中烧结成金属涂层。

4.4.3　气相沉积法

气相沉积法又分为物理气相沉积(PVD)法、化学气相沉积(CVD)法、离子体反应法等。对非氧化物陶瓷来说,大多采用PVD法。下面以SiC为例介绍。

将 SiC 表面研磨加工,使表面粗糙度 Ra 为 0.17 ~ 0.48 μm,用洗涤剂清洗,蒸馏水冲洗,然后用丙酮结合超声波清洗 5 min,烘干。在真空中用电子束法蒸镀 Ti 薄膜,膜厚 50 nm,再蒸镀 Ni 膜,膜厚 50 nm;或蒸镀 Ti 50 nm,Mo 50 nm,Cu 2 μm,就完成了气相沉积法。

4.5 封 接

随着科学技术的发展,对陶瓷之间尤其是陶瓷与金属间封接的需求在不断扩大,并在现代技术的许多方面起重要的作用。如人们每天都使用的透明玻璃灯泡的封接,微电子电路和绝缘陶瓷基板的封接,耐热耐磨耐腐蚀陶瓷用于汽车和飞机发动机上等。

陶瓷材料封接的方法很多,如机械连接、黏接、焊接等,但目前还没有一种最佳工艺,现有的每一种工艺都有其优点和局限。

机械连接包括栓接和热套。栓接需要在陶瓷上钻孔,加工难度大,且接头缺乏气密性;热套则会产生很大的残余应力,且为保证有效的气密性连接件工作温度不能过高。

黏接操作简单,接头气密性好,但强度较低,且不适合在高温下使用,一般不能超过300 ℃,接头性能随黏接剂性能老化而下降,而且水分渗入会降低其界面结合。

焊接强度高,耐高温,气密性好,对封接件的尺寸、形状要求不高,是发展方向。但由于陶瓷和金属性质不同,焊接时需要先改善金属在陶瓷表面的润湿性(常用的方法为使陶瓷表面金属化或在普通钎料中加活性元素);另外还需要缓解由于金属和陶瓷热膨胀系数不同而在焊接头产生的残余应力(可通过添加中间层的方法)。

4.5.1 钎焊

钎焊是用低熔点的金属焊料,把焊接件和焊料加热到略高于焊料熔点温度,靠液态焊料填充焊件之间的间隙,并与之形成一体的封接方法,分为间接钎焊和直接钎焊。间接钎焊是先对陶瓷表面金属化处理,然后再用常规钎料封接;直接钎焊又叫活性钎焊,直接采用含有活性金属元素的钎料进行封接。

1. 间接钎焊

以应用最广泛的钼锰法金属化陶瓷封接为例做介绍。

(1)焊接部件

①陶瓷件。采用75瓷、95瓷,表面进行钼锰法金属化处理,如表4.6所示。

表4.6 75瓷、95瓷的化学组成

	Al_2O_3	SiO_2	Fe_2O_3	TiO_2	CaO	MgO	K_2O	Na_2O
75瓷	74.95	18.42	1.12	0.52	3.08	1.68	0.43	0.26
95瓷	95.31	2.45	0.12	0.47	1.76	—	0.18	0.12

②金属件,采用无氧铜(真空冶炼,不含氧铜),可伐合金,其性能、组成如表4.7所示。焊接前,无氧铜表面先用 CCl_4 擦洗,再在铬酸溶液(100 g 水加 12 g Cr_2O_3)和稀 H_2SO_4 中各浸1 min,然后用自来水、蒸馏水冲洗,烘干。对可伐合金,用 CCl_4 擦洗后,先在 20% NaOH 溶液中煮30 min,再在蒸馏水中煮30 min,然后用自来水、蒸馏水冲洗,电镀Ni。

表 4.7　可伐合金的组成和性能

	C	P	S	Mn	Si	Ni	Co	Fe
4J-34	<0.05	<0.02	<0.02	<0.4	<0.3	29.5	20.5	余量
4J-31	<0.05	<0.02	<0.02	<0.4	<0.3	32.5	16.2	余量
4J-33	<0.05	<0.02	<0.02	<0.4	<0.3	34.0	14.8	余量
	$\alpha_0 \times 10^{-6}/\ ℃$							
	300 ℃		400 ℃			500 ℃		
4J-34	6.4 ~ 7.5		6.2 ~ 7.6			6.5 ~ 7.6		
4J-31	6.2 ~ 7.2		6.0 ~ 7.2			6.4 ~ 7.8		
4J-33	6.0 ~ 7.0		6.0 ~ 6.8			6.5		

（2）焊料

有纯银焊料和银铜焊料两种：

①纯银焊料。一般采用 0.3 mm 厚的薄片或 $\phi 0.1$ mm 银丝，其纯度为 99.7%，焊接温度为 1 030 ~ 1 050 ℃。

②银铜焊料。也可加工成 0.3 mm 厚的薄片或 $\phi 0.1$ mm 银丝，其成分为 72.98% Ag，27.02% Cu，焊接温度为 800 ~ 810 ℃。

（3）焊接

经过金属化并上有镍层的陶瓷与金属焊在一起，是在干燥纯 H_2 保护下的立式钼丝炉中进行。与可伐合金焊接时用纯银焊料（如使用温度比较低也可用银铜焊料），与无氧铜焊接时只能用银铜焊料。

2. 活性金属钎焊

活性金属钎焊是不采用陶瓷表面涂金属化层改性，而是在焊料中加入活性金属来增加焊料与陶瓷的润湿性的一种焊接方法。

位于周期表第Ⅳ，Ⅴ族左行的过渡金属，如 Ti，Zr，V，Nb，Hf 等，它们的内层电子未充满，所以具有活性，称为活性金属。它们和陶瓷材料有较大的亲和力，又能和一些金属如铜、镍、银等焊料形成熔点较低的合金。这些合金在液相状态下，不仅与金属黏接，还很容易与陶瓷表面发生反应，从而实现陶瓷与金属直接封接。由于钛在室温下较稳定，生成的合金强度高，活性大，与陶瓷黏接牢固，所以多用钛作为活性金属。常见的陶瓷与金属活性钎焊的工艺参数和接头性能见表 4.8。

表 4.8　陶瓷-金属真空活性钎焊的工艺参数和接头性能

接头类型	钎料	连接温度/K	保温时间/min	剪切强度/MPa
Si_3N_4/W	PbCu+Nb	1483	—	150
$ZrO_2/$铸铁	Cu—Ga—Ti	1423	10	277
Al_2O_3/Ni	Cu77Ti18Zr5	1293	10	145

活性金属法的封接机理是，钛与焊料在温度达到它们的共熔点时，便形成了钛的液相合金。在更高的温度下，液相中部分钛被陶瓷表面选择性吸附，降低了表面能，从而使液相更好地润湿陶瓷。一部分钛与陶瓷中成分如 Al_2O_3，MgO，SiO_2 等发生反应，并还原其中的金属离子，形成钛的低价氧化物 TiO 和 Ti_2O_3。也有些钛离子扩散到坯体中与其主晶相形成固熔体，这样就将合金与陶瓷紧密地黏接在一起，而金属则以金属键与合金紧密黏接。

4.5.2　玻璃焊料封接法

钎焊虽说封接强度高，但难满足抗碱金属腐蚀和抗热振性好的要求，因此，发展了玻璃焊料的封接法。该法工艺简单，成本低，适合于陶瓷和各种金属合金的封接，特别是强度和气密性要求高的场合，如生产灯泡、显像管等。

玻璃焊料焊接的工艺流程如下：

金属件→丙酮清洗→碱液清洗→酸液清洗→水清洗→乙醇脱水→烘干→预氧化

陶瓷件→丙酮清洗→碱液清洗→酸液清洗→水清洗→乙醇脱水→烘干→结合

焊料→配料→混合→熔制→水淬→细磨→结合剂→料浆 ──────→ 焊料涂覆

制品 ←────── 检测 ← 高温封接 ← 固定

1. 焊料

对于玻璃焊料，使其热膨胀系数与焊接件相匹配是必要的，而且要求其软化温度要高于在使用时的环境温度。这可对其组成和热工艺进行优化来达到。

（1）玻璃焊料的组成

玻璃焊料一般是以氧化铝和氧化钙为基础，可根据需求，通过添加不同质和不同量的其他氧化物来调节焊料的熔点、流动性、润湿性、热膨胀系数及抗碱腐蚀性等。如添加 Na_2O 和 B_2O_3 能增加焊料的流动性，但降低了焊料的抗碱侵蚀性能；组成中过多的 Al_2O_3 和 MgO 使焊料的熔点升高，流动性下降，易析晶，但抗碱侵蚀能力增强；加入少量的 Y_2O_3 等稀土氧化物，能改善焊料的润湿性等。通常用于碱金属蒸气灯的玻璃焊料组成如下：

①（40～50）% Al_2O_3，（35～42）% CaO，（12～16）% BaO，（1.5～5）% SrO

②（40～50）% Al_2O_3，（35～42）% CaO，（12～16）% BaO，（1.5～5）% SrO，（0.5～2）% MgO，（0.5～2.5）% Y_2O_3

（2）焊料加工

将玻璃原料按比例称量，混合，在 1 500 ℃左右熔制，保温 1.5～2 h，然后快速冷却、粉碎、磨细，制成浆待用。制浆所用的黏结剂和金属化法相似。

2. 焊接件的处理

焊接件封接前要放在稀的碱溶液中煮沸，以除去表面的矿物油等。因为玻璃焊料是氧化物结构，所以金属件要预氧化，在表面形成与基材相黏附的氧化物膜，以利于形成电子结构连续区而使玻璃润湿焊接件;固体表面的气体吸附对焊接是不利的,会阻止焊接件与玻璃焊料的润湿及直接化学接合,所以清洗干燥后要在真空炉中加热到 1 000 ℃除气。

3. 封接

将焊料置于陶瓷件和金属件之间,用钼夹具固定,放入真空炉中按一定的温度制度升温到封接温度。要获得良好匹配的封接,不仅取决于初始焊料的热膨胀系数,还取决于焊料的显微结构,而焊料的显微结构与封接时的温度制度密切相关。

封接的升温阶段,必须排尽黏结剂,快速跳过析晶温度,以排除杂质和过早析晶对封接质量的影响;封接温度一般比焊料熔化温度高60 ℃左右,温度低,黏度大,润湿不好;温度过高或保温时间过长,易使焊料析晶,晶粒过大,封接质量低。降温过程,一是进行退火,释放应力;二是增加细小结晶相,提高焊料强度和工作温度;同时,调整焊料膨胀系数使之与封接件一致。

采用微晶玻璃作焊料,通过在高温下晶相的析出,可使封接焊料得到与陶瓷封接件相近的热膨胀系数,而且封接层较一般玻璃焊料的使用温度高,机械强度高,耐酸碱性好。

对于非氧化物陶瓷,由于共价程度较高,和玻璃焊料的润湿性较差,给封接增加了困难,多用热压法和扩散焊接法,也可用特殊的玻璃焊料封接。

①用可以在非氧化物陶瓷中自然生成连接相的玻璃做焊料,如 $MgO-Al_2O_3-SiO_2$ 玻璃做 Si_3N_4 陶瓷的封接焊料。

②用特殊的可与陶瓷形成化学相容的玻璃做焊料,如硼硅酸盐玻璃可在 AlN 上形成黏附层,用于 AlN 的封接。

③用可与陶瓷发生反应的玻璃做焊料,如用 $CaO-TiO_2-SiO_2$ 与 Si_3N_4 相结合,可产生 TiN 结合层。

4.5.3 扩散封接

扩散封接是一种固相封接工艺,可分为无中间层的直接扩散封接和有中间层的间接扩散封接。一般采用后者以缓解热膨胀系数的不匹配。封接过程中,陶瓷与金属的封接面在一定的高温和压力作用下相互靠近,金属局部发生塑性变形,两者接触面增加,原子间发生相互扩散,从而形成冶金接合。如 Si_3N_4 与 Ti 封接时,大约在 1 200 ℃产生反应,在界面上生成 Ti_5Si_3,$TiSi_2$,TiN,如表 4.9 所示。

表 4.9　陶瓷-金属真空热压扩散封接工艺及接头性能

接头类型	中间层	温度/K	压力/MPa	封接时间/min	剪切强度/MPa
$SiC(Si)/Nb$	—	1 673	1.96	30	87
$Al_2O_3/AlSi_3O_4$	Ti/Cu	1 073	15	60	65
Si_3N_4/Ni	FeNi/Cu	1 323	0.1	60	150

影响扩散封接的工艺参数有压力、温度、气氛等。温度一般控制在 $0.6 \sim 0.8 T_m$(T_m 为受焊母材和反应生成物中熔点最低者的熔点);压力要稍低于所选温度下的屈服应力,一般为 $3 \sim 10$ MPa;封接需在高真空中进行。

这种方法不适合大部件和形状复杂零件的封接,且设备复杂成本高。

4.5.4　过渡液相封接

过渡液相封接兼具扩散焊接和钎焊的特点,中间层并不完全熔化,只出现一薄层液相,在随后的保温中,低熔点相逐渐消耗转变为高熔点相,从而完成封接。一般用多层复合层来实现,如 SiC-SiC 封接时中间层为 Cu-Au-Ti/Ni/Cu-Au-Ti;封接 $Si_3N_4-Si_3N_4$ 的中间层为 Ti/Ni/Ti 或 Cu-Au-Ti/Ni/Cu-Au-Ti。

4.5.5　摩擦焊

使陶瓷和金属的待封接面相对高速旋转,接触并加压摩擦,待金属封接表面加热至塑性状态后停转,再加较大的顶锻压使陶瓷和金属封接在一起。一般可在几秒钟内完成。这种方法要求金属必须能润湿和黏附陶瓷表面,仅限于圆棒、管件的焊接。用摩擦焊已实现了 ZrO_2 与铝合金的封接。

4.5.6　卤化物法

使用高岭土与 NaF 或 CaF_2 加印刷油墨配制的膏状黏结剂,涂在 Si_3N_4 或 Sialon 陶瓷的表面,在空气中加热可实现陶瓷和陶瓷的封接。黏结剂成分不同,处理温度不同,封接强度也不同。高岭土-NaF 系的最适宜的处理温度为 1 100 ℃,封接强度较低;高岭土-CaF_2 系是 1 450 ℃,封接强度高。Si_3N_4 陶瓷封接时,高岭土的质量分数为 60% 时,封接强度最大;Sialon 陶瓷封接时,高岭土的质量分数为 40% 时封接强度最大。卤化法封接工艺流程如图 4.5 所示。其他的封接方法还有自蔓延高温合成焊接、热压反应烧结焊接等。

图 4.6 为卤化物法 Sialon 封接体的封接强度;图 4.7 为卤化物法 Si_3N_4 封接体的封接强度。

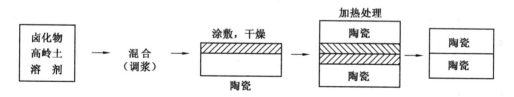

图 4.5　卤化法封接工艺流程图

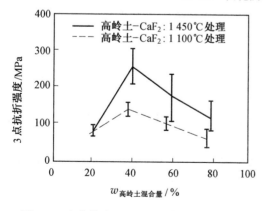

图 4.6　卤化物法 Sialon 封接体的封接强度

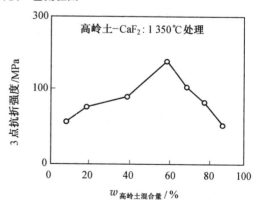

图 4.7　卤化物法 Si_3N_4 封接体的封接强度

第5章　结构陶瓷

5.1　概　　述

按功能,陶瓷材料分为结构陶瓷和功能陶瓷两大类,结构陶瓷主要利用其力学及机械性能,通常指强度、塑性、韧性、蠕变、弹性、硬度、疲劳等。

陶瓷的结构应用是陶瓷的最早应用之一,但先进结构陶瓷的发展却相对较晚,起始于20世纪60~70年代。为了满足迅速发展的宇航、航空、原子能等技术对材料的需要,特别是对高温材料的需要,人们把目光转向了陶瓷。金属高温材料的耐热温度从20世纪40年代的约800 ℃发展到70年代的约1 100 ℃,步履日见艰难,因为受着金属基体熔点的限制。

我国从20世纪50年代就开始了先进结构陶瓷的研究,目前,研究成功的Si_3N_4基复相陶瓷和SiC表面梯度复相陶瓷的强度达1 GPa,断裂韧性(K_{IC})分别为10 MPa·$m^{1/2}$和9 MPa·$m^{1/2}$,而且性能均可维持到1 400 ℃,是空气中使用的两种最好的高温材料,是陶瓷发动机零件的最佳候选材料。研制的ZrO_2复相陶瓷的性能可维持到800~1 000 ℃,莫来石复相陶瓷的强度达700 MPa,并维持到1 000 ℃,K_{IC}为7 MPa·$m^{1/2}$,成为陶瓷发动机零件的第四种候选材料,并且是我国特有的研究成果。这些材料已被制成了发动机缸盖、底盖、缸套上圈、气门导管、阀座、挺柱排气导管、活塞顶等20余种零件,特别是形状最复杂的陶瓷转子也能制成。

常用的高温结构陶瓷有:

①熔点氧化物,如Al_2O_3,ZrO_2,MgO,BeO等,它们的熔点一般都在2 000 ℃以上。

②碳化物,如SiC,WC,TiC,HfC,NbC,TaC,B_4C,ZrC等。

③硼化物,如HfB_2,ZrB_2等,硼化物具有很强的抗氧化能力。

④氮化物,如Si_3N_4,BN,AlN,ZrN,HfN等以及Si_3N_4和Al_2O_3复合而成的Sialon陶瓷,氮化物常具有很高的硬度。

⑤硅化物,如$MoSi_2$,ZrSi等,在高温使用中由于制品表面生成SiO_2或硅酸盐保护膜,所以抗氧化能力强。

表5.1列举了某些高温结构陶瓷已获得的应用。表5.2为近年来发展得最迅速的几种高温结构陶瓷的性能。

表 5.1 高温陶瓷的应用举例

领 域	用 途	使用温度/ ℃	材料举例	使用要求
特殊冶金	熔炼 U 的坩埚	>1 130	BeO,CaO,ThO_2	化学稳定性高
	熔炼纯 Pt,Pd	>1 775	ZrO_2,Al_2O_3	化学稳定性高
	熔半导体 GaAs,GaP 单晶的坩埚	1 200	AlN,BN	化学稳定性高
	钢水连续铸锭材料	1 500	ZrO_2	对钢水稳定
原子能反应堆	陶瓷核燃料	>1 000	UO_2,UC,ThO_2	耐辐照性和可靠性
	吸收中子控制棒	≥1 000	Sm_2O_3,HfO_2,B_4C	吸收中子截面大
	减速剂	1 000	BeO,Be_2C	吸收中子截面小
	反应堆反射材料	1 000	BeO,WC	耐辐射损伤
火箭、导弹	雷达天线保护罩	≥1 000	Al_2O_3,ZrO_2,HfO_2	透过雷达微波
	发动机燃烧室内壁、喷嘴	2 000 ~ 3 000	BeO,SiC,Si_3N_4	抗热冲击、耐腐蚀
	陀螺仪轴承	<800	Al_2O_3,B_4C	减磨性好
	探测红外线透过窗口	1 000	透明 MgO,透明 Y_2O_3	对红外线透过率高
磁流体发电	高温高速电离气流通道	3 000	$Al_2O_3,MgO,BeO,$ $Y_2O_3,ZrSrO_2,BN$	耐高温腐蚀
	电极材料	2 000 ~ 3 000	ZrO_2,ZrB_2	高温导电性好
玻璃工业	玻璃池室及坩埚	1 450	Al_2O_3	耐玻璃侵蚀
	电熔玻璃电极	1 500	SnO_2	耐玻璃侵蚀、导电
	玻璃纤维坩埚电极	1 300	SnO_2	耐玻璃侵蚀、导电
高温模具	玻璃成形高温模具	1 000	BN	对玻璃稳定、导热性好
	机械工业连续铸模	1 000	B_4C	对玻璃稳定、导热性好
飞机工业	燃气轮机叶片	1 400	SiC,Si_3N_4	热稳定性好、强度高
	燃气轮机火焰导管	1 400	Si_3N_4	热稳定性好、强度高
电炉	发热体	2 000 ~ 3 000	$ZrO_2,SiC,MoSi_2$	热稳定性好
	炉膛	1 000 ~ 2 000	Al_2O_3,ZrO_2	荷重软化温度高
	高温观测窗	1 000 ~ 1 500	透明 Al_2O_3	透 明

表 5.2　一些高温结构陶瓷的主要性能

性　　能		Si₃N₄			SiC		ZrO₂		Al₂O₃	
		反应烧结	常压烧结	热压烧结	反应烧结	常压烧结	UTZ-10	UTZ-30	99(粗粒)	99%(微粒)
		EC-1111	EC-125	EC-132	EC-414	EC-422				
密度/(g·cm⁻³)		2.21	3.15	3.35	3.15	3.13	5.8	5.9	3.94	3.93
抗弯强度/MPa	RT	137.3	490.3	980.6	490.3	539.3	735.5	980.6	392.2	509.9
	1 200 ℃	137.3	245.2	588.4	490.3	539.3	—	—	—	—
断裂韧性/(MPa·m^{1/2})		2.17	4.71	6.82	4.50	4.65	7.13	13.3	—	8.06
弹性模量/GPa		98.06	294.18	323.60	421.66	441.27	225.54	235.34	—	—
硬度 HR45N		—	87.0	87.2	91.6	93.0	84	84	R15N 96.1	R15N 96.9
热膨胀系数 TR~1 200 ℃ /(×10⁻⁶℃⁻¹)		3.2	3.2	3.81	4.4	4.8	10.2	11.4	6.2~7.5 (20~500 ℃) 6.5~8.0 (20~800 ℃)	
热导率 RT /(W·(m·K)⁻¹)		5.44	12.56	12.56	64.90	58.62	2.51	2.09	25.2	
电阻率 RT /(Ω·cm⁻¹)		>10¹⁴	>10¹⁴	>10¹⁴	>10⁻²	10⁴	—	—	>10¹⁴	
耐热冲击温度 ΔT/℃		350	400	480	300	300	230	300	—	
氧化增量 1 200 ℃× 24 h/(mg·cm⁻²)		7.5	1.2	0.22	0.08	0.01	—	—	—	

5.2　特种陶瓷的力学性能

5.2.1　陶瓷的力学性能

1.陶瓷材料的变形特征

金属材料在室温静拉伸载荷下,断裂前一般都要经过弹性变形和塑性变形两个阶段,而陶瓷材料一般都不出现塑性变形阶段,极微小应变的弹性变形后立即出现脆性断裂,伸长率和收缩率都几乎为零。两类材料的应力-应变曲线对比如图 5.1 所示。

材料的弹性变形服从虎克定律,即

$$\sigma = E\varepsilon$$

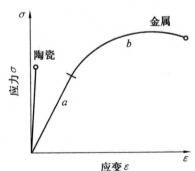

图 5.1　金属材料和陶瓷材料应力-应变曲线比较

式中，E 为弹性模量，是材料原子间结合力的反映。因此，可以理解，陶瓷材料的弹性模量比金属大得多。

陶瓷材料形变的另一特点是：压缩时的弹性模量大大高于拉伸时的弹性模量，即 $E_压 \gg E_拉$。与此同时，陶瓷材料压缩时还可以产生小量的压缩塑性变形。通常，金属材料，即使是很脆的铸铁，其抗压强度也有抗压强度的 $1/3 \sim 1/4$，但陶瓷材料的抗拉强度常常不到抗压强度的 $1/10$，其对比列入表 5.3 中。

表 5.3　某些金属和陶瓷抗拉强度和抗压强度之比

材　　料	抗拉强度(A)/MPa	抗压强度(B)/MPa	A/B
铸铁 FC10	$100 \sim 150$	$400 \sim 600$	$1/4$
铸铁 FC25	$250 \sim 300$	$850 \sim 1\,000$	$1/3.3 \sim 1/3.4$
化工陶瓷	$30 \sim 40$	$250 \sim 400$	$1/8.3 \sim 1/10$
透明石英玻璃	50	200	$1/4$
多铝红柱石	120	$1\,350$	$1/10.8$
烧结尖晶石	134	$1\,900$	$1/14$
99% 烧结氧化铝	265	$2\,990$	$1/11.3$
烧结 B_4C	300	$3\,000$	$1/10$

注：FC10、铸铁 FC25 为日本牌号，分别相当于我国的 HT10-26、HT470。

这一变形特征是由晶体结构决定的，陶瓷材料多半是键合很强的离子键和共价键化合物，有明显的方向性，同号电荷的离子相遇，斥力很大，因此滑移系很少。如图 5.2 所示的离子化合物点阵，其右部从 a 位到 b 位是唯一的滑移系，结晶构造越复杂，滑移越困难，而金属晶体的滑移系就很多，如面心立方点阵有 24 个，体心立方点阵有 48 个。出于同样的原因，陶瓷材料中位错形成和位错运动都很困难，所以常温塑性很低。

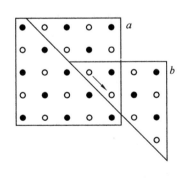

图 5.2　离子化合物的滑移系

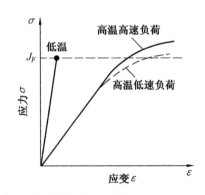

图 5.3　陶瓷材料低温和高温下的应力-应变曲线

高温变形有两种情况：共价键结合的化合物，如 Si_3N_4，SiC 等，原子间的键合力很强，在高温下扩散系数很小，物质迁移困难，高温下强度不易降低。但一些离子键结合的氧化物，在高温时原子迁移较容易，允许有一定的应变，如图 5.3 所示。因为玻璃是以 Si-O 四面体为结构单元、远程无序排列的过冷液体，所以高温下能产生黏性流动，黏性流动速率

$\mathrm{d}\varepsilon / \mathrm{d}t$ 正比于切应力 σ,反比于黏度 η,表示为

$$\mathrm{d}\varepsilon / \mathrm{d}t = \sigma / \eta$$

有一些结构陶瓷,晶粒间有玻璃相存在,其变形也会有类似的情况。例如热压 Si_3N_4,因添加了 MgO 或 Y_2O_3,在 Si_3N_4 晶粒间形成了玻璃相晶界,所以高温蠕变时,有较大的蠕变速率。如果用 ZrO_2 代替 MgO 或 Y_2O_3 作添加剂,那么相界形成耐热的 $ZrSiO_4$ 化合物,蠕变性能得到改善,所以寻求 Si_3N_4 晶界玻璃相陶瓷化是提高 Si_3N_4 高温性能的重要途径。

2. 陶瓷的脆性断裂和材料强度的韦伯(Weibull)分布

根据原子间结合力推导出的材料理论强度 σ_{th} 为

$$\sigma_{th} = \sqrt{\frac{E\gamma_s}{a}} \tag{5.1}$$

式中,E 为弹性模量;a 为平衡时的原子间距;γ_s 为表面能。

表面能可近似地表示为

$$\gamma_s = Ea / 20$$

那么

$$\sigma_{th} = \frac{E}{5} \sim \frac{E}{10}$$

但实际材料的强度只有 σ_{th} 的 $\frac{1}{10} \sim \frac{1}{100}$。为了解释这一现象,1920 年格里菲斯(Griffith)提出了脆性断裂理论。这一理论认为,材料内部存在原始裂纹,当材料受力时,在裂纹的尖端处产生应力集中,如果尖端处的应力超过材料的理论强度时,裂纹就迅速扩展,最后使材料断裂,这就是为什么材料实际强度比理论强度低很多的原因。裂纹尖端处应力集中情况如图 5.4 所示,据此,格里菲斯推导出有裂纹材料的断裂强度为

$$\sigma = \sqrt{\frac{2E\gamma_s}{\pi C}}$$

式中,C 为裂纹长度的一半。

格里菲斯公式与式(5.1)是很相似的,材料中裂纹的长度远远大于原子间距,所以实际材料的强度当然远远低于理论强度。格里菲斯公式只适用于脆性材料,对于塑性材料,奥罗万(Orowan)和欧文(Irwin)作了修正,即

$$\sigma = \sqrt{\frac{2E(\gamma_s + \gamma_P)}{\pi C}}$$

式中,γ_P 为塑性变形功。

在实际材料中存在的孔隙、裂纹、夹杂和其他缺陷均可视为格里菲斯模型中的裂纹。事实上,在不同的脆性材料中裂纹的分布服从统计规律,那么材料的强度也服从概率分布,这一分布最早由韦伯给出,即

$$P(\sigma) = 1 - Q(\sigma) = \exp\left[-\left(\frac{\sigma^m}{\sigma_0}\right)\right] \tag{5.2}$$

式中,$Q(\sigma)$ 为断裂的概率;$P(\sigma)$ 为材料内部的应力小于极限强度 σ 的概率;m 为韦伯数。

对式(5.2)两边取对数得

$$\ln\ln\frac{1}{1-Q(\sigma)} = m\ln\sigma - \ln\sigma_0$$

即以 $\ln\ln-\dfrac{1}{1-Q(\sigma)}$ 与 $\ln\sigma$ 作图将为一直线，m 为斜率，m 大，材料强度分布狭窄，说明原料和工艺稳定，相反则说明原料和工艺不稳定，所以 m 是材料可靠性的重要量度。

3. 陶瓷材料的断裂韧性

材料中的裂纹有三种方式扩展：张开型、滑开型和撕开型。这三种扩展类型被分别称为 Ⅰ 型、Ⅱ型、Ⅲ型裂纹，最常见的为Ⅰ型，在受力时，其应力分布如图5.4所示。

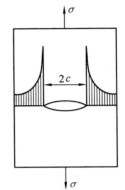

用弹性力学应力场理论对裂纹前端作应力场分析，略去级数的高次项，并设半径矢量 $r \ll C$，则可得

$$K_C = y\sigma\sqrt{C} \qquad (5.3)$$

式中，K_C 称为应力强度因子，$N/m^{3/2}$，它反映裂纹尖端应力场强度的量，y 为几何形状因子。

图5.4　Ⅰ型裂纹前端的应力场

从式(5.3)知，当 C 一定时，K_C 随 σ 的增大而增大。如果应力增到 σ_0，裂纹开始失稳，材料断裂，这时的 K_C 成为 K_{IC}；σ_0 为临界断裂应力；K_{IC} 为十分重要的材料常数，它与裂纹大小、几何形状及加载方式无关，只和材料的成分和制备工艺有关，所以是材料脆断的重要判据。

断裂韧性不仅对陶瓷类的脆性材料十分重要，而且对金属一类的韧性材料也是很重要的。从20世纪40年代开始一系列重大的金属结构突然发生脆性断裂破坏，从1940到1945年美国5 000艘全焊接"自由轮"发生1 000多起脆性断裂事故，其中238艘完全破坏。1950年北极星导弹实验发射时壳体爆炸，1952年ESSO公司油罐脆性断裂而倒塌。这些都是强度设计观点所不能解释的，所以出现了一门新的学科"断裂力学"。断裂力学提出了一个选材准则，即选材判据关系式为

$$K_C \leqslant K_{IC} = y\sigma_f\sqrt{C} \qquad (5.4)$$

也就是说，应力强度因子应小于或等于材料的断裂韧性度，这时所设计的构件是安全的。

为了探讨 K_{IC} 的物理意义，可写为

$$K_{IC} = \sqrt{2E\gamma} \quad （平面应力状态） \qquad (5.5)$$

$$K_{IC} = \sqrt{2E\gamma}/\sqrt{1-\mu^2} \quad （平面应变状态） \qquad (5.6)$$

式(5.5)和(5.6)表明，为了提高陶瓷的韧性，必须提高 E 和 γ。对某一具体材料而言，E 一定时必须尽可能地提高断裂能 γ。

4. 陶瓷的强韧化及其机理

（1）陶瓷韧化的分类

金属的断裂韧度一般为 $10 \sim 50\ MPa \cdot m^{1/2}$，而大多数单质陶瓷和玻璃仅为 $0.5 \sim 6\ MPa \cdot m^{1/2}$，远低于金属。虽然经过不断的努力，复合陶瓷也只达到 $10 \sim 12\ MPa \cdot m^{1/2}$ 的水平。事实证明，陶瓷低的 K_{IC} 已成为阻碍其应用和发展的最重要的问题。

根据式(5.4)，K_{IC} 越大允许的缺陷尺寸 C 也越大，如图5.5(a)所示。设一个零件的缺陷尺寸为 $200\ \mu m$，$K_{IC} = 5\ MPa \cdot m^{1/2}$，那么材料的最小强度 $\sigma_f = 280\ MPa$。如果材料的

K_{1C} 升至 20 MPa·m$^{1/2}$，那么，σ_f 增加到 1 120 MPa。这时，如果仍然只要求材料有 280 MPa 的强度，那么它就允许尺寸大到达几个毫米的缺陷存在，从而工厂将有更多的产品被允许出厂。从式(5.4)还看出强度随着 K_{1C} 而增加，但随着缺陷尺寸 C 增加而降低。当贡献于韧性的缺陷尺寸很大时，韧性和强度的关系出现极大值，如图 5.5(b)所示。

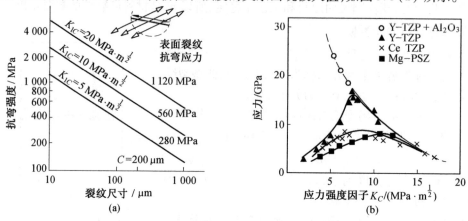

图 5.5 陶瓷材料的强度、韧性和裂纹尺寸的关系

从这里可以看出提高韧性对陶瓷的重要性，所以陶瓷韧化及其机理的研究始终是结构陶瓷研究的热点。

陶瓷材料的增韧按机理可分为两大类：

一类是在裂纹尖端分布着非弹性变形区，它们是因为相变或微裂纹或两者共同引起的；另一类是裂纹桥联，是由纤维、晶须、颗粒等第二相引起的。

如果分得细一点，又常将陶瓷的韧化机制分为，相变增韧、微裂纹增韧、纤维或晶须增韧、颗粒等第二相增韧等。各种韧化机构示意画如图 5.6 所示。

（2）相变增韧

关于相变增韧，近年来有大量的著述和理论模型发表。当陶瓷材料处于张应力作用下，裂纹尖端就有一张应力场，如图 5.4 所示。当裂纹尖端的张

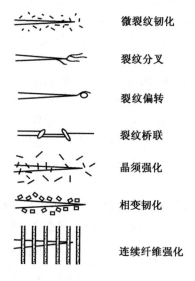

图 5.6 陶瓷的韧化机制

应力大于材料的断裂应力 σ_f 时，裂纹扩展，材料脆断。如果该材料是四方相氧化锆多晶体(TZP)或部分稳定化氧化锆(PSZ)，在基体压应力约束下其中的四方相(t)ZrO$_2$ 处于介稳状态。这些 t – ZrO$_2$ 在裂纹尖端张应力诱发下可转化为单斜相(m)ZrO$_2$，并有 4.6% 的体积膨胀，从而吸收断裂能，那么尖端处的实际张应力降低。如果实际张应力低于材料的断裂应力 σ_f 时（见图 5.7），裂纹扩展停止，这种固体相变而产生的韧化被称为相变增韧。

t→m 的诱发相变区叫过程区。t→m 转变延续形成的 m – ZrO$_2$ 带叫过程轨迹区，如图 5.8 所示。

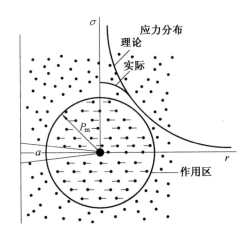

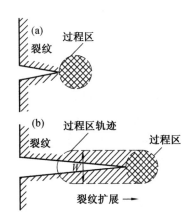

图 5.7　含 ZrO$_2$ 陶瓷基体中主裂纹尖端的相变　　图 5.8　裂纹尖端应力诱发相变区轨迹示意图

　　　　诱发微裂纹区

　　相变对材料韧性的贡献可写为

$$\Delta K_{CT} = Me^{T}EV_f\sqrt{W}/(1+\mu)$$

式中，e^{T} 为相变膨胀应变；V_f 为可相变粒子的体积分数；W 为过程区宽度；μ 为波松比；M 为实验常数，$M = 0.21(1+1.07S/D)$，S/D 为两维相变剪切与膨胀分量之比。

　　Mg – PSZ 和 Y – TZP 的实验结果符合式(5.7)，如图5.9所示。

　　(3) 微裂纹和残余应力增韧

　　比较粗的 t – ZrO$_2$ 粒子发生相变时产生的膨胀量大，弹性应变能也大。如果弹性应变能超过基体的断裂强度 σ_f，基体开裂，产生许多微裂纹，如图5.10所示。

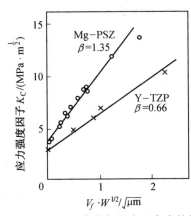

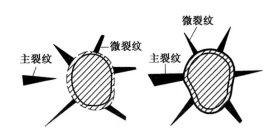

图 5.9　两种 ZrO$_2$ 陶瓷与相变区大小的关系　　图 5.10　微裂纹增韧机制示意图

　　根据式(5.4)，在 σ_f 作用下，材料中只有那些大于等于 $2C$ 的裂纹才会扩展，材料才会脆断。至于材料中那些小于 $2C$，特别是远小于 $2C$ 的裂纹在 σ_f 作用下是无害的，材料是安全的。当主裂纹扩展，遇到这些裂纹时，主裂纹发生偏转、分叉，吸收断裂能，使材料在更高的载荷下($> \sigma_f$)才能断裂，这一机制被称为微裂纹增韧机制。

那些尺寸较小的 t 相粒子相变时,总膨胀应变小,应变能也小,不足以使基体产生如图 5.10 所示的微裂纹,那么这些应变能就以残余应力的形式存在下来。当主裂纹扩展进入残余应力区时,残余应力释放,阻碍主裂纹的进一步扩展,这种韧化机制被称为残余应力增韧。

微裂纹所产生的韧化增量随微裂纹密度(f_s)增加而增加,即

$$\Delta K_{CM} = 0.25 E f_s e^T W^{1/2}$$

式中,e^T 为显微裂纹引起的膨胀应变。

(4) 桥联增韧

① 多晶陶瓷中局部晶粒的桥联。有两种主要的桥联类型,如图 5.11 所示。其中(a)为局部未破坏晶粒所组成的桥联,虚线 B 为材料体内连续型裂纹,箭头表示桥联材料所施加的闭合力。图 5.11(b)为内部摩擦互锁裂纹面所造成的桥联,箭头表示分离面由于摩擦所产生的闭合力。

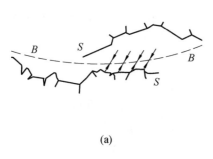

(a)

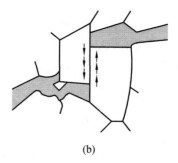

(b)

图 5.11　多晶陶瓷晶粒桥联增韧示意图

在实际 Al_2O_3 陶瓷中观察到了这种桥联,示意画如图 5.12。这类桥联对应力强度因子的贡献 ΔK_{CB} 很好地服从以下方程,即

$$\Delta K_{CB} = A \sigma_t \delta^{1/2} \left[1 - (\delta/c)^{3/2} \right]$$

式中,A 为无量纲常数;σ_t 为线张力;δ 为特征桥联距离;c 为裂纹长度。

② 延性颗粒和纤维(晶须)补强。这一机制示意如图 5.13,图中 σ_t 为线张力,u 为应变能密度,阴影面积为断裂功的最大增量,ΔGe^{max} 即为了破坏韧带所需的每单位面积的功,可写为

$$\Delta Ge^{max} = -\int_0^u \sigma(u) \, du \Gamma_1$$

(5) 主要的增韧方法和材料

陶瓷韧化最成功的例子之一是 ZrO_2 增韧,按材料显微结构的不同,主要有:部分稳定化 ZrO_2(PSZ),四方 ZrO_2 多晶体(TZP),弥散型 ZrO_2 陶瓷和 ZrO_2 复合陶瓷。后者如:ZrO_2/Al_2O_3,$ZrO_2/$

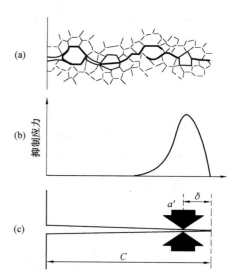

图 5.12　裂纹在带状桥联材料中的扩展
(a)裂纹扩展示意图,表明接近裂尖处晶粒桥联着裂纹;(b)由桥联所产生的约束应力;(c)受约束力影响的示意图

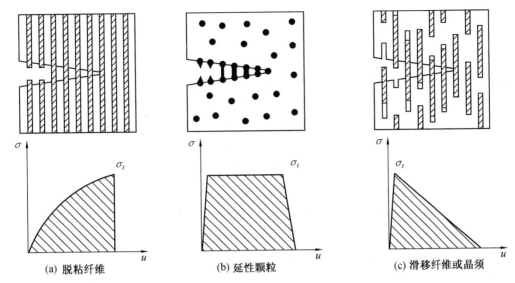

(a) 脱粘纤维　　　　　　　(b) 延性颗粒　　　　　　　(c) 滑移纤维或晶须

图 5.13　陶瓷桥联过程和它们的基本关系示意图

莫来石陶瓷,这些材料的 K_{1c} 已经超过 15 MPa·m$^{1/2}$,为单质 C-ZrO$_2$ 的五倍。ZrO$_2$ 的增韧是多重机制的综合:应力诱发相变,微裂纹分叉,微裂纹偏转和残余应力等,事实上这些机制是相互联系的,要将其完全分开是不可能的。

从理论上讲,相变增韧不应只限于 ZrO$_2$,但它是唯一的最成功的例子。

通常认为材料的韧性增加,强度也会增加。但对于相变增韧,观察到了韧性增加,强度降低的现象,因此图 5.5 不能适用,因为优化强度时对显微结构上的要求与优化韧性时的要求并不一致。

相变增韧也带来断裂韧性测定方法上的复杂,常用的压痕法已不适用,因为应力诱发相变会使压痕的裂纹完全被抑制。另一个成功的例子是纤维(晶须)补强,纤维补强获得了迄今最高 K_{1c}(20 MPa·m$^{1/2}$)值的陶瓷复合材料。Nicalon-SiC 纤维强化微晶玻璃复合材料和 C/C 复合材料都是十分成功的例子。这类材料的主要韧化机制是裂纹桥接,纤维脱黏,纤维拔出等。

第三类陶瓷韧化成功的例子是颗粒强化复合材料,这类复合材料又分为金属相连续和陶瓷相连续两种。金属相连续成功的例子是用 Lanxide 工艺制备的 Al$_2$O$_3$/Al 复合材料,而陶瓷相连续的例子是 W-3R 纤维增强,其 $K_{1c}=55$ MPa·m$^{1/2}$。以体积分数 10%,5 μm延性 TiNb 颗粒增强的 γ-TiAl 金属间化合物,其韧性从基体的 8 MPa·m$^{1/2}$,增加到 30 MPa·m$^{1/2}$。这类材料的吸能机制是裂纹偏转,裂纹桥接,粒子塑性变形等。

5.3　氧化物陶瓷

氧化物陶瓷主要指熔点超过 SiO$_2$ 熔点(1 728 ℃)的氧化物,大致有 60 多种,其中最常用的有 Al$_2$O$_3$,ZrO$_2$,MgO,BeO,CaO 和 SiO$_2$ 等六种。这些氧化物在高温下具有优良的力学性能,耐化学腐蚀,特别是具有优良的抗氧化性,好的电绝缘性,所以得到相当广泛的应用。氧化物陶瓷不仅指单一氧化物构成的陶瓷,常常是多种氧化物构成的复杂氧化物陶瓷,表5.4列举了氧化物之间形成液相的温度。

表5.4 氧化物之间互相形成液相的温度　　　　　　　　　　　　单位:℃

氧化物	Al_2O_3	BeO	CaO	CeO_2	MgO	SiO_2	ThO_2	TiO_2	ZrO_2
Al_2O_3	2 050	1 900	1 400	1 750	1 930	1 545	1 750	1 720	1 700
BeO	1 900	2 530	1 450	1 950	1 800	1 670	2 150	1 700	2 000
CaO	1 400	1 450	2 570	2 000	2 300	1 440	2 300	1 420	2 200
CeO_2	1 750	1 950	2 000	2 600	2 200	1 700	2 600	1 500	2 400
MgO	1 930	1 800	2 300	2 200	2 800	1 540	2 100	1 600	1 500
SiO_2	1 545	1 670	1 440	1 700	1 540	1 710	1 700	1 540	1 675
ThO_2	1 750	2 150	2 300	2 600	2 100	1 700	3 050	1 630	2 680
TiO_2	1 720	1 700	1 420	1 500	1 600	1 540	1 650	1 830	1 750
ZrO_2	1 700	2 000	2 200	2 400	1 500	1 675	2 680	1 750	2 700

5.3.1 氧化铝陶瓷

氧化铝是氧化物中研究得最成熟的一种,它在地壳中藏量丰富,约占地壳总质量的25%,价格低廉,性能优良。

1. 晶型转变

Al_2O_3 有许多同质异晶体,报道过的变体有十多种(如$\chi,\eta,\tau,\varepsilon,\theta,\kappa$ 等),但主要的有三种,即 α-Al_2O_3,β-Al_2O_3,γ-Al_2O_3 其晶型转变如图5.14所示。

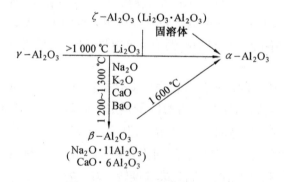

图 5.14　氧化铝的晶型转变

γ-Al_2O_3 属尖晶石型结构,高温下不稳定,很少单独制成材料使用。β-Al_2O_3 实质上是一种含有碱土金属或碱金属的铝酸盐,化学组成可近似地有 $RO \cdot 6Al_2O_3$ 和 $R_2O \cdot 11Al_2O_3$ 表示,六方晶格($a = 0.56$ nm,$c = 2.25$ nm),密度3.30 ~ 3.63 g/cm³,1 400 ~ 1 500 ℃开始分解,1 600 ℃转变为α-Al_2O_3。α-Al_2O_3 为高温形态,它的稳定温度高达熔点,密度3.96 ~ 4.01 g/cm³,与杂质质量分数有关,单位晶胞是一个尖的菱面体,在自然界中以天然刚玉、红宝石、兰宝石等形式存在。$\alpha-Al_2O_3$ 结构最紧密、活性低,电学性质最好、有优良的力学性能,莫氏硬度为9,$\alpha-Al_2O_3$ 属六方晶系,刚玉结构,$a=0.476$ nm,$c=1.299$ nm。

2. 氧化铝陶瓷材料制备

基本工序是:

原料 Al_2O_3 粉煅烧-磨细-掺添加剂-成形-预烧-修坯-烧结-表面金属化处理

①煅烧。煅烧的目的是使 $\gamma-Al_2O_3$ 转变为 $\alpha-Al_2O_3$,并排除原料中的 Na_2O 等低熔点挥发物。工业 Al_2O_3 通常要加入 $0.3\%\sim3\%$ 的添加物,H_3BO_3,MH_4F,AlF_3 等添加剂有利于煅烧 Al_2O_3 密度的提高和 Na_2O 的去除,其反应为

$$Na_2O+2\,H_3BO_3=Na_2B_2O_4\uparrow+3H_2O$$

②磨细。可以湿磨和干磨,干磨时加 $1\%\sim3\%$ 的油酸,以防黏结。一般要求小于 $1\,\mu m$ 的颗粒占 $15\%\sim30\%$,若大于 40%,烧结时会出现严重的晶粒长大,当 $5\,\mu m$ 的颗粒多于 $10\%\sim15\%$ 会明显妨碍烧结。

③掺添加剂。加添加剂的目的是:促进烧结,降低烧结温度,增加产品密度,控制晶粒尺寸,改善产品的物理、化学性能。添加剂相当复杂,其作用也相互交叉。加何种添加剂,加入多少,依目的而定。归纳起来,添加剂分为两类。

第一类,与 Al_2O_3 形成固溶体,主要有 TiO_2,Fe_2O_3,Cr_2O_3,MnO_2。它们的晶格常数与 Al_2O_3 相近,是变价化合物,所以固溶时使 Al_2O_3 产生缺陷,活化晶格,促进烧结。TiO_2 是一种最有效的添加剂,加入 $0.5\%\sim1\%$ 就可以使烧结温度降低 $150\sim200$ ℃,可在 $1\,550$ ℃烧结。加入 TiO_2 促进晶粒长大,晶粒尺寸可达 $200\sim350\,\mu m$,大晶粒虽然使强度降低,但有利于提高 Al_2O_3 的热稳定性。MnO_2 可降低烧结温度 $100\sim150$ ℃,也促进晶粒长大。Fe_2O_3 与 Al_2O_3 可反应生成尖晶石。

第二类添加剂是能在烧结时生成液相,它们有 MgO,SiO_2,CaO,高岭土($Al_2O_3\cdot2SiO_2\cdot2H_2O$),硼镁石($2MgO\cdot B_2O_3\cdot H_2O$),氟化物($MgF_2$,$BaF_2$),$SrO$,$BaO$ 等。MgO 与 Al_2O_3 反应可生成极薄一层镁铝尖晶石($MgAl_2O_4$),这一层尖晶石可抑制晶粒长大。加入 $0.5\%\sim1\%$ 的 MgO,如果原料粒径为 $1\sim2\,\mu m$,烧结体的晶粒尺寸不会超过 $15\,\mu m$。

④成形。可以用注浆法、模压法、挤压法以及热压法等各种方法,用注浆法成形时,将 Al_2O_3 细粉加入 $26\%\sim29\%$ 的蒸馏水和 10% 的浓度为 10% 的阿拉伯树胶水溶液以及少量的苯制成料浆。为了提高制品的耐磨性、烧结性或降低烧结温度,可分别加入 $0.5\%\sim1\%$ 的氟化镁、$3\%\sim5\%$ 的尖晶石、$1\%\sim3\%$ 的氧化铬、$0.5\%\sim1\%$ 的氧化钛等添加物。模压成形时,加入浓度为 2% 的羧甲基纤维素水溶液 $7\%\sim8\%$ 或加入 0.8% 的糊精(另加水 2.4%)作黏结剂。成形压力 $58.8\sim98.1$ MPa 挤压成形时常用糊精、工业糖浆、羧甲基纤维素、聚醋酸乙烯酯、聚乙烯醇为塑化剂。热压注时的蜡浆可如下配制:以 Al_2O_3 为 100%,加油酸 $0.3\%\sim0.7\%$,石蜡 $16\%\sim18\%$。

⑤烧结。烧结是获得良好性能 Al_2O_3 陶瓷的关键工序,有两类烧结工艺:高温快速,如 $1\,750$ ℃/1 min,这种工艺可获得微晶结构;低温慢速,如 $1\,445$ ℃/260 min,几种慢速烧结制度示如图 5.15。烧结气氛也有很大的影响,以 $CO+H_2$ 最好。

⑥表面金属化处理。处理的目的是便于 Al_2O_3 陶瓷与金属焊接、封装,所以不是必须的工序。常用的工艺仍然是出现于 1967 年的 Mo-Mn 工艺。Mo 等高熔点金属的热胀系

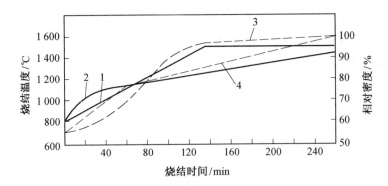

图 5.15　刚玉瓷两种烧结制度的比较

1—传统的烧结制度;2—控制升温烧结制度;3—传统烧结制度时的密度;4—控制升温烧结时的密度

数与 Al_2O_3 的热胀系数接近,它们分别为 $5\times10^{-6}/℃$ 和 $(7\sim8)\times10^{-6}/℃$,两者相差仅 $(2\sim3)\times10^{-6}/℃$。一般认为金属和陶瓷热胀系数差值在 $\pm2\times10^{-6}/℃$,涂层具有良好的热稳定性,差值在 $(3\sim4)\times10^{-6}/℃$ 时,只要涂层不厚,也完全能正常地工作。与此同时 Mo 的烧结性能也能与 Al_2O_3 类似,两者互适性良好。因此,Mo 是 Al_2O_3 良好的金属涂层材料。但是如果只使用 Mo 粉在 Al_2O_3 瓷表面烧结,虽然钼粒与钼粒,钼粒与 Al_2O_3 之间有一定程度的烧结,但烧结层是疏松多孔的,机械强度和气密性均不能满足要求。如果在 Mo 粉中加入 15%～20% 的 MnO,这时 MnO 和 Al_2O_3 反应生成 $MnAl_2O_4$。$MnAl_2O_4$ 虽然具有尖晶石结构,能黏附于 Al_2O_3 及钼粒上,但流动性不好,仍存在不少孔隙,如果同时将

Mo,MnO,SiO_2 三者与有机黏结剂混合物成糊,用网板印刷术印于 Al_2O_3 陶瓷表面,在 $1\,300\sim1\,500\,℃$ 氢气中烧结,情况就得到根本改善。这时,熔融态的 SiO_2 润湿并填充这孔隙,将 Mo,$MnAl_2O_4$,Al_2O_3 三者牢固地黏结在一起。其情况如图 5.16 所示。

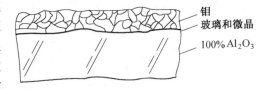

图 5.16　Al_2O_3 陶瓷表面的 Mo 金属化层结构示意图

这一技术大量地用于高频晶体管外壳、可控硅整流器(SCR)外壳、集成电路(IC)封装等方面,最近还使用电磁灶磁控管的芯柱和电子真空开关的外壳。Mo 本身容易氧化,所以通常在外面镀以 Ni 层或 Au 层。陶瓷表面金属化最早用于装饰,一般是烧上 Au,Ag,Pt 的彩花,或在还原气氛中烧上 Ni,Fe,Cu 的彩花。

透明刚玉中不含玻璃相,所以用 Mo-Mn 法封装十分困难,必须另外加入活化剂,活化剂的主要成分为:$SiO_2-Al_2O_3-MnO-CaO$。

3. 氯化铝瓷的性能、用途和产品举例

氧化铝瓷通常是指以 $\alpha-Al_2O_3$ 为主晶相的一类陶瓷,其中 Al_2O_3 的质量分数为 75.0%～99.0%。商品 Al_2O_3 习惯上以它们的标准质量分数来称呼,如把质量分数为 99% 的 Al_2O_3 叫 99 瓷,把质量分数为 95% 的 Al_2O_3 叫 95 瓷,又常把质量分数大于 85% 的 Al_2O_3 叫高铝瓷,把质量分数大于 99% 的 Al_2O_3 叫刚玉瓷。Al_2O_3 瓷是使用量最大的一类特种陶瓷,据日本 1981 年统计,在陶瓷总量中,Al_2O_3 占 35.1%。Al_2O_3 根据其成分结构

的不同,有多种用途,其中主要的有:

①氧化铝瓷有高的硬度和强度,从而有良好的切削性、耐磨性,是主要的刀具、模具、钟表轴承、砂轮、磨球、泵活塞等材料。

②有好的电绝缘性,是主要的绝缘瓷(装置瓷),常用于 IC 封装、衬底、火花塞、真空开关外壳、磁控管芯柱。由于蓝宝石(Al_2O_3)的晶格常数与硅相近,所以被用作硅单晶外延生长的 SOS 衬底。

③有良好的耐热性,常用作坩埚、炉管、炉膛等炉窑用品,也是耐火砖、耐火纤维等耐火制品的常用材料。

④有好的耐蚀性,是化工制品、耐酸泵零件等的常用材料。

此外,Al_2O_3 瓷还有透光性,用作钠灯灯管、红外线窗口;激光振荡性,用作红宝石振荡元件;生物适应性,用作人工骨骼、牙根;$β-Al_2O_3$ 有离子传导性,用作钠-硫电池隔管。以 Al_2O_3-CaO 为主要成分的 Al_2O_3 水泥,硬化快,发热量大,是冬季和赶工期的建筑材料。

作为结构材料,Al_2O_3 瓷的力学性能随 Al_2O_3 质量分数的降低而降低。表 5.5、表 5.6分别列出了高密度 Al_2O_3 和低质 Al_2O_3 两类产品的典型性能。

表 5.5　高密度氧化铝的典型性能

Al_2O_3/%	>99.9	>99.7[①]	>99.7[②]	99 ~ 99.7
密度/($g \cdot cm^{-3}$)	3.97 ~ 3.99	3.6 ~ 3.85	3.65 ~ 3.85	3.89 ~ 3.96
硬度/HV	19.3	16.3	15 ~ 16	15 ~ 16
断裂韧度 K_{IC}/($MPa \cdot m^{1/2}$)	2.8 ~ 4.5	—	—	5.6 ~ 6
弹性模量/GPa	366 ~ 410	300 ~ 380	300 ~ 380	330 ~ 400
室温弯曲强度/MPa	550 ~ 600	160 ~ 300	245 ~ 412	550
膨胀系数/$\times 10^{-6} K^{-1}$（200 ~ 1 200 ℃）	6.4 ~ 8.9	5.4 ~ 8.4	5.4 ~ 8.4	6.4 ~ 8.2
室温热导率/$[W \cdot (m \cdot K)]^{-1}$	38.9	28 ~ 33	30	30.4
烧成温度/℃	1 600 ~ 2 000	1 750 ~ 1 900	1 750 ~ 1 900	1 700 ~ 1 750

注:①不含 MgO 二次再结晶;②含 MgO

表 5.6　低质氧化铝的典型性能

Al_2O_3/%	99 ~ 96.5	94.5 ~ 96.5	86 ~ 94.5	80 ~ 86
密度/($g \cdot cm^{-3}$)	3.73 ~ 3.8	3.7 ~ 3.9	3.4 ~ 3.7	3.3 ~ 3.4
硬度/HV	12.8 ~ 15	12 ~ 15.6	9.7 ~ 12	—
弹性模量/GPa	300 ~ 380	300	250 ~ 300	200 ~ 240
抗弯强度/MPa	230 ~ 350	310 ~ 330	250 ~ 330	200 ~ 300
膨胀系数/$\times 10^{-6} K^{-1}$（200 ~ 800 ℃）	8 ~ 8.1	7.6 ~ 8	7 ~ 7.6	
室温热导率/$[W \cdot (m \cdot K)]^{-1}$	24 ~ 26	20 ~ 24	15 ~ 20	—
烧成温度/℃	—	1 520 ~ 1 600	1 440 ~ 1 600	

下面列举几种常见的氧化铝瓷：

（1）95瓷。这是工业上大量生产的高铝瓷，Al_2O_3 的质量分数为 90% ~95%，一般为 $CaO-SiO_2-Al_2O_3$ 系和 $MgO-SiO_2-Al_2O_3$ 系，这两个系的局部相图如图 5.17 和图5.18所示。对于 CaSiAl 系（图5.17），其平衡相有：莫来石（$3Al_2O_3 \cdot 2SiO_2$ 简写为 A_3S_2，下同），钙长石（CAS_2）和六铝酸钙（CA_6）。如果 $SiO_2/CaO < 2\ mol$，高铝瓷处于三角形 $CA_6-CAS_2-\alpha-Al_2O_3$ 内；如果 $SiO_2/CaO > 2\ mol$，高铝瓷处于三角形 $A_3S_2-CAS_2-\alpha-Al_2O_3$ 内。对于 MgSiAl 系（图5.18），高铝瓷有两个平衡相：莫来石（A_3S_2）和尖晶石（MA），高铝瓷的晶相组成在 $A_3S_2-MA-\alpha-Al_2O_3$ 三角形内。

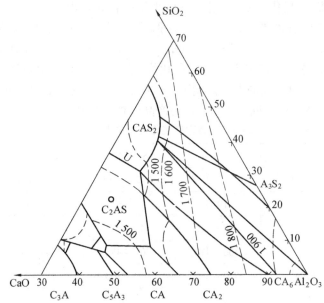

图 5.17　$CaO-SiO_2-Al_2O_3$ 系相图（高 Al_2O_3 质量分数）

（2）75瓷。通常含（75~80）% Al_2O_3，与 95 瓷比含黏土和其他矿物较高，玻璃相质量分数高达 30% ~35%，所以烧结温度低约 1 400 ℃，从而成本低，常用作绝缘瓷作电路基极。

（3）红紫色 Al_2O_3 瓷。引入 MnO_2 和（或）Cr_2O_3 为着色剂，故产品呈红紫色，主要有二个系列：$MnO-MgO-SiO_2-Al_2O_3$ 和 $MnO-Cr_2O_3-SiO_2-Al_2O_3$。

（4）黑色 Al_2O_3 瓷。由于集成电路有明显的光敏性，所以要求封装管有遮光性。数码管衬板也要求黑色，以求数码清晰，这些用途都要求黑色 Al_2O_3 瓷。作为黑色 Al_2O_3 瓷的着色剂主要是过渡金属（Fe,Co,Ni,Cr,Mn,Ti,V 等）氧化物，它们的外电子不饱和。当混合波长的光照到含这类元素或离子的陶瓷上时，元素外层或次外层电子转移，对波长产生选择吸收，所以材料呈现它的补色。表 5.7 为两个典型黑色 Al_2O_3 瓷的配方。

表5.7　两个典型黑色 Al_2O_3 瓷的配方　　　　　　　　　　单位:%

配方成分	Al_2O_3	CoO	MnO_2	Cr_2O_3	V_2O_5	SiO_2	Fe_2O_3
1	91.0	0.5	3.7	2.1	0.5	0.4	2.0
2	92.4	0.1	3.5	2.5	—	0.3	1.5

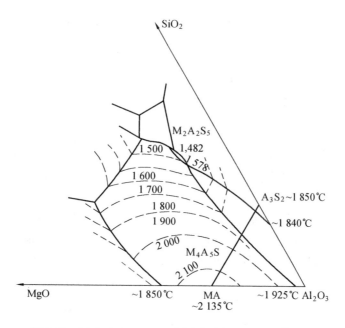

图5.18　MgO-SiO₂-Al₂O₃系相图(高Al₂O₃质量分数)

（5）透明瓷。在高纯 Al_2O_3 中加入 $0.1\% \sim 0.5\%$ 的 MgO，在真空中或氢气中烧结即可得到毛玻璃状的透明 Al_2O_3 瓷。因为在晶界有尖晶石析出，阻止了晶界过快的迁移和 Al_2O_3 晶粒的长大，同时 MgO 高温下容易挥发，可防止形成封闭网孔洞。

5.3.2　氧化锆结构陶瓷

1. 晶型转变和稳定化处理

自然界中的 ZrO_2 以锆英石（$ZrSiO_4$，质量分数为 $61\% \sim 67\%$ 的 ZrO_2）和斜锆石（质量分数为 $80\% \sim 90\%$ 的 ZrO_2）形式存在。高纯 ZrO_2 为白色粉末，含有杂质时略带黄色或灰色。

ZrO_2 有三种晶型，其晶格常数列如表5.8，c 相为萤石型结构，O^{2-} 构成面心立方，Zr^{4+} 占据全部四面体间隙。t 相和 m 相从 c 相变而来，三相的转变关系为

$$\text{m 相}\frac{1\,170\,℃}{900}\text{t 相}\xrightleftharpoons{2\,370\,℃}\text{c 相}\xrightleftharpoons{2\,680\,℃}\text{液体}$$

表5.8　氧化锆晶型、晶格常数和密度

晶　　型	晶格常数/nm				密度/(g·cm⁻³)
	a	b	c	$\beta/(°)$	
单斜(m)	0.518 81	0.521 42	0.538 35	81.22	5.56
四方(t)	0.554 85	0.526 72	—	—	6.10
立方(c)	0.508 00	—	—	—	5.68～5.91

文献中报道的晶格常数和转变温度并不完全一致，这是因为转变实际上在一个温度范围内完成而且与粒度有关，同时正转变和逆转变的温度也不相等。表5.9列出了三个不同来源的 $t\text{-}ZrO_2$ 的晶格常数。

表 5.9 不同来源的 $t\text{-}ZrO_2$ 常温晶格常数

来　源	晶格常数			
	a	b	c	$\beta/(°)$
1	0.516 9	0.523 2	0.534 1	99.25
2	0.514 5	0.520 75	0.531 07	99.23
3	0.515 05	0.521 16	0.531 73	99.23

由 t 相向 m 相转变,不仅有 3% ~4% 的体积效应(图 5.19),而且有热效应(图 5.20)发生。由于晶型转变引起体积效应,所以用纯 ZrO_2 就很难制造出制件,必须进行晶型稳定化处理。常用的稳定添加剂有 CaO,MgO,Y_2O_3,CeO_2 和其他稀土氧化物,这些氧化物的阳离子半径与 Zr^{4+} 相近(相差在 12% 以内),它们在 ZrO_2 的溶解度很大,可以和 ZrO_2 形成立方晶型的置换型固溶体。这种固溶体可通过快冷避免共析分解,c 相以亚稳态保持到室温。快冷得到的立方固溶体不再发生相变,这种 $c\text{-}ZrO_2$ 叫全稳定化 ZrO_2(Fully Stabilized Zironia,FSZ)。

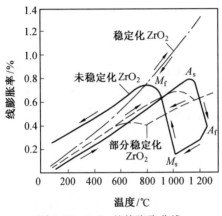

图 5.19　ZrO_2 的热膨胀曲线

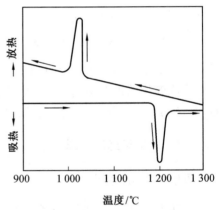

图 5.20　ZrO_2 的差热分析曲线

四种常用的稳定剂与 ZrO_2 的局部相图分别示于图 5.21,图 5.22 和图 5.23。

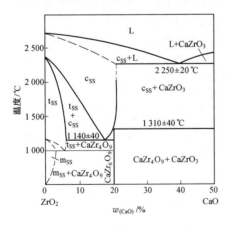

图 5.21　$ZrO_2\text{-}CaO$ 相图的局部

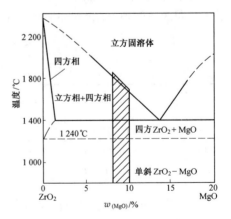

图 5.22　$ZrO_2\text{-}MgO$ 富氧化锆端的相图
阴影区为商业 Mg-PSZ 的组分范围

（2）ZrO₂ 马氏体相变

从图 5.21 ~ 5.23 知道，当 ZrO₂ 中加入一定的稳定剂时，c 相⟷t 相⟷m 相之间的转变是在一个温度区间内完成的。当稳定剂量较少时，不足以使全部 c 相保持到室温，c→t，乃至 c→t→m 仍会发生，得到（c+t），（c+t+m）或（t+m）相的 ZrO₂，这种 ZrO₂ 叫部分稳定化 ZrO₂（Partially Stabilized Zirconia，PSZ）。

如果进一步减少稳定剂的加入量，使几乎全部 t 相亚稳到室温，则称为四方氧化锆多晶体（Tetragonal Zirconia Polycrystals，TZP），TZP 是现在获得的最高韧性的 ZrO₂ 材料。ZrO₂ 相变是非扩散型马氏体相变，与钢中的马氏体相变十分类似，在 TEM 明场象中有类似于钢中的板条马氏体组织，在电子衍射照片中出现 c-ZrO₂ 禁止反射的 112 类衍射斑点，以及在暗场出现相变孪晶体内的反相畴界。因此可以定量获得稳定剂加入量与 c→t 转变量的关系，如图 5.24 所示。

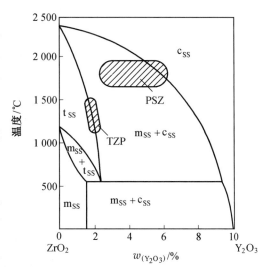

图 5.23　富氧化锆端 ZrO₂-Y₂O₃ 相图
阴影区代表商业 PSZ 和 TZP 的组分

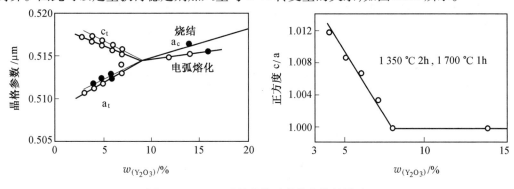

图 5.24　Y₂O₃ 质量分数对晶格常数的影响

从图看出，随着 Y₂O₃ 的增加，t-ZrO₂ 正方度（c_t/a_t）减小，当 Y₂O₃>8% 时，全部 c 相保持到室温，得到 FSZ 材料。稳定剂加入量中等时（如原子分数 5%），则可能得到（t+m），（c+t）或（c+t+m）PSZ 材料。

c，t，m 分别为立方、四方和单斜晶；c_{ss}，t_{ss} 和 m_{ss} 分别为立方、四方和单斜晶固溶体。

t⟷m 的相变对制取高质量 ZrO₂ 陶瓷十分重要，影响 t→m 相变的主要因素有：

（1）在一定范围内，随着稳定剂加入量的增加，相变点 M_S（图 5.19）降低，即有利于使 t 相保持到室温。

（2）当稳定剂加入量一定时，晶粒越小，M_S 越低。因为晶粒越小，界面能越大，相变阻力越大，所必须的相变驱动力越大。一种 ZrO₂/Al₂O₃ 复合陶瓷，其 M_S 与 ZrO₂ 粒子半径的关系如图 5.25 所示。冷却速度越高，M_S 越低，转变温区变窄，有利于保存 t 相到室温。

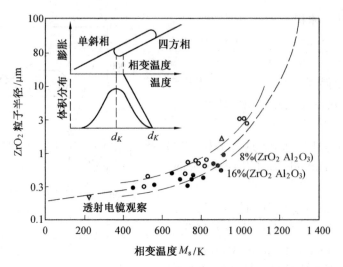

图 5.25　在 Al_2O_3 基体中的 ZrO_2 弥散粒子尺寸与相变温度的关系

（3）t→m 相的等温转变

t→m 不仅在降温过程中发生,而且在等温保温过程中发生。这一现象可以用图5.26来说明。从图看出 t→m 的转变量（即图 5.26 中的热膨胀量）由三部分组成:①等温前降温阶段的转变。当等温温度较低时（如 350 ℃,300 ℃,250 ℃）,这一转变量较大;②等温转变（图 5.26 中的垂直粗线）;③等温结束后到室温的转变,等温温度较高时（如 400 ℃,450 ℃）,这一转变量较大。

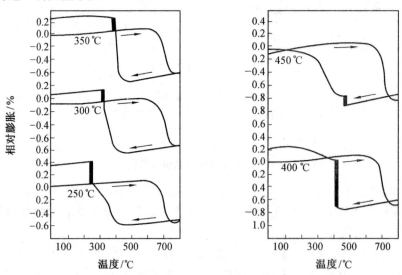

图 5.26　ZrO_2+2%（Y_2O_3）陶瓷等温转变热膨胀曲线

m 相的形核为自促发形核,几乎在形核的同时就完成了纵向长大。当长大的 m 相晶片尖端遇到另外的晶界或晶内缺陷时,促发另一片晶相成核。m 相晶片的横向长大是很慢的,从而形成很有特征的片状马氏体组织。稳定剂量很低时,则为板条状马氏体组织。钢中马氏体形成的时间为 10^{-7} s。纵向长大的速度达 10^5 cm/s。因此,m 相转变量的控制要素主要是相变驱动力和形核能垒。低温时,相变驱动力大,但形核能垒也高;高温时,形核能垒低,相变驱动力也低,所以 t→m 的转变量均低。只有 300～400 ℃ 的中等温度,转变最容易进行,转变速度最高,转变量最大。

(4)Y-TZP 的低温老化

如果 Y-TZP 在低温(100～400 ℃)下长时间使用,其强度激烈下降,如图 5.27(a)所示。这一现象被称为低温老化,热老化或时效老化,是妨碍 Y-TZP 使用的重要问题之一。对于这一现象开始很不理解,因为这一温度远远低于 TZP 强度降低的使用温度。研究发现,强度降低的原因是发生了 t 相向 m 相的转变,材料密度的变化直接证明了这点,如图 5.27(b)所示。从图 5.27(b)看出,当材料在 200～300 ℃ 保温后,密度从约 5.82 g/cm^3 降低到 5.63 g/cm^3,大体上与 t 相(6.10 g/cm^3)和 m 相(5.56 g/cm^3)的密度相当。虽然低温相变的原因尚有争议,但一致承认,环境中微量水气的存在促进了这一反应,即

$$Y^{3+} + 3OH^- = Y(OH)_3$$

增加稳定剂的量,降低晶粒度,以及添加第三元素(Ce^{4+},Al^{3+})可抑制低温老化的发生。表 5.10 为 250 ℃ 水热气氛中对 3Y-TZP 时效 150 h 的实验结果。试样在 1 450 ℃ 烧结 2 h,相对密度 97.5%,所以强度和韧性绝对值不高。

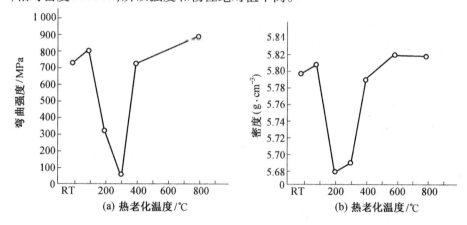

图 5.27 Y-TZP 材料强度、密度和老化温度的关系

表 5.10 3Y-TZP 低温老化时性能的变化

3Y-TZP	m 相质量分数/%		σ$_b$/MPa		HV		K_{Ic}/(MPa·m$^{1/2}$)	
	时效前	时效后	时效前	时效后	时效前	时效后	时效前	时效后
3Y	0	61.0	520	337	1 316	1 237	3.00	2.47
3Y-5Al	0	31.0	–		1 219	1 212	3.17	3.15
3Y-20Al	14.0	18.0	358	335	905	906	2.90	2.88
3Y-2Ce	0	44.0	555	425	1 473	1 465	3.24	3.22
3Y-4Ce	0	1.3	471	455	1 327	1 322	3.30	3.30

从表看出,添加 Al_2O_3 和 CeO_2 均可抑制 t→m 的转变,但 Ce 好于 Al。Al_2O_3 的加入明显降低了 TZP 的强度,加入 4% CeO_2 的 TZP,250 ℃/150 h 低温老化后的强度保持率达

97%,硬度和韧性几乎没有下降。

一般认为,加 10% CeO$_2$ 到 3Y-TZP 和 4Y-TZP 中,加 15% 到 2Y-TZP 中,不发生低温强度退化,但超过 6% ~8% 时,TZP 的强度降低。Ce^{4+} 的加入能抑制 t→m 低温转变的原因是提高了 t→m 的化学自由能差 ΔG_c,而 Al$_2$O$_3$ 是因为其弹性模量为 ZrO$_2$ 的两倍(达 400 GPa),弹性模量大,整体增加了对 ZrO$_2$ 的约束力,抑制了 t→m 的转变。

5. ZrO$_2$ 材料的韧化

(1)韧化原理

单个极细 ZrO$_2$ 晶体的 t→m 的自由转变称为无约束状态下的转变。但在实际材料中,除最外表面的晶体外,其余晶体都是被包围在基体中,不是同质基体就是异质基体。因为 t→m 的转变伴随着体积膨胀,转变受到不同程度的抑制,这时发生的转变,称为约束状态下的转变。

无约束状态下,ZrO$_2$ 粒子相变热力学基本关系式为

$$\Delta G_C^{t\to m} = G_m - G_t + \gamma_t A_t + \gamma_m A_m \tag{5.8}$$

式中,$\Delta G_C^{t\to m}$ 为 t→m 的化学自由能差,γ 为 ZrO$_2$ 粒子的表面能,A 为 ZrO$_2$ 粒子的表面积,下标 t 和 m 分别表四方相和单斜相。从式(5.8)看出,t→m 转变与 ZrO$_2$ 粒度有关,算出的无约束状态下 ZrO$_2$ 稳定到室温的临界尺寸为 $d_c = 9.6$ nm。

有约束状态下,基体抑制了 t 相转变时的体积膨胀。相变所需的能量 ΔU_T 为

$$\Delta U_T = \Delta G_C^{t\to m} + \Delta U_I = \Delta S^{t\to m}(T - T_0) + \Delta U_I$$

式中,ΔU_I 为内应变能的变化,ΔS 为 t→m 嫡变,T 和 T_0 分别为实验温度和无约束相变温度,这一关系可画如图 5.28。当 $T < T_0$ 且无内压缩应力时,相变自动发生。在约束压应力作用下,相变点移至 M_S。只有 $T = M_S$ 时,不需外加压应力作用下,相变点移至 M_S,只有 $T = M_S$ 时,不需外加应力($\Delta U_I = 0$),相变才能发生。这时有

$$\Delta U_I = \Delta S^{t\to m}(M_S - T_0)$$

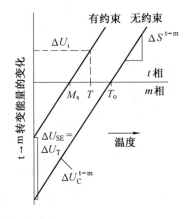

图 5.28 t→m 相变的能量关系

当 $T > M_S$ 时,则需外加张应力才能使相变进行,即

$$\Delta U_T = \Delta S^{t\to m}(T - T_0) + \Delta S^{t\to m}(M_S - T_0) = \Delta S^{t\to m}(M_S - T)$$

所需外加张应力的大小为

$$\sigma_a = \Delta S^{t\to m}(M_S - T)/\varepsilon_\tau$$

式中,ε_τ 为 t→m 相变应变。

(2)影响相变的因素

$\Delta G_C^{t\to m}$ 和 M_S 与 ZrO$_2$ 粒子大小有关。粒子越细,$\Delta G_C^{t\to m}$ 越小,M_S 越低,即相变驱动力减小,所以,在相同压应力约束下,粗粒子优先相变。为了阐述方便,将韧化机制与 ZrO$_2$ 粒径的关系示意如图 5.29。ZrO$_2$ 从高温冷却下来达到起始相变点 M_S 时,大于 d_H 的最粗粒

子发生相变,生成很粗的 m 相(图 5.29 中 1 区),这对韧化没有大的贡献,是应该防止的。当温度继续下降到相变结束点 M_i 时,$d_h > d > d_m$ 的粒子发生相变,因为相变产生膨胀,而且这时的 t 相粒子较粗,应变能大于基体的断裂强度,使基体产生微裂纹,形成微裂纹韧化(2 区),其增量为 $\Delta K_{I\,CM}$。当 T 进一步从 M_i 降低到室温,$d_m > d > d_c$ 的粒子克服基体的压应力发生相变。因为这时的 ZrO_2 粒子小,相变驱动力小,温度也低,所以应变力不足以使基体产生微裂纹。但相变应变能以基体的残余压应力的形式贮存下来,形成残

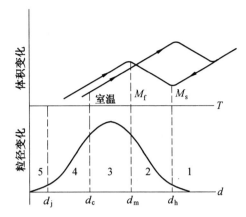

图 5.29 ZrO_2 粒子尺寸与增韧机制

余应力增韧,其增量为 ΔK_{ICS}(3 区)。小于 d_c 的粒子以 t 相保持到室温。这种材料如果受到外加张应力的作用,在张应力的诱发下,其中 $d_c > d > d_I$ 的粒子发生相变,形成相变增韧(4 区),其增量为 ΔK_{ICT}。小于 d_j 的粒子即使在应力诱发下也不发生相变(5 区),因此,如果是一个粒度分布很宽的粉体,其断裂韧性为

$$K_{IC} = K_{ICD} + \Delta K_{ICT} + \Delta K_{ICM} + \Delta K_{ICS}$$

式中,ΔK_{ICD} 为基体固有的断裂韧度。

TZP 的增韧要简单一些,其断裂韧度为

$$K_{IC} = \Delta K_{ICD} + \Delta K_{ICT}$$

稳定剂的种类、质量分数和分布对 ZrO_2 的韧化也有影响。不同的稳定剂,其离子半径和电荷不同,从而临界粒径 d_c 也不同。例如 3Y - TZP,$d_c = 1 \sim 2\ \mu m$;12Ce - TZP,d_c 则为 $4 \sim 5\ \mu m$。同一种稳定剂,加入量大,d_c 也大。如 Y - PSZ,其 d_c 与 Y_2O_3 加入量的关系式如图 5.30。同一稳定剂,相同加入量,稳定剂的显微分布也影响相变。对一种 2Y - TZP 材料的一个视场测定了六个点,其 Y 的质量分数为 1.19%,2.80%,3.12%,3.39%,3.45% 和 4.68%。很明显,Y 质量分数低的 ZrO_2 粒子优先发生相变。

6. ZrO_2 陶瓷的性能和应用

(1)PSZ 材料

为了使所列数据有指导作用,经过谨慎处理的部分商品 PSZ 性能见表 5.11。

(2)TZP 材料。

一些商品 TZP 的典型性能见表 5.12。

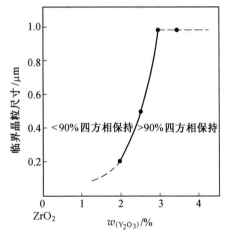

图 5.30 氧化锆中氧化钇质量分数与临界晶粒尺寸的关系

表 5.11　商品部分稳定氧化锆(PSZ)所报道的物理性能

性　　能	Mg-PSZ	Ca-PSZ	Y-PSZ	Ca/Mg-PSZ
稳定剂/%	2.5 ~ 3.5	3 ~ 4.5	5 ~ 12.5	3
硬度/HV	1 440	1 710	1 360	1 500
室温断裂韧度 K_{IC}/(MPa·m$^{1/2}$)	7 ~ 15	6 ~ 9	6	4.6
杨氏模量/GPa	200	200 ~ 217	210 ~ 238	—
室温弯曲强度/MPa	430 ~ 720	400 ~ 690	650 ~ 1 400	350
1 000 ℃ 热膨胀系数/×10^{-6} K^{-1}	9.2	9.2	10.2	—
室温热导率/[W·(m·K)$^{-1}$]	1 ~ 2	1 ~ 2	1 ~ 2	1 ~ 2

表 5.12　四方氧化锆多晶体 TZP 典型的物理性能

性　　能	Y-TZP	Ce-TZP
稳定剂/%	—	—
硬度/HV	1 440	1 710
室温断裂韧度 K_{IC}/(MPa·m$^{1/2}$)	6 ~ 15	6 ~ 30
杨氏模量/GPa	140 ~ 200	140 ~ 200
室温弯曲强度/MPa	800 ~ 1 300	500 ~ 800
热膨胀系数(20 ~ 1 000 ℃)/×10^{-6} K^{-1}	9.6 ~ 10.4	—
室温热导率/[W·(m·K)$^{-1}$]	2 ~ 3.3	—

稳定剂加入量和晶粒尺寸对 TZP 性能存在重要的影响,Y-TZP 的这一关系如图5.31所示。

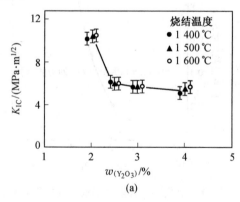
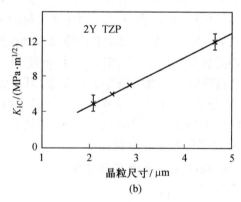

图 5.31　Y-TZP 断裂韧度与 Y$_2$O$_3$ 加入量(a)和晶粒度(b)的关系

(3)氧化锆韧化氧化铝

氧化锆韧化氧化铝也称为弥散型 ZrO$_2$ 陶瓷,含约15%未经稳定处理的 ZrO$_2$ 和 Al$_2$O$_3$ 的复合陶瓷,其强度达 1 200 MPa,K_{IC}达16 MPa·m$^{1/2}$,而典型 Al$_2$O$_3$ 陶瓷分别为 600 MPa

和 4 MPa $\cdot$ m$^{1/2}$。只要 ZrO_2 粒度适当,由于 Al_2O_3 大的热膨胀系数给 t-ZrO_2 粒子的压应力,t 相保持到室温。ZTA 主要韧化机制是相变增韧和微裂纹增韧。部分 ZrO_2/Al_2O_3 复合陶瓷的性能见表 5.13。

除 Al_2O_3 外,ZrO_2 还可以韧化莫来石、尖晶石、堇青石、锆英石和氧化镁等。弥散相可以原位反应生成是这类复合陶瓷的一个特点。例如,锆英石与 Al_2O_3 反应可制得 ZrO_2 韧化莫来石(ZTM)。其化学式为

$$2ZrSiO_4 + 3Al_2O_3 = 2ZrO_2 + 3Al_2O_3 \cdot 2SiO_2$$
$$(2+2x)ZrSiO_4 + 3Al_2O_3 + x(Al_2O_3 + CaO) =$$
$$(2+2x)ZrO_2 + 3Al_2O_3 \cdot 2SiO_2 + xCaAl_2Si_2O_8 \quad (x=0\sim1)$$

(4)ZrO_2 基复合陶瓷

把 Al_2O_3 加于 ZrO_2 中可获得性能优异的复合陶瓷。加 20% Al_2O_3 的 ZrO_2 陶瓷,其抗弯强度达 2 400 MPa,见表 5.13。

表 5.13　ZrO_2/Al_2O_3 复合陶瓷的主要性能

成　　分	测　　试	3Y20A	3Y40A	3Y60A
密度/(g $\cdot$ cm^{-3})	—	5.51	5.02	4.6
硬度 HV	室温	1 470	1 570	1 650
	1 000 ℃	480	550	650
断裂韧度 K_{IC}/(MPa $\cdot$ m$^{1/2}$)	—	6	—	—
杨氏模量/GPa	—	260	280	—
抗弯强度/MPa	室温	2 400	2 100	2 000
	1 000 ℃	800	1 000	1 000
热膨胀系数(20~1 000 ℃)/×10^{-6} K^{-1}	200 ℃	9.4	8.5	—
热导率/[W $\cdot$ (m $\cdot$ K)$^{-1}$]	室温	5.86	9.21	
	800 ℃	4.19	6.28	

注:三个标号分别表示加入质量分数为 20%,40%,60% 的 Al_2O_3 复合陶瓷。

(5)超塑性 ZrO_2 陶瓷

1986 年 Wakai 报道,小于 0.3 μm 的细晶 TZP 获得了大于 100% 的伸长率(δ)。1993 年,一种含 5% SiO_2,晶粒度小于 1 μm 的 TZP 在 1 400 ℃ 时的伸长率 δ 达 1 038%。图 5.32 为陶瓷材料目前获得的最高超塑性,晶粒尺寸是影响陶瓷超塑性的主要因素,如图 5.33 所示。

5.3.3　熔融石英(SiO_2)陶瓷

1.性质和用途

以石英玻璃为原料,采用陶瓷生产工艺而制造的制品称为熔融石英陶瓷,或称为石英玻璃陶瓷。熔融石英陶瓷具有低的热膨胀系数 0.54×10^{-6}/℃。由于热膨胀系数小,所以

体积稳定性好。熔融石英具有优良的抗热震性,在 1 000 ℃ 与冷水之间的冷热循环,大于 20 次而不破裂。它的热导率特别低,为 2.1 W/(m·K),且在 1 100 ℃ 以下几乎没有变化,因此是一种理想的隔热材料。熔融石英机械强度不高,浇注制品室温抗压强度约为 44 MPa,但它的强度随温度升高而增加,这是区别于其他氧化物陶瓷的地方。其他氧化物陶瓷从室温到 1 000 ℃,强度降低 60% ~ 70%,而熔融石英陶瓷却提高 33%。这是因为熔融石英陶瓷随着湿度的升高发生了局部软化,减少脆性的缘故,熔融石英陶瓷的荷重软化点为 1 250 ℃,常温电阻率为 10^{15} Ω·m^{-1},所以是一种很好的绝缘材料。

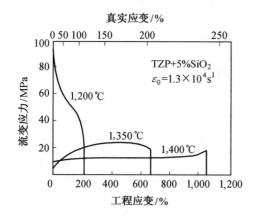

图 5.32　TZP 的超塑性拉伸曲线　　　图 5.33　不同晶粒尺寸 TZP 的应力-应变曲线

　　熔融石英陶瓷有很好的化学稳定性,除氢氟酸及 300 ℃ 以上的热浓磷酸对其有侵蚀之外,其余如盐酸、硫酸、硝酸等对它几乎没有作用。Li,Na,K,U,Te,Zn,Cd,In,Cs,Si,Sn,Pb,As,Sb,Bi 等金属熔体与熔融石英不起作用,熔融石英也能耐玻璃熔渣的侵蚀。

　　由于熔融石英陶瓷具有以上这些优良的性质,因此它的应用领域也十分广泛。如在化工、轻工中作耐酸、耐蚀容器、化学反应器的内衬、玻璃熔池砖、拱石、流环、柱塞以及垫板、隔热材料等;在炼焦工业中作炼焦炉的炉门、上升道内衬、燃烧嘴等;在金属冶炼中,作熔铝及钢液的输送管道、泵的内衬、盛金属熔体的容器、浇铸口、高炉热风管内衬、出铁槽等。

2. 一般制法

　　通常用注浆成形法成形,熔融石英坯体的烧结,关键是既要使坯体烧结,又要防止方石英的析晶,因为析晶会使强度降低,热震性变差。烧结温度一般为 1 185 ℃,不超过 1 200 ℃ 保温 1 ~ 2 h。

5.3.4　其他氧化物陶瓷

1. 氧化铍陶瓷

　　氧化铍属于纤锌矿结构,Be^{2+} 与 O^{2-} 的距离很小,为 0.164 5 nm,说明 BeO 很稳定,很致密。BeO 熔点高达 (2 570±30) ℃,密度 3.02 g/cm^3,莫氏硬度 9,高温蒸气压和蒸发速度低,因此真空中 1 800 ℃ 下可长期使用,惰性气氛中 2 000 ℃ 可长期使用,氧化气氛中

1 800 ℃明显挥发,水蒸汽中 1 500 ℃即大量挥发,因为 BeO 与水蒸气反应生成氢氧化铍。

BeO 陶瓷有与金属相近的导热系数,约为 209.34 W/(m·K),为 Al_2O_3 的 15 ~ 20 倍,因此可用来作散热器件。氧化铍陶瓷具有良好的高温电绝缘性能,600 ~ 1 000 ℃的电阻率为 $1×10^{11}$ ~ $4×10^{12}$ Ω·cm。介电常数高,而且随着温度的升高还稍有提高,例如 20 ℃时为 5.6,500 ℃为 5.8。介质损耗小,也随温度升高而升高,如在 10 MHz、100 ℃时的 $\tan δ$ 为 $4.0×10^{-4}$,300 ℃时为 $4.3×10^{-4}$,因此可用来制备高温比体积电阻高的绝缘材料。

氧化铍陶瓷能抵抗碱性物质的侵蚀(除苛性碱外),可用来作熔炼稀有金属和高纯金属铍、铂、钒的坩埚,还可作磁流体发电通道的冷壁材料。

BeO 陶瓷具有良好的核性能,对中子减速能力强,可以用来作原子反应堆中子减速剂等。

此外,BeO 热膨胀系数不大,20 ~ 1 000 ℃的平均热胀系数为 $(5.1 ~ 8.9)×10^{-6}$/℃,机械强度不高,约为 Al_2O_3 的 1/4,但在高温下降不大,1 000 ℃时抗压强度为 248.5 MPa。

BeO 质量分数和晶粒度一起能显著提高铍材的微屈服强度 $σ_{myb}$,$σ_{myb}$ 定义为产生一个微应变(10^{-6}应变)所需的应力,而高 $σ_{myb}$ 铍材广泛被用于航空仪表(如陀螺仪、加速度计等)、光学镜体和原子能反应堆中。BeO 陶瓷的主要性能归纳见表 5.14。

表 5.14 BeO 陶瓷的主要性能

性　　能	95 瓷(BeO)	99(BeO)
热导率/[W·(m·K)$^{-1}$]	120.2 ~ 122.2	170.3 ~ 180.3
100 ℃下比体积电阻/Ω·cm	10^{12} ~ 10^{13}	>10^{15}
介电常数 ε	6.9 ~ 7.3	6.0 ~ 6.4
介质损耗(20 ℃)	0.8 ~ 1.3	1.2 ~ 7.6
Lgδ($×10^{-4}$),1 MHz,85 ℃	1 ~ 1.6	1.1 ~ 1.3
受潮	1.4 ~ 5.8	1.2 ~ 1.7
直流击穿强度/(kV·mm^{-1})	11 ~ 14	24 ~ 30
静态抗弯强度/MPa	133.70 ~ 187.00	157.6 ~ 200.0
线膨胀系数(20 ~ 200 ℃)/$×10^{-6}$℃	6.43 ~ 6.97	6.43 ~ 6.50
密度/(g·cm^{-3})	2.8 ~ 2.9	2.9

注:95BeO 瓷:95% BeO,2% Al_2O_3,3% MgO;99BeO 瓷:99% BeO,0.5% Al_2O_3,0.5% MgO。

氧化铍的制备方法有冷压-烧结和热压,添加 1% 以下的 MgO,TiO_2 或 Fe_2O_3 可以促进 BeO 的烧结。加入 MgO 形成固溶体,加入 TiO_2 或 Fe_2O_3 出现第二相。冷压在 100 MPa 压力下进行,压坯 1 800 ℃烧结 10 min,密度达 2.65 g/cm^3。热压压力 1.4 MPa,温度 1 800 ℃,时间 10 min,密度可达 2.96 g/cm^3。

2. 氧化镁陶瓷

氧化镁属于 NaCl 型结构,熔点 2 800 ℃,理论密度 3.58 g/cm^3,在高温比体积电阻高,介质损耗低,20 ℃,1 MHz 时为 $(1 ~ 2)×10^{-4}$,介电常数 9.1。MgO 在高于 2 300 ℃时

易挥发,因此一般在 2 200 ℃以下使用。

氧化镁属于弱碱性物质,几乎不被碱性物质侵蚀,Fe、Ni、V、Th、Zn、Al、Mo、Mg、Cu、Pt 等熔体都不与 MgO 作用,因此可用作熔炼金属的坩埚、浇铸金属的模子、高温热电偶保护套以及高温炉衬材料。使用过程中都必须注意,为了减少吸潮要适当提高煅烧温度,减小粒度,也可添加一些添加剂,如 TiO_2、Al_2O_3、V_2O_5 等。成形可采用半干压法、注浆法、热压注法和热压法。干压压力 50~70 MPa,注浆成形以无水酒精作介质,以免水化。热压压力 20~30 MPa,温度 1 300~1 400 ℃,时间 20~40 min,烧结先在 1 250 ℃预烧,之后在 1 750~1 800 ℃,2 h 烧成。

3. 莫来石($3Al_2O_3 \cdot 2SiO_2$)陶瓷

莫来石是 Al_2O_3-SiO_2 系唯一的稳定化合物,熔点 1 800 ℃,热胀系数低(5×10^{-6}/℃),从而有高的抗热震性,可用作耐化学腐蚀与炉窑材料。一些重要氧化物的主要性能见表 5.15。

表5.15　氧化物的主要性能

性　能	Al_2O_3	BeO	MgO	CaO	ZrO_2	ThO_2	UO_2
晶系	六方	六方	立方	立方	立方	立方	立方
晶格类型	刚玉 α-Al_2O_3	纤锌矿 ZnS	岩盐 NaCl	岩盐 NaCl	萤石 CaF_2	萤石 CaF_2	萤石 CaF_2
点阵常数/nm	$a=0.476$ $c=1.299$	$a=0.2695$ $c=0.439$	$a=0.4203$	$a=0.4799$	$a=0.508$	$a=0.559$	$a=0.547$
莫氏硬度	9	9	5~6	4.5	7	6.5	3.5
密度/($g \cdot cm^{-3}$)	3.97	3.02	3.58	3.35	5.6	9.69	10.75
熔点/℃	2 050	2 530	2 800	2 510	1 700	3 050	2 725
热膨胀系数$\times10^{-6}$/℃	8.9	8.8	13.8	13.8	11.4	10.1	~10
弹性模量/GPa	402	392	314	—	186	235	—
200 ℃时蒸汽压/$\times0.1$ MPa	3×10^{-7}	1×10^{-6}	1×10^{-4}	1×10^{-5}	1×10^{-8}	1×10^{-8}	—
折射率	Ng1.768 Np1.760	No1.719 Ne1.733	1.736	1.837	2.19~2.08	2.15	2.35

5.4　非氧化物陶瓷

氧化物陶瓷的原子间化学键主要是离子键,而由 B、C、N 与 Al、Si 等元素结合而成的共价键很强的非氧化物陶瓷具有高熔点及许多优良的性能(如高强度、高温强度衰减小、高硬度、低膨胀系数等),特别是其中有些陶瓷材料(如 Si_3N_4、SiC)在冶金、化工、机械、电子等领域得到广泛的应用,并有可能在高效率的发动机和燃气轮机中得到应用,引起科学工作者的极大兴趣。

概括地讲,非氧化物陶瓷具有如下特点:

①非氧化物陶瓷一般是共价键很强、难熔的化合物。

②非氧化物陶瓷的发展历史相对比较短,比如20世纪50年代发现氮化物陶瓷具有很好的力学、热学和电学性能以后,才日益受到广泛的关注和重视。

③与氧化物陶瓷不同,非氧化物陶瓷的原料在自然界中不存在,需人工合成,然后按照陶瓷工艺做成各种陶瓷制品。

④非氧化物陶瓷易氧化,从原料制备、陶瓷烧结直至在使用中,遇到氧气就会发生氧化反应而转变成氧化物,生成氧化物后将会影响材料的高温性能。所以原料合成及陶瓷烧结都需要在无氧气氛(通常是氮气、氩气或真空气氛)中进行。烧成陶瓷后在使用过程中,由于具有一定的抗氧化性,而可在较高温度下使用,不同材料具有不同的抗氧化能力,其最高使用温度也依材料而异,在高温下使用发生氧化反应将影响材料的使用寿命。

非氧化物陶瓷的种类有碳化物、氮化物、硼化物和硅化物等,其中每一类又有许多化合物,以碳化物来说,就有金属碳化物 TiC,ZrC,VC,HfC,NbC,TeC 等和非金属碳化物,主要有 B_4C,SiC 等。

5.4.1 氮化物陶瓷

氮化物的晶体结构大部分属立方晶系和六方晶系,密度在 $2.5 \sim 1.6 \text{ g/cm}^3$ 之间。氮化物种类繁多,均需人工合成原料,氮化物陶瓷在性能上有如下特点。

(1)大多数氮化物熔点都比较高

元素周期表中ⅢB,ⅣB,ⅤB,ⅥB族元素都能形成高熔点氮化物,如:HfN,3 310 ℃;TiN,2 950 ℃;TaN,3 100 ℃;VN,2 030 ℃等。一部分氮化物,如 Si_3N_4,BN,AlN 等,在高温下不出现熔融状态而直接升华分解。有些氮化物蒸发能力比较大,在 2 000 ℃以下蒸汽压可达到 $1.33 \times 10^{-2} \text{ Pa}$,因而限制了它们在真空条件下的使用。

(2)氮化物陶瓷一般都具有非常高的硬度

TiN 硬度为 21.6 GPa,ZrN 为 19.9 GPa,Si_3N_4 为 18 GPa。个别氮化物(如 BN)硬度很低(莫氏硬度2),此时它的晶体结构为六方晶系,但是当它的晶体结构在一定条件下转变为立方晶系时,其硬度一跃为仅次于金刚石。

(3)一部分氮化物具有较高的机械强度

Si_3N_4,TiN,AlN 等均具有较好的机械强度,特别是 Si_3N_4 陶瓷强度最高,热压材料可达 1 000 MPa 以上。

(4)氮化物抗氧化能力较差

氮化物处于含氧气氛中在一定温度下要发生氧化反应,从而限制了它们在空气中安全使用的最高温度。某些氮化物发生氧化时在表面形成一层致密的氧化物保护层,可阻碍进一步氧化,因此可在一定温度下长期使用。

(5)氮化物的导电性能变化很大

一部分过渡元素及 La,Ac 系元素的氮化物属于间隙相,即它们的晶体结构保留着原来的金属结构,而氮原子则填充于间隙位置,因而具有金属的光泽和导电性,如 TiN,ZrN,NbN 等,而 B,Si,Al 元素的氮化物,由于形成了新的共价键晶体结构,变为绝缘体。

(6)氮化物陶瓷的制造工艺有其特点

氮化物原料都是通过人工合成方法制备的,不能从天然矿物中提取。合成方法多种多样,如可以利用金属粉末直接氮化、金属氧化物用碳还原并同时进行氮化、金属卤化物与氮气进行气相反应等。氮化物(如 Si_3N_4,BN 等)由于共价键很强而难于烧结,往往需要加入烧结助剂,通过液相烧结机理促进烧结。尽管采用液相烧结,但有时仍难以达到很高的致密度,往往再采取热压或热等静压工艺。氮化物容易氧化,所以它的烧结需要在无氧气氛中进行,通常是在氮气氛中烧结,这是氮化物陶瓷比氧化物陶瓷成本高的重要原因之一。氮化物陶瓷硬度高,因而后加工很困难,如作为机械部件,要求尺寸精度和光洁度高,加工费用要占总制造成本的相当大部分。

1. 氮化硅(Si_3N_4)的晶体结构

Si_3N_4 的晶体结构如图 5.34 所示。

Si_3N_4 有两种晶型,即 α-Si_3N_4(颗粒状晶体)和 β-Si_3N_4(长柱状或针状晶体)。均属六方晶系,都是由[SiN_4]四面体共用顶角构成的三维空间网络。β 相是由几乎完全对称的六个[SiN_4]构成的六方环层在 C 轴方向重叠而成(图 5.34 所示)。而 α 相是由两层

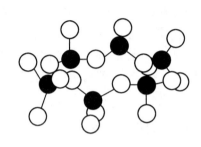

图 5.34　β-Si_3N_4 结构

不同且变形的非六方环层重叠而成,α 相结构对称性低,内部应变比 β 相大,故自由能比 β 相高,α 相在较高温度下(1 400 ~ 1 600 ℃)可转变为 β 相,因此有人将 α-Si_3N_4 称为低温型,是不稳定的;β- Si_3N_4 为高温型,是稳定的。

从微观上说,Si 的外层电子 $3s^2 3p^2$,即有 4 个外层电子,当它和氮原子形成共价键结合时,外电子层变为 4 个 sp^3 杂化轨道,是空间的,需与 4 个氮原子成键,每个氮原子给出 1 个电子共价,就使 Si 的外层满 8 个电子,这样就形成了[SiN_4]四面体结构,对于氮原子来说,外层有 5 个电子,与 Si 原子键合时,有一个 p 轨道自己偶合了,这样只要有 3 个 Si 原子各提供 1 个电子与 N 的 sp^2 轨道键合,外层就满 8 个电子了,所以它周围有 3 个 Si 原子距离最近。这个 sp^2 是平面杂化轨道,另外两个本身键合的 ps^2 电子就垂直于这个平面,因此 Si 原子位于 N 的四面体中,而 N 处在 Si 的正三角形中,由于 Si,N 原子都达到电子满壳层的稳定结构,电子受束缚,因而电阻率很高。

从 β-Si_3N_4 晶胞平面投影图(图 5.35)看出,一个晶胞内含有 6 个 Si 原子,8 个 N 原子,第一层平面上有 3 个 Si 如●,4 个 N 原子如▲。在第二层平面上的 Si 为○,N 为△,第三层(属另一晶胞)与第一层相对应,亦即在 C 轴方向上两层重复排列。

由于 α-Si_3N_4 在高温下转变成 β-Si_3N_4,因而人们曾认为 α 和 β 相分别为低温

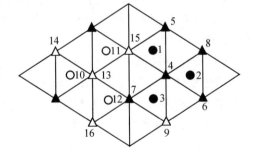

图 5.35　β-Si_3N_4 晶胞平面投影图

· 140 ·

和高温两种晶型。但随着研究的深入,很多现象不能用高低温型的说法来解释。最明显的例子是在低于相变温度的反应烧结 Si_3N_4 中,α 和 β 相可同时出现,反应终了 β 相占 10% ~40%(质量分数),又如在 $SiCl_4-NH_3-H_2$ 系中加入少量 $TiCl_4$,1 350 ~1 450 ℃ 可直接制备出 β-Si_3N_4,若该系在 1 150 ℃ 生成沉淀,然后在 Ar 气中 1 400 ℃ 热处理 6 h,得到的仅是 α-Si_3N_4。看来该系中的 β-Si_3N_4 不是由 α 相转变过来的,而是直接生成的。

现在研究证明,α→β 相变是重建式(不可逆)转变,并认为 α 相和 β 相除了结构上有对称性高低的差别外,并没有高低温之分,β 相只不过在温度上是热力学稳定的,α 相对称性低容易形成。在高温下 α 相发生重建式转变转化为 β 相,某些杂质的存在有利于 α→β 相的转变。

表 5.16 列出了两个相的基本性能参数,可以看出 α 相和 β 相的晶格常数 a 相差不大,而 α 相的晶格常数 c 约为 β 相的两倍。这两个相的密度几乎相等,所以在相变过程中不会引起体积变化,它们的平均膨胀系数较低,β 相的硬度比 α 相高得多。同时 β 相呈长柱状晶粒,有利于材料力学性能提高,因此要求材料中的 β 相质量分数尽可能高。

表 5.16 Si_3N_4 的基本性质

相	晶格常数/nm		单位晶胞分子数	计算密度/($g \cdot cm^{-3}$)	平均膨胀系数/K	显微硬度/GPa
	a	c				
α-Si_3N_4	0.774 8 ±0.00 01	0.561 7 ±0.000 1	4	3.188 2	$3.0×10^6$	10 ~16
β-Si_3N_4	0.760 8 ±0.000 1	0.291 0 ±0.000 1	2	3.187	$3.0×10^6$	24.5 ~32.6

研究证明,在一定条件下 Si_3N_4 晶体结构可固溶其他物质形成一系列固溶体。最早发现的是 Si_3N_4 与 Al_2O_3 复合时相当数量的 Al_2O_3 溶入 Si_3N_4 晶格中,形成范围很宽的固溶体,该固溶体是由 Al,O 原子部分取代了 Si_3N_4 中的 Si,N 原子而生成的,称为 Silicon Aluminum Oxynitride,取其头一个词即 Silicon。进一步研究发现,不但 Al_2O_3 能与 Si_3N_4 形成 Silicon 材料,其他物质如 MgO,BeO,Y_2O_3,Ce_2O_3,CeO_2,ZrO_2 和 La_2O_3 等也能与 Si_3N_4 形成 Silicon 类固溶体,使材料性能获得明显改变。从更加广义的角度来看,Silicon 固溶体可通称为 Silicon 材料,形成这种固溶体的条件应该包含阳离子的电价与半径等因素。

2. Si_3N_4 陶瓷的制备方法

Si_3N_4 是共价键很强的化合物,离子扩散系数很低,因此很难烧结,如高纯 Si_3N_4 粉末在 1 700 ℃ 下热压仍基本不烧结,若进一步提高烧结温度,则接近其分解温度,Si_3N_4 分解失重加剧,给烧结带来很大困难,Si_3N_4 陶瓷的制造方法有如下几种。

(1)反应结合氮化硅

反应结合 Si_3N_4 就是将硅粉以适当方式成形后,在氮化炉中通氮加热进行氮化,氮化反应和烧结同时进行。氮化后的产品为 α 和 β 两相的混合物。

$$3Si \quad + \quad 2N_2 \quad = \quad Si_3N_4$$

摩尔质量/($g \cdot mol^{-1}$)　　84.24　　56.02　　140.26

摩尔体积/($cm^3 \cdot mol^{-1}$)　　36.16　　　　　　44.06

由上式可见,此化学反应本身具有(44.06－36.16)/36.16＝22%的体积膨胀,然而这主要是坯体内部的膨胀,增大的体积填充素坯内的孔隙,使素坯致密化并获得机械强度,其外观尺寸基本不变,这是反应结合工艺的一个普遍而最大的特点,产品密度取决于成形素坯的密度,提高素坯密度将有利于获得较高密度的产品。但是随着素坯密度继续提高,氮向坯体内部的扩散变得困难,不利于完全氮化,因此 Si 粉压制后密度常控制在 50%～70%。氮化后产品含有 15%～20% 的气孔,坯体尺寸变化很小,由于密度不高,产品强度不大。尽管如此,由于这种烧成工艺可方便地制造形状很复杂的产品,不需要昂贵的机械加工,尺寸精度容易控制,所以目前反应结合 Si_3N_4 在工业上获得了广泛的应用。反应结合的另一个优点是不需要添加烧结助剂,因此材料的高温强度没有明显下降。

具体工艺过程:先将硅粉用一般陶瓷材料的成形方法做成所需形状的素坯,在较低温度下进行初步氮化,使之获得一定强度,然后在机床上将其加工到最后的制品尺寸,再进行正式氮化烧成直到坯体中硅粉完全氮化为止,冷却后取出即得所需要的氮化硅部件。一般说来,陶瓷部件不需要再进行机械加工。图 5.36 为 RBSN 的工艺流程图。

①对硅粉的要求。所用硅粉一般为过 200 目筛的细粉,利于反应。硅粉的纯度对氮化速度有很大的影响,工业规格的硅粉中含有大约 0.8% Fe 和 0.5% Al 的杂质,这对促进氮化是有益的,但杂质质量分数过多将影响其产品高温性能。

②素坯成形。原则上,凡普通陶瓷材料的成形方法都可以用来做成形硅粉的素坯,一般可有:干压法、注浆法、挤压法、等静压法、注模成形法,适当提高素坯密度可使最终产品的密度提高。在成形前根据需要可在硅粉中加入临时黏结剂,如干压时加聚乙烯醇

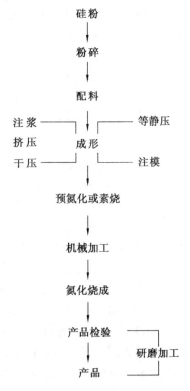

图 5.36　RBSN 的工艺流程图

(2%)或糊精(1%～2%);浇注时加羧甲基纤维素钠或乙醇氨和六偏磷酸钠来调制浆料;挤压成形则加 2% 膨润土和水。干压成形压力在 100 MPa 以下,等静压力为 150～300 MPa。等静压成形的密度最大,干压次之,浇注与挤压更小。注模法可成形形状非常复杂的素坯,密度也很高,其中有机黏合剂的选择是很重要的,注模成形是先经脱脂才可进行氮化。

③素坯的初步氮化。将已脱除临时黏结剂后的硅粉素坯,在氮气中加热至 1 150～1 200 ℃,保温约 1～1.5 h 使坯体获得一定强度。

④素坯的加工。经过初步氮化的素坯可在一般机床上进行加工,烧结氮化硅最大的工艺特性就是氮化烧成后体积变化极小,在±0.5% 以内,若在初步氮化后进行精加工,则

最后制品的尺寸精度可保持在0.1%以内。

⑤氮化烧成。加工后坯体再进行正式氮化烧成,温度对硅的氮化速率有很大的影响。1 000 ℃左右对氮与硅已有明显的作用,但反应速率较低。随着温度的升高,反应速率加快,在硅熔点(1 410 ℃)以上比在其熔点以下要快得多。例如一个6.2 cm²/g表面积素坯,在1 250 ℃经过150 h以后氮化还没有完成,素坯仍能以0.25 cm³/min的速度吸收氮气,而在1 450 ℃经过2 h氮化就可完成,最后的氮化烧成一般是在1 350~1 450 ℃进行的。

在不同温度下氮化速率对时间的一般关系是符合抛物线规律的,气氛对氮化速率的影响很明显,从表5.17可看出,在混合气体中 H_2 : N_2 为5% : 95%时的氮化速率最高,过多的 H_2 对氮化是不利的,一般认为 H_2 加速了Si表面 SiO_2 薄膜的剥落,因而加速了氮化反应的进行。

表5.17 H₂:N₂对氮化速率的影响

氮化温度/℃	时间/h	H_2 : N_2/%	氮化率/%
1 350	2	50:50	55.79
1 350	2	30:70	76.32
1 350	2	10:90	86.43
1 350	2	5:95	87.47

催化剂对氮化速率也有影响, Fe_2O_3 , BaF_2 和 CaF_2 等都能促进氮化,通常加入量为1%~2%。此外,硅粉的颗粒大小和素坯密度都能影响反应速率。

⑥氮化工艺及其机理的讨论。氮化反应是有气体参加的放热固相反应,根据此反应特点来确定最后适宜的氮化工艺参数(如氮化气体的组成及压力、升温制度等),以获得最佳的RBSN产品。许多学者认为,硅坯体的氮化机理是: Fe_3O_4 杂质(作为氮化助剂加入或硅粉本身所含有的)使硅粉颗粒表面的 SiO_2 膜破裂,Si与 SiO_2 反应生成气态SiO(Si+ $SiO_2\rightarrow$ 2SiO),少量 H_2 的存在可增加SiO浓度。 $\alpha-Si_3N_4$ 主要由SiO与 N_2 经气相反应生成(3SiO+2 $N_2\rightarrow\alpha-Si_3N_4$ +3/2 O_2), α 相晶粒包含非常小的气孔,以非常薄的晶须或微晶存在。富铁区在低于1 350 ℃下生成液相,由气-液反应及 α 相的溶解、 β 相的沉淀过程生成 β 相, β 相以等轴晶粒存在,晶粒大成块状,有发育良好的表面。事实上 α 相和 β 相的相对质量分数由氮化过程中温度制度、氮化气体的组成及试样的尺寸及气孔率所控制,并对产品的力学性能产生影响。缓慢地加热可促进 α 相的生成,硅在其熔点之上的氮化过程是近似线性的。速度常数是氮分压平方根的函数,所生成的 β 相质量分数随氮气压力的增加而增加。此外,氮化温度过高升温过快,硅粉中杂质质量分数多,都会促进 β 相的生成。

至于氮化工艺,以前大多采用分阶段升温和超温氮化(即最终的氮化温度高于硅熔点)的温度制度,如图5.37所示,氮化气体是流态的,每个阶段所需的保温时间则随硅坯体的密度、尺寸以及产品所要求的性能而定。一个典型的氮化制度是1 350 ℃保温24 h加1 450 ℃保温24 h。由于Si与 N_2 反应是放热反应(ΔH =-723 kJ/mol),如果反应速度和反应温度控制不当,坯体内部的温度要比炉温高40 ℃左右,故这种氮化过程暴露出许多缺点:每次升温出现迅速氮化,易于使局部温度过高(超过 Si 的熔点)而引起流硅现象,Si 的熔化不仅生成的 Si_3N_4 粗大,而且阻塞了通孔,阻止氮气进一步渗入,使反应不完全,残留较多的游离硅,恶化制品性能。尾气排放易引起中间产物 SiO 气的流失,造成质量损失,以及氮化速率不均匀等。因此,这种工艺烧成产品的显微结构差(如晶粒及气孔较大,结构不均匀,β 相质量分数多等),从而降低了产品的强度。

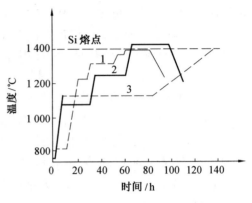

图 5.37　硅氮化的时间—温度制度
1—多步升温法;2—三步升温法;3—恒速升温法

（2）热压烧结制备 Si_3N_4

氮化反应烧结氮化硅的密度一般只能达到 $2.2 \sim 2.7 \ g/cm^3$,造成制品强度很低。在要求密度和强度较高的情况下,需要采用热压烧结制备工艺。用 α 相质量分数 90% 以上的 Si_3N_4 细粉,加入适量烧结助剂,在较高的温度和外加压力共同作用下烧结而成。热压烧结工艺借助压力的作用,使物料的传质过程加速,但是对于像 Si_3N_4 这样的强共价键材料来说,在烧结时仅有压力的作用是不够的,纯 Si_3N_4 粉末热压烧结后仍难以得到高致密度的制品,因此烧结时必须加入适量烧结助剂,如 MgO,BeO,Y_2O_3,Al_2O_3,CeO_2 以及一些氟化物等。Si_3N_4 粉末与烧结助剂经磨细并充分混合均匀后,先在钢模中压制成形,成形压力一般为 50 MPa,然后装入石墨模具内放入感应加热或用其他发热体(如石墨发热体)的高温炉中,升到一定温度后逐渐加压,整个操作应处于保护气氛中,以防止氧化,热压温度一般为 1 750 $\sim$ 1 800 ℃,压力为 20 $\sim$ 30 MPa,保温保压 30 $\sim$ 120 min,然后卸压降温,样品从石墨模具中取出,经研磨加工后,就可获得致密的制品。一般热压 Si_3N_4 的密度可接近理论密度($3.2 \ g/cm^3$),因而常温机械性能很好,强度硬度都很高,日本研究的热压 Si_3N_4 材料室温弯曲强度达到 1 300 MPa。

MgO 是最先使用的烧结添加剂,因而对其热压烧结机理讨论最多。烧结助剂与 Si_3N_4 粉末所含杂质(如 SiO_2)及 Si_3N_4 本身反应生成液相,通过液相烧结机理促进致密化过程,增加室温强度。根据相图,MgO 与 SiO_2 反应生成 $MgSiO_3$ 和 Mg_2SiO_4,即

$$MgO + SiO_2 \Longrightarrow MgSiO_3$$
$$2MgO + SiO_2 \Longrightarrow Mg_2SiO_4$$

它们在 1 550 ℃ 左右熔化润湿 Si_3N_4 颗粒,填充于颗粒之间,借助表面张力的作用,使颗粒重排,堆积密度得以提高,气孔率下降。随着温度升高,液相黏度下降,溶解-沉淀过程显著,发生 α 相向 β 相转变。高温下保温,使 α 相向 β 相转变完全,同时 β 相晶粒长大,在制品中形成由 β 晶粒相互交织的结构,从而提高制品的强度。因此 MgO 在烧结过程中起着助熔产生液相的作用,该液相不但促进烧结,同时作为 α 相转变为 β 相的溶剂还能把 Si_3N_4 晶粒彼此连接起来。另外,在烧结过程中还有含氮熔体 Si_2N_2O 生成,也起促进烧结的作用。

使用烧结助剂虽然促进了烧结,但冷却时液相玻化存在于晶界,常使制品高温强度降低和蠕变性能变差。为此需要考虑以下几点。

①用纯度较高的 Si_3N_4 原料。因为杂质通常会降低玻璃相的黏度,如 Ca 的存在会使 $MgO-SiO_2$ 玻璃的黏度大为下降。

②采用形成黏度较高玻璃相的烧结助剂。

③经过热处理使玻璃相析晶,即所谓晶界工程处理。

通过显微结构观察,可以看到纤维状颗粒长轴方向与热压方向垂直,这与热压时施加轴向压力有关,从而引起了氮化硅陶瓷的方向性,垂直于热压方向的强度比平行于热方向的强度大 20% 左右。还可以看出晶粒长轴尺寸为 10 μm 左右,而短轴长为 4~5 μm。经分析材料中纤维状长轴晶较多,β 相质量分数达 85%,晶粒结构较好,断面极粗糙有较多的深孔为纤维状晶粒的拔出,从而达到较高的强度。

热压时材料常出现失重现象,质量的损失是由于烧结温度较高,Si_3N_4 有一定分解或反应产生 SiO,Mg 及 N_2 的挥发所致,其反应式为

$$Si_3N_4+3MgO =\!=\!= 3SiO\uparrow +3Mg\uparrow +2N_2\uparrow$$

$$Si_3N_4+3SiO_2 =\!=\!= 6SiO\uparrow +2N_2\uparrow$$

Si_3N_4 的分解失重正好是致密化过程的反过程,Si_3N_4 材料一方面需要提高温度促进致密烧结,另一方面较高的温度又会造成分解失重。实践中应综合考虑这两个效应,选择一个合适的热压温度。近来,许多研究工作都采用 Y_2O_3 和 Al_2O_3 复合添加,在烧结中产生含 Y,Al,Si,O,N 的复杂组成液相,冷却过程中经一定条件热处理使玻璃相转变为钇铝石榴石($Y_3Al_5O_{12}$,YAG)析出,这种材料具有良好的抗氧化性和高温蠕变性能以及高温强度,从而受到研究人员的广泛重视,不少实用化材料也常采用此系列添加剂。

热压 Si_3N_4 的主要缺点是生成效率低,成本高,只能制造形状简单的产品,同时由于硬度高,后续机加工很困难。

(3)无压烧结氮化硅

反应烧结虽可制作复杂形状的制品,但因产品密度低,性能不佳;热压 Si_3N_4 机械性能好,但同时存在上述问题,为了找到一种兼具双方优点的工艺,近年来开发了无压烧结法。

虽然 Si_3N_4 陶瓷很难烧结,但采用表面能很高的超细粉末,同时采用高温,实现固相烧结也不是绝对不可能的。在烧结收缩达 20% 的同时失重也达 20%,这是阻碍致密烧结的根本原因所在。为此必须增加气氛压力,以有效地抑制 Si_3N_4 的分解,才有可能获得致密烧结。例如,有人采用 2 100 ℃ 的高温,而气体压力为 8 MPa,还未能达到致密烧结。实验证明,在 1 600 ℃ 当压力提高到 5 000 MPa 时就可以达到致密烧结,当然这已不是一般的烧结而是热等静压烧结了。

所以要使烧结 Si_3N_4 具有实际的工业意义,加入适当的烧结助剂,借助液相作用在常压下实现致密烧结,这才是有效的解决办法。实践证明,有效的烧结助剂有:MgO,Y_2O_3,CeO_2,ZrO_2,BeO,Al_2O_3,Se_2O_3,La_2O_3,$BeSiN_2$,SiO_2 等,这些烧结助剂可以单独或复合加入,一般来说,复合加入的效果要好些。它们和原料颗粒的表面形成硅酸盐液相,后者能润湿和溶解 Si_3N_4 从而达到促进烧结的目的。

无压烧结时由于没有压力的帮助,要添加足够数量的烧结助剂,在相同种类外加助剂情况下,添加量要比热压时多。另外,无压烧结温度较高,必须很好地协调解决致密化与分解失重这一对矛盾。根据近年来的研究结果表明,要获得高密度的烧结 Si_3N_4,必须从

以下几方面入手。

①原料粉末细化。实验结果指出,采用 1 μm 以下的粉末,对共价键固体烧结到高致密度是必不可少的,这种细粉末表面能高,颗粒间接触面积多,晶界面积大,扩散距离短,溶解析出也容易,故超细粉末对烧结是有利的。

②高 α 相质量分数。氮化硅烧结主要通过 α→β 相变导致晶粒的精炼,有利于烧结过程的进行,获得镶嵌结构,增进坯体的强度。α→β 相转变是以溶解-沉淀机理进行的,而且析出的总是 β-Si₃N₄。因为在烧结温度下 β 相为稳定相,从 Si₃N₄ 生成自由焓公式可以计算出 1 760 ℃下自由焓的变化

$$\Delta G(\alpha) = -1167.3 + 0.594T = +40.30 \text{ kJ/mol}$$
$$\Delta G(\beta) = -925.2 + 0.450T = -10.35 \text{ kJ/mol}$$
$$\Delta G(\alpha \to \beta) = -10.35 - 40.30 = -50.65 \text{ kJ/mol}$$

$\Delta G(\alpha \to \beta) \ll 0$ 是 α-Si₃N₄ 溶入液相,经扩散在 β-Si₃N₄ 晶粒上析出的推动力。因此,使用 α 相为主的 Si₃N₄ 粉料对无压烧结是十分有利和必要的。

③采用有效的烧结助剂。复合添加剂比单一的好,如同时加入 Y₂O₃ 和 Al₂O₃ 对促进烧结和提高产品的高温性能都有利。

④气氛压力烧结。提高 N₂ 气氛压力可以抑制 Si₃N₄ 热分解和作为外加压力,提高烧结体的致密度。图 5.38 示出了 Si,N₂ 压力与 Si₃N₄ 稳定性的关系。

烧结时的 N₂ 气氛压力应 10 倍于 Si₃N₄→3Si(1)+2N₂(g) 反应的平衡常数 p_{N_2}。例如,在温度为 1 900～2 100 ℃时,相应的 N₂ 气氛压力至少要达到 1～5 MPa 才能保证有效的烧结性和失重小于 2%。

⑤使用 Si₃N₄+BN+MgO(50% ：40% ：10%)埋粉。采用埋粉对无压烧结是必不可少的,它不仅能有效地抑制失重,而且由于

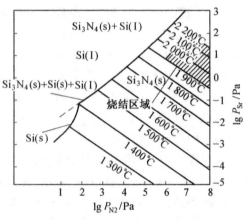

图 5.38　Si₃N₄ 与 Si,N₂ 平衡稳定图

MgO 挥发扩散至 Si₃N₄ 坯体内部与 SiO₂ 形成液相,增加了液相量,使坯体能均匀地致密烧结。

⑥控制保温时间。Si₃N₄ 的无压烧结有最佳的烧结温度和保温时间,根据其收缩大小和强度增加的情况等因素确定保温时间,一般为 2～3 h。Si₃N₄-Y₂O₃-Al₂O₃ 系在烧结过程中所发生的物理化学变化,在 1 600 ℃以前有下述反应发生

$$Si + SiO_2 \longrightarrow 2SiO \uparrow$$
$$Si_3N_4 + 2SiO_2 \longrightarrow 2Si_2N_2O + SiO \uparrow + 1/2O_2 \uparrow$$
$$SiO_2 + C \longrightarrow SiO \uparrow + CO \uparrow$$
$$3SiO + 2N_2 \longrightarrow Si_3N_4 + 3/2O_2 \uparrow$$

在颗粒表面 SiO₂ 与游离 Si,C 及 Si₃N₄ 反应生成 SiO,它又与 N₂ 反应在颗粒颈部沉积出 Si₃N₄,可以看出表面扩散和蒸发-凝聚等非致密化过程十分明显。1 600～1 700 ℃烧

结过程的物理化学变化主要集中在这一阶段,其重要反应式为

$$MgO+SiO_2 \longrightarrow MgSiO_3$$

$$3MgO+Si_3N_4 \longrightarrow MgSiO_3+2MgSiN_2$$

$$3Y_2O_3+Si_3N_4 \longrightarrow 3Y_2O_3 \cdot Si_3N_4$$

$$2Si_3N_4+2Al_2O_3 \longrightarrow 4AlN+3SiO_2$$

$$2Si_3N_4+3Y_2O_3 \cdot Si_3N_4 \longrightarrow 3Y_2Si(Si_2O_3N_4)$$

$$2Si_3N_4+10AlN+4Al_2O_3 \longrightarrow 3Si_2Al_6O_4N_6(15R \ 相)$$

$$5Si_3N_4+21SiO_2+14Al_2O_3 \longrightarrow 4Si_9Al_7O_{21}N_5(x \ 相)$$

在此温度下 $MgSiO_3$,x 相、钇硅酸盐等均成为液相,由于液相使颗粒靠紧充填气孔,而使坯体收缩致密。$\alpha-Si_3N_4$ 溶入晶界液相,通过液相扩散迁移在无应力点 $\beta-Si_3N_4$ 晶界上析出,同时 Al^{3+} 溶入晶格形成更稳定的 Si_3N_4 固溶体。其反应式为

$$Si_3N_4+x \ 相 \longrightarrow \beta'-Si_3N_4$$

$$Si_3N_4+15R+x \ 相 \longrightarrow \beta'-Si_3N_4$$

$$Si_3N_4+Si_{6-y}Al_2O_3N_{9-y} \longrightarrow Si_{6-y}Al_yO_yN_{5-y}$$

由于平行于 C 轴和垂直于 C 轴方向上生长速度不同,析出的总是长柱状晶体。在 1 700 ℃ 延长保温时间或再升高温度,致密化过程中止,而逐渐加剧分解作用导致反致密化过程,坯体失重加大,气孔增加,强度降低。引起失重的反应为

$$3Si_2N_2O \longrightarrow Si_3N_4+3SiO\uparrow +N_2\uparrow$$

$$Si_3N_4+Al_2O_3 \longrightarrow 2AlN+3SiO\uparrow +N_2\uparrow$$

$$\beta'-Si_3N_4 \longrightarrow \beta-Si_3N_4+AlN+SiO\uparrow +N_2\uparrow$$

冷却过程中,残余的液相形成晶界玻璃相,显微结构由 $\beta'-Si_3N_4$ 和少量杂质及玻璃相组成。无压烧结收缩率约20%,是比较大的,所以要获得很精确的尺寸公差,并不是轻易能做到的。材料相对密度可达97%,力学性能较反应烧结好,生产效率比较高,借助陶瓷注模成形(injection moulding)新工艺,能够制得形状复杂的高密度生坯,使得烧结 Si_3N_4 产品有可能获得较精确的尺寸公差,且其性能接近热压 Si_3N_4 产品性能,这就为烧结 Si_3N_4 产品在工业上的应用开阔了良好的前景。

(4)反应结合氮化硅的重烧结

作为一种工程结构材料要用于热机上或其他领域,材料除应具有高强度和满足其他性能要求外,同时还必须容易控制精确的尺寸公差,RBSN 有较精确的尺寸公差,但强度较低;相反 HPSN 能满足高强度的要求,但只能制成简单的形状,SSN 虽有较高强度,且能制造复杂形状部件,但是采用烧结法又产生了一系列新问题。首先是采用超细粉末,由于颗粒小和表面积大,制备工艺变得困难,因为生坯密度低,导致收缩率高(约20%),所以并不能轻易获得精确的尺寸公差。

相对 SSN 来说,PSRBSN 是一种新的材料制备工艺。这种工艺的起始原料不是 Si_3N_4 粉末,而是 RBSN,与一般 RBSN 不同的是其中已含有烧结助剂,所以这种 RBSN 可接着再无压烧结成高密度的制品。PSRBSN 与一般 SSN 相比,有以下优点。

①起始原料是 Si 粉,是比较便宜的;

②RBSN 的生产工艺,如注浆和注模成形已发展得较成熟;

③RBSN 的密度已达到理论密度的 92% ~95% ,故最后的烧结收缩只有 5% ~8% 。

因此,这种新工艺避免了通常 SSN 所带来的一系列问题,使制件的高强和精确的尺寸公差容易达到。

所谓重烧结是指将含有烧结助剂的反应烧结的 Si_3N_4 坯体在一定氮气压力和较高温度下再次烧成,使之进一步致密化,这种工艺称为重烧结。

重烧结时的烧结助剂可在硅粉球磨时引入,也可采用浸渍的方法向 RBSN 中引入。相比之下,前一种方法操作简单,加入量易于控制,一般使用较多的烧结助剂有 MgO, Y_2O_3 及 Al_2O_3 ,也有使用其他助剂的,如 AlN, La_2O_3 , Ce_2O_3 及 TiO_2 等。烧结助剂的作用在于高温下形成液相,引起收缩和致密化,其加入量应以所形成的液相能完全润湿充满整个结构为宜,过少不足以引起致密化,过多会使材料性能恶化,一般采用的范围为 4% ~15% 。

Si_3N_4 在高温下易于分解,1 877 ℃ 下 Si_3N_4 的分解压力可达 101.3 kPa,显然这是不利于致密化的。为了抑制 Si_3N_4 的高温分解,在重烧结过程中必须有较高的氮气压力。显然在设备条件允许及不过高提高产品成本的前提下,压力越高越好。一般采用几个 MPa 氮气压力,有人也曾用过 200 MPa,那样就相当于热等静压了。图 5.39 为室温强度与重烧结温度的关系。

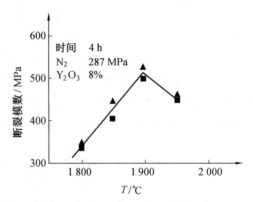

图 5.39   室温强度与重烧结温度的关系

重烧结过程的致密化主要是由液相引起的,其机理符合液相烧结的三个阶段。

①液相生成,此阶段中 RBSN 的晶粒尺寸无明显变化,所需时间比无压烧结重排时间长;

②颗粒发生溶解-沉淀,坯体密度增加,近似于粒状的 $β-Si_3N_4$ 晶粒明显长大,物质迁移过程主要由扩散所控制;

③气孔封闭,逐渐排除并达到最终烧结,晶粒继续长大,粒状晶粒长大增多,烧结速度降低。

重烧结后密度一般都在理论密度的 90% 以上,最高者可达 99% 。抗折强度大幅度提高,一般都在 500 MPa 以上,最高者可达 1 000 MPa 左右,可与热压 Si_3N_4 相媲美。重烧结过程中的收缩相当小,一般不超过 6.5% ,这就证明了烧结 RBSN 的主要优点之一是其在烧结时的低收缩率,且线收缩与烧结体密度间具有良好的线性关系。有人认为,用此工艺来制作开关复杂的发动机转子是合适的,其硅粉素坯可用注模成形法来制备。

(5)热等静压烧结氮化硅

共价键化合物难烧结,对其采取热等静压烧结是一种非常有效的烧结方法,对制品同时施加高温高压的作用,颗粒发生重排和塑性变形,将气泡排出体外,高温下发生传质过程,致密化速率非常高,可获得全致密、无缺陷、性能非常优异的材料。

热等静压有有包封与无包封之分,有包封热等静压工艺是将粉末或压制的坯体装于包封套内密封,放入热等静压炉内升温加压。包封材料常为玻璃或金属钽等,包封套既作为成形模具又起密封作用,在高温下传递压力,其烧结温度可比普通烧结低几十至一二百摄氏度。无包封热等静压工艺要求首先采用普通烧结方法获得一定形状大小的制品,它只含有闭气孔,密度一般应不低于95%,将制品直接放入热等静压炉内升温加压,将获得全致密无缺陷材料,温度选择与上类似,热等静压常用 Ar 气氛加压,压力可达 200 MPa。有包封热等静压包封工艺比较复杂,而无包封热等静压工艺则大为简化,对小尺寸产品可实现较大规模生产,经热等静压所附加的费用比较低,而制品性能却大幅度改善,将来完全有可能在工业上推广应用。表 5.18 列出了 Si$_3$N$_4$ 陶瓷的主要烧结方法及特点。

表 5.18　Si$_3$N$_4$ 陶瓷的主要烧结方法及特点

烧结方法	产品特点	烧结时形状变化
反应烧结	孔隙率高、强度较低	
重烧结	致密	
常压烧结	致密、低温强度高、高温强度下降	
气压烧结	致密、低温强度高、高温强度下降	
热压烧结	致密、强度高、各向异性、不能成形复杂形状制品	
超高压烧结	无添加剂、致密	
热等静压烧结	致密、强度高、结构均匀	
化学气相沉积	薄层产品、各向异性	

3. Si$_3$N$_4$ 陶瓷的性能与应用

氮化硅陶瓷是 20 世纪 50 年代发展起来的,已在许多领域获得了相当广泛的应用,是一种很有希望的高温工程材料。作为一种理想的高温结构材料,主要应具备如下性能:①强度高韧性好;②抗氧化性好;③抗热震性好;④抗蠕变性好;⑤结构稳定性好;⑥抗机械振动。

氮化硅除抗机械振动性能和韧性相对比较差外,其他性能都优于一般陶瓷,曾被誉为"像钢一样强,像金刚石一样硬,像铝一样轻"。由于制备工艺不同和所获得显微结构的差别,Si$_3$N$_4$ 陶瓷的综合性能有很大变化,下面仅介绍一般性能的参考值。

(1)Si$_3$N$_4$ 的物理性能

在常压下 Si$_3$N$_4$ 没有熔点,于 1 870 ℃左右直接分解。氮化硅的热膨胀系数低,在陶瓷材料中除 SiO$_2$(石英)外,Si$_3$N$_4$ 热膨胀系数几乎是最低的,为 2.35×10^{-6}/K,约为 Al$_2$O$_3$ 的 1/3。它的导热系数大,为 18.4 W/(m·K),同时具有高强度,因此其抗热震性十分优良,仅次于石英和微晶玻璃,热疲劳性能也很好。室温电阻率为 1.1×10^{14} Ω·cm^{-1},900 ℃时为 5.7×10^6 Ω/cm,介电常数为 8.3,介质损耗为 0.001 ~ 0.1。

(2)Si$_3$N$_4$ 的化学性能

Si$_3$N$_4$ 的化学稳定性很好,除不耐氢氟酸和浓 NaOH 侵蚀外,能耐所有的无机酸和某些碱液、熔融碱和盐的腐蚀。氮化硅在正常铸造温度下对多数金属(如铝、铅、锡、锌、黄铜、镍等)、所有轻合金熔体,特别是非铁金属熔体是稳定的,不受浸润或腐蚀,对于铸铁和碳钢只要被完全浸没在熔融金属中,抗腐蚀性能也较好。

氧化硅具有优良的抗氧化性,抗氧化温度可在高达 1 400 ℃以下的干燥氧化气氛中保持稳定,使用温度一般可达 1 300 ℃,而在中性或还原气氛中甚至可成功地应用到 1 800 ℃。在 200 ℃的潮湿空气或 800 ℃干燥空气中,氮化硅与氧反应形成 SiO_2 的表面保护膜,阻碍 Si_3N_4 的继续氧化。

(3)Si_3N_4 陶瓷的机械性能

氮化硅陶瓷具有较高的室温弯曲强度,断裂韧性值处于中上游水平,比如热压 Si_3N_4 强度可达 1 000 MPa 以上,断裂韧性约为 6 MPa·$m^{1/2}$,重烧结氮化硅性能亦已达到与之相近的水平。Si_3N_4 陶瓷的高温强度很好,1 200 ℃高温强度与室温强度相比衰减不大,它的高温蠕变率也很低。这些都是由 Si_3N_4 的强共价键本质所决定的,氮化硅的高温力学性能在很大程度上取决于晶界玻璃相,为了改善烧结所加入的烧结助剂在烧成冷却后形成玻璃相于晶界,必须经过晶界工程处理才能保持并发挥氮化硅的这一高温特性,否则晶界玻璃相在高温下软化造成晶界滑移,对高温强度、蠕变和静态疲劳中的缓慢裂纹扩展都有很大的影响,晶界滑移速度同玻璃相的性质(如黏度等)、数量及分布有关。

氮化硅的硬度高,$H_v=18\sim21$ GPa,HRA 为 91~93,仅次于金刚石、立方 BN,B_4C 等少数几种超硬材料。摩擦系数小(0.1),有自润滑性,与加油的金属表面相似(0.1~0.2)。表 5.19 是几种 Si_3N_4 陶瓷的典型性能。

表 5.19 Si_3N_4 陶瓷的典型性能

性　　能	温度/℃	热压烧结	反应结合	无压烧结	烧结 Sialon
四点弯曲强度/MPa	RT	900~1 200	250~350	700~800	585
	1 200				585
断裂韧性/(MPa·$m^{1/2}$)	RT	6~7	3~4	5~6	
韦伯模数/m	RT	18~20	15~20	10~18	
弹性模量/GPa	RT	300~320	160~200	290~320	297
泊松比	RT	0.25	0.24	0.24	
硬度/HRA	RT	92~93	83~85	91~92	
密度/(g·cm^{-3})	RT	3.2~3.4	2.7~2.8	3.0~3.26	
热膨胀系数/(×10^{-6} K)	25~925	2.5~3.2	2.2~2.9	3.0~3.2	3.2
抗热震性 ΔT/K		600~800	450~500	600	
热导率/[W·(m·K)$^{-1}$]		30~33	10~17	20~25	22
比热容/[J·(kg·K)$^{-1}$]		550	500		
电阻率/(Ω·m^{-1})	RT	>10^9	>10^9		

(4)Si_3N_4 陶瓷的用途

利用 Si_3N_4 陶瓷的耐热性、化学稳定性、耐熔融金属腐蚀性,在冶金工业方面用作铸造器皿、燃烧舟、坩埚、蒸发皿和热电偶保护管等,在化工方面用作过滤器、热交换器部件、触媒载体、煤气化的热气阀、燃烧器、汽化器等。利用 Si_3N_4 陶瓷的耐磨性和自润滑性作为泵的密封环,其性能比传统的密封材料优越,应用十分广泛。Si_3N_4 陶瓷作为切削工具、高温轴承、拔丝模具、喷砂嘴等也获得很好的效果。特别是 Si_3N_4 陶瓷刀具在现代超硬精密加工,Si_3N_4 陶瓷轴承在先进的高精度数控车床,以及在超高速发动机中获得了广泛的应用。

在宇航工业中,Si_3N_4 陶瓷用作火箭喷嘴、喉衬和其他高温耐热结构部件。前十几年,陶瓷发动机项目曾在包括我国在内的世界一些国家为解决能源危机,提高发动机工作温度,进而提高效率投入了大量研究经费和人力。在研制燃气轮机和绝热发动机陶瓷部件的过程中,Si_3N_4 陶瓷亦作为主要候选材料之一受到广泛重视。

美、日、德等国家都曾研究过 Si_3N_4 燃气涡轮转子和涡轮定叶片,试图将燃气轮机的工作温度提高到 1 300 ℃ 以上。日本在研究绝热发动机时有很多零部件采用 Si_3N_4 陶瓷,如活塞顶、缸盖板、气门、气门座、挺柱、摇臂镶块、涡流室、电热塞、涡轮增压器转子和涡壳等。涡轮增压器工作转速约为 1×10^5 r/min,受到很大的离心力,叶片很薄,形状复杂,同时长期在高温下工作,因此对材料的高温强度、高温蠕变、断裂韧性、抗氧化性、动态疲劳等多方面综合性能都有较高要求,而且在制造技术上也非常严密复杂,尺寸精度要求很高。Si_3N_4 陶瓷转子是目前研究较成熟的一种部件,采用注射成形技术获得复杂形状的陶瓷素坯,仔细排除有机物后可采用无压烧结、气氛烧结或是热等静压烧结,后者可显著提高转子性能和可靠性。由于 Si_3N_4 陶瓷转子耐热性好质量轻,可减小发动机起动惯性,但其制造成本要比金属转子高很多,已有报导 Si_3N_4 陶瓷转子已试制成功,预期不久的将来即可投入生产。此外在半导体、电子、军事和核工业方面也有不少应用。

5.4.2 碳化硅陶瓷

1. 碳化物的特性

由于碳化物具有很高的结合强度,导致其熔点、硬度、弹性模量都非常高,而热膨胀系数低。表 5.20 给出了部分碳化物的性能参数,由表可知碳化物具有如下一些特性。

①碳化物是一类非常耐高温的材料,许多碳化物的熔点都在 3 000 ℃ 以上,最耐高温的二元化合物就是碳化物,以 HfC 和 TaC 的熔点最高,分别为 3 887 ℃ 和 3 880 ℃。

②在非常高的温度下,所有的碳化物都会被氧化,不过很多碳化物的抗氧化能力都比较好,超过高熔点金属 W、Mo 等的抗氧化能力,有些碳化物由于氧化后在表面形成保护膜,而提高了抗氧化能力,例如 TiC 在超过 600 ℃ 后发生氧化反应,但由于在表面形成 TiO_2,所以具有一定的抗氧化能力。SiC 在低于 1 000 ℃ 时就会发生氧化,但氧化后在表面形成 SiO_2 膜而增加了抗氧化性能,使其能在 1 350 ℃ 的氧化气氛中使用。

③许多碳化物都具有非常高的硬度,特别是 B_4C 硬度仅次于金刚石和立方氮化硼,但是一般说来,碳化物脆性比较大。

④大多数碳化物都具有较小的电阻率和较高的热导率。

⑤过渡金属碳化物不水解,不和冷酸起作用,但硝酸和氢氟酸的混合物能侵蚀碳化物。按照对酸和混合酸的稳定性,过渡金属碳化物的稳定性大致排序如下:TaC>NbC>

$WC > TiC > ZrC > HfC > Mo_2C$。

⑥碳化物在 500～700 ℃时能和氯及其他卤族元素作用,大部分碳化物在高温时和氮作用生成氮化物。

表 5.20 一些碳化物的性能

性　能	C(金刚石)	B_4C	β-SiC	TiC	ZrC	HfC	TaC	WC
密度/$(g \cdot cm^{-3})$	3.515	2.51	3.21	4.95	6.57	12.6	14.3	15.8
熔点/℃	~3 500	2 450	~2 700	3 250	3 540	3 887	3 880	2 600
电阻率/$(\Omega \cdot m^{-1})$	$>10^{18}$	$(0.2～7) \times 10^4$	2.13×10^4	0.6~2.5	0.57~0.75		0.41~1.75	0.17
热导率/$[W \cdot (m \cdot K)^{-1}]$	138	29	4	17	20	22	22	121
热膨胀系数/$(\times 10^{-6}K^{-1})$	~1	4.5	3.9	5.5	6.0	6.6	5.5	4.5
弹性模量/GPa	620	448	468	413	441	414	285	710
泊松比			0.19	0.20	0.26			0.26
显微硬度/GPa	60~80	50	33.5	32	26	29	18	18
抗压强度/MPa	1 930	2 854	1 034		1 640			6 205
抗弯强度/MPa	480	490	413	850	337			580
开始强烈氧化的温度/℃			1 300~1 400	1 100~1 400	1 100~1 400		1 100~1 400	500~800

2. 碳化物分类

按周期表元素的位置可分为五类:第一族金属碳化物(Li,Na,K…);第二族金属碳化物(Be,Mg,Ca…);非金属元素碳化物(B,Si);Al 及稀土金属碳化物;过渡金属碳化物。第一、二族金属碳化物很易水解,虽然第二族金属碳化物的熔点较第一族高,但因水解限制了其用途。铝及稀土金属碳化物也易与水及大多数酸反应,使用也受到限制,高温结构陶瓷最重要的是非金属元素碳化物 B_4C,SiC 等。根据结构的不同过渡金属元素碳化物可分为两类:第一类当 $R_C : R_M \leqslant 0.95$ 时,是间隙相的金属碳化物,即由碳原子嵌入到金属原子晶格空隙中,金属原子构成紧密的立方或六方晶格,在晶格的八面体空隙中安置着碳原子,如 TiC,ZrC,HfC,VC,NbC,TaC 等化合物都属这类碳化物;第二类当 $R_C : R_M > 0.95$ 时,则形成较为复杂的间隙化合物。这些碳化物有孤立碳原子构成的构型(如六方晶格的 WC,MoC,斜方晶格的 Fe_3C,Mn_3C,Co_3C,Ni_3C,立方晶格的 $Cr_{23}C_6$,$Mn_{23}C_6$ 和有复杂晶格的 Fe_5W_3C),以及有碳原子构成的魅状构型(有斜方晶格的 Cr_4C_2 和六方晶格的 Cr_7C_3,Mn_7C_3)。虽然碳化物种类繁多,但是实际上应用较广泛的高温碳化物主要是 SiC,B_4C,TiC,WC 等。

3. 碳化硅(SiC)的晶体结构

碳化硅为共价键化合物,Si-C 间键力很强,属金刚石型结构,有多种变体。碳化硅结晶体中存在呈四面体空间排列的 sp^3 杂化键,这是由该化合物成键的电子结构特点决定的。碳原子和硅原子同属于元素周期表中的主族ⅣA，外层电子均为 4 个：Si ($3s^2 3p^2$)，C ($2s^2 2p^2$)。当它们互相结合时，有一个 s 电子激发到 p 能级，这样外层电子结构变为具有 4 个未成对电子，从而形成能量稳定的 sp^3 杂化轨道。此时 Si 原子与周围 4 个 Si 原子形成共价键，处于 4 个 C 原子构成的四面体中心。同样，每一个 C 原子也处于 4 个 Si 原子所构成的四面体中心。Si-C 键长约为 0.188 8 nm，SiC 具有金刚石晶体结构，存在牢固的共价键，由于强的共价键特性，决定了 SiC 具有稳定的晶体结构和化学特性，以及非常高的硬度等性能。

碳化硅晶体结构中的单位晶胞是由相同的 Si-C 四面体〔SiC_4〕构成，Si-C 四面体可有平行结合或反平行结合之分，如图 5.40 所示。如果任意假设一种取向为 a，一种取向为 b，则平行堆积导出 aa 次序，反平行堆积导出 ab 连续次序。SiC 主要以两种晶体结构形式存在，即闪锌矿结构和纤锌矿结构。

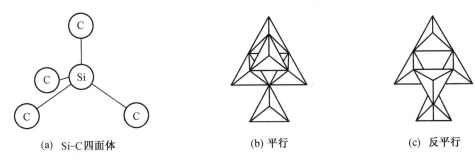

| (a) Si-C 四面体 | (b) 平行 | (c) 反平行 |

图 5.40　Si-C 四面体和六方层状排列中四面体的取向

β-SiC 是面心立方结构，属闪锌矿结构。在面心立方点阵中碳处于结点位置，硅位于另一套面心立方点阵位置上，两者在对角线上相对位移 1/4，这种结构可看成是负离子作立方密堆，正离子占据四面体空隙的一半，β-SiC 为 aaa 层状次序排列。

属纤锌矿结构的六方晶系 α-SiC 目前已发现有 120 多种变体，其间的差别主要在于碳和硅两种六方晶系层的交替程序不同，晶胞参数也不同。为了表示 SiC 各变体，采用单位晶胞中所含层数来表示 SiC 的类型，引入字母 H，R，C 表示晶格类型。如 3C 表示沿 C 轴具有三层重复周期的立方结构，nH 表示沿 C 轴具有 n 层重复周期的六方结构，mR 表示沿 C 轴具有 m 层重复周期的菱形结构，这种重复周期排列是垂直于六方结构的(110)面去看的情况，如图 5.41 所示。

工业生产中 SiC 最常见的几种结构：

3C(ABC，ABC…)β-SiC

4H(ABCB，ABCB…)α-SiCⅢ

6H(ABCACB，ABCACB…)α-SiCⅡ

15R(ABCBACABACBCACB，ABCBA…)α-SiCⅠ

从四面体平行堆积和反平行堆积来看，β-SiC 为 aaa 层状、6H 为 aaabbb 层状、4H 为 aabb 层状次序排列。表 5.21 列出几种 SiC 多晶体的晶格常数。

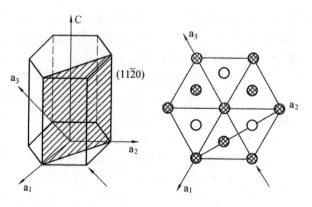

图 5.41　SiC 晶体结构重复层的观察方法

表 5.21　几种常见 SiC 多晶体的晶格常数

晶　　型	结晶构造	晶格常数/nm	
		a	c
α–SiC	六方	0.308 17	0.503 94
6H–SiC	六方	0.307 3	1.511 83
4H–SiC	六方	0.307 3	1.005 3
15R–SiC	斜方六面（菱形）	1.269 0	3.770（α = 13°54.5′）
β–SiC	面心立方	0.434 9	

各类 SiC 变体的密度无明显差别,如 α–SiC 密度为 3.217 g/cm³。SiC 各变体与生成温度之间存在一定关系,低于 2 100 ℃ β–SiC 是稳定的,因此在 2 000 ℃ 以下合成的 SiC,主要是 β–SiC。温度超过 2 100 ℃,β–SiC 向 α–SiC 转化,2 300 ~ 2 400 ℃ 时转变迅速,所以在 2 200 ℃ 以上合成的 SiC 主要是 α–SiC,而且以 6H 为主。15R 变体在热力学上是不太稳定的,是低温下发生 3C→6H 转化时生成的中间相,高温下不存在。β→α 转化是单向的不可逆的,只有在特定条件下（高温、高压）才发现 α→β 的转变。SiC 没有熔点,在 0.1 MPa 下于 2 760±20 ℃ 分解。

4.SiC 陶瓷的烧结方式

由于碳化硅是强共价键结合,烧结时质点扩散速率很低,其晶界能和表面能之比很高,不易获得足够的能量形成晶界,因此很难采取离子键结合材料（如 Al_2O_3,MgO_2 等）所采用的常压烧结途径制取高致密度材料。必须采用一些特殊工艺手段或者依靠第二相物质帮助,促进其烧结。在不加入结合剂时,只有在 2 100 ~ 2 200 ℃ 才能烧结,此时 SiC 升华及分解蒸发,依靠蒸发–凝聚机理烧结,这种产品气孔率高,机械强度低。

在普通的 SiC 耐火制品烧结时,都要加入结合剂或活化剂,常用的结合剂有下列几种类型。

①SiO_2,SiC 粉末在一定条件下发生氧化反应,其表层形成 SiO_2 薄膜,这样就有可能在不加任何活化剂时,靠 SiO_2 薄膜将颗粒结合起来。

②硅酸铝质材料。加入硅酸铝等黏土作为增塑剂，使 SiC 获得较好成形性能，将颗粒结合起来；同时作为烧结组分，降低烧结温度，一般烧成温度为 1 400 ℃左右。

③高铝质材料。加入黏土及 Al_2O_3 或只加入 Al_2O_3，烧成温度为 1 200～1 450 ℃。

还有一种 Si_3N_4 结合的 SiC 高档耐火材料，是 SiC 颗粒与 Si 粉混合后成形，再在 N_2 气氛中进行氮化烧成。此种耐火材料可在更高温度下使用，承受更大载荷。对于制造特殊性能的 SiC 陶瓷必须采用其他方法。

（1）热压烧结

对于纯 SiC 粉末即使在 2 350 ℃和 60 MPa 条件下热压，材料的相对密度才略高于80%，因为纯 SiC 不生成液相，从而很难实现致密化，但是温度略微降低(不低于 2 000 ℃)而提高压力(如大于 350 MPa)，可使 SiC 材料获得较高的致密度。在烧结过程中高压的作用可以使颗粒彼此滑移，增大颗粒间接触总表面积，加速材料的致密化进程。然而，外加某些元素能强烈促进致密化速率，在通常热压条件下即可得到接近理论密度的 SiC 材料。从而避免采用高压工艺，高压工艺不仅实现较困难，而且费用昂贵。热压添加剂大致可分为两类：一类与 SiC 中的杂质形成液相，通过液相促进烧结；另一类与 SiC 形成固溶体，降低晶界能促进烧结。表 5.22 列出了热压 SiC 的性能。

表 5.22　热压 SiC 的性能

性能		A 样品	B 样品	C 样品
热压条件		1 950 ℃,30 min,70 MPa	1 950 ℃,30 min,70 MPa	1 950 ℃,30 min,70 MPa
密度/(g·cm^{-3})		3.19	3.20	3.20
B/%		0.88	0.40	0.46
O/%		0.54	0.10	<0.006
总金属杂质/%		<0.4	—	<0.2
相组成		β-SiC+α-SiC+SiO$_2$	β-SiC+α-SiC+Si+未知相	β-SiC+C
最大晶粒/μm		10	500	25
弯曲强度/MPa	室温	565±45 712±50	270±60	496±60
	1 300 ℃	544±50	267±60	550±50
	1 500 ℃	467±20 444±30	252±40	580±45

另外，样品 A 经抛光后其室温强度明显提高，说明 SiC 与通常脆性材料一样，具有结构敏感性，破坏往往起始于表面缺陷。进一步的试验工作表明，游离碳的存在是加硼促进烧结的必要条件，而且硼的最大加入量为 0.36%，估计这与硼在 SiC 中溶解度有关，在 2 100 ℃时硼在 SiC 中溶解度约为 0.2%(有的认为超过此值)。

（2）自结合(反应烧结)SiC

自结合 SiC 制备基本上是一种反应烧结过程，由 α-SiC 粉和碳粉按一定比例混合压成坯体，加热至 1 650 ℃左右，液态 Si 渗入坯体或通过气相渗入坯体，碳与硅接触发生反

应生成 β–SiC 颗粒结合起来,从而获得强度,伴随着反应进行体积增加。如果允许完全渗 Si,那么烧结终了可获得气孔率为零没有任何尺寸变化的材料,这是自结合 SiC 的最大特点。

要得到理论密度坯体必须在素坯中存在足够的气孔,以使 Si 渗入石墨反应转化为 SiC 时体积增加具有足够空间,石墨与硅反应式为

$$Si + C + 气孔 \longrightarrow \beta - SiC$$

$$摩尔质量 \quad 12\ g \qquad\qquad 40\ g$$

SiC 密度为 3.21 g/cm³,1 mol 约占 12.48 cm³。由于反应前后体积不变,因此 1 mol 石墨反应占有 12.48 cm³,故此时素坯密度应为 12 g/12.48 cm³ = 0.963 g/cm³。如果其中石墨一部分用 SiC 取代,则当混合物中石墨质量分数为 x 时,那么理论上素坯密度应为

$$\rho = 3.21/(1 + 2.33x)$$

实际上往往需要提供过量的气孔,以防止渗 Si 后首先在表面发生反应,形成致密的 SiC 层阻塞通道,阻止反应烧结继续进行。因此要保证渗 Si 完全,通常制成素坯约为理论素坯密度的 90% ~ 92%。在反应烧结过程中多余气孔将被过量 Si 所填满,从而得到无孔致密坯体,其最终制品组成接近于 90% ~ 92% SiC 和 8% ~ 10% Si。反应烧结过程通常在气氛加热炉中进行,坯体放入石墨坩埚中,周围放有 Si 碎块提供 Si 原料。常用 Ar 作为保护气氛,N_2 对硅有活性,生成 Si_3N_4,如果反应烧结温度高于 Si_3N_4 分解温度,那么也可用 N_2 作保护介质。氢气能够保护反应组分不受氧化,但对碳和硅有活性,会生成挥发性碳氢化合物和硅烷,因而不能采用。

当温度升至 500 ~ 800 ℃ 时,成形结合剂产生裂解,放出大量 CO,CO_2,CH_4,H_2,此时必须缓慢升温,以免坯体因大量气体排出而造成破裂,1 200 ℃ 左右有机结合剂基本排除完全。Si 在 1 410 ℃ 时熔融,通过毛细管作用进入坯体内部,并与 C 反应生成次生 SiC 结晶,至 2 000 ℃ 反应完成,结构形成过程基本结束。再升高温度则引起过量 Si 蒸发及 SiC 蒸发分解,气孔率增大。冷却后制品表面黏上的 Si 须经研磨除去。

反应烧结 SiC 材料中,总含有 5% ~ 12% 游离 Si,否则整个反应过程将无法进行,但是剩余的 Si 将影响材料的高温性能。如果材料的使用温度高于 Si 的熔点,则应事先在惰性气氛或真空中对材料进行热处理,以使剩余 Si 排除,热处理温度为 1 600 ~ 2 000 ℃。反应烧结机理如图 5.42 所示。

①初始阶段,熔融硅沿 SiC+C 多孔坯体的毛细孔进入坯体内部,以致气孔中充满了液态 Si。

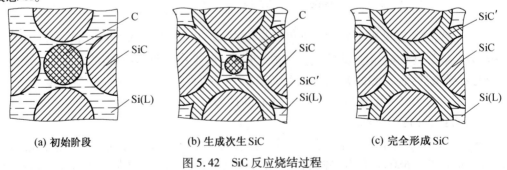

(a) 初始阶段　　　　(b) 生成次生 SiC　　　　(c) 完全形成 SiC

图 5.42　SiC 反应烧结过程

②碳溶解于液态 Si 中并迅速达到饱和,同时发生 Si 与 C 的反应生成次生 SiC。从热力学角度考虑,在原生 SiC 颗粒表面上析出次生 SiC 膜壳最有利,SiC 相的总体积增大,这一过程并不导致原生 SiC 颗粒之间的中心距离发生变化。只要材料中液 Si 还与固体 C 接触,C 就不断溶解并从液 Si-C 界面扩散到 Si-SiC 界面,通过结晶生成次生 SiC 膜的方法不断从熔融物中析出,直至 C 完全溶解和反应析出为止。

③C 消耗完毕,通过溶解、反应、扩散,完全形成了次生 SiC,沉析在原生 SiC 颗粒上,此时 SiC 颗粒之间仍存在少量液态 Si,冷却后以固相残留下来。

在进行 SiC 反应烧结时,加入某些杂质可使烧结过程活化,例如向 Si 中加入 Fe,Cr 或其他过渡元素,可以显著提高碳在 Si 中的溶解度。此外,金属杂质可以稍许提高碳在熔融硅中的扩散系数,因此可以预言,在制取反应烧结 SiC 材料时,使用特别纯的原料是不适宜的。

(3)化学气相沉积法(CVD)

CVD 法主要用于制造薄膜材料,在流动床反应器中用三氯甲基硅烷(CH_3SiCl_3)热分解,用 H_2-Ar 混合气体作载气,在 1 200 ~ 1 800 ℃范围内可以沉积得到 50 ~ 100 μm 厚度的 SiC 层。CVD 法制备的 SiC 通常是由 β 相柱状晶体构成(含少量 α 相),沉积条件变化,晶粒大小可以从 1 ~ 5 μm 变化到 15 ~ 100 μm,沉积温度与性能的关系如图 5.43,一般 1 500 ~ 1 600 ℃为最佳沉积温度。

采用 CVD 方法生产 SiC 连续纤维,用 W 或 Mo 作基体,这种纤维丝的弹性模量在高温下优于硼纤维,而与 SiC 材料相近,可用于增强金属的复合材料。Gulden 用 CVD 法制备出的 SiC 的力学性能的结论是,弯曲强度与晶粒度(1 ~ 15 μm)在所试温度范围内(室温至 1 400 ℃)基本无关。

(4)浸渍法

日本东京工业大学矢岛等用制造 SiC 纤维的原料聚碳硅烷(Polycarbosilane)作为结合剂加到 SiC 粉末中去,然后烧结,得到多孔的 SiC 制品,再置于聚碳硅烷中浸渍,在 1 000 ℃再烧成,其密度增大,如此反复进行,浸渍 5 次体积密度达 80%理论密度,如图 5.44 所示。此法最大的特点是能在较低温度下获得高纯度高强度材料,而且能够制造各种形状复杂的坯体,特别是适合于原子能工业要求纯度高、中子吸收截面小的高温结构部件。

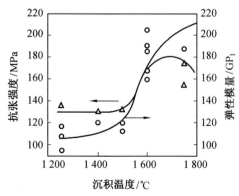

图 5.43 弹性模量和抗张强度与沉积温度的关系

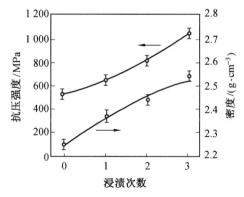

图 5.44 浸渍次数与抗压强度及密度的关系

SiC 陶瓷的烧结方法及特点如表 5.23 所示。

表 5.23　SiC 陶瓷的烧结方法及特点

烧结方法	产品特点	烧结时形状变化
反应烧结	孔隙率高、强度较低	
再结晶烧结	多孔隙、强度低	
自结合	致密、存在 Si 和 SiC 两相、高温强度下降	
常压烧结	加入少量添加剂、致密、强度低(高温强度不降低)	
热等静压烧结	致密、强度高	
热压烧结	致密、强度高、不能成形复杂形状制品	
化学气相沉积	高纯度、薄层产品、各向异性	

4. SiC 陶瓷的性能

(1)热性能

在 101.3 kPa 以下,SiC 不熔化而发生分解,分解温度始于 2 050 ℃,分解达到平衡的温度约为 2 500 ℃。SiC 具有高的导热性和负的温度系数,据文献报道,500 ℃时热导率 $\lambda=67$ W/(m·K),875 ℃时 $\lambda=42$ W/(m·K)。SiC 的热膨胀系数介于 Al_2O_3 和 Si_3N_4 之间,约为 4.7×10^{-6}/K,随着温度的升高,其热膨胀系数增大,高的热导率和较小的热膨胀系数使其具有较好的抗热冲击性。

(2)力学性能

SiC 的硬度很高,莫氏硬度为 9.2～9.5,显微硬度为 33.4 GPa,仅次于金刚石、立方 BN,B_4C 等少数几种材料。SiC 陶瓷的断裂韧性比较低,约为 3 MPa·m$^{1/2}$～4 MPa·m$^{1/2}$,其强度也不高,但是高温强度很好,直至 1 400 ℃时强度并无明显下降,SiC 陶瓷的抗弯强度随其制造工艺方法不同而异,图 5.45 所示为 SiC,Si_3N_4 陶瓷材料抗弯强度随温度的变化。表 5.24 给出了几种典型的 SiC 陶瓷的性能。

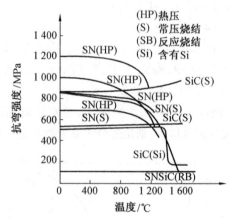

图 5.45　SiC,Si_3N_4 陶瓷材料抗弯强度随温度的变化

(3)电性能

十分纯的 SiC 是绝缘体,其电阻率高达 $10^{12}\Omega\cdot m^{-1}$,但是当含有杂质时,电阻率大幅度下降到 $10^{-3}\Omega\cdot m^{-1}$,加上它具有负的电阻温度系数(即温度升高,电阻率下降),因此是常用的发热元件材料和非线性压敏电阻材料。SiC 具有半导体性质,随着所含杂质不同,电阻率变化范围很大,例如含有 Fe^{3+},Cr^{3+},B^{4+} 等杂质时,电阻率显著下降,室温时可低至 1×10^{-3}～$1\times10^{-2}\Omega\cdot m^{-1}$。

表 5.24　几种典型的 SiC 陶瓷的性能

性　　能	反应结合 SiC	无压烧结 SiC	热压 SiC
密度/(g·cm^{-3})	3.1~3.15	3.1~3.2	3.2
硬度(HRA)	94	94	94
抗弯强度(MPa)RT	490	590	980
1 000 ℃	490	590	980
1 200 ℃	490	590	1 180
断裂韧性 K_{Ic}/(MPa·m$^{1/2}$)	3.5	3.5	3.5
韦伯模数	10	15	15
弹性模量/GPa	430	440	440
泊松比	0.16	0.16	0.16
热膨胀系数/(×10^{-6}·K^{-1})	4.4	4.5	4.5
热导率/[W·(m·K)$^{-1}$]	65	84	84
抗热冲击温差/K	300	400	400

(4)化学性质

大多数无机酸(包括硫酸和氢氟酸)不能将 SiC 分解,但硝酸和氢氟酸的混合物能将 SiC 氧化并使生成的 SiO_2 溶解。密度为 1.75 g/cm^3 的磷酸于 215 ℃ 时能与 SiC 反应,生成 SiO_2,CO_2,H_2 和 CH_4。SiC 和 H_2,CO_2 不发生反应,温度较高时也是稳定的,在 1 400 ℃ 以上,SiC 可和 N_2 反应,生成 Si_3N_4 和 CN。在温度高于 600 ℃ 时,Cl_2 就能分解 SiC,发生的反应为

$$SiC+2Cl_2 \longrightarrow SiCl_4+C(900~1 000 ℃)$$
$$SiC+4Cl_2 \longrightarrow SiCl_4+CCl_4(1 100~1 200 ℃)$$

SiC 和水蒸气在 1 300~1 400 ℃ 时开始作用,但要到 1 775~1 800 ℃ 反应才比较强烈,即

$$SiC+2H_2O \longrightarrow SiO_2+CH_4$$

SiC 在 1 000 ℃ 以下开始氧化,在 1 350 ℃ 时加剧进行,在 1 300~1 500 ℃ 时反应生成 SiO_2,后者在 1 500~1 600 ℃ 熔化形成薄膜覆盖在 SiC 表面上,从而妨碍 SiC 进一步氧化。在 1 750 ℃ 按下列反应强烈进行氧化,即

$$SiC+3/2O_2 \longrightarrow SiO_2+CO$$
$$SiC+2O_2 \longrightarrow SiO_2+CO_2$$

在 2 000~2 500 ℃ 时,SiO_2 作用下,SiC 分解出硅,即

$$SiO_2+SiC \longrightarrow 2Si+CO_2$$

SiC 和一些金属氧化物能生成硅化物,反应温度如表 5.25 所示。

表 5.25　SiC 和某些金属氧化物的作用

氧化物	反应温度/ ℃
CuO	800
CaO,MgO	1 000
FeO,NiO	1 300
MnO	1 360
Cr_2O_3	1 370

熔融的氢氧化钾、氢氧化钠、碳酸钠、碳酸钾在炽热温度时分解 SiC,即

$$SiC+Na_2CO_3+2O_2 \longrightarrow Na_2SiO_3+2CO_2$$

$$SiC+2NaOH+2O_2 \longrightarrow Na_2SiO_3+H_2O+CO_2$$

过氧化钠和氧化铝强烈地分解 SiC,即

$$SiC+2Na_2O_2+O_2 \longrightarrow Na_2CO_3+Na_2SiO_3$$

$$SiC+5PbO \longrightarrow PbSiO_3+Pb+CO_2$$

Mg,Fe,Co,Ni,Cr,Pt 等熔融金属能与 SiC 反应,即

$$mFe+nSiC \longrightarrow Fe_mSi_n+nC$$

碳化硅也能被熔融的碱金属硫酸盐和硅砂分解,SiC 和硅酸钠在 1 300 ℃开始作用,有氧化性气体和盐类存在时,作用更为强烈。

(5)SiC 陶瓷的用途

由于 SiC 陶瓷高温强度大、高温蠕变小、硬度高、耐磨、耐腐蚀、抗氧化、高热导率和高电导率以及热稳定性好,所以是 1 400 ℃以上良好的高温结构陶瓷材料,用途十分广泛。

初级的 SiC 产品在陶瓷工业中已经大规模地用来制作炉膛结构材料,如匣钵、棚板、隔焰板、炉管、炉膛垫板,使用这些材料可以提高陶瓷产品的质量和产量,并为快速烧成提供条件。SiC 作为在氧化气氛中使用到 1 400 ℃的发热体,在钢铁冶炼中用作耐火材料也有很长的历史(如用作钢包砖、水口砖、塞头砖)。碳化硅硬度高是常见的磨料之一,可制作砂轮和各种磨具。高性能 SiC 陶瓷可用来制作高温耐磨耐腐蚀的机械部件,也可制作耐酸耐碱泵的密封环。

SiC 陶瓷的另一个重要用途是可制成高效率的热交换器,钢锻造炉的 SiC 热交换器,自 1985 年投入使用已累计超过 50 万小时;锆重熔炉采用 SiC 热交换器后,可节省燃料38% 。另外 SiC 作为原子能反应堆结构材料,用其制造的火箭尾气喷管、火箭燃烧室内衬也取得了良好效果。

从作为耐腐蚀耐磨损机械部件开始,SiC 已逐步进入到高温燃气轮机部件的领域。SiC 陶瓷在高温强度、抗蠕变性、抗氧化性等方面比 Si_3N_4 陶瓷更优越,而这些性能对燃气轮机来说十分重要。SiC 陶瓷在燃烧室、涡轮动叶片、定叶片等方面取得了一定进展,在绝热柴油机方面,试制了涡轮增压器转子、涡壳等部件。

日本日立公司研究利用 SiC 良好的导热性制作了大容量的超大规模集成电路衬底材料,可以大幅度地提高电子计算机的功能。过去用的衬底材料是 Al_2O_3,绝缘性很好,但

热导率低,散热功能差,同时和电路上使用的半导体硅的膨胀系数相差较大,如每平方毫米面积上有 100 个晶体管,每个管消耗功率 1 mW,则每平方厘米上的消耗功率为 10 W,如不及时散热则将使温度升高。SiC 的热导率比 Al_2O_3 大得多,而热膨胀系数较小和半导体硅较接近,因而散热好,也能防止膨胀系数差别大而引起硅的剥离,这样就能进一步使计算机集成化小型化,预期能够达到 5×10^8 次/秒的计算速度。但是,SiC 电阻率低,如何使它获得高绝缘性,主要是加入 BeO,在 SiC 的晶界上形成高阻值的晶界层,从而满足衬底材料的绝缘要求。

总之,SiC 的应用非常广泛,但在抗冲击性及在更高温度下的抗氧化性还有待进一步改进和提高。碳化硅的用途列于表 5.26 中。

表 5.26　碳化硅的用途

工业领域	使用环境	用　途	主要优点
石油工业	高温、高液压、研磨	轴承、密封、阀片	耐磨
化学工业	强酸、强碱、高温氧化	轴承、泵零件、热交换器、热电偶套管	耐磨、耐蚀、气密性、耐高温腐蚀
汽车、拖拉机、飞机、火箭	发动机燃烧	燃烧器部件、涡轮增压器转子、燃气轮机叶片、火箭喷嘴	低磨擦、高强度、低惯性负荷、耐热震
汽车、拖拉机	发动机油	阀系列元件	低磨擦、耐磨
机械、矿业	研磨	内衬、泵零件	耐磨
造纸工业	纸浆废液、纸浆	密封、套管、轴承成形板	耐磨、耐蚀、气密性
核工业	含硼高温水	密封	耐辐射
微电子工业	大功率、散热	封装材料、基片	高导热、高绝缘
激光	大功率、高温	辐射屏	高刚度、稳定性
其他	加工成形	成形板、纺织导向	耐磨、耐蚀

目前 SiC 制品多采用自结合和热压两种工艺,前者烧结过程没有收缩,制品形状较规则,并可制备较复杂形状和大型制品,而后者热压制品性能较佳,但往往只能做简单形状和小型制品。常压烧结虽然最简单,工艺上已经取得了大的突破,但目前关于性能数据的报道很少,更多是从烧结机理方面进行探讨,CVD 法仅适用于一些特殊场合,如薄层、涂层及晶须之类,因此工艺选择往往要与制品对象及其性能要求相结合。

5.4.3　氮化硼(BN)陶瓷

1. 氮化硼的晶体结构

氮化硼(BN)具有良好的特性及广泛的用途,在硼化物中占有重要地位。氮化硼有两种晶体结构:六方氮化硼(h-BN)和立方氮化硼(c-BN)。h-BN 是常压稳定相,c-BN 是高压稳定相,h-BN 在高温高压作用下转变为 c-BN。目前工业上应用的有 h-BN、c-BN 和氮化硼纤维。

在周期表中，B，N 分别位于 C 的两侧，因而它的结构和性质与 C（石墨、金刚石）有许多相似之处。h-BN 属六方晶系，具有类似石墨的层状结构，设想把石墨晶体结构中 C 原子换成相互交替的 B 原子和 N 原子就成为 BN 的晶体结构，BN 和石墨的晶体结构对比如图 5.46 所示。每一层由 B，N 原子相间排列成六角环状网络，层内原子之间呈很强的共价键结合，结构紧密，不易破坏。

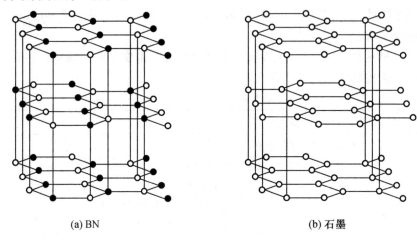

(a) BN   (b) 石墨

图 5.46   BN 和石墨的晶体结构

B-N 原子间距为 0.145 nm，弹性模量 E 为 910 GPa。层间为分子键结合，层间原子距离大（0.335 nm），结合力较弱，弹性模量只有 30 GPa，故容易被破坏或剥落，具有润滑性。h-BN 与石墨不仅结构一致，而且晶格常数也十分相近，见表 5.27。

表 5.27   BN 和石墨晶格常数对比

		h-BN	石墨	c-BN	金刚石
晶格常数	a	0.250 4	0.245 6	0.361 5	0.356 0
/nm	c	0.6661(0.3330)※	0.6740(0.3370)※		
密度/(g·cm⁻³)		2.270	2.265	3.48	3.51
原子间距/nm		B-N:0.1446	C-C:0.142		

※层间距

石墨 C 原子的外层有 4 个电子，其中 3 个电子与层内周围 3 个 C 原子构成共价键，另一个电子在层内自由移动，使石墨具有导电能力。而在 h-BN 结构中，B 有 3 个外层电子，N 有 5 个外层电子，它们成键时，B 正好以外层的 3 个电子分别与 3 个 N 原子配对形成共价键，没有自由电子，而 N 原子却从 3 个配对的 B 原子获得 3 个共价电子，形成满壳层结构，所以 BN 是良好的绝缘体。

石墨在高温高压作用下，原子振动加剧，上下层原子靠拢，原来为层中共有的自由电子建立起垂直层方向的共价键联接。平面晶格发生有规律地扭曲，从而转变为面心立方的金刚石结构。与此相似，六方 BN 在高温（1 500～2 000 ℃），高压（6～9 GPa）作用下也可转变为具有金刚石结构的立方 BN，转变时一般添加触媒剂（碱金属或碱土金属）以提高转变速度。c-BN 具有金刚石特性,硬度与金刚石相近,但比金刚石耐高温和抗氧化,是优良的超硬材料。

2. 六方 BN 陶瓷的制造

BN 是共价键化合物难于烧结,一般采用如下两种烧结方法。

(1)常压烧结法

将 BN 粉末加入 B_2O_3,SiO_2 等烧结助剂后,进行等静压成形,然后在 N_2 气氛下于 1 700 ~ 2 000 ℃中进行烧结,其烧结密度可达 1.8 g/cm^3。用这种方法制备的 BN 陶瓷,密度强度都很低,所以不常用。

(2)热压烧结法

热压是粉料在受热状况下施加外压作用使其成形并获得烧结的方法,是强化烧结的一种形式,它和普通烧结无本质区别,气孔排除体积收缩而致密化是烧结过程中的共同变化。普通烧结的推动力是表面能,热压烧结除此以外还有一个附加的外压力,所以热压烧结比普通烧结所需要的温度低,产物晶粒小而均匀,致密度高,气孔率低,几乎可达到理论密度。对共价键化合物来说,这是一种最有效的烧结方法,热压烧结生产周期短,缺点是生产效率低,不能成形形状复杂的产品,因而影响其在工业生产上推广应用。

热压 BN 时常采用 B_2O_3 或其他氧化物、氮化物作为烧结助剂。首先将它们均匀混合并进行预压后,在石墨模具中热压,热压温度为 1 600 ~ 1 900 ℃,压力为 25 ~ 40 MPa,产品密度可达 2.1 ~ 2.2 g/cm^3,气孔率为 0 ~ 1%。研究表明,致密度与所用 BN 粉料的合成温度以及其中的 B_2O_3 质量分数有关,BN 原料的合成温度低,B_2O_3 质量分数高的热压试样的体积密度大。B_2O_3 在高温下产生液相,从而有力地促进了烧结,但 B_2O_3 会引起 BN 制品吸潮而使制品的电、热性能急剧恶化,所以在热压 BN 制品时必须权衡这两个因素的得失,使原料中 B_2O_3 的质量分数适中。为了改善 BN 的热压烧结性能和吸潮性,并使产品的性能不受较大的影响,研究表明,通过外加添加剂是一种有效的方法。当加入适量的 $BaCO_3$ 后可以改善热压条件,降低烧结温度,同时产品的密度大强度高。表 5.28 列出了热压和常压烧结 BN 的性能比较。

表 5.28 热压和常压烧结 BN 的性能比较

烧结方法	成形压力/MPa	烧结温度/ ℃	体积密度/($g \cdot cm^{-3}$)	弯曲强度/MPa
常压烧结	50 ~ 400	1 800 ~ 2 100	0.93 ~ 1.52	<30
热压烧结	20 ~ 35	1 600 ~ 1 900	1.80 ~ 2.19	60 ~ 80

3. 六方 BN 的性能

六方氮化硼粉末为松散、润滑、易吸潮的白色粉末,密度为 2.27 g/cm^3。六方氮化硼陶瓷是一种软质材料,弹性模量低,莫氏硬度为 2,机械强度低,但比石墨高,是陶瓷中唯一一种在烧成后可进行车、铣、刨、钻等机械加工的陶瓷材料,加工精度可达 0.01 nm,容易制成精密的陶瓷部件,对制作形状复杂的产品和扩大应用领域提供了极有利的条件。

表 5.29 为六方氮化硼优良的热学和介电性能。

表 5.29　六方氮化硼优良的热学和介电性能

熔点/℃	3000(分解)	热膨胀系数/($\times 10^{-6} K^{-1}$)	7.5
安全使用温度/℃	900~1 000(空气) 2 800(氮气)	击穿强度(V/m)	30×10^{6}~40×10^{6}
密度/($g \cdot cm^{-3}$)	2.27	介电常数 ε	4.0~4.3
莫氏硬度	2	介质损耗 $tg\delta$	$(2~8)\times 10^{4}$
热导率/[$W/(m \cdot K)$]	17~50	电阻率($\Omega \cdot m$)	$>10^{12}$

BN 耐热性非常好,在氮或氩气中的最高使用温度达 2 800 ℃,在氧气气氛中的稳定性较差,使用温度在 900 ℃ 以下,它无明显熔点,在 101.3 kPa 氮气中于 3 000 ℃ 升华,而在氨中甚至加热至 3 000 ℃ 仍不熔解,在 0.533 Pa 真空中,于 1 800 ℃ 开始迅速分解为 B 和 N。表 5.30 为热压 BN 陶瓷的力学性能及其与其他材料的对比。

表 5.30　热压 BN 陶瓷的力学性能及与其他材料的对比

项　目	热压 BN		石墨	Al_2O_3 陶瓷	热压 Si_3N_4
	平行方向	垂直方向			
抗压强度/MPa	315	238	35~80	1 200~1 900	
抗弯强度/MPa	60~80	40~50	15~25	280~420	900~1 200
抗张强度/MPa	110	50	7~11	150~210	200~400
弹性模量/GPa	84	35	6~10	370	320

BN 膨胀系数低,导热率高(与不锈钢相当,在陶瓷材料中仅次于 BeO),所以抗热震性优良,在 1 500~20 ℃ 反复急冷急热条件下循环百次也不破坏。表 5.31 为 BN 陶瓷和几种低膨胀系数陶瓷性能的比较。可见,BN 的膨胀系数相当于石英,但其导热率却为石英的 10 倍。

表 5.31　BN 陶瓷和其他材料的热性能

项　目	BN	BeO	Al_2O_3	滑石瓷	ZrO_2	石英玻璃	氟树脂
最高使用温度/℃	900(空气) 2 800(氮气)	2 000	1 750	1 100	2 000	130	25
热导率/[$W/(m \cdot K)$]	25.1	255.4	25.1	2.51	2.09	1.67~4.19	
热膨胀系数/($\times 10^{-6} K^{-1}$)	7.5	7.8	8.6	8.7	10.0	6.5	

BN 是热的良导体,又是典型的电绝缘体。常温电阻率可达 10^{14}~10^{16} $\Omega \cdot m^{-1}$,即使在 1 000 ℃,电阻率仍有 10^{2}~10^{6} $\Omega \cdot m^{-1}$。BN 的介电常数和介质损耗都小,分别为 $(3~5)\times 10^{4}$ 和 $(2~8)\times 10^{4}$,击穿强度为 Al_2O_3 的两倍,达 $(30~40)\times 10^{6}$ V/m。BN 中若含有 B_2O_3,则具有吸湿性,如果在使用过程中急速加热就会把吸附水放出来,从而容易产生裂缝,使制品破坏。BN 具有优良的化学稳定性,对大多数金属熔体(如 Fe,Al,Ti,Cu,Si 等)及玻璃熔体等既不润湿也不发生作用。在进行热压 BN 陶瓷的性能测定时,性能受方向

变化比较明显,采用不同的原料和外加剂,可以调节热压 BN 陶瓷的性能。

4. BN 陶瓷的主要用途

氮化硼具有很好的耐高温性、耐热冲击性、耐腐蚀性和电绝缘性,在冶金、机械、电子、原子能等工业上有着广阔的应用前景。在冶金工业方面可作为熔炼多种有色金属、贵金属和稀有金属的坩埚、器皿、输送液体金属的管道、泵零件、铸钢模具、硼单晶熔制器皿,以及玻璃成形模具、水平连续铸造分离环、高温热电偶保护套材料等。在电子工业方面,用作制造砷化镓、磷化铟等半导体材料的容器、各种半导体封装的散热底板、半导体和集成电路用的 P 型扩散源。BN 的击穿电压高电阻高,有比氧化铝更为优良的绝缘性能,广泛用于电气工业等部门的绝缘材料(如超高压电线的绝缘材料);它对微波和红外线是透明的,可用来作透红外线和微波的窗口材料(如雷达的传递窗等),由于低介电常数和介质损耗,它可广泛用于高频和低频范围。

作为高温固体润滑剂使用的氮化硼有着较其他高温固体润滑剂优越的性能,除了它的色泽洁白以外,将氮化硼于 100 ~ 1 250 ℃ 温度范围内与其他高温固体润滑剂二硫化钼、氧化锌和石墨等分别在空气、氢气和惰性介质(Ar,N$_2$ 气氛)中进行润滑性能测试,结果表明,氮化硼较其他三种润滑剂为佳,尤其是在 <900 ℃ 时更为理想。由于氮化硼的良好润滑性,加之色泽洁白,不会沾污机件,故粒度为 0.5 μm 的 BN 在钟表行业的无油润滑中有着广泛的应用。将 BN 粉末填充于树脂、金属和陶瓷中可用于机械密封、轴的磨擦部分及制成轴承等。

氮化硼中有硼原子存在,其质量分数为 43.6%,而硼对中子的吸收截面大,具有较强的中子吸收能力,在原子能工业中被用作原子反应堆的结构屏蔽材料。氮化硼的熔点较高,几乎对所有的熔融金属都呈化学惰性,因而可与其他耐熔物质比美,其升华温度为 2 715.5 ℃,在中性或还原性气氛中(微压下),使用温度可升高至 3 037 ℃,比氧化铍高出近 500 ℃,而较氧化铝高出近 1 000 ℃。作为热的导体来说,氮化硼在低温时与不锈钢相当,而在高温区则与氧化铍相仿,因而可作为耐火材料用于熔炼金属的坩埚、高温实验仪器以及高温测试的控制元件。

在中性或还原气氛的炉中采用氮化硼元件或固定件时,其优点是:在还原气氛中能耐高温达 2 700 ℃,较以往的耐火材料具有更高的耐热冲击性;导热率及介电强度高;易切削;耐氧化性优于石墨;为不透明的极纯白色材料。

氮化硼也广泛用于国防及宇航工业,除用作高频炉的热遮体或发火器的材料外,利用它的发光性可制作场致发光材料,涂有氮化硼的无定型碳纤维可用作火箭的喷嘴,以及类似的许多高温组件。氮化硼也曾被用作磁流发生器、热雾喷射器、雷达天线介质、法拉第回转器装置等。氮化硼还是半导体的固相掺杂物质,作为硼的扩散源还可用作高温半导体、高温材料及仪器防中子辐射用的包装材料,也可用作化学合成或转换反应的催化剂。

5. 立方氮化硼(c–BN)

自从人造金刚石在高温条件下由石墨转化成功后便在工业上得到了广泛的应用,尤其是作为磨料、钻头和切削工具等发挥了重要作用。但由于人造金刚石的热稳定性较差,有氧化、"烧损"及黏刀等缺点,因而在某些方面不能适应科学技术发展的需要,寻找具有更好性能的超硬材料已成了发展生产的关键所在。被称作"白色石墨"的氮化硼本身是耐高温的材料,有着与石墨极其相似的晶体结构,因而早就引起人们的注意。目前已能仿照人造金刚石的制取方法合成制得超硬材料立方氮化硼(c-BN)。

c-BN 通常是黑色、棕色或暗红色的晶体,也有白色、灰色或黄色的成品出现,主要随合成时所用的催化剂而异。当用氮化物为催化剂时,c-BN 成品几乎是无色的。美、日等国已将 c-BN 以商品形式出售,商品名为"Borazon"。

c-BN 的主要性能见表5.32。其硬度与人造金刚石媲美,仅次于金刚石列第二位。耐高温达1 500 ~ 1 600 ℃,高温中的稳定性也优于人造金刚石,适于作超硬材料使用。

表5.32　c-BN 的主要性能

项　　目	人造金刚石	c-BN
硬度/GPa	100	80 ~ 90
热稳定性/ ℃	800 左右	1 400
与铁族元素的化学惰性	小	大

在25 ℃时 c-BN 的晶格常数为0.361 5 nm,用浮沉法(在浓溶液中)测得的密度为3.45 g/cm³.将其溶解于红热的 NaOH 或 Na_2CO_3 中测得其硼的质量分数为41.5%和氮的质量分数为50.1%(理论上 B 的质量分数为43.6%,N 的质量分数为56.4%)。c-BN 呈闪锌矿结构,由于其耐热性能较佳而化学惰性又高,并且硬度与人造金刚石不相上下,因而主要用作钻头、磨具、磨料、切削工具、拉丝模具、仪表轴承,以及高温半导体元件等。例如,美国通用电气公司生产的 Borazon-Ⅱ型立方氮化硼磨料,在实验室和工厂试验中均显示出研磨硬度为"M"和"T"系列的工具钢材时,不论是用干法还是湿法都比氧化铝和金刚石好。时间和费用节省20% ~ 70%,取决于被研磨加工的金属种类及其形状。此外,使用这种磨料时还具有被加工表面温度低,加工部件表面缺陷少的优点。聚晶立方氮化硼也成功地被用作黏结金刚石的基体。立方氮化硼一般皆是由六方氮化硼在触媒参与下,经高温高压处理后合成转换而得,由于所用催化剂不同,所以合成转换的反应压力与温度也随之而异。其数值见表5.33。

表5.33　c-BN 的合成条件与催化剂种类

催化剂	压力/MPa	温度/ ℃
镁(Mg)	6 900 ~ 9 500	1 300 ~ 2 100
铯(Cs)	6 900 ~ 8 000	1 300 ~ 1 900
锡(Sn)	8 600 ~ 9 000	1 700 ~ 1 900
锂(Li)	7 300 ~ 8 600	1 300 ~ 1 700
钡(Ba)	8 600 ~ 8 900	1 600 ~ 1 700
氮化锂(Li_3N)	5 500 ~ 9 200	1 600 ~ 2 100

工业上能用作触媒的物质很多,ⅠA,ⅡA,ⅢA 族元素,Sb,Pb,Al 以及这些元素的氮化物、硼化物、水、尿素、硼酸铵等都可以用作触媒,但常用的只有 Mg,Cs,Sn,Li,Ba,Li_3N

等。反应在六面顶压机中进行,合成温度为 1 500 ~ 1 800 ℃,压力为 5 ~ 6 GPa,合成时间为 2 ~ 3 min。合成结束后要分别去除杂质,如用盐酸洗去残余的 Mg,用 KOH 和 NaOH 混合碱洗去未转化的 h-BN 等其他物质。据称,当用适宜的六方氮化硼粉料(粒度<1 μm)时,就能不用催化剂(在热动力稳定区内),在较低的压力下合成 c-BN,其实验结果见表 5.34。立方 BN 也可由无定形 BN 在 N₂ 气氛下,于 2 000 ℃ 左右的温度处理 2 h,再经高温处理制得。

表 5.34 由 h-BN 在较高压力及温度下转化为 c-BN 的条件

原材料晶粒尺寸	合成条件			产　品
	压力/GPa	温度/ ℃	时间/min	
>3 μm	6.0	1 200	15	几乎不转化
约 0.1 μm,在 X 光衍射谱中出现某些宽峰	6.0	1 200	15	全部转化为 c-BN 并烧结
约 0.1 μm,在 X 光衍射谱中出现某些宽峰	6.0	1 450	15	全部转化为 c-BN 并烧结,a $= 0.361\ 55\pm0.000\ 05$ nm

纯 c-BN 用常压烧结法很难得到致密制品,而采用热压方法,压力为 7 GPa,温度为 1 700 ℃ 可获得97%的理论密度,可在两面顶压机或六面顶压机中烧结。c-BN 硬质合金复合材料中,因有 Co 相的存在,对烧结有促进作用。立方氮化硼的主要用途是作为刀具、磨具和磨料,由于 c-BN 硬度高,热稳定性好,化学稳定性和导热性均优良,因此是一种理想的刀具材料。c-BN 刀具主要有三类:c-BN 多晶体、WBN 多晶体和 c-BN 硬质合金复合体。c-BN 刀具适于加工 HRC45 ~ 70 的各类淬火钢、耐磨铸铁、热喷涂材料、合金工具钢、高速钢和镍基、钴基超合金、司太立合金及 Ti 合金,寿命为硬质合金和其他陶瓷刀具的数倍乃至数十倍,c-BN 刀具可用于精细加工。

c-BN 磨具具有生产率高、寿命长、本身的损耗低、加工精度高、被加工表面质量好等一系列优点,正逐渐取代传统磨具。c-BN 砂轮可用树脂、金属、陶瓷等各种材料作黏合剂制成。实验表明,c-BN 砂轮在磨削高速钢时单位磨耗较金刚石砂轮低,而切削能力系数高。c-BN 磨料可用于各种材料的表面研磨抛光。

5.4.4　氮化钛(TiN)陶瓷

氮化钛(TiN)是一种新型的结构材料,它不但硬度大(显微硬度为 21 GPa)、熔点高(2 950 ℃)、化学稳定性好,而且具有动人的金黄色金属色泽,因此 TiN 既是一种很好的耐熔耐磨材料,也是一种深受人们喜爱的代金饰品材料,在机械切削加工工业中,国外已广泛采用化学气相沉积(CVD)法在切削面上沉积 TiN 涂层,大大提高了耐磨性,从而延长了切削刀具的使用寿命。用 CVD 法在手表外壳上沉积 TiN 涂层,不但可以提高表壳的耐磨性,而且还可达到金色的装饰效果。TiN 作为一种代金装饰材料,不仅有华贵的金色效果,且其硬度耐磨性比黄金好,因而使饰金器件的使用寿命大大提高。国内有人研究在陶瓷器件上沉积 TiN 涂层,就可取代陶瓷行业历来用黄金粉作金色装饰的办法,为国家节省大量黄金,如果此研究成果应用在工业上,将具有重大的经济效益。

TiN 是一种非化学计量化合物,结合氮量对其性能有很大影响。它的基本性质见表 5.35。

表 5.35　TiN 与 TiC,WC 的物理性能比较

性　能	TiC	TiN	WC
分子量	59.9	61.9	
化学计量组成	20.05% C	22.63% N	
晶型	NaCl 型	NaCl 型	
晶格常数/nm	0.4318 ~ 0.4328	0.4240 ~ 0.4249	
熔点/K	3340 ~ 3530	3223	2600
密度/$(g \cdot cm^{-3})$	4.90 ~ 4.93	5.39 ~ 5.44	2.57
显微硬度/GPa	32	21	208
弹性模量/GPa	315 ~ 450	251	720
热导率/$[W/(m \cdot K)]$	5	7	7
热膨胀系数/$(\times 10^{-6} K^{-1})$	7.40 ~ 7.95	9.35	3.84
生成自由焓/$(kJ \cdot mol^{-1})$※	-159	220	-37.7
氧化开始温度/℃	1 100	1 000	800

※ 1 000 ℃

氮化钛(TiN)还有较高的导电性,可用作熔盐电解的电极以及电触头材料,另外其超导临界温度高,是一种优良的超导材料。

第6章 功能陶瓷

6.1 概　　述

功能陶瓷(functional ceramics)是指利用电、磁、声、光、热、力等直接效应及其耦合效应所提供的一种或多种性质来实现某种使用功能的先进陶瓷,各种能量和信号转换材料也属于功能材料。目前已研制出的具有优异性能或特殊功能的功能陶瓷,诸如热敏、气敏、光敏、湿敏陶瓷,磁电、铁电、压电、热释电、导电、超导陶瓷,透明、变色、红外、磁记录陶瓷,还有离子导体、生物陶瓷等。材质多以 PbO、TiO_2、ZrO_2、ZnO、Nb_2O_5、LiO_2、Ta_2O_5 等氧化物或化合物组成,广泛应用于各个工业领域,如石油、化工、钢铁、电子、纺织、医疗和汽车等行业中。在很多尖端技术领域如电子通讯自动控制、集成电路、计算机技术、传感器、航天、核工业和军事工业中得到了广泛的应用。这种材料具有高可靠性、微型化、薄膜化的优点。功能陶瓷产值约占整个特种陶瓷产量的70%,有着明显的社会效益和可观的经济效益,各经济发达国家都把它列为优先发展的项目,研究和开发十分活跃,是正在发展中的新兴高技术产业。市场上功能陶瓷占整个特种陶瓷市场销售量的80%,而且每年以20%的速率增长。全世界功能陶瓷年产值约70亿美元以上,其品种为:电容器占21%,磁性瓷占18%,集成封装占15%～16%,压电瓷占11%,热敏电阻占5.6%,传感元件占5.1%,基片占2.4%,变阻器占1.9%。

20世纪50年代,我国开始研究先进陶瓷,当时以氧化物陶瓷为主,以高质量分数的 Al_2O_3 为原料研制微晶刚玉瓷,用作高温器皿;为满足高压输电需要而研制高压电瓷;为电真空工业的发展研制质量分数为75%的氧化铝的75高铝氧瓷和质量分数为95%的95高铝氧瓷,以及它们的金属化及与金属的封接。以后为核工业等方面的需要研制氧化铍陶瓷、氧化钙陶瓷和立方氧化锆陶瓷等,为火箭技术的需要研制硼化锆和硼化钛陶瓷。60年代开始研究磁性陶瓷、压电陶瓷与铁电陶瓷。60年代中期开拓与氮化硅结合的碳化硅陶瓷的研究,为后来的氮化硅陶瓷和碳化硅陶瓷的研究奠定了基础。之后,为半导体工业的需要,以化学蒸气沉积法(CVD)制备多晶氮化硼。70年代开始,开展了快离子导体陶瓷的研究,并利用铁电-反铁电相变效应研制爆电陶瓷、氮化硅陶瓷和碳化硅陶瓷。80年代以后又开展了硼化物陶瓷、微波陶瓷、传感器陶瓷、热释电陶瓷以及正温度系数(PTC)和负温度系数(NTC)陶瓷的研究。90年代至今,我国在纳米陶瓷、功能陶瓷与结构陶瓷的结合研究方面也取得了很大的进展。

在工艺研究的同时我国先进陶瓷的研究更着重于陶瓷学基础的积累,在制备科学上,重视工艺过程中的物理化学研究,围绕陶瓷材料的工艺、显微结构、性能的关系。研究陶瓷成形工艺过程中的科学问题,如烧结过程的动力学和烧结机理、重结晶过程和机理、陶瓷的强化与增韧机理等,为陶瓷材料的设计和工艺提供依据。60年代初研究陶瓷相图,是为拓展我国丰产的稀土元素的应用而有针对性地研究ⅡA族氧化物和稀土氧化物系统的相图。70年代后研究Mg-Si-Al-O-N的多元相图,已发现76个共存区,多种新化合物。这些基础数据为氮化硅基陶瓷材料的设计、晶界工程研究以及陶瓷工艺、显微结构、性能关系的科学解释提供了依据,对先进功能陶瓷的软膜理论、滞豫理论,特别是晶界对性能的影响给予了很大的支持。

与结构陶瓷不同,很多功能陶瓷要求晶相单一,如具有锐钛矿晶型的ABO_3化合物,虽然其中的A离子和B离子可以为其他离子所置换,形成类似于复合性质的固溶体,但仍然保持其原有的晶型。如PMN[$Pb(Mg_{1/3}Nb_{2/3})O_3$]陶瓷是一种介电性能和电致伸缩性能优良的功能材料,它由一定比例的PbO,MgO和Nb_2O_5反应化合而成。在合成过程中,极易形成各种各样的Pb-Nb系的烧绿石相。如$Pb_3Nb_4O_{13}$为避免在合成过程中形成烧绿石相,采用了二步合成法,即首先将MgO和Nb_2O_5反应生成$MgNb_2O_6$,再让$MgNb_2O_6$和PbO反应生成PMN,这样可以得到几乎是100%的PMN相。PMN的介电系数(25 000左右)高,耐压强度高,是多层电容器的优选材料。为了使电极层能与瓷料的烧结一次完成,同时又希望不用或少用贵金属作电极,需要低温烧成,在晶界添加适当的烧结助剂可有效地降低瓷料烧结温度。我国已研制出多个系列低温烧成的多层电容器,有些型号已批量生产,产量可达数亿只。

我国研究压电陶瓷具有较长的历史,因此研究得也较系统,已能研制出系列的制品。居里点T_c从170~560℃,平面积电耦合系数K_p从0.1~0.65,可满足各种用途。为了发展压电陶瓷在光电领域中的应用,对含镧的锆钛酸铅(PLZT)透明压电陶瓷的研究比较深入。在对晶界作用及其迁移和应力、电畴运动、空间电荷积累、相变过程等研究的基础上制成的核闪光护目镜,有效地满足对核试验观察的要求。利用压电陶瓷与高分子复合以组成无机、有机复合功能材料,具有特异的静水压压电性能,这一途径不仅对压电陶瓷,对其他功能陶瓷也是重要的发展方向。沿用结构陶瓷中的强化与增韧机理改进功能陶瓷的力学性能是我国功能陶瓷研究中的另一个特点,对要求强度和断裂韧性较高的热功当量释电陶瓷,通过适当的强化与增韧措施,可很好地满足下步工艺操作和使用上的要求,并且较易批量生产。

用$BaSnO_3/BaWO_3$复合电子陶瓷可制成电阻率在10^1~$10^6\Omega\cdot cm$范围内可调,且在20~50℃范围内阻值固定的材料,用不同组份的PZT作不同方式的复合可得到工作范围更宽和热释电系数较高的材料,特别适用于热电能量转换和红外探测器件,也试图用于导电性的$BaPbO_3$和铁电性的$BaTiO_3$复合,其电导特征符合三维渗流导电行为。

功能陶瓷的发展趋势是多功能和智能化,多相复合是使功能陶瓷的传感功能与驱动功能集于一身(所谓机敏陶瓷 smart ceramics)的有效途径,它将成为我国功能陶瓷向更高层次发展的一个方向,从单相的单功能向多相的多功能复合从而获得更为优异的综合性能的多相复合功能陶瓷,即除力学性质外还具有其他几种物理性质的复合功能陶瓷。通过对复合陶瓷的复合度、连接方式和对称性三个复合结构因素进行定向化调整,获得最高的价值,利用复合效应设计功能复合材料。机敏陶瓷材料的研究与开发是利用智能材料的感知、反馈和响应三个要素,并通过复合、集成和细微加工等技术使智能材料获得不断地发展。

6.2 功能陶瓷的基本性质

材料的性能可分为两类:一类为本征或固有性能,主要取决于化合物内部的性质及晶形结构,还取决于材料是铁电、铁磁、半导性或是超导性;另一类为非本征性质,常和其显微结构有关。特种陶瓷材料的内部结构是多晶多相多元层次的复杂系统,包括晶粒的大小、分布和取向;晶界的成分、结构特征和静电势;气孔的大小、形貌与分布、主晶相的晶型;相界及界面组成;电畴结构类型与取向、形态;缺陷的种类、密度与分布;微裂纹的形成与分布;杂质、配位场以及晶体场等。所有这些内部结构因素相互制约,综合地决定着陶瓷的显微结构状态,也正是这种结构的多元性产生了性能的多样化。

陶瓷材料的显微结构除了自身的成分外,还在于工艺过程的形成,诸如低温、高压、高真空、高温及高辐射等因素。这些因素的改变使其内部组织改变,完全有可能引起性能的变化,但一般是主晶相的晶型和晶粒状态对性能起决定性的作用。结构瓷的强度与晶粒大小有关,晶粒度越小,材料强度越高,而功能瓷的性能建立在晶界效应的基础上,晶界对其影响自然就大。目前,陶瓷晶界的重要性正引起从事材料工程研究者的重视,所提出的晶界工程在一定程度上反映了研究的广度和深度。

特种陶瓷的显微组织与结构是很复杂的,它与性能、工艺以及应用的关系极为密切。值得一提的是显微结构是联系性能和工艺的关键环节,因此从实际出发,对生产工艺、原料的物化性能、造粒、成形、烧成等工序加深认识,加强研究,进一步提高其使用性能和价值。

陶瓷的性质有许多是服从加和法则的,例如,气孔增加则单位体积中物料减少,使电容率ε减小。材料的密度(或比热容)多为物质中各个相的密度按比例迭加,热导则也有类似的关系(但有时例外)。陶瓷的另一些性质不服从加和法则,而属于"互作用"性质。例如电导,微量的第二相添加物会很强烈影响材料电导。材料的有些性质,特别是与相功能过程或能量转换过程有关的性质,是通过各晶粒和各个相之间的相互作用而显示其影响的。许多性质或现象,例如施加电场后铁电陶瓷中电畴迅速"排齐"的过程;高能晶界区在功能过程中的作用,晶界空间电荷及应变场的作用等,都属于相互作用性质。表6.1给出了部分特种陶瓷的功能及其应用。

表 6.1 部分特种陶瓷的功能及其应用

分类	功能	氧化物陶瓷		非氧化物陶瓷	
		材料	应用	材料	应用
力学性能	耐磨性	Al_2O_3, ZrO_2	磨料,砂轮	B_4C, CBN, SiC, Si_3N_4	金刚石磨料,砂轮,轴承
	切削性	Al_2O_3, $Al_2O_3 - TiC$ 陶瓷纤维,Al_2O_3	刀具,复合材料	WC, TiC, Sialon, ZrC, Si_3N_4, SiC, Sialon 陶瓷纤维	刀具,发动机部件,燃气机叶片
	润滑性			C,$MoSi_2$,HBN	固体润滑剂,脱模剂
电磁功能	绝缘性	Al_2O_3, BeO, MgO, $MgO-SiO_2$	基片,绝缘件	SiC,AlN,BN,Si_3N_4	基片,绝缘件
	介电性	TiO_2, $CaTiO_3$, $MgTiO_3$,$CaSnO_3$	电容器		
	导电性	$Na-\beta-Al_2O_3$, $LaCrO_3$,ZrO_2	电池,发热元件	SiC,$MoSi_2$	发热元件
	压电性	$BaTiO_3$,$Pb(ZrTi)O_3$	振荡器,点火元件		
	磁性	(Zr, Mn) Fe_2O_4, (Ba,Sr)$O \cdot 6Fe_2O_3$	磁芯		
半导体功能	热敏性	NiO, FeO, CoO, MnO,$BaTiO_3$	温度传感器,过热保护器		
	光敏性	$LiNbO_3$, PZT, $SrTiO_3$,LaF_3	光传感器		
	气敏性	SnO_2, In_2O_3, NiO, CoO, Cr_2O_3, TiO_2, $LaNiO_3$,ZrO_2,ThO_2	气敏元件,气体警报器		
	湿敏性	LiCl, $ZnO - LiO$, TiO_2,ZnO	湿敏传感器,湿度计		
	压敏性	ZnO	压敏传感器	SiC	压敏传感器
光学功能	荧光性	$Eu_2Al_2O_3$,Nd,Y	玻璃激光器	GaP,GaAs,GaAsP	激光二极管,发光二极管
	透光性	Al_2O_3, MgO, BeO, Y_2O_3	透光电极	含 AlON,N	玻璃窗口材料
	透光偏振性	PLZT	(压电陶瓷)偏光元件		
	光波导性	SiO_2	多元玻璃光导纤维,胃照相机		
	反光特性	CoO	聚光材料	TiN,TiC,CaF_2	聚光材料,热反射玻璃

分类	功能	氧化物陶瓷		非氧化物陶瓷	
		材　料	应　用	材　料	应　用
热学功能	耐热性	MgO，Al_2O_3，ZrO_2，ThO_2	耐热结构材料,耐火材料	SiC，Si_3N_4，HfC，HBN，C	耐热结构材料
	隔热性	氧化物纤维,Al_2O_3，ZrO_2,空心球Al_2O_3-SiO_2	隔热材料	C,SiC	隔热材料
	导热性	BeO	基板,散热元件	C，SiC，AlN，BeC，LaB_6，NbC	基板
生物化学功能	生物适应性	$\alpha-Al_2O_3$，$Ca_3(PO_4)_2$，$Ca_5(PO_4)_3OH$	人工骨,人工牙	玻璃碳,热解碳	人工关节,人工骨
	吸附性	SiO_2，Al_2O_3	沸石催化剂载体		
	催化作用	$SiO_2-Al_2O_3$,沸石,$Pt-Al_2O_3$,铁氧体,TiO_2系$\gamma-Al_2O_3$	控制化学反应,净化排出气体		
	耐腐蚀性	ZrO_2，Al_2O_3	化学装置,热交换器	HBN，TiB_2，Si_3N_4，$Sialon$，C，SiC，B_4C，AlN，TiN	化学装置,热交换器,热电偶保护套,坩埚
与原子能有关的功能	核反应	UO_2,ThO_2	核燃料	UC	核燃料
	吸水中子	Sm_2O_3，Eu_2O_3，Gd_2O_3	控制材料	B_4C	控制材料
	中子减速	BeO	减速剂	C,BeC	减速剂,反射剂
其他				C,SiC	包覆材料
				C,SiC,Si_3N_4,B_4C	热核反应堆材料
	超导功能	$Y-Ba-Cu-La$,$Ca-Sr-Ba-Cu-O$,$Bi-Pb-Sr-Ca-Cu-O$	超导体		

6.3　磁性陶瓷

　　磁性陶瓷简称磁性瓷,它是氧和以铁为主的一种或多种金属元素组成的复合氧化物,又称为铁氧体。磁性陶瓷分为含铁的铁氧体陶瓷和不含铁的磁性陶瓷,磁性陶瓷主要指铁氧体。铁氧体又名铁淦氧磁物,它是将铁的氧化物与其他某些金属氧化物用制造陶瓷的工艺方法制成的具有亚铁磁性的金属磁性材料。它的组成成分主要是 Fe_2O_3,此外还有一价或二价的金属,如 Mn,Zn,Cu,Ni,Mg,Ba,Pb,Sr 及 Li 等氧化物,或三价的稀土金属如 Y,Sm,Eu,Cd,Tb,Dy,Ho 及 Er 等氧化物。不含铁却具有铁磁性的氧化物材料有 NiMnO₃ 及 CoMnO₃ 等,其导电性与半导体相似,因其制备工艺和外观类似陶瓷而得名。磁性陶瓷在现代无线电电子学、自动控制、微波技术、电子计算机、信息储存、激光调制等方面都有广泛的用途。

6.3.1　磁性陶瓷的分类

铁氧体是一种半导体材料,它的电阻率约为 $10 \sim 10^7\Omega \cdot m$,而一般金属磁性材料的电阻率为 $10^{-4} \sim 10^{-2}\Omega \cdot m$,因此用铁氧体作磁芯时,涡流损失小,介质损耗低,故其广泛应用于高频和微波领域,成为高频下使用的磁性材料。而金属磁性材料由于介质损耗大,应用的频率不能超过 $10 \sim 100$ kHz,此外,铁氧体的高频导磁率也较高,这是其他金属磁性材料所不能比拟的。但铁氧体的最大弱点是饱和磁化强度较低,大约只有纯铁的1/3 ~ 1/5,居里温度也不高,不适宜在高温或低频大功率的条件下工作。常见简单系统铁氧体的分类及性质如表6.2所示。

表 6.2　常见简单系统铁氧体的分类及性质

组　成	结构类型	晶系	典型分子式	饱和磁化率	居里点/℃	磁　性
$MnFe_2O_4$	尖晶石型	等轴晶系	$Me^{2+}Fe^{3+}O_4$	0.52	300	铁氧体磁性
$NiFe_2O_4$				0.34	590	
$CuFe_2O_4$				0.50	520	
$CoFe_2O_4$				0.17	455	铁氧体磁性
$MgFe_2O_4$	尖晶石型	等轴晶系	$Me^{2+}Fe^{3+}O_4$	0.14	440	铁氧体磁性
$ZnFe_2O_4$						反铁磁性
$BaFe_{12}O_{19}$各向同性				0.22	450	铁氧体磁性
$BaFe_{12}O_{19}$各向异性	磁铅石型	六方晶系	$Me^{2+}Fe^{3+}O_4$	0.4	450	铁氧体磁性
$SrFe_{12}O_{19}$				0.4	453	铁氧体磁性
$YFeO_3$	钙钛矿型		$Me^{2+}Fe^{3+}O_4$		375	寄生铁磁性

从铁氧体的晶体结构来看,主要有三种类型:

①尖晶石型铁氧体。其晶体结构与天然镁铝尖晶石($MgO-Al_2O_3$)结构相似,属等轴晶系,化学式一般以 $MeFe_2O_4$ 表示,其中 Me 通常为二价离子,如 Mg^{2+},Mn^{2+},Ni^{2+},Zn^{2+},Fe^{2+},Co^{2+},Cd^{2+},Cu^{2+}等。

②磁铅石型铁氧体。其晶体结构与天然磁铅石 $Pb(Fe_{7.5}Mn_{3.5}Al_{0.5}Ti_{0.5})O_{19}$ 结构类似,属六方晶系,分子式为 $MeFe_{12}O_{19}$,其中 Me 表示二价金属离子,如 Ba^{2+},Pb^{2+},Sr^{2+}等,这类铁氧体有较大的矫顽力,是一类磁性较强的硬磁材料。

③石榴石型铁氧体。其晶体结构与天然石榴石$(Fe,Mn)_3Al_2(SiO_4)_3$结构类似,属等轴晶系,化学分子式为$3Me_2O_3 \cdot 5Fe_2O_3$或$2Me_3Fe_5O_{12}$,其中Me表示三价稀土金属离子,如Y^{3+},Pm^{3+},Sm^{3+},Eu^{3+},Gd^{3+},Tb^{3+},Dy^{3+},Ho^{3+},Er^{3+},Tm^{3+},Yb^{3+},Lu^{3+}等。在这种类型的铁氧体中,钇铁氧体$3Y_2O_3 \cdot 5Fe_2O_3$是最重要的一种,它的电阻率较高,高频损耗极小,是一种良好的超高频微波铁氧体材料。

6.3.2 磁性陶瓷的基本特性

1. 磁性陶瓷的磁性

物质的磁性来自原子磁矩,原子以由原子核为中心的电子轨道运动为特征。一方面原子核外的电子沿着一定的轨道绕着原子核作轨道运动,由于电磁感应,产生轨道磁矩。另一方面电子本身还不停地作自旋运动,产生自旋磁矩,原子的磁矩就是这两种磁矩的总和。

在一些物质中存在着一种特殊的相互作用,这种作用能影响物质中磁性原子、离子的磁矩的相对方向性的排列状态。当具有这种作用较强的物质处在较低温度时,磁矩可能形成有序的排列。物质中磁矩排列方式存在着不同,其中铁磁性、亚铁磁性、反铁磁性排列方式为有序排列。通常所说的磁性材料是指常温下为铁磁性或亚铁磁性的物质在宏观上表现出强磁性,磁性陶瓷大多属于亚铁磁性材料。由于陶瓷具有复杂的结晶状态(实际上根据原子,或离子的种类和晶体结构不同,在外部可观察到更复杂的磁性现象),磁性陶瓷按其晶格类型可分为尖晶石型、石榴石型、磁铅石型、钙铁矿型、钛铁石型、氯化钠型、金红石型、非晶结构等8类。以当前被研究得最详细、实用上又最重要的尖晶石结构的铁氧体为例,它的一般化学式为MFe_2O_4,式中的M为二价金属离子。尖晶石结晶的单胞由8个分子组成,含有8个2价金属、16个3价金属、32个氧,其中氧为最密集的排列(面心立方),金属离子嵌入到氧离子堆积的空隙中。

物质内部的原子磁矩,即使在没有外加磁场作用时,就已经以某种方式排列起来,也就是说已经达到一定程度的磁化,这种现象称为自发磁化。当磁性物质被加热升温到一定数值时,热运动会破坏磁矩的有序排列,使自发磁化完全消失,此时对应的温度叫居里温度,也称居里点。

2. 磁滞回线

物质的另一个基本特性是表现磁化过程的特性,即得到磁滞回线。这种磁滞回线的形状和大小,首先随磁性物质的种类和组成而异,其次也受磁化机理、初磁化区域、不连续磁化区域、回转磁化区域等暂存方式的影响。因此由磁滞回线可得到磁性物质的一些重要性能指标,包括饱和磁感应强度、剩余磁感应强度、矫顽力、起始导磁率和最大导磁率等。

铁氧体与其他种类的磁性材料相比,还具有电阻率高,可在高频范围使用,硬度大化学性质稳定,适宜于大批量生产,成本低价格较便宜等特点。

6.3.3 磁性陶瓷的应用

从铁氧体的性质及用途来看,它又可分为软磁、硬(永)磁、旋磁、矩磁、压磁、磁泡、微波等铁氧体;从结晶状态可分为单晶和多晶铁氧体;从外观形态可分为粉末、薄膜和体材等。

1. 软磁铁氧体

软磁铁氧体是易于磁化和去磁的一类铁氧体,其特点是具有很高的磁导率和很小的剩磁、矫顽力。这类材料要求起始磁导率高,饱和磁感应强度 B_m 大,电阻率高,各种损耗系数和损耗因子 $\tan\delta$ 低(特别是应用在高频的场合下截止频率高),稳定性好等。其中尤以高磁导率和低损耗最重要。如果起始磁导率高,即使在较弱的磁场下也有可能贮藏更多的磁能。要求有尽可能小的矫顽力 H_c,截止频率 f_c 高,其目的是可以在高频下使用。目前应用较多、性能较好的有 Mn-Zn 铁氧体、Ni-Zn 铁氧体、加入少量 Cu,Mn,Mg 的 Ni-Zn 铁氧体、$NiFe_2O_4$ 等。一般在音频、中频和高频范围用含锌尖晶石型铁氧体,在超高频范围($>10^8$ Hz)则用磁铅石型的六方铁氧体。这些铁氧体又因制备工艺不同,分为普通烧结铁氧体、热压铁氧体、真空烧结高密度铁氧体、单晶铁氧体、取向铁氧体等。

软磁铁氧体的应用范围很广,其主要用途是作高频磁芯材料,制作电子仪器的电感绕圈、小型变压器、脉冲变压器、中频变压器等的磁芯、天线棒磁芯。制作磁头铁芯材料用于录像机、电子计算机之中。利用软磁铁氧体的磁化曲线的非线性和磁饱和特性,制作电视偏转磁轭、录音磁头、磁放大器等。

2. 硬(永)磁铁氧体

硬磁材料也称为永磁材料,与软磁材料相反,主要特点是剩磁感强度 B_r 大,保存的磁能多,而且矫顽力 H_c 也大,这样才不容易退磁,否则留下的磁能也不易保存。因此用最大磁能积 BH_{max} 可以全面反映硬磁材料储有磁能的能力。最大磁能积越大,则在外磁场撤去后,单位面积所储存的磁能也越大,即性能也越好。这种材料经磁化后,不需再从外部提供能量,就能产生稳定的磁场。此外硬磁材料对温度、时间、振动和其他干扰的稳定性也好。

工业上通用的硬磁铁氧体就其成分而言主要有两种:钡铁氧体和锶铁氧体,其典型成分分别为 $BaFe_{12}O_{19}$ 和 $SrFe_{12}O_{19}$。压制成形工艺是决定硬磁铁氧体性能的关键工艺之一,根据压制工艺的不同,硬磁铁氧体又有干式与湿式,各向同性与各向异性(在磁场中加压使晶体定向排列)之分,后者的性能较前者好,湿法(磁场中加压)已成为改善各向异性永磁体性能的主要手段。

硬磁材料主要用于磁路系统中作永磁以产生恒稳磁场,制作扬声器、微音器、拾音器、磁控管、微波器件等;制作各种磁电式仪表、磁通计、示波器、振动接收器等;用于制作极化继电器、电压调整器、温度和压力控制、助听器、录音磁头、电视聚焦器、磁强计以及其他各种控制设备等。

3. 旋磁铁氧体

有些铁氧体会对作用于它的电磁波发生一定角度的偏转,这就是旋磁现象。如平面偏振的电磁波射到磁性物质表面时,反射波发生一定程度的旋转,这种现象称为克尔效应。而平面偏振的电磁波透过磁性物质传播时其偏振面发生一定程度的旋转,这种现象称为法拉第旋转效应。利用这些旋磁效应可以制成不同用途的微波器件,如非倒易性器件:回相器、环行器、隔离器和移项器等;倒易性器件:衰减器、调制器和调谐器等;非线性器件:倍频器、混频器、振荡器和放大器等。在微波领域应用的铁氧体材料中,早期多用尖晶石,如 Mg-Mn,Mg-Mn-Al,Mg-Ni,Ni-Cu,Li-Ti 等铁氧体系统。目前多使用石榴石型稀土铁氧体,如 Y-Al,Y-Gd,Y-Ca-V,Bi-Ca-V 等铁石榴石系统。磁铅石型六方铁氧体用于超高频微波器件,有 M 型和 W 型等。

4. 矩磁铁氧体

有些磁性材料的磁滞回线近似矩形,也有不少种类的铁氧体有定形的磁滞回线,并且某几种材料还有很好的矩形度,其剩余磁感应强度 B_r 和工作时最大磁感应强度 B_m 的比值,即 B_r/B_m 接近 1。利用矩形磁滞回线可制成记忆元件、无触点开关元件、逻辑元件等。

有矩形磁滞回线的铁氧体材科,除少数几种石榴石型以外,都具有尖晶石结构。根据出现矩形磁滞回线的条件,一类是自发地出现矩形回线的,另一类是需经磁场退火后才出现矩形回线的。自发矩磁铁氧体主要是 Mg-Mn 铁氧体,它在 $MgO-MnO-Fe_2O_3$ 三元系统中有一个宽广的范围($12\% \sim 56\%$ MgO;$7\% \sim 46\%$ MnO;$28\% \sim 50\%$ Fe_2O_3),为改善其性能,还可适当加入少量其他氧化物(ZnO,CaO 等)。经磁场退火感生矩形回线的铁氧体有 Co-Fe,Ni-Fe,Ni-Zn-Co 等,组成以及磁场退火的温度对材料的矩磁性有影响,用这些材料进行磁性涂层、可以制成磁鼓、磁盘、磁卡和各种磁带等。

5. 压磁铁氧体

压磁性是指由应力引起材料磁性的变化或由磁场引起材料的应变。狭义的压磁性是指已磁化的强磁体中一切可逆的与叠加的磁场近似成线性关系的磁弹性现象,而不包括未磁化强磁体中不可逆的与磁场成近似线性关系的磁弹性现象。广义的压磁性也就是磁致伸缩效应,它包括了上述两种现象。由于晶体内存在各向异性,因此在不同方向上磁致伸缩的程度是不同的。

压磁材料用于超声工程方面可作为超声发声器、接收器、探伤器、焊接机等;在水声器件方面作声纳、回声探测仪等;在电讯器件中作滤波器、稳频器、振荡器、微音器等;在计算机中作各类存储器。

快氧体压磁材料目前应用的都是含 Ni 的铁氧体系统,如 Ni-Zn,Ni-Cu,Ni-Cu-Zn 和 Ni-Mg 等。为了改善铁氧体的压磁性能,可提高其密度和温度稳定性。前者可用提高烧成温度和用 Cu 部分取代 Ni(或 Zn)来实现;后者可加入 Co 以调整性能来实现。

6. 微波铁氧体

微波铁氧体是指在高频磁场作用下,平面偏振的电磁波在铁氧体中以一定的方向传播时,偏振面会不断绕传播方向旋转的一种铁氧体,又叫旋磁铁氧体。这类铁氧体具有这种特性是由于磁性体中电子自旋和微波相互作用引起的。

微波铁氧体按晶格类型分类,主要有尖晶石型、六方晶型、石榴石型铁氧体三类。尖晶石型主要有镁系微波铁氧体,如 Mg-Mn 铁氧体,镍系微波铁氧体、Ni-Co 铁氧体、Ni-Ti-Al 铁氧体,锂系微波铁氧体如 Li-Ti 铁氧体、Li-Zn-Ti-Co 铁氧体;六方晶型主要有 Bi 系铁氧体,如 $BaFe_{18}O_{27}$,$BaZnFe_{17}O_{17}$ 等;石榴石型主要有钇系铁氧体,如 Y-Al 铁氧体、Y-Ca-V 铁氧体等。

使用微波铁氧体的微波器件,代表性的有环形器、隔离器等不可逆器件,即利用其正方向通电波、反方向不通电波的所谓不可逆功能;也有利用电子自旋磁矩运动频率同外界电磁场的频率一致时,发生共振效应的磁共振型隔离器。此外,在衰减器、移相器、调谐器、开关、滤波器、振荡器、放大器、混频器、检波器等仪器中都使用微波铁氧体。

7. 磁泡铁氧体

磁泡铁氧体是具有下述特性的铁氧体,把这类材料切成薄片($50~\mu m$)或制成厚度为 $2\sim15~\mu m$ 的薄膜,使易磁化轴垂直于表面。当未加磁场时薄片由于自发磁化,就有带状磁畴形成。当加入一定强度的磁场方向与膜面垂直的磁场时,那些反向磁畴就局部缩成分立的圆柱形磁畴,在显微镜下观察,很像气泡,所以称为磁泡,其直径约为 $1\sim100~\mu m$。

由于磁泡畴具有能在单晶片中稳定存在,且易于移动的特性。磁泡铁氧体被用于制作存储器,即把传输磁泡的线路做在单晶面上,使磁泡适当排列。利用某一区域的磁泡存在与否来表示二进位制的数码"1"和"0"的信息,实现信息的存储和处理。

磁泡铁氧体与矩磁铁氧体相比,具有存储器体积小、容量大的优点,其类型主要有 3 种。

①稀土正铁氧体 $RFeO_3$,其中 R 代表钇和稀土元素,晶体结构属于斜方晶系,具有变形的钙铁矿型结构。稀土正铁氧体基本上是反铁磁性,这是由于 Fe^{3+} 的磁矩稍微倾斜、呈现弱的自发磁化所造成的。

②氧化铅铁氧体 $MFe_{12-x}Al_xO_{19}$,其中 M 代表铅、钡和锶,是六角晶系晶体。

③稀土石榴石 $R_3Fe_5O_{12}$,R 代表钇和稀土元素,为立方晶系晶体。

人们研究开发了许多新型的磁性陶瓷,如开关电源用高额低功耗功率铁氧体、宽频微波吸收铁氧体、高矫顽力纳米晶磁性陶瓷、R_2CuO_2 型超导和磁有序材料、室温磁制冷材料等。这些材料的性能更好用途更广,必将对电子、计算机、自动控制等产业的发展起到重要的推动作用。

6.4　电介质陶瓷

电介质陶瓷是指电阻率大于 $10^8\Omega\cdot m$ 的陶瓷材料,能承受较强的电场而不被击穿。按其在电场中的极化特性,可分为电绝缘陶瓷和电容器陶瓷。随着材料科学的发展,在这类材料中又相继发现了压电、热释电和铁电特性,因此介电陶瓷作为功能陶瓷又在传感、电声、电光技术等领域得到广泛的应用。随着现代科学技术的不断发展,对陶瓷介质材料的要求也越来越高,新的材料不断涌现。电介质陶瓷在静电场或交变电场中使用,它们的一般特性是电绝缘性、极化和介电损耗。

6.4.1　电绝缘与极化

电介质陶瓷中的分子正负电荷彼此强烈地束缚,在弱电场的作用下,虽然正电荷沿电场方向移动,负电荷逆电场方向移动,但它们并不能挣脱彼此的束缚而形成电流,因而具有较高的体积电阻率,具有绝缘性。(任何绝缘体都不是理想的,实际上它们中总存在一些弱束缚的离子、电子或离子、电子空穴,在强电场下参与导电,使绝缘电阻率下降)。由于电荷的移动,造成了正负电荷中心不重合,在电介质陶瓷内部形成偶极矩,产生了极化。在与外电场垂直的电介质表面上出现了感应电荷 Q,如图 6.1 所示。

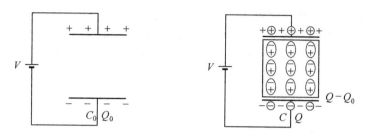

图 6.1　静电场中介质的极化

这种感应电荷不能自由迁移,称之束缚电荷,束缚电荷的面密度即为极化强度 P。极化强度不仅与外电场强度有关,更与电介质陶瓷本身的特性有关。对于平板型真空电容器,极板间无电介质存在,当电场强度为 E 时,其表面的束缚电荷为 Q_0,电容为 C_0;在真空中插入电介质陶瓷时,则束缚电荷增为 Q,电容也增至 C,见图 6.1。这说明真空和电介质陶瓷的极化强度不同,当在真空中插入另一种电介质时,电容量也会发生变化。评价同一电场下材料的极化强度,可用材料的相对介电常数 ε_r。其计算公式为

$$\frac{Q}{Q_0} = \frac{C}{C_0} = \varepsilon_r$$

相对介电常数越大,极化强度越大,即电介质陶瓷表面的束缚电荷面密度大。用于制作陶瓷电容器的材料,ε_r 越大,电容量越高,相同容量时,电容器的体积可以做的更小。因此,高容量小型电容器陶瓷的相对介电常数很高。如单成分 $BaTiO_3$ 中加入钙钛矿型结构的 $MgTiO_3$,$CaTiO_3$,$CaZrO_3$,$CaSnO_3$,介电常数可提高到 5 000 ~ 20 000。

6.4.2　极化与介电损耗

电介质陶瓷的另一特性是介电损耗,任何电介质在电场作用下,总会或多或少地把部分电能转变成热能使介质发热,在单位时间内因发热而消耗的能量称为损耗功率或简称介电损耗,常用 $\tan \delta$ 表示,其值越大,损耗越大。Δ 称为介质损耗角,物理含义是在交变电场下电介质的电位移 D 与电场强度 E 的相位差。在交变电场下,静态介电常数($\varepsilon_r = D_0/E_0$,E_0 为静电场强度,D_0 为静电场中的电位移)变为复介电常数 ε,它是交变电场频率 ω 的函数。当电介质无损耗时,复介电常数 ε 为实数;当存在损耗时,复介电常数变为复数,即

$$\varepsilon = \varepsilon' - j\varepsilon^*$$

其中

$$\varepsilon' = \varepsilon_r \cos \delta$$

$$\varepsilon^* = \varepsilon_r \sin \delta$$

则

$$\tan \delta = \frac{\varepsilon^*}{\varepsilon'}$$

在复介电常数中,实部 ε_r 反映电介质储存电荷的能力,虚部 ε^* 表示电介质电导引起的电场能量的损耗,其物理意义是单位体积介质中,当单位场强变化一周期时所消耗的能量,常以热的形式耗散掉。实际中所使用的电绝缘材料都不是完全理想的电介质,其电阻不是无穷大的。在外电场的作用下,总有一些带电质点会发生移动而引起漏导电流,漏导电流流经介质时使介质发热而损耗了电能。这种因电导而引起的介质损耗称为"漏导损耗"。同时一切介质在电场中均会呈现出极化现象,除电子、离子弹性位移极化基本上不消耗能量外,其他缓慢极化(如松弛极化、空间电荷极化等)在极化缓慢建立的过程中都会因克服阻力而引起能量的损耗,这种损耗一般称为极化损耗。极化损耗与外电场频率和工作温度密切相关,在高温、高频时常有较大的损耗。

6.4.3 电绝缘陶瓷

电绝缘陶瓷又称装置瓷,有人又称它为电子工业用的结构陶瓷。它主要用作集成电路基片,也用于电子设备中安装、固定、支撑、保护、绝缘、隔离及连接各种无线电零件和器件。装置瓷应具备以下性质。

①高的体积电阻率(室温下大于 10^{12} $\Omega \cdot m$ 和高介电强度>10^4 $kV \cdot m^{-1}$),以减少漏导损耗和承受较高的电压。

②介电常数小(常小于9),可以减少不必要的电容分布值,避免在线路中产生恶劣的影响,从而保证整机的质量。此外,介电常数越小,在使用中所产生的介电损耗也越小,这对保证整机的正常运转也是有利的。

③高频电场下的介电损耗要小($\tan\delta$ 一般在 $2 \times 10^{-4} \sim 9 \times 10^{-3}$ 范围内)。介电损耗大,会造成材料发热,整机温度升高,影响工作。另外,介电损耗大还可能造成一系列附加的衰减现象。

④机械强度要高,因为装置瓷在使用时,一般都要承受较大的机械负荷。通常抗弯强度为 45~300 MPa,抗压强度为 400~2 000 MPa。

⑤良好的化学稳定性,能耐风化、耐水、耐化学腐蚀,不致性能老化。电绝缘陶瓷材料按化学组成分为氧化物系和非氧化物系两大类,氧化物系主要有 Al_2O_3 和 MgO 等电绝缘陶瓷;非氧化物系主要有氮化物陶瓷,如 Si_3N_4,BN,A1N 等。大量应用的多元系统陶瓷主要有 $BaO-Al_2O_3-SiO_2$ 系统,$Al_2O_3-SiO_2$ 系统,$MgO-Al_2O_3-SiO_2$ 系统,$CaO-Al_2O_3-SiO_2$ 系统,$ZrO_2-Al_2O_3-SiO_2$ 系统。

电绝缘陶瓷材料按瓷坯中主要矿物成分可分为钡长石瓷、高铝瓷、高硅瓷、莫来石瓷、滑石瓷、镁橄榄石瓷、硅灰石瓷及锆英石瓷等。在无线电设备中,电绝缘瓷主要用于高频绝缘子、插座、瓷轴、瓷条、瓷管、基板、线圈骨架、波段开关片、瓷环等。陶瓷基片为绝缘陶瓷材料的主要研究方向,市场占有率也比较高。

1. Al_2O_3 陶瓷基片

Al_2O_3 陶瓷是广泛使用的主要基片材料,占世界销售市场的90%,在性能要求不很高的家用计算机应用方面,这种陶瓷作为绝缘基片材料起到很大作用。

大规模集成电路的集成度高、体积小,因此要求制成多层的配线基片。氧化铝多层配线基片常采用流延法制备出生坯片,薄片经打孔、印刷导体、印刷氧化铝浆糊,多层放在一起加热压合,再经外形修整后烧结、电镀,最后连接接头引线。现在许多加工制造单位也能制备用于传统及微波集成电路的带激光钻通孔或印刷金属导线的 Al_2O_3 基片材料。带通道的激光钻孔基片也已应用,这些通道由钨铜复合材料填充密封。由于采用先将氧化铝烧成的制备工艺,因此后续工艺中因单层陶瓷片没有收缩而能获得高密度的引线数。

Al_2O_3 陶瓷基板表面通过上釉可制成上釉陶瓷基板,上釉 Al_2O_3 陶瓷基板主要用作薄膜 HIC。目前随着传真机的发展和普及、要求使用 $270 \times 15 \times 0.5$ mm 等大尺寸的上釉陶瓷基板及部分上釉陶瓷基板作感热打印头用等。

2. SiC 陶瓷基片

SiC 陶瓷基片是 SiC 中添加微量 BeO,经 2 000 ℃ 左右高温热压制成,其绝缘电阻为 10^{10} $\Omega \cdot m$,导热系数为 270 W/(m·K),热膨胀系数与 Si 的接近,为 $3.7 \times 10^{-6}/$℃,但 ε_r 高(40),击穿电压低,介质损耗大,不适于高频、高压使用。另外,其价格较 Al_2O_3 陶瓷基片高 100~400 倍,还不能用流延法制薄片;虽然有毒的 BeO 用量少,但还是要用。因此,SiC 陶瓷基片的应用受到一定限制。为此,国内外正在研究改进性能和降低成本,以扩大应用。国外已有用 SiC 陶瓷基片代替激光二极管基板用的金刚石基板。

3. AlN 陶瓷基片

AlN 陶瓷基片的导热系数可达 160 W/(m·K),热膨胀系数为 5.7×10^{-6}℃,接近 Si 芯片的值;绝缘电阻高,介质损耗可与 Al_2O_3 陶瓷匹敌,性能比 Al_2O_3 陶瓷基片好。但是,AlN 陶瓷进入实用化程度较慢,其主要原因是:高纯度 AlN 粉末制造困难;不能用已实用的 Al_2O_3 陶瓷基片用的导体膏料,需开发新的导体膏料。目前,有利用碳还原法等制造方法生产高纯度的 AlN 粉末;利用 AlN 陶瓷对有机溶剂和碱稳定性好及耐酸也好等特点,正在开发利用电镀等方法在其基板上制导带;也采用直接敷铜方法制导带的所谓直接敷铜陶瓷基片(DBC 陶瓷基片)。国外研制 AlN 陶瓷基片已取得很大进展,其产量的增长率很高。

4. DBC 陶瓷基片

DBC(direct bond copper)称为直接敷铜陶瓷基片,简称敷铜陶瓷基片。这是在陶瓷表面直接敷铜薄膜,经加热处理生成 Cu-O 共晶液相作黏结层而形成的 Cu 导体,报道使用的有 Al_2O_3 和 AlN 陶瓷基片。DBC 陶瓷基片在陶瓷和铜导体之间不存在热阻,因此其散热性和电气绝缘性好;而又由于铜的焊接性好,焊接强度大,所以其热膨胀系数与陶瓷的相近。用 DBC 陶瓷基片制作的大容量半导体,比过去用 Mo 或 W 作导体的 Al_2O_3 陶瓷基片制作的半导体相比,其体积可缩小 3/4,既实现了小型化,又可减少焊接点,提高可靠性。国外采用此陶瓷基片的器件有:大功率半导体组件;高频大功率半导体组件等。不过,要生成 Cu-O 共晶液相黏结层,需严格控制热处理条件,因此,DBC 陶瓷基片要达到实用化还需进一步研究解决热处理的控制条件。

5. 多层陶瓷基片

多层陶瓷基片是引用多层陶瓷电容器的制造工艺制成,多层陶瓷基片按烧成温度高低分为高温共烧结和低温共烧结两种。现在使用的陶瓷材料主要是 Al_2O_3 陶瓷、A1N 陶瓷及玻璃陶瓷。Al_2O_3 陶瓷的 ε_r 大,热膨胀系数大,烧成温度高,需使用熔点高的高阻值的 Mo 或 W 作为内导体,因此不能满足信号迟延时间短的高速化的要求,且成本高。因此,今后主要发展低温烧结的多层陶瓷布线基板。由于这种基板的烧成温度低,ε_r 小(目前最低已达到 4.5),可用导电性好的 Cu、Ni 作内导体,既提高了性能,又降低了成本。国外许多公司已实现了用 Cu 作内导体的低温共烧结的多层陶瓷基片,但实际达到规模生产还有距离,其原因主要是烧结时存在 Cu 被氧化等技术问题。陶瓷基片除作一般电子元器件基体、厚膜电路基板外目前和今后主要发展的是还可用作计算机等用的电路基板及各种集成电路封装。

多芯片组件(MCM)是指将多个 LSI 裸芯片组装在同一基板内的组件。由于其组装密度高,故小型和质量轻;其次是由于基板布线短,可用低 ε_r 材料,可实现高速化。因此 MCM 引起人们极大的重视,成为 20 世纪 90 年代最新的封装技术。同时,MCM 的发展又为多层陶瓷基板的应用开拓了新的领域。MCM-C/D 普遍采用在高温或低温共烧结多层陶瓷基板上制作有薄膜多层布线的混合型多层布线基板。一般是采用共烧结多层陶瓷基板与多层聚酰胺树脂组成的混合型 MCM 基板,在其共烧结多层陶瓷基板中设置时钟信号层、地线层、电源层。以后,A1N 陶瓷基板和共烧结特别是低温共烧结多层陶瓷基板将逐渐替代 Al_2O_3 陶瓷基板,且应用范围将不断扩大。高速计算机用的多层陶瓷基板,首先要求信号延迟小,为此需进一步开发低 ε_r 陶瓷基板材料。目前玻璃陶瓷的 ε_r 水平为 5 ~ 6,这对于陶瓷来讲已经相当低了,但还不能符合希望的要求。有人提出在陶瓷基板内引入空孔的复合陶瓷基板将会制得 ε_r 更低的陶瓷基板材料,这可能是今后低 ε_r 陶瓷基板的又一发展方向。大功率 LSI 封装用的 A1N 陶瓷将逐渐增多。对于 MCM 来说,MCM-C/D 将比 MCM-C 发展快。但若降低了 A1N 陶瓷成本之后,有人认为 AlN 陶瓷基板将是 MCM-C 的最佳的大功率基板。

6.4.4　电绝缘陶瓷的生产特点

电绝缘陶瓷的性能,主要强调三个方面,即高体积电阻率、低介电常数和低介电损耗。除此之外,还要求具有一定的机械强度。由于材料的介电常数通常由材料自身的材质特性所决定,因此,电绝缘陶瓷生产的主要特点,是通过一定的工艺措施,控制体积电阻率和介电损耗。

陶瓷材料是晶相、玻璃相及气相组成的多相系统,其电学性能主要取决于晶相和玻璃相的组成和结构,晶界玻璃相中的杂质浓度较高,且在组织结构形成连续相,所以陶瓷的电绝缘性和介电损耗性主要受玻璃相的影响。

通常陶瓷材料的导电机制为离子导电,离子导电又可分为本征离子导电、杂质离子导电和玻璃离子导电。其电导率的通式可写为

$$\gamma = \sum_i A_i e^{\frac{-B_r}{T}}$$

式中,B_r 为不同导电形式中不同离子的电导活化能。一般玻璃离子电导活化能小于晶体中杂质离子电导活化能,而本征离子电导活化能最大。从离子的半径和电价看,低价小体

积的碱金属阳离子的电导活化能小,而高价大体积的金属阳离子的电导活化能较大,不易参与导电。

从上述分析看,要获得高体积电阻率的陶瓷材料,必须在工艺上考虑以下几点:

(1)选择体积电阻率高的晶体材料为主晶相。

(2)严格控制配方,避免杂质离子,尤其是碱金属和碱土金属离子的引入,在必须引入金属离子时,充分利用中和效应和压抑效应,以降低材料中玻璃相的电导率。

(3)由于玻璃的电导活化能小,因此,应尽量控制玻璃相的数量,甚至达到无玻璃相烧结。

(4)避免引入变价金属离子,如钛、铁、钴等离子,以免产生自由电子和空穴,引起电子式导电,使电性能恶化。

(5)严格控制温度和气氛,以免产生氧化还原反应而出现自由电子和空穴,如有钛和钴离子存在时,其反应式为

$$Ti^{4+}+e \longrightarrow Ti^{3+}(高温、还原气氛)$$

$$Ti^{3+} \longrightarrow Ti^{4+}+e(室温)$$

$$Co^{2+}-e \longrightarrow Co^{3+}(高温、氧化气氛)$$

$$Co^{3+} \longrightarrow Co^{2+}+h^{+}(室温)$$

尤其是含钛陶瓷在电子陶瓷中经常出现,要特别小心。

(6)当材料中已引入了产生自由电子(或空穴)的离子时,可引入另一种产生空穴(或自由电子)的不等价杂质离子,以消除自由电子和空穴,提高体积电阻率这种方法称作杂质补偿。

一般来说,对于绝缘陶瓷还要求低介电损耗,陶瓷损耗的主要来源是漏导损耗、松弛质点的极化损耗及结构损耗。因此降低材料的介电损耗主要从降低漏导损耗和极化损耗入手:

①选择合适的主晶相。根据要求尽量选择结构紧密的晶体作为主晶相。

②改善主晶相性质。在改善主晶相性质时,尽量避免产生缺位固溶体或填隙固溶体,最好形成连续固溶体,这样弱联系离子少,可避免损耗显著增大。

③尽量减少玻璃相质量分数。如果为了改善工艺性能引入较多玻璃相,应采用中和效应和压抑效应,以降低玻璃相的损耗。

④防止产生多晶转变。因为多晶转变时晶格缺陷多,电性能下降,损耗增加,如滑石转变为原顽辉石时析出游离石英,其分子式为

$$Mg_3(Si_4O_{10})(OH)_2 \longrightarrow 3(MgO \cdot SiO_2)+SiO_2+H_2O$$

游离石英在高温下发生晶型转变产生体积效应,使材料不稳定,造成损耗增大,因此常加入少量(1%)的 Al_2O_3 使 Al_2O_3 和 SiO_2 生成硅线石($Al_2O_3 \cdot SiO_2$)来提高产品的机电性能。

⑤注意烧结气氛,尤其对含有变价离子的陶瓷的烧结。

⑥控制好最终烧结温度,使产品"正烧",防止"生烧"和"过烧",以减少气孔率,避免气体电离损耗。

6.4.5 滑石瓷

滑石瓷介电损耗小,是重要的高频装置瓷之一,其机电性能介于氧化铝瓷与普通瓷之间。由于它的热膨胀系数较大,热稳定性差,耐热性低,常用于机械强度及耐热性无特殊要求之处。滑石为层状结构,滑石粉为片状,有滑腻感,易挤压成形,烧结后尺寸精度较高,制品易进行研磨加工,价格低廉。

滑石瓷主晶相为原顽辉石,微细均匀地分散在玻璃相中,由于玻璃相的包围,阻止了微细的原顽辉石向斜顽辉石的转变。在滑石瓷的玻璃相中很少有介质损耗大的碱金属离子,并利用压抑效应引入 Ba^{2+},Ca^{2+} 等离子,减少电导和损耗。

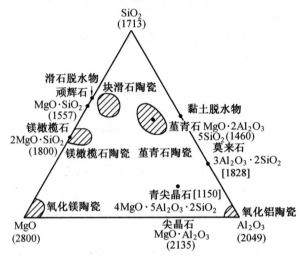

图 6.2　MgO-Al₂O₃-SiO₂系化合物和陶瓷的成分

$$图 6.2 \quad MgO\text{-}Al_2O_3\text{-}SiO_2 系化合物和陶瓷的成分$$

( )—熔点　　[ ]—分解熔融温度

1. 滑石瓷的配方

滑石瓷的主要原料是滑石。为了改进生坯加工工艺及瓷件的质量,引入一些外加剂。表6.3列出了几个滑石瓷的配方及主要性能。

表6.3　几个滑石瓷的配方及主要性能

配方编号原料及性能	1	2	3	4	5
烧滑石	60.0	60	50	88	91.6
生滑石	24.4	24	17	6	5.2
黏土	3.9	5	7		
膨润土			4		
碳酸镁			8		
氧化铝		1			
碳酸钡	7.8	10	10		

配方编号原料及性能	1	2	3	4	5
氧化锆	3.9				
氧化锌			4		
长石				6	
方硼石					3.2
烧成温度/℃	1 350±20	1 320±20	1 270±20	1 350±30	1 350±15
烧结范围/℃	40	40	40	60	30
lgδ(10⁻⁴)20 ℃	6~8	6~7	3~5	25	6~8
抗折强度/MPa	145	145	150	148	115
用途	1. 大功率高频管 2. 装置瓷	1. 容量不大的电容器 2. 装置瓷	1. 容量不大的电容器 2. 装置瓷	电性能要求不高的大型装置瓷	金属陶瓷密封电真空致密陶瓷

下面介绍滑石瓷的几种常用外加剂及其主要作用。

(1)黏土

加入黏土的目的是为了增加可塑性及降低烧结温度,但不宜过多引入,一般为 5% ~ 10%;因为量多,带入的碱金属离子及铁质也多,不仅使电气性能恶化,而且还会使烧结范围变窄。

(2)碱土金属氧化物

加入少量 $CaCO_3$,$SrCO_3$ 及 $BaCO_3$ 均能改善滑石瓷的电性能,其中 BaO 的效果最显著,它能提高瓷件的体积电阻率两个数量级,使 tgδ 降低 4/5 ~ 9/10。SrO 次之,CaO 最差。由于碱土金属氧化物与滑石、黏土及其他杂质生成低共融物,因此能降低烧结温度,但质量分数高时又会缩小烧结范围,其中 CaO 最严重,SrO 及 BaO 稍好。CaO 还会导致晶粒粗大,促使瓷坯老化,因此在配方中 CaO 的质量分数要少。此外,$BaCO_3$ 还能防止瓷件的老化,但加入量以 5% ~ 10% 为宜,超过 10% 会降低玻璃黏度,缩小烧结范围。

MgO 能与滑石分解出的游离石英结合,生成电性能优良的偏硅酸镁($MgO \cdot SiO_2$),既除去了不利的石英,又提高了电性能,部分 MgO 可进入玻璃相,降低烧结温度,适量 MgO 可以扩大烧结范围。在一般配方中,MgO 的加入量小于 8%,当超过 10% 时,就可能生成镁橄榄石($2MgO \cdot SiO_2$),不仅提高了烧结温度,还增加了线膨胀系数,降低了热稳定性。MgO 的引入形式一般为未经预烧的 $MgCO_3$ 及菱镁矿。

(3)氧化铝

Al_2O_3 作用与 MgO 相似,它与游离石英化合生成性能优良的硅线石($Al_2O_3 \cdot SiO_2$)。Al_2O_3 还能与 SiO_2 一同转入玻璃相中除去 SiO_2,而不降低烧结温度。因此它能防止瓷坯老化,改善并稳定瓷的介电性能,但 Al_2O_3 会显著降低滑石瓷的抗折强度。Al_2O_3 的一般用量为 1% ~ 3%,加入量过多会生成机电性能很差的董青石。此外,当以工业氧化铝形式引入时,要注意混合均匀。

（4）硼酸盐

硼酸盐是强助熔剂,能大幅度降低烧结温度,但降低玻璃黏度亦大,如在配方中加入 2% 的焦硼酸钡（ $BaO \cdot 2B_2O_3$),烧成范围只有 10 ~ 15 ℃。硼酸盐常用的有方硼石（ $Mg_3ClB_7O_{13}$ ）和焦硼酸钡,后者由 $BaCO_3$ 加 H_3BO_4 煅烧而得。方硼石是金属与陶瓷密封电真空致密瓷坯的重要熔剂。表6.3中的5号配方,是一种密封性能较好的电真空陶瓷,其中含有3.2%的方硼石。另有研究指出,如果在此配方中加入(1 ~ 4)% $MgCO_3$,则性能更优越。

（5）氧化锆和氧化锌

这些外加剂能有效地扩大材料的烧结范围和提高材料的机械强度,因为它们能提高玻璃相的黏度,扩大烧结范围。而高黏度的玻璃相,能抑制晶粒长大,形成细晶结构,从而提高机械强度,它们的用量一般不超过4%,如果量过多,将会出现第二晶相,增加了结构的不均匀性,降低瓷坯的质量。

（6）长石

在配方中加入(6 ~ 7)% 的长石,烧结范围可以扩大到60 ℃左右,但是长石中含有碱金属氯化物,大大降低了瓷坯的电性能和机械强度,故应严加控制。只在制造对电气性能要求不太高的大型、复杂瓷件时使用,因为大型瓷件在煅烧时,容易出现局部温差,加入长石对扩大烧结范围,降低废品率是非常有效、切实可行的。

2. 生产的关键问题及工艺

（1）滑石的预烧

滑石的预烧工艺是生产的关键之一,预烧的目的有以下几点:

①破坏其层状结构,使之转变为链状的顽火辉石结构,避免滑石薄片在成形过程中出现定向排列,造成瓷坯由于滑石薄片各向异性引起内应力,从而导致瓷件强度降低和开裂。

②预烧后由于脱水及晶型转变,降低瓷件的收缩率。

③增加滑石的脆性,便于粉磨。

预烧的温度及转变程度决定于矿化剂的种类和量,为了降低预烧温度,可以加入硼酸、碳酸钡或高岭土等矿化剂。例如加入5%的苏州土,滑石的预烧温度可降低约40 ~ 50 ℃。当滑石中含 Fe_2O_3 杂质时,最好采用还原气氛预烧,以除去三价铁离子对瓷件性能的不利影响。

另外,预烧滑石增加了硬度,降低了可塑性,对成形造成困难,模具的损耗加快,因此,在配方中有时与生滑石搭配使用,以提高塑性和增加模具润滑。

（2）防止滑石瓷老化的措施

滑石瓷的老化是指制品在贮存、运输、加工使用过程中自动产生裂缝、空隙及松散成粉的现象。有时甚至在制品烧成以后,表面就出现白粉斑点,它逐渐扩大,导致整个坯体松散成粉。一般认为滑石瓷的老化与偏硅酸镁的晶型转变有关,研究发现它们的变化过程为

$$\text{顽火辉石} \xrightleftharpoons[NaF]{1\ 260\ ℃} \text{原顽辉石} \xrightleftharpoons[1\ 160]{<700\ ℃} \text{斜顽辉石}$$

$$1\ 042 \sim 865\ ℃$$

即顽火辉石在 1 260 ℃ 转变为原顽辉石,原顽辉石冷却到小于 700 ℃ 时,转变为斜顽辉石。也有人认为原顽辉石冷却到 1 042 ℃ 至 865 ℃ 之间,转化为顽火辉石,在 865 ℃ 以下,有进一步转化为斜顽辉石的可能。而这种介稳的斜顽辉石可以长期保存下来、不致转变为热力学稳定的顽火辉石。研究表明,滑石瓷的老化原因:原顽辉石是高温稳定形态,而顽火辉石及斜顽辉石却是低温稳定的。在原顽辉石转变为顽火辉石或斜顽辉石时,伴随有较大的体积变化。滑石瓷的老化即由于原顽辉石在冷却、放置及使用过程中,晶型向顽火辉石或斜顽辉石转化引起的。解决滑石瓷的老化问题,应从如下几点着手。

①将原料磨到足够的细度,加入适量的晶粒抑制剂,减少 CaO 的质量分数,防止晶粒长大。因为细晶的活性大,在烧结后的冷却过程中易于转化,而未能转化的原顽辉石,由于晶粒微小,晶态特性削弱,同时小晶体在转变时收缩线度小,受到晶界或玻璃相的缓冲作用,所产生的内应力小。因此,正常的滑石瓷晶粒大小应控制在 7 μm 以下。此外,细晶结构不仅能大幅度提高机械强度,而且也能降低烧结温度,提高瓷件电性能。细度对电性能及烧成温度的影响见图 6.3。由图可见当平均粒径在 1 μm 左右时,材料的 $\tan \delta$ 最小。一般生产中规定球磨后的细度为万孔筛余<1%。

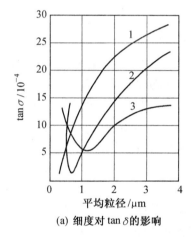
(a) 细度对 $\tan \delta$ 的影响

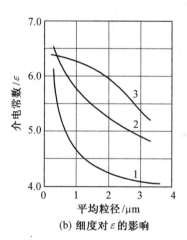
(b) 细度对 ε 的影响

图 6.3 细度对滑石瓷电性能的影响

1—1 300 ℃;2—1 230 ℃;3—1 260 ℃

②加入适量外加剂,以形成足够的玻璃相并包裹细晶的原顽辉石,防止它的晶型转化。实践证明,钡玻璃抗老化效果较显著。

③加入能与 $MgSiO_3$ 生成固溶体的物质,例如加入少量 MnO 或 $MnSiO_3$ 与其生成固溶体,必然会影响其晶型转化,减低老化现象。

④控制 SiO_2 质量分数。当 SiO_2 过少时,形成的玻璃相不足,过多则游离出方石英,其多晶转化能诱发原顽辉石的多晶转化。

⑤控制冷却制度,在 900 ℃ 以上进行快冷,以便生成细晶结构,防止老化。

（3）烧结

滑石瓷烧结的关键是扩大烧结范围和严格控制窑炉温度制度,因为滑石瓷生成液相的速度快,高温黏度小。因此,通常烧结温度在 1 300 ~ 1 350 ℃ 之间,烧结范围窄,要求控制止火温度在玻化范围的下限,不要过烧。保温时间不宜过长,最好在一小时以内,所选用的窑炉应该窑温均匀,易于控制。

解决滑石瓷烧结温度窄的方法除严格控制烧结温度外,还可以从配方着手,即引入外加剂提高液相的黏度,使瓷坯在高温不易变形。此外通过外加剂降低烧结温度,也能扩大烧结范围。例如加入 2% ~3% ZnO,能显著提高液相黏度,并把烧结范围扩大到 35 ℃左右;加入 5% ~10% $BaCO_3$ 能使液相出现温度降低到 1 230 ℃;长石对扩大烧结范围的效果很好,但要避免引入碱金属离子。

滑石瓷烧结时对气氛无特殊要求,但当坯料中含较多铁或钛时,应考虑分别用还原或氧化气氛。另外,在冷却阶段,温度为 700 ~550 ℃时,要控制冷却速度(<30 ~45 ℃/h),以免造成玻璃相中残余应力,以及晶形未充分转化而造成开裂、老化等弊病。

6.4.6　电容器陶瓷

在小型电脑、移动通信等设备日益轻、薄、短、小、高性能、多功能化的过程中,对小体积、大容量电容器的要求日益迫切。固体电解电容器只能适用于直流场合,因此在交流的情况下,半导体陶瓷电容器则具有特殊的重要性。

陶瓷电容器以其体积小、容量大、结构简单、高频特性优良、品种繁多、价格低廉、便于大批量生产而广泛应用于家用电器、通信设备、工业仪器仪表等领域。电容器陶瓷材料按性质可分为四类:第一类为非铁电电容器陶瓷,这类陶瓷最大的特点是高频损耗小,在使用的温度范围内介电常数随温度呈线性变化。非铁电陶瓷做成的电容器在槽路中不仅起谐振电容的作用,而且还以负的介电常数温度系数值补偿回路中电感或电阻的正的温度系数值,以维持谐振频率稳定,故也有人称之为热补偿电容器陶瓷;第二类为铁电电容器陶瓷,它的主要性能是介电常数随温度呈非线性变化而且特别高,因此也可以把它称为强介电常数电容器陶瓷;第三类为反铁电电容器陶瓷;第四类为半导体电容器陶瓷。

电容器陶瓷材料在性能方面有下列要求:

①陶瓷的介电常数应尽可能的高,介电常数越高陶瓷电容器的体积可以做得越小。

②陶瓷材料在高频、高温、高压及其他恶劣环境下,应能可靠、稳定地工作。

③介电损耗角正切要小。这样可以在高频电路中充分发挥作用,对于高功率陶瓷电容器能提高无功功率。

④比体积电阻要求高于 10^8 Ω·m,这样可保证在高温下工作不致失效。

⑤高的介电强度。陶瓷电容器在高压和高功率条件下,往往由于击穿而不能工作,所以提高其耐压性能,对充分发挥陶瓷的功能有重要作用。

虽然 $BaTiO_3$ 型陶瓷电容器早已大量使用,但半导体陶瓷电容器却是近年来才生产与广泛使用的,它的生产过程和常规陶瓷电容器有很大的差别。

半导体陶瓷电容器特大的比体积电容量(MF/cm^3)是传统陶瓷电容器所不可比拟的。这种小型化的新型元件具有颇具吸引力的市场潜力,特别是在尚未 100% 或不需100% 采用 SMT 组装技术的电子产品中,如在电视机、计算机、音响、电话机、电子玩具、白色家电等产品中的耦合、隔流、滤波、旁路等电路中使用半导体陶瓷电容器,这无疑是最佳选择。

目前国际流行的、已实用化的半导体陶瓷电容器有表面型和晶界层型两种,由于前者工艺性好、价廉故使用更为广泛。所谓表面型半导体陶瓷电容器是指:使瓷片本体已半导化的表面重新氧化形成很薄的介质层,之后再在瓷片两面烧渗电极而形成电容器。如:在 $BaTiO_3$ 半导体瓷薄片的表面形成一厚度为 $0.01 \sim 100~\mu m$ 的绝缘层,绝缘层的电阻率达 $10^{10} \sim 10^{11}~\Omega \cdot cm$。由于纯 $BaTiO_3$ 的电阻较小,所以形成电容的串联电路。

形成绝缘层的主要方法有二:①还原–氧化法:将经高温烧成的 $BaTiO_3$ 半导体瓷置于还原气氛($98\% N_2 + 2\% H_2$)中在 $800 \sim 900~℃$ 热处理,使表面少量的氧被强制还原,进一步半导体化。再将瓷片置于氧气(或大气)中,在 $500 \sim 900~℃$ 加热氧化成绝缘层。氧化–还原法制得的绝缘层较薄,单位电容量达 $0.05 \sim 0.06~\mu F/cm^2$;②形成 p-n 结阻挡层。在瓷片表面被覆一层银,在 $700~℃$ 热处理。Ag 氧化成 Ag_2O,$BaTiO_3$ 为 n 型半导体,而 Ag_2O 为 p 型半导体,所以形成 p-n 结阻挡层。也可以先在瓷片上蒸镀一层 $0.3~\mu m$ 的铜,再涂覆 Ag 浆烧渗。这类电容器单位电容可达 $0.4~\mu F/cm^2$。

而晶界层型半导体陶瓷电容器则是:先沿着半导体化的瓷体晶粒边界处形成绝缘层,再在瓷片两面烧渗电极,形成多个串、并联的电容器网。$BaTiO_3$ 粒界层电容器是在半导体 $BaTiO_3$ 晶粒的晶界形成一厚度为 $0.5 \sim 2~\mu m$ 的绝缘层,它的介电常数高,一般 $\varepsilon > 20~000$,有的高达 $80~000$,有良好的抗潮性,高的可靠性,ε 随 T 的变化平缓。研究得较充分的瓷料为:$0.982BaTiO_3 + 0.002Dy_2O_3 + 0.016SiO_2$。形成粒界绝缘层的方法有:①离析法。将 CuO 掺入瓷料,与瓷料一起烧结,因为熔点不同,CuO 离析在 $BaTiO_3$ 晶界。②表面扩散法。在瓷片表面涂上 CuO 或 $CuO + Bi_2O_3$,在 $1~050~℃$ 时,($CuO + Bi_2O_3$)熔化沿晶界进入形成介电层,为了降低温度可先在瓷片上涂一层低熔点的 Li_2O/Bi_2O_3(成分为 $11/89$ 时,熔点 $700~℃$),再涂一层 CuO 则可在较低温度下使 CuO 渗入晶界。图6.4 为半导体电容器结构和等效电路。

大类	小 类		等效电路
表 面 层	表面介质层 半导体陶瓷 电极	氧化还原型	
		阻挡层型	
粒 界 层	绝缘边界层 半导体陶瓷 电极	粒界层型	

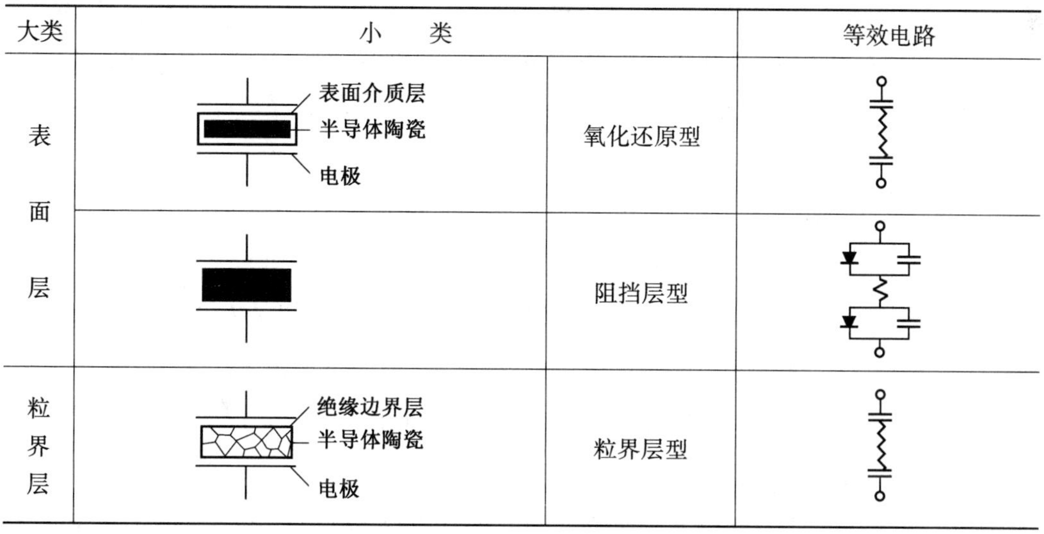

图6.4 半导体电容器结构和等效电路

在半导体陶瓷电容器全部生产过程中,最关键的技术是半导体瓷片的质量,而生产半导体瓷片的关键技术是烧结-半导化-再氧化三阶段的热处理规范的确立及其优化组合。

6.5 压电陶瓷

自从 1880 年居里兄弟发现电气石的压电效应以来,便开始了压电学的历史。石英和 $BaTiO_3$ 陶瓷在压电史上都起到过重要的作用,但是在人类发现 PZT 压电陶瓷之后,大大加快了应用压电陶瓷的速度,使压电的应用出现了崭新的局面。压电陶瓷是应用得较早、较广泛的功能材料,这类陶瓷晶体结构上没有对称中心,因而具有压电效应。在材料的某个方向施加压力,则会在特定的方向引起极化,相应一对表面间就会出现电压差;反之,在一定方向上施加电场,则会发生特定的形变和位移。换言之,压电陶瓷具有机械能与电能之间的转换和逆转换的功能。

压电陶瓷的用途十分广泛,压电点火就是机械能转换为电能的典型例子。压电陶瓷材料具有成本低、换能效率高、形状、尺寸和加工成形方便等优点,因而在各种材料类型的压电器件、换能器件中占有主要的份额,但是它与晶体压电材料相比,具有稳定性和性能一致差等缺点。我国对压电陶瓷的研究始于 50 年代末期,比国外晚 10 多年,经过近 40 年的努力,研制成功了许多性能优良的压电陶瓷,如钛酸铅、锆钛酸铅系列压电陶瓷材料,在广大的工业部门有着广泛的应用。这类陶瓷材料发展速度较快,新配方不断涌现,高性能材料应用范围不断扩大,基础研究及应用研究仍将是当前紧迫的任务。

6.5.1 压电陶瓷的结构与压电原理

在无对称中心的晶体上施加一应力时,晶体发生与应力成比例的极化,导致晶体两端表面出现符号相反的电荷;反之,当对这类晶体施加一电场时,晶体将产生与电场强度成比例的应变,这两种效应都称为压电效应,前者称为正压电效应,后者称为逆压电效应。

在某些没有对称中心的晶体中,还可以由于温度的变化产生极化。导致表面电荷变化,这种现象称为热释电或热电效应。热释电效应是由于晶体中存在自发极化引起的,压电体不一定都具有热释电性。

压电陶瓷是电介质陶瓷的一个重要组成部分,它包括压电陶瓷、热释电陶瓷和铁电陶瓷三种。在载流子极少的电介质中间,其介电特性与组成它的原子排列密切相关,即晶体本身在构成原子的离子电荷缺少对称性时呈现介电性。另外,因压力而产生变形,离子电荷的对称性被破坏时呈压电性。在压电晶体中,具有自发极化的晶体,其大小能随晶体温度的变化而变化,称为热释电性。在热释电晶体中,其自发极化方向随外加电场而转向的材料称为铁电体。电介质陶瓷与压电陶瓷、热释电陶瓷及铁电陶瓷的关系如图 6.5 所示。晶体按对称性分为 32 个晶族,其中有

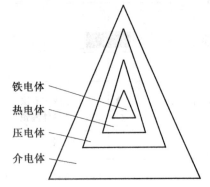

铁电体
热电体
压电体
介电体

图 6.5 电介质陶瓷与压电陶瓷、热释电陶瓷及铁电陶瓷的关系

对称中心的 11 个晶族不呈现压电效应,而无对称中心的 21 个晶族中的 20 个呈现压电效应。属于这种压电性晶体的 10 个晶族的晶体因具有自发极化,有时称为极性晶体,又因受热产生电荷,有时又称为热电性晶体。在这些极性晶体中,因外部电场作用而改变自发极化方向,而且电位移矢量与电场强度之间的关系呈电滞回线现象的晶体称为铁电晶体。

从晶体结构来看,属于钙铁矿型(ABO$_3$ 型)、钨青铜型、焦绿石型、含铋层结构的陶瓷材料具有压电性。目前应用最广泛的压电陶瓷有钛酸钡、钛酸铅、锆钛酸铅等。

具有自发极化的多晶体经极化处理后,各电畴在一定程度上按外电场取向排列,因此陶瓷的极化强度不再为零。这种极化强度以束缚电荷的形式表现出来,如图 6.6 所示。若在瓷片上加一个与极化方向平行的压力 F 如图 6.7 所示,在 F 作用下,瓷片发生变形,轴被压缩。极化强度降低,因而必须释放部分原来吸附的表面电荷,出现放电现象,当 F 撤除后,陶片恢复原状,晶胞 f 轴变长、极化强度又变大,电极上又多吸附一些自由电荷、出现无电现象。这种由机械力变为电的效应,或者说由机械能变为电能的现象,称为正压电效应。若在陶片上施加一个与极化方向相同的电场,如图 6.8 所示。因为这个电场与极化强度方向相同,所以起着增大极化强度的作用。极化强度增大,陶片发生伸长形变。这种由电转变为机械运动,或者说由电能转变为机械能的现象,称为逆压电效应。

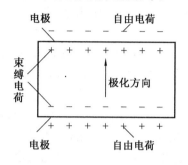

图 6.6 陶瓷片内的束缚电荷与电极表面上吸附的自由电荷示意图

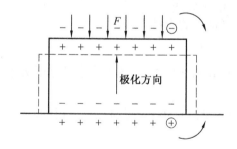

图 6.7 正压电效应示意图
实线代表形变前,虚线代表形变后

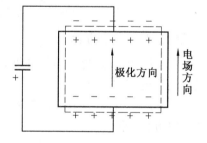

图 6.8 逆压电效应示意图
实线代表形变前,虚线代表形变后

6.5.2 压电陶瓷的性能参数

1. 弹性常数

压电陶瓷在交变电场作用下,会产生交替的伸长和收缩,从而形成机械运动。这种振动的陶瓷零件称为压电陶瓷振子。振子振动时的变形一般为弹性变形,弹性变形服从虎克定律,设应力为 T、应变为 S,那么

$$S = sT$$

$$T = cS$$

式中,s 为弹性顺度常数;c 为弹性劲度常数。

任何材料都是三维的,设在长度方向 1 施加一应力 T_1,它在 1 方向引起的应变为 S_1,在宽度方向 2 引起应变为 S_2,那么

$$S_1 = s_{11}T_1$$
$$S_2 = s_{12}T_1$$

式中,s_{12} 和 s_{11} 之比为泊松比,即

$$\mu = -s_{12}/s_{11}$$

它表示横向相对收缩与纵向相对伸长之比。经极化后的压电陶瓷其独立的弹性顺度常数只有5个,即 s_{11},s_{12},s_{13},s_{33} 和 s_{44},当然独立的劲度常数也只有5个,即 c_{11},c_{12},c_{13},c_{33} 和 c_{44}。

压电陶瓷在不同的电学条件下有不同的弹性顺度常数,当外电路电阻很小,相当于短路,或在电场强度 $E = 0$ 的条件下测得的弹性顺度常数称为短路弹性顺度常数,记作 s^E。在外电路电阻很大,相当于开路或电位移 $D = 0$ 的条件下测得的弹性顺度常数,称为开路弹性顺度常数,记作 s^D。因此共有以下 10 个弹性顺度常数,即

$$s_{11}^E, s_{12}^E, s_{13}^E, s_{33}^E, s_{44}^E$$
$$s_{11}^D, s_{12}^D, s_{13}^D, s_{33}^D, s_{44}^D$$

2. 机械品质因素

机械品质因素(Q_m)表示压电陶瓷在作振动转换中,材料内部能量消耗的程度。Q_m 越大,能量损耗越小。Q_m 的定义为

$$Q_m = 2\pi \frac{振子储存的机械能}{谐振一周机械损耗的能量}$$

3. 压电常数和压电方程

压电陶瓷应力 T,应变 S,电场强度 E 和电位移 D 为压电常数,这四个参数之间关系的方程式称为压电方程。

以应力 $T_\mu(\mu = 1,2,\cdots,6)$ 和电场强度 $E_j(j = 1,2,3)$ 为自变量时,表示这种关系的为第一类压电方程,即

$$D_i = \sum_{j=1}^{3} \varepsilon_{ij}^T E_j + \sum_{\mu=1}^{6} d_{i\mu} T_\mu \quad (i = 1,2,3)$$

$$S_\lambda = \sum_{j=1}^{3} d_{j\lambda} E_j + \sum_{\mu=1}^{6} s_{\lambda\mu}^E T_\mu \quad (\lambda = 1,2,\cdots,6)$$

式中,s^E 为恒定电场下(短路)的弹性劲度常数;ε^T 为恒应力下的介电常数;d 为压电应变常数。

以电场强度 E_j 和应变 S_μ 为自变量时,第二类压电方程组为

$$D_i = \sum_{j=1}^{3} \varepsilon_{ij}^S E_j + \sum_{\mu=1}^{6} e_{i\mu} S_\mu \quad (i = 1,2,3)$$

$$T_\lambda = -\sum_{j=1}^{3} e_{j\lambda} E_j + \sum_{\mu=1}^{6} c_{\lambda\mu}^E S_\mu \quad (\lambda = 1,2,\cdots,6)$$

式中,ε^S 为恒定应变的介电常数;c^E 为恒定电场下(短路)的弹性劲度常数;e 为压电应力常数。

以电位移 D_i 和应力 T_μ 为自变量时,得到第三类压电方程组为

$$E_i = \sum_{j=1}^{3} \beta_{ij}^T D_j - \sum_{\mu=1}^{6} g_{i\mu} T_\mu \ (i = 1, 2, 3)$$

$$S_\lambda = \sum_{j=1}^{3} g_{j\lambda} D_j + \sum_{\mu=1}^{6} s_{i\mu}^D T_\mu \ (\lambda = 1, 2, 3, \cdots, 6)$$

式中,β^T 为恒定应力下的介电隔离率;S^D 为恒定电位移时(开路)的弹性顺度常数;g 为压电常数。

当以电传移 D_i 和应变 S_μ 为自变量时,得到第四类压电方程组为

$$E_i = \sum_{j=1}^{3} \beta_{ij}^S D_j - \sum_{\mu=1}^{6} h_{i\mu} S_\mu \ (i = 1, 2, 3)$$

$$T_\lambda = -\sum_{j=1}^{3} h_{\lambda j} D_j + \sum_{\mu=1}^{6} c_{\lambda\mu}^D S_\mu \ (\lambda = 1, 2, \cdots, 6)$$

式中,β^S 为恒应变(受夹)的介电隔离率;c^D 为恒电位移时(开路)的弹性劲度常数;h 为压电常数。

在压电方程组中出现过 d, e, g 和 h 四种压电常数,它们是由不同的机械和电子边界条件得出的,如"自由""夹持""短路""开路"等。这四组压电常数不是彼此独立的,知道其中一组可以求出其他三组,而最常用的是 d。压电常数实际上表示应力 T 和电位移 D 或应变 S 与电场强度 E 之间的关系。前者又称正压电效应的压电常数,可以定义为单位应力所产生的电位移,可写为

$$D_{31} = (D_3 / T_1)_E$$

该式表示当电场强度 $E = 0$ 时,在材料 1 方向施应力 T_1 时,在 3 方向产生电位移 D_3。

逆压电效应的压电常数为

$$d_{31} = (S_1 / E_3)_T$$

表示机械自由,即应力 $T = 0$ 时,沿材料 3 方向施加电场 E_3,在 1 方向产生应变 S_1。

所得出的四类压电方程从不同角度反映了材料的压电性能,它们之间存在一定的关系。对于非铁电压电晶体,使用第一类和第二类比较方便,对于铁电型压电晶体,使用第三和第四类压电方程组比较方便。

4. 机电耦合系数

在静电场作用下,输入材料的电能,因为逆压电效应部分转化为机械能,正压电效应部分机械能转变为电能,这转换的能量与输入的总能量之比就称之为机电耦合系数,可定义为

$$K^2 = \frac{通过逆压电效应转换的机械能}{输入的电能总量}$$

$$K^2 = \frac{通过正压电效应转换的电能}{输入的机械能总量}$$

6.5.3 压电陶瓷的新工艺

压电器件及其发展取决于压电材料种类的更新和性能提高,如果没有精细陶瓷的制备工艺,压电陶瓷变压器就难以大量应用。为了改进压电陶瓷的微观结构,提高材料的性能,许多国家积极开展高技术陶瓷及其粉体制备工艺的研究和生产。高技术陶瓷,也称为精细陶瓷、目前对开发能够生产粒径分布很窄的化学纯亚微米粉体的合成技术的需求越来越迫切。这些合成精细陶瓷的新工艺虽然比现有的粉体生产方法要贵些,但是这些新的粉体作为精细陶瓷工业升级产品是具有很大竞争力的,因为精细陶瓷商品化的关键因素是起始粉料。对于某些电子陶瓷来说,陶瓷元件的典型缺陷往往是粉料本身所具有的和在成形及致密化过程产生的。粉料处理和成形技术的改进,将会提高精细陶瓷产品的可靠性并降低成本。现在精细陶瓷已成为许多高技术发展中不可缺少的基础材料,广泛应用于微电子、新能源、汽车、宇航工业以及海洋、生物工程和机器人等高技术领域。下面介绍作为精细陶瓷的压电陶瓷在粉体制备工艺方面的一些发展。

钛酸铅($PbTiO_3$)是一种钙铁矿结构的压电材料,其铁电相变温度高(>490 ℃),居里温度高及介电常数低,这些特点使这种陶瓷成为很有前途的高温高频用压电材料。此外,由于 $PbTiO_3$ 陶瓷的横向和纵向机电耦合系数之间有很大的各向异性,因此很适合制作高频(>5 MHz)换能器。然而,由于制备 $PbTiO_3$ 陶瓷的常规方法无法避免冷却时立方-四方相变中所发生的微裂纹(内应力)现象,因此必须更好地控制其微观结构。采用以乙醇草酸盐溶液为基础的化学法能避免这种现象。用乙醇草酸盐法制成的用 La 和 Ca 改性的 $PbTiO_3$ 陶瓷粉体平均粒径为 32 nm,烧结密度大于理论密度的 99%,而 La-$PbTiO_3$ 和 Ca-$PbTiO_3$ 压电陶瓷的烧结温度分别降至 1 150 ℃ 和 1 100 ℃。溶胶-凝胶法已获得大量应用,特别是在陶瓷薄膜制备上。现在已能用溶胶-凝胶法制作纤维状的 $PbTiO_3$,先用溶胶-凝胶法制备 TiO_2-PbO 化学原始粒子,然后将制成的凝胶浆料挤压成纤维,待挤压成的纤维老化和干燥之后,就获得了单块的 $TiO_2 \cdot PbO$ 纤维凝胶。为了促进液相烧结,将 LiF,CaF_2 和 MnO 添加到最初的溶胶中,再以 3 ℃/min 的速度升温,在大气中以 1 050 ℃ 烧结 0.5 h,即可获得平均直径 <500 μm 的纯 PbO 纤维。这些纤维具有孔隙分布均匀的孪生 $PbTiO_3$ 晶体微观结构,能够用高电场(100 kV/cm)极化,并且减少了极化时大的四方畸变所产生的晶粒间应力。

另一项工艺是利用氢氧化物和草酸盐的共沉淀,制备掺杂的 PZT 压电超细粉体。该法比常规方法更加可取是因为它能避免 PbO 的挥发,降低烧结温度(1 100 ℃)。用这种工艺制成的亚微米规格的粉体,烧成后的密度达 98%,径向耦合系数大于 60%,常数 d_{33} 高达 $360 \times 10^{-2} CN^{-1}$。

德国的科研人员通过不同的化学计量和组成来获得同质粉体是采用热油干燥法。此法是将溶有合适原始粒子的溶液,在约 150 ℃ 下,一滴滴地输入到热的石蜡油槽中,再用过滤法将干燥的沉淀物从油中过滤出来,接着在 500 ~ 700 ℃ 下进行分解。用这种方法合成出的 $MTiO_3$(M = Ba,Sr,Ca 等)粉体,是由直径 50 nm 左右的团粒组成,平均粒径 100 nm,在 1 000 ℃ 下燃烧 2 h 后获得的表面积为 5 m^2/g。美国有人采用共沉淀法并结合冷冻干燥工艺,合成了 $Pb(Zr_xTi_{1-x})O_3$ 精细粉体。在冷冻干燥前,无清洗沉淀,消除硝酸盐,然后使其分散在合适的溶剂里,这些都是控制聚集成形的关键。焙烧之后获得化学均匀的松散团聚粉体,然后将这些不用研磨的粉体压实到具有细小的纳米级孔隙分布的程度,并以 800 ℃进行烧结。这样可以获得超过理论密度 98%的密度,而且在烧结时大大地减少了 PbO 的挥发。采用改进的 PZT 材料(PZT-4S 和 PZT-8M)制作超声大功率器件、声纳和致动器,具有明显的性能优势。这些材料的压电性比普通的材料好,同时又保留了其他一些电气特性,如介电常数和频率常数等。另外,它们的温度稳定性和时间稳定性都有了很大提高。

日本非常积极广泛地开展用超细原始压电陶瓷粉体制作 PZT 和 $PbTiO_3$ 陶瓷,如松下电气公司采用粒径为 0.2 μm 的原始粉体制作这些陶瓷,这些陶瓷能以较低的温度烧成,其强度比普通的 PZT 大 1 倍。美国也在研究合成 PZT 超细粉体的其他方法。

6.5.4 压电陶瓷的应用

目前压电陶瓷的应用日益广泛,在所应用的压电陶瓷中大致可分为压电振子和压电换能器两大类。压电振子主要利用振子本身的谐振特性,它要求压电、介电、弹性等性能稳定,机械品质因数高。压电换能器主要是将一种能量形式转换成另一种能量形式,它要求机电耦合系数和品质因数高。压电陶瓷的主要应用领域见表 6.4。

表 6.4　压电陶瓷的主要应用领域

应用领域		应用实例
电　源	压电变压器	压电点火装置、阴极射线管、电视显像管、激光管和电子复印机等高压电源、雷达
信号源	标准信号源	压电音叉、振荡器、时间和频率标准信号源
发射与接收	水声换能器	水下导航定位、通讯和探测声纳、超声探测、鱼群探测
	超声换能器	地质构造探测、无损探伤和测厚、催化反应医用超声器件
信号转换	超声换能器	超声切割、焊接、清洗、搅拌、乳化及超声显示
	电声换能器	拾声器、送话器、受话器、扬声器等电声器件
信号处理	滤波器	分立滤波器、复合滤波器、脉冲滤波器
	放大器	信号放大器及振荡器、混频器、隔离器等
	表面波导	声表面波传输线
传感与计测	红外探测器	监视领空,检测大气污染浓度,非接触式测温及热成像等
	位移发生器	激光稳频补偿元件、显微加工设备及光角度、光程长的控制器
存贮显示	存贮	光信息存贮器、光记忆器

1. 压电陶瓷变压器

压电陶瓷变压器与传统的电磁变压器相比,它在结构、制造材料和升压原理上是截然不同的,并具有高效率(转换效率 90%)、无需磁芯及铜线绕制、不怕短路、不怕高压击穿、不怕受潮、不怕电磁干扰、体积小、质量轻、结构简单等优点。

压电陶瓷变压器采用长条片型一体化结构,它是用特殊压电陶瓷材料(如改性锆钛酸铅或铌镁锆钛酸铅)经高压成形、高温烧结和高压电场极化等一系列工艺而制成。

(1)压电陶瓷变压器的工作原理

利用压电材料本身具有的正、逆压电效应,在机-电能量二次转换过程中通过体内阻抗变换而实现升压作用,它具有温度稳定性好、机电耦台系数大、机械品质因子高和机械强度大等优点。

(2)压电陶瓷变压器具有如下基本特性

①输出功率-负载阻抗特性。例如当输入电压为 275 V 时,若负载电阻 R_1 =9 MΩ,则输出功率最大值为 65 W。由于压电变压器输入阻抗、升压比均随负载阻抗变化而变化,当输入不同电压值时,输入功率与负载阻抗变化关系不完全相同。

②转换效率-负载特性。由于输出功率是在负载电阻上测得的,总的功率损耗包括了压电变压器和整流电路的损耗,因此陶瓷变压器实际转换效率应大于曲线表示的转换效率。

③波节温度-负载特性。由于压电陶瓷变压器的波节处应力大,因此温度也最高。经多次测试得知,压电陶瓷变压器输出功率为 40 W 时最高温度为 34 ℃,输出功率为 50 W时最高温度点的温度为 47 ℃,变压器其他部分温度更低。

④谐振频率-环境温度特性。一般情况下压电材料的谐振频率因本身发热和环境温度变化而发生漂移,因此压电变压器谐振频率的温度特性是确定压电变压器性能好坏的重要指标,特别是压电陶瓷变压器在较大输出功率运用时,谐振频率温度特性的研究就更为重要。

(3)压电陶瓷变压器的应用

从家用电器到高科技军工产品的各个领域,例如安全系统中的电警棍、防盗网、提款箱、运钞车、保险柜等;电源供应系统中的 CRT 和 EL 显像管、冷阴极管、霓虹灯管、激光或 X 光管、高压静电喷涂、高压植绒、雷达显像管等;汽车与机车点火系统、锅炉点火系统、及高压脉冲点火;其他方面如影印机、激光打印机、传真机、静电产生器、医疗器材、空气清新机、臭氧消毒柜、军事和航天设备等。具体应用压电陶瓷变压器的产品有 PCT 笔记本型电脑 LCD 背光电源,TGB-1 型压电陶瓷变压器高低压稳压电源,JHT-2 型 PCT 压电陶瓷极化台,TDF-1 型压电陶瓷变压器复印机高压电源,TGD-1 型电陶瓷变压器雷达高压电源,PCB-1 型压电陶瓷变压器便携式 He-Ne 激光光源,LZ-100 型氦氖激光血管内照射治疗仪等。

2. 高位移的新型压电致动器

自从发明压电致动器特别是多层压电致动器以来,其应用日益扩大,尤其是在精密定位方面,现在多层压电致动器国外已经大量地应用在汽车的燃料注入系统和悬置系统。

致动器(驱动器)用功能陶瓷大体可分三大类:第一类是线性压电陶瓷材料,第二类是非线性(二次方特性)电致伸缩材料,第三类是梯度材料。然而用这些材料做成驱动器,为了取得较大的形变量,往往采用多层结构的器件和采用弯曲形变的双晶片(bimorph)结构。根据不同的应用要求来选用材料的性能和结构,它们是密切相关的梯度材料也好,多层结构也好,都是在陶瓷内部存在着组成的变化,而且是渐变过程,从而产生各部位的性能差异。正因为这些性能的差异,在外场的作用下致使陶瓷材料产生形变和移动,而且是极小的移动,称微位移。例如,PZT 梯度电阻压电陶瓷是由单片陶瓷叠加而成,梯度电阻的产生是由于每片的电阻逐步变化所致,而每片电阻的逐步变化又是由于掺 La^{3+} 和掺 Fe^{3+} 的质量分数变化所致。在烧结过程中 Fe^{3+} 和 La^{3+} 相互扩散,使掺杂量形成均匀的梯度分布。这种具有电阻梯度,即压电性梯度的陶瓷材料可以成为很好的致动元件。压电多层致动元件的优点是:体积小、功能少、响应快、线性、回零、驱动电压低,因此很受欢迎。又如 $Pb(Zn_{1/3}Nb_{2/3})O_3-PbZrO_3-PbTiO_3$,即 PZN-PZT,可以成为固溶体,固溶范围宽,由它所制成的压电梯度多层致动元件,压电常数高,介电系数在近相变边界处也高,因此也可以制成很好的 PZN-PZT 多层致动陶瓷元件。为了获得较高的位移量,以及可以用偏压控制,目前较多地采用电致伸缩材料,以 PMN-PT 为主。PMN 即 $Pb(Mg_{1/3}Nb_{2/3})O_3$,它是很好的微位移材料。为了调整微位移量,可在 PMN 中掺入不同量的 PT,即 $PbTiO_3$,呈 PMN-PT 电致伸缩微位移,经标定后可在精密机械加工上应用,具有广泛的发展前途。

使压电陶瓷或电致伸缩陶瓷产生位移的技术有弯曲张力复合结构、单晶片和双晶片结构,而这几种技术中没有一种在大小、质量、最大位移量及负载承受能力上有响应的限制。日本有人研制了一种月牙形的金属-陶瓷复合致动器,它能将压电圆片的径向位移放大(约 10 倍)并转变为线性轴向运动,在承受 0.5 MPa 的应力时,能获得的位移高达 20 mm。美国研究人员研制的一种新型的单片陶瓷致动器,它可以获得非常高的轴向位移(1 000),并能承受适度的压力(约 0.6 MPa)。这种称为"虹"(由还原层和内部偏移氧化层组成)的陶瓷致动器的独特结构,使其具有比其他结构范围都宽的应力-应变特性。通过气氛烧结和热压陶瓷都能制成"虹"结构,特别是采用 PLZT 压电和电致伸缩陶瓷,例如 2/53/47(La/Zr/Ti),5.5/56/44,8.6/65/35 以及 8/70/30。不久前,美国又有人研制出了弹珠式致动器。

这些新型的陶瓷致动器的典型用途包括线性致动器、往复运行和空腔泵、开关、扬声器、压力计、振动器、喷水器和接受器、光偏转器、继电器、减噪和减振器件以及智能系统。特别是弹珠式致动器在汽车工业上有很大的应用潜力,它可用作传感器和减振器元件,阀门的开关元件,还可以用到其他要求尺寸小、响应快的场合。已经有人将其成功的应用于光扫描器,高密度记忆贮存驱动器等。表 6.5 列出不同类型陶瓷致动器特征。

表 6.5 不同类型陶瓷致动器特征

特　　征	多　　层	双 晶 片	虹　　形	弹 珠 形
尺寸/mm	5×5×12.7 （长×宽×厚）	12.7×10×0.6 （长×宽×厚）	面宽 12.7 厚 0.5	面宽 12.7 厚 1.7
驱动电压/V	100	100	450	100
位移/μm	10	35	20	20
接触面积/mm²	25	1	1	1
驱动力/N	900	0.5 ~ 1	1 ~ 3	3

特　征	多　层	双晶片	虹　形	弹珠形
位置与位移的关系	无	顶部最大	中心最大	中心最大
载荷下的稳定性	非常高	非常高	低	低
最快响应时间/μs	1～5	100	100	5～50
制备方法	浇注成形并在 1 200 ℃下共烧	黏接陶瓷元件在薄金属片上	在 950 ℃下还原陶瓷元件	黏接陶瓷元件在金属帽上
费用	高	低	中等	中等

压电和电致伸缩陶瓷致动器可分为刚性位移器件和谐振位移器件。谐振位移器件是在机械谐振频率下，由 ac 电场激发产生交替应变，例如压电超声马达。为了取代普通的电磁马达，现已开发高功率的超声马达，超声马达的特点是"低速大转矩"，这与电磁马达的高速小转矩正好形成对比，开发的超声马达有驻波型和传输波型。

驻波型又称为振动耦合器型，其振动件与压电驱动器相连接，由端部产生水平椭圆运动。驻波型具有很高的效率，但存在缺乏正反时钟方向控制问题。传输波型（表面波型）是将两种驻波与时间和空间上的两种 90°相位差相结合，具有正反两种旋转方向都是可控的优点。借助于压电环产生的传输弹性波，通过改变正弦和余弦电压输入，从两个方向驱动与黏贴在压电体上的弹性体波动表面接触的环形滑动件。传输波型另一个优点是结构很薄，这使其适合安装在相机内用作自动聚焦器件。佳能的"EOS"相机系列 80% 的调换镜头都已采用超声马达机构。

3. 医用微型压电陶瓷传感器

压电超声换能器用于医疗设备很久了，其应用领域很多。随着科学技术的不断发展，人们开始研制新型仪器。美国科学家研制出一种微型压电陶瓷传感器，它比人的头发还要细小，可以将它用来帮助医生探测病人的心脏附近（如冠状动脉）具有潜在致命危险的胆固醇的累积情况。使用时，将这种十分细小的传感器插入动脉血管并通过微细光缆输送到心脏部位，利用高频超声和这样的传感器来诊断有生命危险的胆固醇堵塞部位的位置和厚度，为在血管内采用激光外科手术将其清除铺平道路。

4. 用于主动减振和降噪的压电器件

许多机械结构往往会发生振动，由此又常常会引发噪声。因此对运动结构进行减振降噪控制（如运行的机械、潜艇壳体、航空航天的飞行器以及舱内）具有重要的意义。特别是大型精密的航空航天的挠性结构，一般质量轻、阻尼小，一旦发生振动，其衰减过程虽十分缓慢，但长期如此便会影响到结构运行的精度，甚至会引发结构疲劳、失稳等现象。因此对挠性结构的减振研究是十分必要的。传统的被动减振降噪方法是通过增加质量、阻尼、刚度，或者是通过结构的重新设计而改变系统的特性。

压电材料自身具有的正反压电效应使其成为挠性结构主动分布控制中检测器与执行器的理想材料，用于这方面较为重要的压电材料有 PZT 和 PVDF。PVDF 与前者比较具有频响宽、易与生阻抗匹配、机械强度高、柔韧性好、质量轻并且耐冲击，容易制成大面积膜，价格低廉等优点。一个带有压电检测器和执行器的梁,底部的压电层(作检测用)感应梁的位移并产生相应的电压,将这一电压按照一定的控制规律乘以放大系数并反馈到上部的压电执行器,压电执行器受到电压的作用而产生机械振动;如果反馈电压转换了180 ℃的相位,这种振动就会抵消梁的振动,从而达到减振降噪的目的。上述这种分布检测器和执行器装置由于具有自我监测与自我调节能力而被称为智能结构,现在已经应用于潜艇外壳、飞机舱以及发射航天器舱的减振降噪。

6.6　敏感陶瓷

陶瓷材料不仅具有耐热、耐腐蚀和耐磨等特点,而且具有多种敏感功能。由陶瓷材料制成的传感器可以检测温度、湿度、气体、压力、位置、速度、流量、光、电、磁和离子浓度等,因而传感器陶瓷是一种潜力很大,很有发展前途的敏感功能材料。

敏感陶瓷绝大部分是由各种氧化物组成的,由于这些氧化物多数具有比较宽的禁带(通常 E_g 不小于 3 eV),在常温下它们都是绝缘体。通过微量杂质的掺入,控制烧结气氛(化学计量比偏离)及陶瓷的微观结构,可以使之受到热激发产生导电载流子,从而使传统的绝缘陶瓷成为半导体陶瓷,并使其具有一定的性能。陶瓷是由晶粒、晶界、气孔组成的多相系统,通过人为掺杂,造成晶粒表面的组分偏离,在晶粒表层产生固溶、偏析及晶格缺陷;在晶界(包括同质粒界、异质粒界及粒间相)处产生异质相的析出、杂质的聚集、晶格缺陷及晶格各向异性等。这些晶粒边界层的组成、结构变化,显著改变了晶界的电性能,从而导致整个陶瓷电气性能的变化。

目前已获得实用的半导体陶瓷可分为以下几种。

① 主要利用晶体本身性质的:NTC 热敏电阻、高温热敏电阻、氧气传感器。

② 主要利用晶界和晶粒间析出相性质的:PTC 热敏电阻、ZnO 系压敏电阻。

③ 主要利用表面性质的:各种气体传感器、湿度传感器。

敏感陶瓷是某些传感器中的关键材料之一,用于制造敏感元件。敏感陶瓷多属于半导体陶瓷,是继单晶半导体材料之后又一类新型多晶半导体电子陶瓷。敏感陶瓷是根据某些陶瓷的电阻率、电动势等物理量对热、湿、光、电压及某种气体、某种离子的变化特别敏感这一特性来制作敏感元件的。按其相应的特性,可把这些材料分别称作热敏、气敏、湿敏、压敏、光敏及离子敏感陶瓷。此外,还有具有压电效应的压力、速度、位置、声波敏感陶瓷、具有铁氧体性质的磁敏陶瓷及具有多种敏感特性的多功能敏感陶瓷等。这些敏感陶瓷已广泛应用于工业检测、控制仪器、交通运输系统、汽车、机器人、防止公害、防灾、公安及家用电器等领域。表6.6 列出了各种敏感陶瓷的分类、用途及材料。

6.6.1　温度敏感陶瓷材料

在温度传感器中,使用量最大的是热敏电阻。热敏电阻是指其电阻随温度变化而变化的半导体元件,按其物理特性可分为 NTC 热敏电阻,PTC 热敏电阻和 CTR 热敏电阻三种。

表 6.6　各种敏感陶瓷的分类、用途及材料

种　　类	陶瓷材料及形态	输出或效应	应用实例
温度传感器	$BaTiO_3$	电阻变化正特性	过热保护传感器
	VO_2,V_2O_3	半导体、金属相变引起的电阻变化	温度继电器
	Mn–Zn 铁氧体	铁磁性、顺磁性引起的磁场强度变化	温度继电器
	氧化 ZrO_2	氧浓差电池引起的磁场强度变化	高温耐腐蚀温度计
气体传感器	TiO_2,Co–MgO	电阻变化	O_2 传感器,废气传感器
	稳定化 ZrO_2,ThO_2,ThO_2–Y_2O_3	氧浓差电池引起的电动势变化	O_2 传感器
	Pt–Al_2O_3–Pt	反应热引起的电阻变化	可燃性气体浓度计
	Ag–V_2O_5		NO_2 传感器
温度传感器	Al_2O_3,Ta_2O_3–MnO	电容变化	湿度计
	Fe_2O_3,$LiNbO_3$,TiO_2–V_2O_3	电阻变化	湿度计
位置传感器	PZT,TaN	压电效应引起的反射波的波形变化	探伤仪,血流仪,探鱼仪
光传感器	ZnS(Cu,Al)	荧光效应	显像管,X 射线监测仪
	CaF_2	热荧光效应	热荧光光线测量仪

由于陶瓷材料在高温下能保持良好的物理、化学和电性能,所以高温型的 NTC 陶瓷材料研究得十分广泛,其主要系统有:ZrO_2–Y_2O,ZrO_2–CaO 系(属于萤石型结构);以 Al_2O_3,MgO 为主要成分的尖晶石结构,如 $CoAl_2O_4$ 系,$NiAl_2O_4$ 系,$Mg(Al,Cr,Fe)_2O_4$ 系。这类高温热敏电阻器除已用于汽车排气温度检测外,还可用于工业、防公害和家庭烹饪等设备。

热敏中的 CTR 温度急变型传感器用陶瓷材料,主要是利用了 Y_2O_5 为基的改性陶瓷(掺杂以 MgO,CaO,SrO,BaO,B_2O_3 等),用于制作火灾报警、温度报警、固定温度控制等的传感器。

随着薄膜技术的发展,各种薄膜温度传感器也随之出现。其中,用射频溅射形成的化学和热稳定性好的 SiC 薄膜能在 300 ℃下长期连续工作。PTC 陶瓷材料主要是以 $BaTiO_3$ 为基,置换以不同比例的 $SrTiO_3$ 和 $PbTiO_3$ 并添加一定数量的杂质半导化制成的。它作为温度检测传感器的应用面较窄,主要用于马达和变压器的过热保护、彩电消磁和自控温加热元件等方面。

6.6.2　湿敏陶瓷材料

利用陶瓷电特性随湿度变化的特性,可制成陶瓷湿度传感器,已经开发的主要系统包括:TiO_2–SiO_2 系,Fe_2O_3–K_2O–Al_2O_3 系,ZnO–Li_2O–V_2O_5–Cr_2O_3 系,$ZnCr_2O_4$–$LiZnVO_4$ 系,

$MgCr_2O_4-TiO_2$ 系等。

薄膜湿敏器件也已得到发展,它采用 $BaTiO_3$ 膜的金属-绝缘体-半导体(MIS)结构,即在 n 型<100>取向硅片上,光射频溅射沉积厚度 100 nm 的 $BaTiO_3$ 膜,再在上面和基片的背面分别蒸镀铝和金。

ZrO_2 厚膜湿度传感器是一种不带旁热装置的湿度传感器,其电阻值随空气中的相对湿度的变化而变化。这种湿度传感器采用 ZrO_2 精细粉末,通过厚膜印刷技术制成,既具有陶瓷的高耐久性和高速响应,又具有质量轻、体积小和成本低的优点。

6.6.3 气敏陶瓷材料

随着科学技术的不断进步,人们所使用和接触的气体越来越多,因此要求对这些气体成分进行分析、检测及报警的领域也日益扩大。尤其是易燃、易爆、有毒气体,它不仅直接与人们的生命财产有关,而且正危及到人类所生存的大气环境,所以必须对这些气体进行严格监测,避免火灾、爆炸及大气污染等事故的发生。

长期以来,人们研究和应用了多种气体检测方法,这些方法的共同特点是成本高、设备复杂,不宜广泛采用,而后来发展起来的半导体法则由于结构简单、灵敏度高、使用方便、价格便宜,因此发展十分迅速。气敏陶瓷材料就是其中重要的分支。

气敏陶瓷材料可分为半导体式和固体电解质式两大类,其中半导体气敏陶瓷又分为表面效应和体效应两种类型。利用半导体陶瓷元件进行气体检测时,气体在半导体上的吸附和脱吸必须迅速,而工作温度至少在 100 ℃ 以上气体在半导体上才会有足够大的吸脱速度,因此,元件需要在较高温度下长期暴露在氧化性或还原性气氛中工作。所以气敏陶瓷材料多为氧化物半导体,具有物理和化学稳定性。

气敏元件还要求具有以下主要特性:

①气体选择性。对于气敏元件来说,对气体的选择性比可靠性更为重要。提高元件对气体的选择性有四种方法:a.在材料中掺杂金属氧化物或其他添加物;b.控制调节烧结温度;c.改变元件工作温度;d.采用屏蔽技术。

②初始稳定、气敏响应和复原特性。初始稳定:元件通电加热,温度通常 200 ~ 400 ℃,元件的电阻首先是急剧下降,一般约经 2 ~ 10min 后达到稳定状态,达到初始稳定状态以后的元件才可用于气体检测。气敏响应速度:达到初始稳定状态的元件,迅速移入被测气体中,其电阻值减少(或增加)的速度称为元件的气敏响应速度特性。一般用通过被测气体之后至元件电阻值稳定所需要的时间,即响应时间来表示响应速度。复原:测试完毕,把元件置于普通大气环境中,其阻值恢复到保存状态数值的速度称为复原特性,可用恢复时间表示。

③灵敏度及长期稳定性。元件的灵敏度通常用元件在清洁空气中的电阻与在一定浓度的被检测气体中的电阻之比来表示。它也可用被检测气体不同浓度下电阻之比来表示。改善长期稳定性的方法主要是通过加入添加剂和控制材料的烧结温度。

6.6.4 力敏陶瓷材料

力敏陶瓷材料主要是利用 PZT(锆钛酸铅)、$PbTiO_3$ 等陶瓷材料的压电效应,其典型特性是灵敏度为 300~700pc/（kg/cm²），压力范围为 98~5 884 kPa，允许最大压力 8 826 kPa，直线性±1%FS，使用温度范围为-20 ℃~170 ℃。

6.6.5 声敏陶瓷材料

超声波技术是研究声波频率高于音频时声波在物质中的传播规律。利用超声波在气体、液体、固体中传播时的速度变化或对声能吸收或改变的特点来鉴别、分析和探索物质的物理和化学性质。采用压电陶瓷制成的超声波传感器已大量应用于工业检测、通讯、汽车及医疗诊断等领域。超声波传感器采用的压电陶瓷材料必须是压电应变常数（d 常数）或压电电压常数（g 常数）大的材料。常数 d 与 g 之间有一定的关系，d 值大的材料适宜作发射超声波用，而 g 值越大的材料，其接收灵敏度越高，超声波传感器所用的压电陶瓷材料主要是高灵敏度型的 PZT 基改性陶瓷。

6.6.6 光电敏感陶瓷材料

20 世纪 70 年代初，美国科学家研制出了具有良好电光效应的 PLAT 陶瓷，这种陶瓷能为各种电光器件提供大面积、高透光性和光学上各向同性的低成本材料。当外加电场后，它不仅具有双折射变化的电光效应，还具有透光性变化的电光散射效应以及其他效应，而且常温下调整 PLZT 的组成比便可以获得铁电相、反铁电相和顺铁电相不同晶系的材料，从而可以任意选用不同特点的 P-E 电滞回线，即不同特点的电光效应。利用其电光散射效应可制成各种光阀和显示器件。后来又发现该种陶瓷材料具有光铁电效应，即在 PLZT 陶瓷上加电场的同时再用光照射，会改变材料的光学性质。利用光铁电效应存贮图像可制成高对比度和高分辨率的存贮器件。近年来人们又考虑利用其光伏效应和压电效应的耦合所产生的光致应变伸缩效应制作光制动器-光驱动继电器、光声器件等。

6.6.7 压敏陶瓷材料

1. 压敏陶瓷性质

压敏陶瓷主要用于制作压敏电阻，它是对电压变化敏感的非线性电阻，如图 6.9 所示。

在某一临界电压以下电阻值非常高，几乎没有电流通过，但当超过这一临界电压（压敏电压）时，电阻将急剧变化（减小）并有电流通过。一般压敏电阻的电流-电压特性可表示为

$$I = (V/c)^a \qquad (6.1)$$

式中，I 为通过压敏电阻的电流；V 为电压；c,a 为常数反映压敏电阻的特性。

对式（6.1）两边取对数为

$$\ln I = a\ln V - a\ln c$$

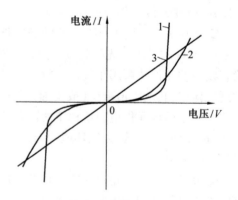

图 6.9 压敏电阻器 I-V 特性示意图
1—ZnO 压敏电阻器；2—SiC 压敏电阻器；3—线性电阻器

两边微分,即
$$dI/I = adV/V$$
$$a = (dI/I)/(dV/V)$$

式中,a 为非线性指数,a 越大,则电压增量所引起的电流相对变化越大,即压敏性越好。但 a 值不是常数,在临界电压以下,a 逐步减小,到电流很小的区域,$a \to 1$,表现为欧姆特性。与欧姆定律比较,可把 c 值称为非线性电阻值,对一定的材料为常数。由于 c 值的精确测量非常困难,而实际上压敏电阻器呈现显著压敏性时的电流 $I = 0.1 \sim 1$ mA,因此,常用一定电流时的电压 V 来表示压敏性能,称为压敏电压值。如电流为 0.1 mA 时,相应的压敏电压用 $V_{0.1\,mA}$ 表示。压敏电阻的性能参数除 a,c 外,还有通流容量、漏电流、电压温度系数、固有电容等。

陶瓷压敏电阻的应用非常广泛,主要在电力系统、电子线路和一般家用电气设备中作为过压保护(避雷器、高压马达的保护等)、高能浪涌的吸收以及高压稳压等的关键元件。压敏电阻器的种类较多,有碳化硅压敏电阻、硅压敏电阻、锗压敏电阻以及氧化锌压敏电阻等,其中以氧化锌压敏电阻性能最优。压敏陶瓷材料主要有 SiC,ZnO,BaTiO$_3$,SrTiO$_3$ 等多种材料,由于 SiC 的非线性系数 α 较低,它将逐渐为 ZnO 陶瓷所取代。

BaTiO$_3$ 压敏陶瓷是利用半导化 BaTiO$_3$ 与银电极间生成的表面阻挡层整流作用的正向特性,其压敏电压低,非线性系数 α 大,寿命较高,价格便宜。ZnO 压敏陶瓷用量相当大,它是一种加入 CaO,Sb$_2$O$_3$,MnO,Cr$_2$O$_3$,SrO,BaO,TiO$_2$,PbO 等添加物形成晶界效应的性能较好的非线性电阻材料,主要用于过电压保护、避雷器、电机马达、电源设备、整流设备及家用电器的保护。近年来 SrTiO$_3$ 压敏电阻陶瓷的研究开发已有很大进展,是一种很有希望的材料。

此外,用于低压小电流的浪涌吸收陶瓷还有 Fe$_2$O$_3$,SnO$_2$,TiO$_2$ 等压敏材料,但其非线性系数均小于 ZnO 压敏陶瓷。ZnO 半导性压敏陶瓷的导电机理:

ZnO 压敏陶瓷是由 n 型半导性的 ZnO 晶粒和复杂的晶界层相(厚度为 $2 \sim 20$ nm)构成的。人们常用图 6.10 所示的理想模型来表示。掺加 Bi$_2$O$_3$ 的 ZnO 陶瓷的晶界层相可以是富 Bi 层,也可以是因化学组成偏离化学计量比、晶格缺陷和杂质在晶界区的富集,这种晶界层构成了对电子的势垒,称为肖特基(Schottky 型)势垒、两晶粒及其间的晶界层构成了分立的双肖特基势垒,如图 6.11,b 为自由电子耗尽层厚度,其值为 $10^2 \sim 10^3$ nm,势垒高度为 ϕ_0。

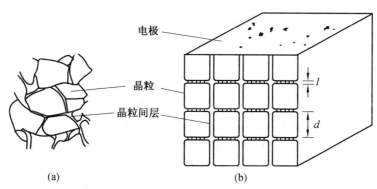

(a)   (b)

图 6.10　ZnO 陶瓷显微织构的模型图

在 ZnO 压敏电阻器上施加电压后,肖特基势垒要发生倾斜(图6.12)。在偏压的作用下,左侧势垒由于处于正向偏置,势垒有所降低($\Delta\phi=\phi_0-\phi_1$)。而右侧势垒有所增加($\Delta\phi=\phi_2-\phi_0$)。当外加电压较低(处于预击穿区),向势垒右侧流动的电子有两种来源:一是左面 ZnO 晶粒导带中的电子逸出并越过势垒流向右侧;二是晶界处俘获的电子逸出向右流动,使这两种电子逸出的动力都是

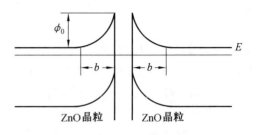

图6.11 ZnO 半导性陶瓷的晶界势垒图

热,此时的导电机制为热激电流,与温度有关。当外加电场强度足够高时在 ZnO 的耗尽层内形成空穴,如图6.13,晶界界面能级中俘获的电子不需越过势垒,而是直接穿越势垒进行导电,在量子力学中称为隧道效应。由隧道效应所引起的电流很大,此时 U-I 特性曲线非常陡峭,a 值可达50以上,此时的导电机制为隧道电流。

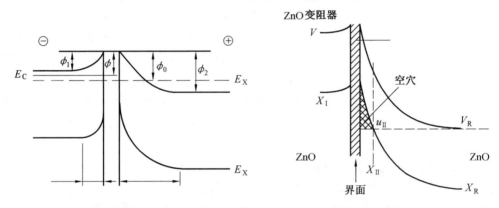

图6.12 ZnO 陶瓷的能带结构因外加电压而变形 图6.13 ZnO 陶瓷耗尽层中空穴的产生(空穴模型)

目前国内外关于压敏电阻的研究方向基本上向两端发展:低压和高能高压。高能高压元件在国外已形成 1～500 kV 的系列产品,现正在研制 800 kV 以上的电网用高性能无间隙避雷器,高能高压元件用 ZnO 陶瓷除要求均匀的显微结构外,还要求晶粒细(～3 μm左右)。此外,随着现代集成电路集成规模和速度的提高,其遭受瞬态浪涌电压破坏的可能性大为增加。由于瞬态浪涌电压的存在,不仅会增大电子电路的噪声,而且容易导致电路的损坏,因此近年来,电压为 4.7～22 V 的低压压敏电阻及 22～68 V 的低压、大通流压敏电阻器的研究与应用越来越广泛,实现压敏元件低压化的途径有:①减薄坯体厚度,采用叠片结构(层厚为 20～30 μm),这种结构也能适应表面安装技术;②制成薄膜压敏元件;③制备晶粒尺寸大且显微织构均匀的 ZnO 压敏陶瓷。以前一直采用 TiO$_2$ 作为晶粒生长促进剂,但是显微结构不够均匀,通过在起始原料中引入一定数量的 ZnO 籽晶,再加上适当的混磨工艺,可以促进加 ZnO 晶粒的生长(最大晶粒可达 105 μm),且晶粒尺寸均匀,达到降低材料的压敏电压和提高通流容量的目的。

2. 敏感陶瓷材料制备工艺的发展

近年来随着材料科学的发展,一些具有新性能的敏感陶瓷材料被开发出来,而且这些

新材料不一定是新材质,一些新的制备工艺技术正在制造出具有新功能的陶瓷敏感材料。

(1)非晶化技术

作为适合工业用的非晶材料,近年来一直受到关注,这是因为非晶材料可作为半导体、介电体、磁性体,在今后的电子和能源领域里发展前景广阔。非晶磁性合金和非晶硅已处于实用阶段,其研究的重点是如何实现陶瓷的非晶态化使其具备新的功能。现已应用非晶化技术试制出带状铁氧体和强磁性铁氧体。

制造非晶铁氧体是在铁氧体的基体上填充五氧化二磷,在 1 450 ℃下熔触 20 min 后,通过 2 000 r/min 的双辊压制而成。由于非晶磁性材料的原子排列无规律性,因此具有以下特点:①电导率低;②无结晶滑动面,机械强度大;③磁晶无各向异性,有较高的磁导率。

铁磁性铁氧体的重要特征是当制成的薄膜达到 10 μm 时,在近红外区的吸收系数变小,有良好的光透射性。利用这种光的透射性和磁特性的复合可制成光-磁传感器、光磁记录介质等,为新的光磁材料拓宽应用领域。

(2)陶瓷薄膜化技术

陶瓷材料薄膜化能使制成的器件轻薄小型化。利用薄膜组合不仅能多功能化节约材料,而且作为材料极限状态的一种形态,它能表现出块状陶瓷材料所不具备的优良特性。陶瓷薄膜的制造方法有化学制膜法和物理制膜法。化学制膜法包括浸镀法、喷镀法和化学气相沉积法(CVD),物理制膜法包括真空蒸发法(含有电阻加热法 RH 法、电子束加热法 EB 法)、溅射法(d. c 溅射法、r. f 溅射法、d. c 磁控溅射法、r. f 磁控溅射法)。

(3)叠层化技术

叠层技术被广泛应用于制造叠层压敏电阻、叠层压电体、叠层传感器等。叠层元件基本上都是重叠薄的片状物,以实现元件整体小型化和获得新的特性。叠层元件按其单层的功能大致分为两类:一类是每个单层具有相同的功能,如叠层压敏电阻等;另一类是把不同性能的单层集成具有不同功能的叠层元件,如叠层传感器等。

随着制备工艺的发展(如精确制作薄膜,大面积印刷,以及制作多层压制、切削、热处理和低温烧结等),为了使压敏电压低电压化、压敏电阻小型化以及改善通流量,采用印刷基片方式。40 μm 厚的印刷基片能获得 $V_{1\text{ mA}} = 4.2$ V 的低压压敏电阻,这种叠层压敏电阻的非线性系数为 $a = 30-38$、而同样单片形的 $a<20$,因此在性能上有了很大改善。

(4)超微粒子化技术

近年来,功能陶瓷材料超微粒子化技术发展地相当快,广泛应用于有关光、电、磁、热和力学性能相互转换的各种固体传感器件中(如 SiO_2 超微粒子集成化气体传感器),不但大大改善了其性能(灵敏度、稳定性、选择性、降低工作温度等),而且能实现传感器的多功能化、集成化和智能化,促进各种自动控制系统的完善。

超细粉的制造方法有物理法、化学法以及物理化学方法等。一般说来,化学共沉淀法是功能陶瓷超细粉料合成的主要方法。近年来还发展了一系列的新技术、新方法,尤其是超微粒子的醇盐合成法,气体蒸发法和高频等离子体法的进展,更使超微粒子化技术进入了一个新阶段。例如由化学等离子体方法生长的 SnO_2 超微粒子感应膜,其粒径仅为 5.2 nm,即使空气中250 ℃热处理 10 min,其粒径变化也很小,仅提高零点几个纳米,适用于作气体敏感化学传感器的感应膜。

（5）陶瓷多孔化技术

对于电子陶瓷材料，一般都要求密度高或空隙尽量少，因此人们研究如何紧密烧结来满足其要求；但就环境敏感元件（如气敏和湿敏等）来说，都要求在机械强度允许的条件下孔隙越多越好，因而随着环境敏感器件的开发，多孔陶瓷材料在敏感功能陶瓷领域已占有重要地位。例如 $ZnCr_2O_4$ 系湿度传感器，它就是利用多孔陶瓷表面对水分吸附和解吸特性所引起电阻值变化的原理工作。气孔率是支配传感器电阻值的重要因素，考虑到其互换性，气孔越小越均匀越好。$ZnCr_2O_4$ 系陶瓷的气孔径分布在 $0.1 \sim 0.4\ \mu m$ 狭小的范围内，平均气孔孔径为 $0.3\ \mu m$，气孔率为 12%。作为气体敏感元件用的 γ-Fe_2O_3，ZnO，SnO_2 陶瓷等烧结体亦具有多孔的微细结构。除此之外，陶瓷多孔化技术还应用于 PTC 热敏电阻、压电材料和催化剂中，并显示出独特的性能。例如 $BaTiO_3$ 半导体陶瓷，通常具有 93% $\sim$ 96% 的相对密度和 20 $\sim$ 60 μm 大小的平均粒径，一般显示出 $10^2 \sim 10^4$ PTC 效应，当微量添加 Mn 和 Cr 后，能把 PTC 效应增大到 $10^4 \sim 10^7$ 倍。还有人研制出一种多孔 PTC 材料，其平均粒径为 2 $\sim$ 5 μm，相对密度为 70% $\sim$ 90%，它在不添加 Mn 和 Cr 杂质的情况下，就能达到 $10^7 \sim 10^{10}$ 倍 PTC 效应。

（6）超晶格化技术

有些材料的开发集中于以晶体结构、化学键和成分上的差异为基础，办法是着眼于组分元素的多样性来改变元素的组合，但这只是材料开发的一种途径。另外，人们尝试通过两种或多种材料的混合，包括复合材料及共混材料，或由两个及两个以上化学键结合进行改性，许多复合材料显示了相当于两种材料的性能和新功能。在半导体和金属领域，以原子或分子为单位的微观结构控制，人们积极尝试采用人工超晶格的材料设计方法，例如用分子束外延的先进技术和使用昂贵设备制作的陶瓷材料。如果这样一种人造超晶格能用于氧化物陶瓷制作，则制出的材料应用面将更广。

3. 敏感陶瓷材料的发展前景

传感器的发展趋势是力求微型化和引入微电子技术，不断提高工作可靠性。为满足工业自动化、办公自动化和家庭自动化的需要，在发展微机和自动化的同时开发研究新型传感器。人们开始注重研究敏感机理，结合实际需要来充分利用材料已有的功能特性和现象，不断创新，开拓新品种的敏感陶瓷材料，使之实用化。

（1）多功能化

多数传感器是单一功能的，但随着控制系统的日益复杂，迫切需要能同时检测两个或两个以上物理或化学参量的多功能传感器。目前较成熟的多功能传感器有气-湿传感器和温度-湿度传感器。气-湿传感具有 MCT 陶瓷材料，它在 150 ℃下检测湿度，在 400 $\sim$ 450 ℃可检测各种活性功能团的气体；有在磷灰石湿度敏感器件的外面涂覆 ZnO 厚膜材料以检测气体的；有在湿敏 RuO_2 电极上制作气敏 ZnO 膜的。温-湿传感器有多孔陶瓷材料的；有在湿敏衬底 Cr_2O_3 系，$MgCr_2O_4$，$NiCr_2O_4$ 等上面作 Ag-Pd，RuO 等热敏厚膜导电体，再制作 Mo，Co，Ni，Fe，Cu 等组成的复合热敏电阻的。

（2）薄膜化

薄膜材料已成为许多新兴技术的基本材料，它对传感器向固态化、集成化、多功能化和智能化方向的发展有重要作用。采用薄膜化技术制备的敏感元件具有体积小，质量轻，功耗低，便于大规模生产，产品的一致性和稳定性好，成本低等特点。例如，利用高频溅射

法制备的 β-SiC 薄膜温度传感器;Fe_2O_3 超微粒子气体传感器;SnO_2 薄膜型气敏元件;利用反射溅射法制成的 ZnO 薄膜元件;掺 La 的 $PbTiO_3$ 红外薄膜以及铁电薄膜超声波传感器;掺入 Ag 的 V_2O_5 薄膜元件;$Ag_{0.04}V_2O_5$ 气敏器件等。

（3）开发新功能材料

敏感功能陶瓷是制作传感器的物质基础,高性能的传感器完全取决于敏感材料的特性和质量。因此,大力开发利用新型功能敏感材料是材料发展的重要趋势,复合化、数字化输出、集成化、片状化是其发展中的几个方向,而且有些方向还可以结合起来应用,应用前景广阔。

6.7　超导陶瓷

1911 年荷兰物理学家卡麦林·温纳斯(Kamerlingh Onnes)研究水银在低温下的电阻时,发现当温度降低至 4.2K 时,水银的电阻突然消失,呈现超导状态。后来又陆续发现了十多种金属如 Nb,Tc,Pb,La,V,Ta 等都有这种现象。超导现象虽然发现得较早,在 30 年代就已建立起超导理论的基础,50 年代又出现了超导微观理论,但是在实际应用上的突破却是在 60 年代以后,接着出现了 Nb-Zr,Nb-Ti 等一系列超导合金和化合物,逐步形成了一个新的技术领域,即超导技术。1987 年 10 月,瑞士苏黎士研究所的两位物理学家 K. A. Muler 和 J. G. Bednorz 由于在超导陶瓷研究中做出重大突破而获得诺贝尔物理学奖,由此导致世界"超导热"的兴起,半个多世纪使世界对超导材料的研究进入一个新的阶段。但是,由于发展迅速而且时间较短,有关理论还在逐步形成和探索中,能否制成更具有实用价值的新型陶瓷超导体,还在不断研究中。图 6.14 是超导材料的发展情况。

20 世纪 80 年代末以来,中国高温超导材料的研究和应用一直处于世界先进水平,如在提高超导体材料的载流能力和制备高质量的超导薄膜方面,在量子干涉器件等方面,在确定高温超导材料的晶体结构以及铋系、铊系材料的系统研究方面都做了许多高水平的工作。目前,高温超导材料的应用正朝着大电流应用、电子学应用、抗磁性等方面发展,相信在世界各国的共同努力下,超导材料造福人类的时代一定会到来。以铋系和钇系为代表的高温超导陶瓷材料问世至今已有多年的历史,无论是块材、膜材和带材都有了很大的发展,是 21 世纪具有战略意义的高新技术,在能源、通讯、交通、国防军工以及医用仪器等方面将有不可替代的作用。我国高温超导技术已奠定了较好的基础,

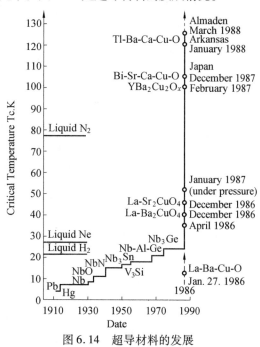

图 6.14　超导材料的发展

其中,钇系块材料已成功地应用于世界首辆高温超导磁悬浮列车。虽然我国铋系和钇系超导材料实现了批量化生产,但针对不同的应用,其性能仍需进一步提高。

6.7.1 超导材料的基本特性

超导体是指某种物质冷却到某一温度时电阻突然变为零,同时物质内部失去磁通成为完全抗磁性的物质。因此,将电阻变为零时的温度称为临界温度或转变温度 T_c,超导临界温度以绝对温度来表示。

材料的超导性有两种基本特征:①超导电性,指材料在低温下失去电阻的性质;②完全抗磁性,指超导体处于外界磁场中,磁力线无法穿透,超导体内的磁通为零。超导材料的基本物理特性有临界温度(T_c)、临界磁场(H_c)和临界电流密度(J_c)3 个临界值。超导材料只有处在这些临界值以下的状态时才显示超导性,所以临界值越高,实用性就越强,利用价值就越高。超导材料的组成元素有金属、类金属和非金属元素,在元素周期表上的位置如图 6.15 所示。在这些元素中,有的可由单一元素制成超导材科,但绝大多数超导材料是由多种元素构成的合金、化合物或陶瓷。表 6.7 列出了代表性的超导材料及 T_c 值。

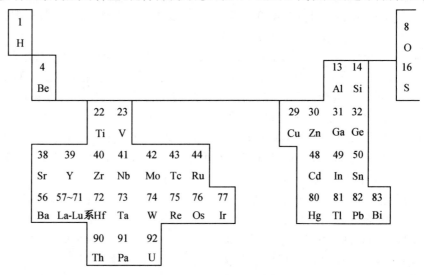

图 6.15　超导元素在周期表上的位置

表 6.7　代表性的超导材料及 T_c

材　　料	临界温度 T_c/K	临界磁场 $H_c/(A \cdot m^{-1})$	材　　料	临界温度 T_c/K	临界磁场 $H_c/(A \cdot m^{-1})$
V	5.3	1.0	NbN	15.7	13
Pb	7.2	0.8	V_3Ga	16.5	22
Nb	9.2	2.0	Nb_3Sn	18.3	22
Nb-Ti	9.3	12	Nb_3Al	18.9	32
Nb-Zr	10.8	9.1	Nb_3Ga	20.3	34
$PbMo_6S_8$	15.6	60			

超导体从材料方面来看,可分为元素超导体、合金或化合物超导体、氧化物超导体(即陶瓷超导体)三类;从低温处理方法来看,可分为液氦温区超导体(4.2 K 以下)、液氢温区超导体(20 K 以下)、液氮温区超导体(77 K 以下)和常温超导体。

6.7.2 超导理论

自开始超导材料研究以来,对超导机理也进行了长期的探索研究,提出了许多理论。1911 年翁纳斯提出了超导临界电流的概念。1926 年西耳斯比提出了超导临界磁场的概念。1933 年荷兰物理学家迈斯纳和奥森尔德发现了超导体具有完全抗磁效应。1933 年琪琛和高特提出了超导性的热力学理论。1935 年伦敦兄弟提出了超导体的电动力学理论。1937 年发现了超导体的居间态,1949 年 C·T·Gorter 发表了超导的二流体理论。1950 年 Z·Maxwell 等发现了导体的同位素效应。1950 年伦敦首先提出了超导态是一种宏观量子效应,1950 年皮伯德提出了相干长度的概念。1954 年库柏提出了超导体中的电子对(库伯电子对)的概念。1956 年施里弗提出了超导性的著名的 BCS 理论(即电-声子理论)。1962 年研究生约瑟夫逊在其毕业论文中提出了存在超导电子对隧道效应的著名预言,这个效应也叫约瑟夫逊隧道效应。

在这些理论中最有影响的是超导热力学理论、BCS 理论和约瑟夫逊效应等。约瑟夫逊效应是指在两块弱连接超导体之间存在着相位相关的隧道电流。这些理论解释了一些超导现象例如从超导热力学观点导出了由常导态到超导体其熵是不连续的,而且熵值减小,这说明了超导体在相变时产生了某种有序变化。

1. 电-声子理论

电-声子理论主要包括 BCS 理论和强耦合理论。

①BCS 理论。主要指只要有吸引力存在,粒子就可以形成束缚态,能量会降低为更加稳定的超导态,在电子能谱中就要出现一个能隙。BCS 理论通过能隙方程解出了 T_c,即

$$Z\Delta(0) = 3.53K_BT_c = 4\hbar W_D \exp\left(-\frac{1}{N(O)V}\right)$$

式中,$Z\Delta(0)$ 为超导体在 0 K 时的能隙;$\hbar$ 为约化普朗克常数:1.055×10^{-34} J·s;W_D 为声子频率;$N(O)$ 为费米面上的电子态密度;V 为电、声子相互作用净吸引力强度。

BCS 理论能成功地给出一个超导能隙,并能得出:超导态电子比热随温度按指数规律减小,在 T_c 附近发生了二级相变,出现零电阻、迈斯纳效应、磁场穿透现象、超导阳隧道效应等结果,并且基本上与实验结果符合,因而获得了很大的成功。BCS 理论还成功地预言了约瑟夫逊效应的存在。

上式可改写为

$$T_c \approx Q_D \exp\left(-\frac{1}{\text{geff}}\right)$$

式中,Q_D 为德拜温度;geff>0,即在电子之间出现纯吸引力时,就会出现超导性。

由两式可知,T_c 是由 Q_D 决定的,在通常情况下,Q_D 为 100 ~ 500 K,至于 geff 一般取其小于 1/3,代入式中可知,即使 Q_D 取 500 K,T_c 也只有 $T_c < 500e^{-3} < 25$ K 左右。由此可知,如果仅依据 BCS 电-声子理论来指导研究高温超导体就不能获得高 T_c 的材料,因为

BCS 理论本质上是一种弱耦合理论。

②强耦合理论。这是对 BCS 理论的修正。通过实验发现理论与实验之间存在着差异，T_c 就是最突出的例子。这是因为金属中的电子之间的相互作用是极其复杂的，有电子间的库仑作用，自旋–自旋耦合作用，磁相互作用，自旋–轨道作用和电子–晶体松动(声子)作用等。这是由于在 BCS 理论的推导过程中，使用了"单电子状态"概念，这个概念在耦合强度较大时是不符合实际的。1960 年爱利希伯针对这种情况，进行了补充修正，并且导出了适合它的一组十分复杂的积分方程式。经过计算否定了"$\lambda = 2$ 的极限"概念，提出了在 $\lambda \to \infty$ 时，T_c 才达到最大值，经计算，这时 $T_c = 55$ K。以往人们依照这种思想，通过声子软化，材料的非晶化和颗粒化，加压和掺杂以及改变组分等方法，在非晶态超导体、一维有机超导体、二维层状超导体、非平衡超导体、络合物超导体等中寻找高温度超导体。但是米勒和贝德尔茨发现钆钡铜氧具有 $T_c = 30$ K 的超导性却不是在这种理论思想指导下获得的，显然 BCS 理论解释不了这一现象，因此认为有一种新的理论和超导机制。

2. 激子型机制

激子型超导体先是由利特尔(Little)提出的，后来金兹布尔格提出了二维激子型机制，巴子等人又提出了 ABB 激子模型。这种 ABB 激子模型是一种隧道型激子机制，它是一种金属–半导体结构，其超导机制为：在金属中因电、声子机理而配对的电子对，通过隧道作用而透入到半导体中，在此经过交换电子–空穴对的虚过程而形成新的电子对，从而有利于 T_c 的提高。理论计算表明：激子型超导体的 T_c 可以达到 100 K 以上。这种设想结构如图 6.16 所示。

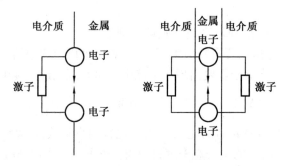

图 6.16 激子型超导体结构示意图

3. 等离子体机制

主要用等离子体来研究在二维和三维简单的载流子系统中产生超导性，尤其是在 d 和 s 电子的过渡金属、半金属和有电子 – 空穴时系统的半导体之中。对一个有库仑力互相作用的简单的载流子，可以分为两部分组成：其一为集体电场，其二为通过短程的屏蔽库仑力互相作用与集体电场作用的单粒子。当一个单粒子激发出一个等离子体时，则产生一个振荡的内电场，并吸引另外一个单粒子，结果两个粒子之间将会出现相互吸引的最高 T_c 约为

$$T_c \approx m^* / k^2$$

式中，T_c 为临界温度；m^* 为有效质量；k 为介电常数。

4. 电子-空穴对模型

这种模型结构是由两片半导体组成,一片是空穴型。一片是电子型,中间夹有一层很薄的绝缘层(有时没有)而构成层状体。它的基本物理图像如图 6.17 所示。图中 A 和 B 为半导体薄膜(A 为空穴过剩的薄膜,B 为电子过剩薄膜,D 为电介质)。从图中可知,空穴和电子通过库仑引力作用产生电子-空穴对,这种电流是双向传输的。因为库仑引力是长程作用,粒子之间的作用较强,可以预计这种超导体的 T_c 可达 100 K 以上。

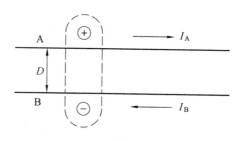

图 6.17　产生电子-空穴对基本图像

应用上述这个模型,从理论上计算了能隙的产生,提出了检验超导性的办法,但在实践中一直未能实现这种结构。原因是由于在这种模型中,电子-空穴对的载流子中所遇的杂质必然会压倒系统中的有序,因为它使电子-空穴向各个方向散射,从而使配对破坏。如果中性杂质浓度大时,也会压倒配对作用。因此,对半导体样品的纯度提出了很高的要求,这与电-声子机制中电子对对非磁性杂质和结构缺陷不敏感是不太相同的。

5. 非平衡效应

上面的几种情况都是在平衡状态或近似平衡状态下进行的,而粒子的速度和动量的分配是由温度来决定的。对于非平衡状态来说,它们就与温度无关,而与粒子按动量的分配有关。对于获得非平衡状态有以下几种方法:光激发,它是用光(包括磁场和激光等)照射超导样品,中子束激发,非平衡电子激发和电场击穿等。当超导体受到频率大大超过其能隙值 Δ 的电磁场作用后,除了引起组成准粒子外,还会产生附加的准粒子。这种超导状态对过程准粒子的分配函数的数值和形式是很敏感的,以致于具有一系列本质上的特征。例如,非平衡状态下超导体发生转变,当由超导态转变为常导态,不是跳跃式,而是平缓的。在粒子反分配条件下,超导态的出现是在两个电子互相排斥下组成结合态的情况得到的。然而在平衡条件下,电子是通过与声子作用产生吸引力而构成电子对的。此外,在粒子反分配条件下,超导能隙将大于声子能的最大值。系统中存在着无衰减的电流,它具有完全的顺磁性,电流的符号与平衡条件下的电流符号相反。因此,在这种状态下超导体将具有不呈现出迈斯纳效应,而磁场可以进入样品等的奇特性能。正是由于这种奇特的性能,导致理论分析的结果,使 T_c 有可能达到 10^3 K。即使不计及粒子反分配情况,对一般的非平衡态,也可能获得高 T_c 温度。

超导陶瓷的制备与一般陶瓷制造工艺相似,如原料的制备与处理,成形和烧成等。总之要通过实践进行不断地探索,有时也需要采取一些特殊的工艺措施。

对原料的选择,有的采用高纯度的原料,如分析纯、光谱纯。有的如同一般电子陶瓷采用化学纯等,视其具体情况而定。在工艺上,预烧处理、成形方法以及烧结程度对超导陶瓷有很大的影响。

氧化物超导陶瓷的制备方法普遍采用固态反应法,即将组成粉料按配比混合压块,置于钨金(或氧化铝)坩埚中,放在电炉中(在大气气氛下)进行烧结,烧结温度为 900 ~

960 ℃,时间至少为 4 h,一般为自然冷却。为使材料均匀,可进行粉碎,重新压片,进行第二次,甚至第三次烧结。

也有的分两步合成,如 Y_2O_3-BaO-CuO 三元系统中。先对 $BaCO_3$ 和 Y_2O_3 按 4:1 摩尔比进行配料合成,然后将 $Ba_4Y_2O_7$ 和 CuO 技 1:5 的摩尔比进行合成为 $Ba_2YCu_3O_{7-x}$,实验表明这样有利于反应和控制,且重复性好,具有获得高纯单相超导材料的工艺可能性。

成形可在一般压机上进行,也可采用等静压成形,当然成形方法不同会影响致密性。

烧结则对超导陶瓷的性能影响很大。烧结温度过低,反应不完全;过高又会出现相分解。烧结时间不是越长越好,过长(如超过 30 h)则出现宏观的相分凝现象,不同部位呈现不同颜色。例如,黑色区域是 $BaCuO_2$,灰黑色区域是 $Ba_2YCu_3O_7$,而绿色区域则是 BaY_2CuO_5,有 $Ba_2YCu_3O_{7-x}$ 才有高温超导性。

烧结时的氧分压是很重要的控制参数,氧分压过低或过高都不利,都会导致四方相出现。

6.7.2 超导陶瓷的特征和制备方法

超导陶瓷材料由于种类繁多,很难分类,但如果从化学的观点来说,可以把化合物的种类、结构特征作为分类的基础。目前超导材料的形态有单晶材料、多晶材料、非晶材料,也有大块超导体和超导薄膜之分。除了金属、合金和金属间化合物外,还发现许多其他无机化合物如氧化物、硫属化合物、碳化物和氮化物具有超导性质,这些无机化合物统称为超导陶瓷材料。有时为了方便,也有把金属间化合物包括在超导陶瓷材料之内。陶瓷超导材料的种类差别较大,制备方法相差甚远,但总的说来,凡有实用价值的化学反应都能被用来制备超导材料,包括固-固、固-气、气相反应等。应该指出,由于原有的高 T_c 超导材料多数为金属和合金,它们的制备方法常常不完全适用于新发展起来的材料体系,因此新材料制备方法的研究日益引起重视。以历史上研究得较多的 Ba-Pb-Bi-O 体系为例,现已发展了陶瓷法、化学共沉淀-固相反应法、热压法来制备多晶材料。单晶材料的单晶生长主要用水热合成和熔盐法。超导薄膜的制备也取得显著进展,例如外延生长、射频溅射、等离子喷涂和金属有机化合物气相沉积等都获得了广泛的应用。

另一类超导陶瓷即氧化物超导体,其分子式为 $YBa_2Cu_3O_{7-x}$,Y 可以被其他稀土元素、特别是重稀土元素取代。用 Gd,Dy,Ho,Er,Tm,Tb 和 Lu 取代 Y 后形成相应的超导单相或多相材料。氮化物和碳化物超导体一般有 B-1 型结构,它被认为是一种能得到高 T_c 的可能性较大的结构,具有 B-1 型结构的 NbN,其 T_c 已达到 17.1 K,理论计算预言 B-1 型 MoN 的 T_c 可达 29.4 K。T_c 和 H_c 都比较高且已经实用的超导化合物材料几乎都属于具有 A-15 型结构,根据 BCS 理论,超导体的临界温度 T_c 由该材料的晶格振动德拜频率 MD 费米面上电子态密度 $N(O)$ 以及电-声子相互作用能 V 三者决定。

过渡金属 d 电子的局域性使费米面上的电子态密度 $N(O)$ 增大,并使过渡金属的室温电阻较大,从而 V 也增大,所有这些特性可以用来解释 A-15 型和 B-1 型陶瓷超导材料成为高 T_c 材料的原因。虽然硫化物超导陶瓷材料的数量不少,但大多数材料经高温合成后,在室温下不稳定。不过,具有 Chevrel 相结构的硫化物超导陶瓷材料除了有很高的临

界磁场 H_c 外,还具有磁性和超导电性共存的特性,因而引起了人们的广泛兴趣。部分超导陶瓷的性质见表6.8。

表6.8　部分超导陶瓷的性质

材　　　料	T_c/K	材　　　料	T_c/K
La-Ba-Cu-O	30	La-Sr-Pb-Cu-O	70
$YBa_2Cu_3O_{7-x}$	93	$Yb_2Ba_4Cu_7O_9$	86
$EuBa_2Cu_3O_{7-x}$	96		

近年来,随着超导陶瓷材料不断发展,逐渐形成了一类新型的"非常规超导材料",包括重费米子超导体、超晶格超导体、低电子密度超导体、有机超导体、磁性超导体、低维无机超导体、非晶态超导体和颗粒超导体。氧化物超导体属于低电子密度超导体,这类超导体往往呈现出一些未被预期的性质,通过对它们的研究不仅有可能导致新的超导电机制的建立和高临界温度超导体的发现,而且还包含有许多前沿课题的解决,因此,对于这类新型超导体的应用开发具有重大的实用价值。

6.7.3　氧化物超导陶瓷材料的结构和特性

氧化物超导陶瓷材料种类很多、由于 Ba-Pb-Bi-O 和 Li-Ti-O 体系的超导临界温度较高,也是人们研究较多的体系。$BaPbO_3$ 和 $BaBiO_3$ 分别是具有钙钛矿型结构的半金属和半导体,它们所组成的固溶体在一个狭窄的组成范围内呈现出 13K 的超导电性。中子衍射实验表明,当 Bi 质量分数由 0 变到 1 时,材料的晶体结构在室温下经历了由正交晶系(Ⅰ)-四方晶系-正交晶系(Ⅱ)-单斜晶系的一系列相变过程,但超导相仅在四方晶系中出现。

虽然在该体系的低温比热测量中,并没有观察到 T_c 处的比热不连续现象,但该体系也可能存在界面超导电性。有人用加 60 kG 强磁场破坏超导态的方法,测量了样品正常态和超导态的低温比热,发现正常态的比热明显比超导态高,由此估计出至少有 40% 体积已呈超导态。比热测量和霍尔系数测量也显示该体系的载流子浓度很低,约 $2\times10^{21} \sim 4\times10^{21}$ cm^{-3},费米面上的电子态密度也很低。过去的高 T_c 超导材料都含有过渡族元素,这是因为其 d 轨道具有更大的局域性使 N(O) 增大,但在 $BaPb_{1-x}Bi_xO_3$ 体系中不含任何过渡族元素。在此理论上提出了一些新的高 T_c 机制,诸如在电声子框架内的呼吸膜,声频等离激元和激子机制的两相模型等等。

Li-Ti-O 体系的 $Li_{1+x}Ti_{2-x}O_4$ 尖晶石型结构是一个引入注目的高 T_c 氧化物超导陶瓷材料。当 $0 \leqslant x \leqslant 1/3$ 时,该体系形成完全固溶体,但在该区间的两端点时,$Li_{1+x}Ti_{2-x}O_4$ 体系具有完全不同的电学性质。$LiTi_2O_4$ 在高温时为金属相,在 13.7 K 出现超导态;而 $Li[Li_{1/3}Ti_{5/3}]O_4$ 却为半导体相,在 x 为 0.1 附近出现金属-半导体相变,通过 ESR 谱、漫反射光谱、电子能谱研究表明,发生的金属-半导体相交是由于颗粒界面处富 Li 和缺 Li 所形成的不均匀性引起的。

6.7.4　超导陶瓷材料的应用前景

超导技术的应用主要有两个方面,即超导磁体和超导结电子学。超导磁体的应用十分有效,用量也最大。普通磁体特别是高场强、大体积的普通磁体,由于所用导体有一定的电阻率。承载的电流密度受到限制,要提高电流密度则遇到的困难很大,成本很高。例如美国贝尔电话实验室所建造的 10 万高斯的常规磁体,磁体本身的供电量高达 1 600 kW,当利用强磁场超导材料时,在这么高的磁场下仍可以通过很大的电流而不出现电阻,因此无焦耳热损耗,所需的励磁功率小,上述一个 10 万高斯的超导磁体其电源仅为一个汽车用蓄电池。此外,超导磁体质量轻、稳定性好、均匀度高,既可以应用于固体物理研究绝热去磁和输运现象,也可用于高能物理、受控热核反应堆、磁流体发电、电磁推动装置、电动机、超导磁悬浮列车、辐射磁屏蔽、磁力选矿探矿以及污水净化等方面。由于超导陶瓷具有许多优良的特性,在高能加速器、贮能、环保医疗等磁和输电的大规模应用方面也有着广阔的前景。

超导电技术另一个重要应用是以约瑟夫逊效应即呈现超导电子测量装置为目标的"超导结电子学"。约瑟夫逊元件应用于一些精密测量时,可达到很高的分辨能力,因此可以作为电压标准,磁强计,伏特计,安培计,低温温度计,计算机元件以及毫米波、亚毫米波的发射源,检波器和混频器,其优点是灵敏度高、噪声低、功耗小和响应速度快。目前约瑟夫逊元件在如下几个领域已有成功的应用:①低频电压和磁场的测量;②基本常数比的精确测定和电动势基准的保持;③高频电子辐射的发生、混频和检测;④计算机元件。

毫无疑问,Ba–Y–Cu–O 等一系列陶瓷高温超导材料群体突破了液氮温度壁垒,开辟了超导应用的新途径,例如,有人将新型陶瓷材料成功地拉制成柔软的细丝,用作超导带材、超导线材等,为超导陶瓷材料开辟了新的应用领域。

6.7.5 超导陶瓷的发展趋势

未来值得关注的研究包括:①大面积双面超导薄膜性能的均匀性一致性,以及制备工艺的温度性和重复性;②临界电流和磁通钉扎力的提高;③电流损耗和磁场性能的提高;④制备技术的低成本化。

6.8 生物陶瓷与其他功能陶瓷

6.8.1 生物陶瓷

生物陶瓷材料是陶瓷材料的一个重要分支,是用于生物医学及生物化学工程的各种陶瓷材料,生物陶瓷是为获取特殊生理行为而设计的陶瓷材料,是指以医疗为目的,用于与生物组织接触以形成功能的无生命的材料,是具有特殊生理行为的陶瓷材料。它主要用于牙科种植、上颌外科、耳喉科和脊柱外科,其总产值约占特种陶瓷产值的 5%。生物陶瓷的潜力是依赖于它们和生理环境的相容性,即它们通常是由生理环境中所发现的离子(如 Ca,P,Mg,Na 等)和对生物体组织只反应出有限毒性的离子(如 Al 和 Ti 等)组成。生物陶瓷目前主要应用于人体硬组织的修复、替代,使其功能得以恢复。

作为植入人体的生物陶瓷材料应具备以下条件:①生物相容性:指将生物陶瓷材料代

替硬组织(牙齿、骨)植入人体后,与机体组织(软组织、硬组织以及血液、组织液)接触时,对周围组织无毒性、无刺激性、无致畸性、无免疫排斥性以及无致癌性。②力学相容性:生物陶瓷不仅具有足够的强度,不发生灾难性的脆性破裂、疲劳、蠕变及腐蚀破裂,而且弹性形变应当和被替换的组织相匹配。③加工性和临床操作性:通过人工材料替代和恢复各种原因造成的牙和骨缺损,要求植入的生物陶瓷具有良好的加工成形性,且在临床治疗过程中,操作简便,易于掌握。④适宜的生物降解性:支架材料的降解速率应与组织细胞的生长速率相适应,降解时间应能根据组织生长特性做有效调控。

生物陶瓷材料作为生物医学材料始于18世纪初,1808年初成功地制成了用于镶牙的陶齿,1892年Dreesman发表有关使用熟石膏填充骨缺损的第一篇报告。1963年在生物陶瓷发展史上也是重要的一年,该年Smith报告发展了一种陶瓷骨替代材料。这是一种用环氧树脂浸透的48%气孔的多孔铝酸盐材料,它与骨组织的物理性能很相匹配。然而,在医学上广泛重视研究和应用各种生物陶瓷材料,还是近30年来的事,1975年才开始生物陶瓷的临床应用研究。由于过去医学领域中应用最广泛的生物医学材料是金属和有机材料,而金属长期埋植在生物体内容易发生腐蚀,许多金属离子对人体有毒,金属磨屑会引起周围生物组织发生变化,另外还会产生金属元素向各种器官转移、组织变态反应等问题。而有机材料则强度较低,许多应用受到限制,还存在长期耐久性问题。

生物陶瓷材料作为无机生物医学材料,没有毒副作用,与生物体组织有良好的生物相容性和耐腐蚀性等优点,越来越受到人们的重视。生物陶瓷主要用于人体硬组织的修复和重建,与传统的陶瓷材料不同,它不但指多晶体而且包括单晶体、非晶体生物玻璃和微晶玻璃、涂层材料、梯度材料、无机与金属的复合、无机与无机、无机与有机或生物材料的复合材料,是材料科学与临床医学的交叉学科,各国在基础和应用方面的研究很活跃。可以相信,生物陶瓷材料今后将会有更大的发展,为人类做出更大的贡献。

生物陶瓷可分为三类,即惰性生物陶瓷,如 Al_2O_3、Si_3N_4、ZrO_2、碳素材料等;表面活性陶瓷,如羟基磷灰石 $Ca_{10}(PO_4)_6(OH)_2$、$Na_2O-CaO-CaF_2-P_2O_5-SiO_2$ 等系统生物活性玻璃等;可吸收生物陶瓷,如石膏、磷酸三钙等。典型生物陶瓷的力学性能及其应用,见表6.9。

表6.9　典型生物陶瓷的力学性能及其应用

材料类别	弯曲强度/MPa	压缩强度/MPa	杨氏模量/MPa	应用举例
氧化铝单晶	130~210	3 000	385	人工牙根
氧化铝陶瓷	210~380	1 000	371	人工骨,牙根,关节
烧结氧化锆	140	210	154	人工骨,关节
热解石墨	520	/	28	心脏瓣膜
碳纤维	2 550	/	240	人工骨,关节
烧结磷酸钙	140~160	470~700	34~84	人工牙根,骨填充材料
羟基磷灰石	113~196	510~920	35~120	人工骨,人工牙

1.惰性生物陶瓷

惰性生物陶瓷是指在生物环境中能保持稳定,不发生或仅发生微弱化学反应的陶瓷材料,它与组织间的结合主要是组织长入其粗糙不平的表面形成一种机械嵌联。

惰性生物医学陶瓷材料主要由氧化物陶瓷,非氧化物陶瓷以及陶材组成。氧化物陶瓷主要是 Al,Mg,Ti,Zr 等的氧化物;而非氧化物陶瓷主要是硼化物、氮化物、碳化物、硅化物等;陶材则主要是由多种氧化物矿物构成的长石、石英、高岭土等原料制成。

(1)氧化铝类

1933 年 Rock 首先建议将 Al_2O_3 陶瓷用于临床医学,1963 年由 Smith 用于矫形外科。70 年代至 80 年代中期,世界许多国家如美国、日本、瑞士等都对氧化物陶瓷,特别是氧化铝生物陶瓷进行了广泛的研究和应用。由于氧化铝陶瓷植入人体后表面生成极薄的纤维膜,界面无化学反应,多用于全臀复位修复术及股骨和髋骨部连接。通过火焰熔融法制造的单晶氧化铝,强度很高,耐磨性好,可精细加工,制成人工牙根、骨折固定器等。多晶氧化铝即刚玉,强度大,用于制作双杯式人工髋关节、人工骨、人工牙根和关节。

Boutin1972 年首先报道了用 Al_2O_3 陶瓷制作的人体髋关节在生理和摩擦学方面的优越性及其在临床上的应用,高纯 Al_2O_3 陶瓷化学性能稳定,生物相容性好,呈生物惰性;由于其硬度高,耐磨性能好,因此磨损率比其他材料至少小 1~2 个数量级。

单晶氧化铝陶瓷的机械性能更优于多晶氧化铝,适用于负重大、耐磨要求高的部位,但其不足之处在于加工困难。我国 Al_2O_3 陶瓷在实验室研究的水准完全可达到 ISO 标准,但用于临床仍有一定差距,材料未达到 ISO 标准。另外 Al_2O_3 属脆性材料,冲击韧性较低;弹性模量和骨相差大,陶瓷的高弹性模量可能引起骨组织的应力,从而引起骨组织的萎缩和关节松动,在使用过程中常出现脆性破坏和骨损伤。近年来,国内外有关学者在 Al_2O_3 陶瓷增韧方面作了大量的工作,诸如改变材料的显微结构,利用 ZrO_2 相变增韧或微裂纹增韧,以及在陶瓷体中人为造成裂纹扩散的障碍等,取得了显著的效果。图 6.18 为氧化铝生物陶瓷制品。

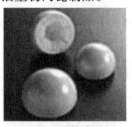
(1)股骨头

(2)踝关节

(3)膝关节

(4)肘关节

图 6.18　氧化铝生物陶瓷制品

（2）陶材类

陶材作为口腔医学陶瓷材料正式应用是在 1774 年法国的 Duchatfeau 采用陶瓷作义齿基托开始的，真正用在临床上是 1850 年之后，广泛地使用是在 1960 年之后。口腔长石质陶瓷所用的长石为天然钠长石（$Na_2O \cdot Al_2O_3 \cdot 6SiO_2$）和钾长石（$K_2O \cdot Al_2O_3 \cdot 6SiO_2$）的混合物。当长石在 1 250 ~ 1 500 ℃ 之间熔化时，成为一种溶剂，使石英和白陶土紧密结合。石英（SiO_2）可增加陶瓷材料的强度，白陶土（$Al_2O_3 \cdot 2SiO_2 \cdot H_2O$）具有一定的可塑性，有利于制作陶瓷制品时的塑性变形，其优点是易与长石结合，增加陶瓷的韧性和不透明性，不足之处是失水后收缩很大。长石、石英和白陶土是长石质陶瓷的基本成分，其组成比例的变化将直接影响长石质陶瓷的性能。

2. 活性生物陶瓷

活性生物陶瓷是指能诱导或调节生物活性、增进细胞活性或新组织再生的生物医学材料。

生物活性陶瓷材料主要包括羟基磷灰石（HA）、磷酸钙、磁性材料和生物活性玻璃等。羟基磷灰石的分子式为 $[Ca_{10}(PO_4)_6(OH)_2]$，简称为 HA，它是四元无机化合物磷灰石中的一种，其晶体结构属六方晶系，磷灰石包括天然与合成两大类材料。自然界中存在三种天然的磷灰石，既羟基磷灰石 $[Ca_{10}(PO_4)_6(OH)_2]$、氟磷灰石 $[Ca_{10}(PO_4)_6F_2]$、氯磷灰石 $[Ca_{10}(PO_4)_6Cl_2]$。

（1）羟基磷灰石类

羟基磷灰石（HA）是脊椎动物骨和齿的主要无机成分，结构亦非常接近，与动物体组织的相容性好，无生物毒性，因为 HA 占人体骨组成的 70% ~ 97%，因此可广泛用于生物硬组织的修复和替换材料，如口腔种植，牙槽脊增高，耳小骨替换、脊椎骨替换等，并较金属和聚合物具有更好的效果。羟基磷灰石是一种很有前途的生物活性陶瓷材料，已引起各国学者的广泛关注，继美国和日本学者 20 世纪 70 年代初首先合成了 HA 材料之后，我国也于 80 年代后期人工合成了 HA 材料，并相继在合成方法、制备工艺与临床应用等方面进行了广泛而深入的研究，取得了较为显著的成绩。羟基磷灰石作为药物载体，由于其独特的多孔骨架结构与生物体的相容性，已开始广泛应用于临床，不同孔径的人工骨可达到药物不同的释放要求。

羟基磷灰石在应用领域最大的不足在于力学性能低，不适于受载场合。有资料报道医用钛及钛合金表面生物活性的羟基磷灰石涂层易剥落造成手术失败，而利用粉末冶金的方法制备羟基磷灰石（HA）/Ti 生物功能梯度材料则不失为一种较佳的方法。该生物复合材料充分利用了 HA 的生物活性和 Ti 的高强韧性，而不存在金属钛与羟基磷灰石陶瓷涂层之间的界面问题，因此从生物相容性和力学性能的角度看，是一种很有前途的人体硬组织替代种植体生物材料。

多孔羟基磷灰石陶瓷近十年来才受到临床重视，引起材料研究者的极大兴趣。有资料报道，多孔钙磷种植体模仿了骨基质的结构，具有骨诱导性，它能为新生骨组织的长入提供支架和通道，因此植入体内后其组织响应与致密陶瓷完全不同。孔径、孔率及孔内部的连通性是骨长入方式和数量的决定性因素，孔隙的大小应满足骨单位和骨细胞生长所需的空间。种植体内部连通气孔的孔径为 5 ~ 40 μm 时，允许纤维组织长入，孔径为 40 ~

$100~\mu m$ 时允许非矿化的骨样组织长入,孔径达到 150 以上时,已能为骨组织的长入提供理想场所,孔尺寸大于 $200~\mu m$ 是骨传导的基本要求,$200 \sim 400~\mu m$ 时最有利于新骨生长。

羟基磷灰石在体内的生物降解和吸收直接与其比表面积有关、致密羟基磷灰石在体内生物降解速率很低,而多孔 HA 则在体内表现出明显的吸收。多孔 HA 降解速率增大是因为表面积增大、结晶度下降以及环境中存在 CO_3^{2-},Mg^{2+},Sr^{2+} 等离子。

(2)磷酸钙盐类

磷酸钙盐中目前研究最多的是磷酸钙骨水泥(CPC),它是由两种或两种以上磷酸钙粉末及调和液组成,调成糊状后注入到修复部位,能在人体内环境和温度下自行硬化,并最终转化为与人体骨组织无机成分相近的羟基磷灰石(HA)。磷酸钙骨水泥具有良好的生物相容性、生物安全性、可降解性、骨传导性,反应不升热并与硬组织可紧密连接及可在应用时随意塑形,使其成为临床硬组织修复领域研究和应用的热点。

磷酸钙骨水泥可用于填充硬组织缺损,有资料报道,在兔的股骨髁内植入小的 CPC 块,4 周后发现 CPC 周围即有新骨包围,8 周时 CPC 块几乎被吸收,并被新骨替代,16 周时骨洞内新生骨呈小梁状,认为 CPC 能刺激骨形成并很快被骨组织替代。

(3)活性玻璃类

Hench 等于 1972 年发现了特殊的玻璃成分,这种玻璃能提供表面活性的二氧化硅、磷酸盐基团和在组织界面上提供碱性,这是首次发现人造材料能与自然骨形成链结合。其中以 45S5 成分的生物玻璃应用最广而有效,其成分为 45% SiO_2,24.5% CaO,24.5% Na_2O 和 6% P_2O_5。45S5 组分处于图 6.19 中生物玻璃组成图的骨连接范围 A 区,B,C,D 区为非结合区。当 A 区的玻璃受到模拟生理溶液作用时,所有骨连接的生物玻璃其表面上都有显著的骨增长。这是由于形成活性的富硅凝胶产生 $3 \sim 30~nm$ 的超气孔,并出现核化的羟基磷灰石晶体之故。

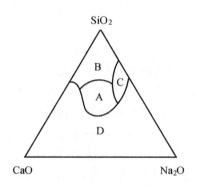

图 6.19　生物玻璃骨连接组成的范围

生物活性玻璃包括生物活性微晶玻璃和可加工生物活性微晶玻璃,主要有 $Na_2O-CaO-SiO_2-P_2O_5$ 系玻璃,$Na_2O-K_2O-MgO-CaO-SiO_2-P_2O_5$ 系结晶化玻璃,$MgO-CaO-SiO_2-P_2O_5$ 系结晶化玻璃等。生物活性玻璃在临床修复中具有高的生物活性,既能与硬组织结合,又能和软组织结合;不仅有引导成骨的性能,并能在界面上通过细胞内和细胞外的反应,产生有丝分裂,具有产骨性。

用模拟血浆的体液,可研究生物活性玻璃形成磷灰石的机理。以 SiO_2-CaO 为基的玻璃,在体液中其表面形成 SiO_2 水凝胶,Ca^{2+} 从生物玻璃中溶出,在周围体液中磷灰石超过了饱和度,且表面的水合硅凝胶又为磷灰石成核提供了有效位置,因此,在表面很快形成许多磷灰石晶核,晶核与体液中的 Ca^{2+} 和 PO_4^{3-} 作用,自发生长,提高 pH 值,Ca^{2+} 被 Na^+ 取代,并使磷灰石过饱和度增加。选用 $CaO-P_2O_5-Al_2O_3-B_2O_3$ 系统的玻璃组成,经过一定的热处理,使得玻璃体的表层和内层有异种结晶析出,可制作具有梯度构造的半透明复合生物活性的微晶玻璃。

（4）生物磁性类

生物磁性材料主要包括 $LiFe_3O_3$ 和 $\alpha-Fe_2O_3$ 与 $Al_2O_3-SiO_2-P_2O_5$ 玻璃体复合物等。由于这类材料具有热磁性,将其注射到肿瘤的周围,并置于频率为 10 kHz,磁场强度达 500 高斯的交变磁场中,产生磁滞热效应,使肿瘤部位温度升高,借以杀死癌细胞,达到有效治疗癌症的目的,同时骨组织的功能和形状均得到恢复。

3. 吸收性生物陶瓷

吸收性生物陶瓷是指那些被植入人体以后,能够不断的发生分解,分解产物能够被生物体所吸收或排出体外的一类材料。生物降解材料是一种暂时性的骨替代材料,植入体内后材料逐渐被吸收,同时新生骨逐渐长入而代之,这种效应称之为降解效应。生物降解（可吸收）陶瓷在临床上主要用于治疗脸部的骨缺损,填补牙周的空洞及与有机或无机物复合制作人造肌腱及复合骨板,还可作为药物的载体。这类陶瓷在生物体内逐渐降解,被骨组织吸收,是一种骨的重建材料。

生物降解陶瓷包括 $\alpha-TCP$,$\beta-TCP$ 生物降解陶瓷和生物陶瓷药物载体。$\beta-TCP$ 生物降解陶瓷从 1989 年起用于修复良性骨肿瘤或瘤样病变,收到明显的疗效。而生物陶瓷药物载体主要为药库型载体,可根据要求制成一定形状和大小的中空结构,用于各种骨科疾病。据资料介绍 $Ca(PO_3)_2$ 和 $Ca_3(PO_4)_2$ 两种多孔磷酸钙陶瓷埋入生物体后,被迅速吸收、发生了骨置换。在 72% 的 $\beta-Ca_3(PO_4)_2$ 中加入 28% 的萘作为孔形成剂,在 760 ℃烧 4 h 去除萘之后,再在 900 ℃烧成 1 h,形成多孔材料,与 $Ca(PO_3)_2$ 相比,骨形成能力更强,但拉伸强度只有 21 MPa。

4. 生物陶瓷的发展趋势

目前惰性生物陶瓷材料研究较为活跃,其中以 Al_2O_3 研究报道最多,其研究核心是控制晶粒尺寸,获得最佳机械性能。活性生物陶瓷以羟基磷灰石、生物微晶玻璃研究较多,以获得致密陶瓷与多相磷硅微晶玻璃。可吸收生物陶瓷以 CaO,P_2O_5 的研究为国内外研究者所重视,研究方向是掺入强化相提高机械强度,采用生物蛋白浸渍,以改善陶瓷材料的生物相容性。另一个被关注的领域是生物陶瓷复合材料,即生物陶瓷与有机材料复合等,在无机材料研究范畴,多加碳纤维和 Si_3N_4 纤维增韧补强生物玻璃。

21 世纪生物陶瓷的研究方向是:生物陶瓷相容性、分子设计基本理论和方法,以及生物陶瓷材料与生物环境作用评估体系等。经过多年的研究与应用,生物陶瓷材料无论在品质还是品种方面都获得了长足的发展,该类材料针对不同的应用目的今后的发展趋势为:①在承重骨的应用研究方面,材质以羟基磷灰石、聚磷酸钙等为主,制备过程中兼顾其吸收性、形成多孔性、高强烧结性陶瓷材料。②在非承重骨的应用研究方面,材质以具有水化特性的磷酸钙盐为主,着重适应临床操作要求的低强度骨水泥修补材料。③复合材料的研究,复合目的包括力学性能的提高,如添加有机及无机增强相等;多种功能的复合,例如,在其中添加生物磁性材料或吸波材料,在外界相应的交变磁场或微波照射作用下,产生热效应导致受体局部温度升高,借以杀死肿瘤细胞抑制肿瘤的发展。

6.8.2 其他功能陶瓷材料

1. 能源技术陶瓷

能源与人类生活休戚相关,能源危机已成为日益严重的全球性问题。如何提高现有能源的利用率,如何开发新能源,这些均是世界各国科学研究领域中的热点课题。随着陶瓷技术的研究与开发,尤其在一系列高新技术领域中崭露头角的新型功能陶瓷,更受到人们的重视。例如,热交换器用陶瓷材料,可在充分利用工业废热与工业余热中起重要作用,这对世界各国来说,都是至关重要的。又如,磁流体发电机用陶瓷材料、高压钠灯用陶瓷材料、核能技术用陶瓷材料、太阳能技术用陶瓷材料等,这些新型能源材料不仅具有较高的能量转换效率,而且也能改善对环境的污染。正因为如此,世界各国历来十分重视对能源技术陶瓷材料的研究、开发和利用。

2. 陶瓷热交换器

工业余热的温度高达 800 ℃以上,这类余热一般由具有化学腐蚀性的气体所携带,利用热交换器回收工业余热是十分有效的手段。实验表明,热交换器操作时的温度越高,能源的利用率或燃料的节约率越高。金属热交换器一般只能在 900 ℃以下使用,而陶瓷热交换器却可在 1 300 ℃以上使用。此外,陶瓷热交换器的高温力学性能和抗腐蚀性能均明显优于金属热交换器。

目前,作为陶瓷热交换器使用的陶瓷材料主要有如下几种,碳化硅(SiC,1 500 ℃)、氧化铝(Al_2O_3,1 500 ℃)、氮化硅(Si_3N_4,1 300 ℃)、莫来石($3Al_2O_3 \cdot 2SiO_2$,1 300 ℃)、硅-碳化硅($Si-SiC > 1 200$ ℃)、堇青石($2MgO \cdot 2Al_2O_3 \cdot 5SiO_2$),所标温度系指该材料的最高使用温度。

（1）核能技术陶瓷

核能的利用是解决当代能源紧缺的重要途径,利用核能技术可以获得巨大的能量,以供发电、供热等用途。核反应堆陶瓷材料是反应堆使用的重要材料之一,种类很多,按用途不同列于表 6.10 中。在反应堆和聚变堆中,陶瓷材料受到高能粒子和 γ 射线的辐射。因此,除了耐高温、耐腐蚀外,陶瓷材料还需抗辐射和较好的结构稳定性,陶瓷材料需经过辐射考核才能投入使用。

表 6.10　陶瓷材料在反应堆中的应用

陶瓷核燃料	慢化剂反射剂	控制材料	结构陶瓷材料	聚变堆用陶瓷材料	陶瓷核废料	其　他
UO_2	C	B_4C	热解碳	SiC		
UC_2	BeO	Cd	$Al_2O_3 - SiO_2$ 纤维	Al_2O_3		
UC	BeC	Eu	SiC	BeO	陶瓷固化核废料	敏感陶瓷器件
$(U,Pu)O_2$	—	Gd	Si_3N_4	$MgAl_2O_4$		
$(U,Pu)C$	—		Al_2O_3	Si_3N_4		
$(U,Pu)N$	—	—	Sialon	$LiAlO_2$		

（2）高压钠灯用陶瓷材料

20 世纪 50 年代末，美国 GE 公司的 R·L·Coble 博士在高纯 Al_2O_3 粉中添加质量分数为 0.25% 的 MgO 粉，经高温烧结而成功地获得透明 Al_2O_3 陶瓷，取名为 Lucalox。仅隔数年，GE 公司便于 1965 年利用 Lucalox 制成高压钠灯灯管，于是新型的第三代光源–高压钠灯正式问世。自 1966 年起美国 GE 公司等厂家开始迅速大批量生产高压钠灯。

表 6.11 是三代光源的发光效率的比较。由表中可看出，在获得同样的照明效果情况下，发光效率高的电光源将省电，显然第三代光源，即高压钠灯的发光效率远高于第一代与第二代光源。高压钠灯是一种新型节能光源，假如在公路等处用高压钠灯代替高压汞灯而保持原有的照明要求，则可以节省一半的电力。此外，由于高压钠灯穿透能力强，在阴天或雾天能显示出特殊的优点，保证了路面及前方的明亮程度，对于行车安全十分有利。测试表明，采用高压钠灯比采用相同功率的高压汞灯可使地面的平均照度提高一倍以上，照明的均匀性也得到改善。

表 6.11　不同电光源的发光效率

光源种类	普通白炽灯	日光灯	高压汞灯	金属卤化物灯	高压钠灯
发光效率/$(lm \cdot W^{-1})$	7 ~ 20	40 ~ 60	40 ~ 60	60 ~ 90	80 ~ 150

（3）磁流体发电用陶瓷材料

利用磁流体发电是最近迅速发展起来的获得高效率新能源的新技术，涉及多个学科门类，其中材料问题就是关键之一。

磁流体发电装置内捕集电荷的电极材料是关键性材料，既要有良好的导电性能，又要能经受高温、高速等离子体冲刷的恶劣条件。高速等离子体气流的温度高达 3 000 ℃，速度高达 1 000 m/s，而且气流中还有 1% 左右的腐蚀性极强的碱金属离子，这样的高温高速气流对材料的腐蚀是极其严重的。此外，磁流体发电机的启动速度很快，一般几秒或几十秒就能稳定发电，在如此短暂的时间内，气流通道内的材料从室温陡升到 2 000 ℃ 以上，因此，对电极材料的耐热冲击性能要求很高。显然，一般材料难以承受如此恶劣的工作条件，目前已研究过的材料有各种碳化物、碳化物金属陶瓷、硅化物等。但根据近年来的研究结果，认为以氧化锆为主要成分的陶瓷烧结体较好，它们的熔点在 2 500 ℃ 以上，硬度较高（莫氏硬度 8 级），又耐腐蚀和冲刷。但是，由于这种材料的导电机制主要是通过离子运动，长时间使用会造成电极材料发黑变脆而遭到破坏，后来人们发现，铬酸锶镧陶瓷是纯粹的电子导电体，熔点高、抗热震和耐腐蚀性也较好，是一种很有希望的电极材料。不过，这种材料中的铬在高温下易挥发，会缩短电极寿命。近来有的研究者采用上层为稳定氧化锆陶瓷，下层用铬酸锶镧陶瓷的复合体，互相取长补短，可以收到较好的效果，是最有希望的电极材料。

此外，目前试验中用于磁流体发电通道绝缘的陶瓷材料有氧化铝、氧化镁、氧化铍、氧化钇、氧化钍等氧化物，以及氮化铝、氮化硼等氮化物，一般倾向采用氧化镁陶瓷，还有锶酸锆和锶酸钙。

（4）太阳电池用陶瓷材料

目前，世界各国都在努力探索新能源，其中特别引人注目的是不断地向地球提供能量代谢的永久能源,即太阳能。利用太阳光发电,是太阳能利用的重要途径之一,它具有无污染、无需燃料运输、应用广泛等特点,受到世界各国的普遍重视。太阳光发电中起主导作用的太阳电池是以 1954 年美国贝尔实验室研制成功的第一个实用的硅太阳电池为开端,其后不久正式用于人造地球卫星电源,太阳电池的应用领域从空间扩展到地面,小至毫瓦级的电子手表、计算器电源,大到数万瓦的大型太阳光发电站,在生产与生活中发挥越来越大的作用,而太阳电池中的陶瓷材料显然是非常关键的材料。

3. 智能陶瓷

简单地讲,智能陶瓷是一种具有自诊断、自调整、自恢复、自转换等功能的功能陶瓷。提出智能陶瓷材料的概念是为了应用新的观点来研制和设计材料,这会使新材料的研究与开发更为有效和更具新意,也使近代功能陶瓷的应用领域更加广阔。

为了说明智能陶瓷的上述概念,不妨列举一些应用实例。比如 CuO/ZnO 两者的 P-N 型接触,就是一种自恢复的湿敏元件。又比如,假如结构材料具有自诊断功能,那么它在断裂以前就能够发出某种信号,人们就可以在其严重破坏之前及时换下有严重缺陷的材料,或者进行适当修复,以避免遭受重大损失。然而遗憾的是,结构陶瓷目前尚未给出这种自诊断的机制,所以必须经常检查材料或者使用强度很大的材料才安全。但是,事实证明,材料的可靠性不仅仅靠通过高强度来保证,而且还可以通过自诊断机制来实现。比如 NTC 热敏电阻器的电阻随温度升高而减小,这是一种正反馈效应,难以控制。当 NTC 热敏电阻用作加热元件时,必须装有温度控制电路。而 PTC 热敏电阻器在居里温度附近是一种加热元件,也是典型的温度传感器,同时还是一种热开关,因为在居里温度以上其电阻随温度急剧增加。这样在开关温度附近可以自动恒温,所以相当于一种发热、测温和控温的多功能材料。显然,PTC 热敏电阻器由于其温度与电阻的关系特性产生很强的负反馈机制,不需要另设电路装置来控温,材料本身就相当于一种负反馈电路,具有自调节机制。所以说,智能机制主要不是指多功能,而是指自调节机制。再比如,形状记忆材料的形状自我恢复,也是一种自调谐机制。

4. 功能陶瓷薄膜

以金属氧化物、金属氮化物、金属碳化物或金属间化合物等无机化合物为原料,采用特殊工艺在一定材料(又称衬底或底材、基片)的表面上涂覆厚度约 0.01 至数微米的一层或多层涂层材料,称为陶瓷薄膜。对薄膜的厚度,不同研究者给予的定义不一,有的将厚度 $0.01 \sim 1~\mu m$ 的涂层材料称为薄膜,将厚度 $5 \sim 20~\mu m$ 的称为厚膜,有的则将厚度小于25 μm 的涂层材料称为薄膜,厚度大于 25 μm 的称为厚膜。

陶瓷薄膜的种类繁多,表 6.12 中列出了主要陶瓷薄膜的应用分类。按用途可将陶瓷薄膜分为功能陶瓷薄膜和结构陶瓷薄膜,前者是利用薄膜材料本身做成元器件,如铁电薄膜、磁性薄膜、高温超导薄膜、金刚石薄膜等,后者主要是增加底材(或衬底)的使用功能。

功能陶瓷薄膜是近年迅速发展起来的一种新的材料,它服务于电路集成化、智能化、微型化和多功能等技术,对高性能光电、铁电、压电、超导和铁磁等薄膜器件有着重要意义。随着薄膜技术的发展以及对材料显微结构特征认识的深化,将会研究开发出各种新型的功能性材料,有利于纳米级材料的研究和设计,有利于精细结构的复合,有利于充分挖掘材料内部结构的潜力,有利于研究材料显微结构与性能的相互关系。

表 6.12　陶瓷薄膜的应用分类

应用分类	应用示例	薄膜材料示例
光学薄膜	反射膜、增反膜、减反膜、选择性反射膜、窗口薄膜	Al_2O_3，SiO_2，SiO，TiO_2，TiO，Cr_2O_3，Ta_2O_5，Ni-Al，金刚石和类金刚石薄膜
电子学薄膜	电极膜、绝缘膜、电阻膜、电容器、电感器、传感器、记忆元件(铁电性记忆、铁磁性记忆)超导元件、微波声学器件(声波导、耦合器、卷积器、滤波器、延迟线等)、薄膜晶体管、集成电路基片、热沉或散射片	InO_2，SnO_2，Al_2O_3，Ta_2O_5，Fe_2O_3，Sb_2O_3，SiO，SiO_2，TiO_2，ZnO，AlN，TaN，Si_3N_4，SiC，YbCuO，BiSrCaCuO，$PbTiO_3$，$Pb(Zr,Ti)O_3$，$(Pb,La)(Zr,Ti)O_3$，$BaTiO_3$，金刚石和类金刚石薄膜
光电子学薄膜	探测器、光敏电阻、光导摄像靶	PbO，$PbTiO_3$，$(Pb,La)TiO_3$，$LaTaO_3$
集成光学薄膜	光波导、光开关、光调制(调相、调幅、调能)光偏转、二次谐波发生、薄膜发生器	Al_2O_3，Nb_2O_5，$LiNbO_3$，$LiTaO_3$，$Pb(Zr,Ti)O_3$，$(Pb,La)(Zr,Ti)O_3$，$BaTiO_3$
防护用薄膜	耐腐蚀、耐磨损、耐冲刷、耐高温氧化、防潮防热、高强度高硬度装饰性	TiN，TaN，ZrN，TiC，TaC，SiC，BN，TiCN，金刚石和类金刚石薄膜

第7章 纳米陶瓷及其他特种陶瓷材料

7.1 纳米陶瓷材料

纳米陶瓷材料是纳米材料的一个分支。从广义上讲,按存在形态的不同可分为零维纳米陶瓷材料即纳米陶瓷粉,一维纳米陶瓷材料即纳米陶瓷纤维或纳米陶瓷管、二维纳米陶瓷材料即纳米陶瓷膜,三维纳米陶瓷材料即纳米陶瓷块材;按传统陶瓷的概念纳米陶瓷是指烧结后的块材,即在陶瓷材料的显微结构中,晶粒、晶界以及它们之间的结合等都处在纳米尺寸水平,即为 1~100 nm。

由于纳米陶瓷晶粒的细化,出现了许多与常规陶瓷材料不同的特性,如可使材料的强度、韧性和超塑性大为提高,并对材料的电学、热学、磁学、光学等性能产生重要影响,可望得到塑性陶瓷、高韧性复合材料,以及其他性能特异的原子规模复合材料等新一代材料,解决陶瓷材料的脆性问题。

对纳米陶瓷方面的研究主要集中在纳米陶瓷的制备上,包括纳米粉体的合成、素坯的成形、纳米陶瓷的烧结等。虽然从基本工艺上看,纳米陶瓷的制备与普通陶瓷的制备并没有太大的区别,但是,从具体的技术上看,两者有着明显的不同,前者比后者对工艺上的要求严格得多,如传统的天然原料不经处理基本上无法用于纳米陶瓷的制备。

本节就纳米陶瓷材料的制备方法进行介绍。

7.1.1 纳米陶瓷粉体的制备

纳米陶瓷粉体是指颗粒尺寸为纳米量级的陶瓷颗粒的集合,它的尺度大于原子族,小于通常的微粉,是人们研究开发最早的纳米材料之一,在微电子、生物医药等领域已显示出广阔的应用前景。纳米陶瓷粉体的制备是纳米陶瓷材料制备的基础,纳米陶瓷粉体颗粒的大小和形状对制备过程和制品性能有着直接的影响。要使纳米陶瓷具有优良的性能,必须要有容易分散、流动性好、高纯度、化学组成均匀、颗粒大小能满足要求,并且粒度分布较窄的纳米粉体作为原料。

纳米粉和非纳米粉的制备方法是不能截然分开的,因为任何方法都在发展中,都有可能制得纳米粉,近几年的研究成果证明了这一点。但传统的天然原料不经处理基本上无法用于纳米陶瓷的制备,制备纳米粉的主要方法介绍如下。

1. 制备纳米粉体的机械方法

(1)机械粉碎法

典型的纳米粉碎技术有:球磨、振动球磨、振动磨、搅拌磨、胶体磨以及气流粉碎。粉体在球磨中,不仅发生粒子的粉碎,也会因范德瓦耳斯力、静电引力、粒子间的冷焊等原因产生聚合,粉末磨得越细,聚合越严重。为解决球磨过程中粉体的团聚,降低平衡粒度,最有效的措施是在球磨介质中引入表面活性剂(助磨剂),常用的助磨剂有硬脂酸、乙醇、乙酸乙脂等。加助磨剂后,可以磨到19.8 nm的粒度。

机械粉碎法尤其适用于制备脆性材料的纳米粉,其中气流粉碎可以连续操作,为大量生产纳米粉体创造了条件。同时,因为没有研磨介质,物料不会受污染。但粉碎过程中物料与气流充分接触,粉碎后物料表面又十分发达,所以吸附的气体很多,粉体在使用前需要排除吸附的气体。

(2)机械力化学反应法

这是将一种或几种物质在高能球磨机中球磨,通过适当控制球磨条件,使材料在球磨过程中粒子尺寸减小、晶格畸变,从而发生晶型转变或混合物粉体极度无形化、相互之间发生界面反应,在室温下基本合成纳米晶,或在低于传统的退火温度下煅烧得到纳米粉。用该法已制备出 $ZnFe_2O_4$,$NiFe_2O_4$,PZT,TiO_2(金红石型)纳米晶。

制备实例:PbO,ZrO_2,TiO_2 按化学计量比称量,加质量分数为0.5%的三乙醇胺,球料比为(10~20)∶1,在行星球磨罐中磨60 h,可得到10~30 nm的PZT晶体。

目前阻碍机械法应用和发展的主要问题是产物的纯净性、粒度的均匀性。

2.固相法

一般的高温固相煅烧法制得的微粉需要再次粉碎才能得到纳米尺寸的颗粒,这里不作讨论,主要介绍自蔓延燃烧合成法。

自蔓延燃烧合成法是利用反应物间自身的剧烈放热反应,经点火引发后,燃烧面以一定的速度(1~200 cm/s)向前自动持续推进,直至反应物完全燃烧来合成粉体的一种方法。其又分为高温和低温两种。

(1)低温燃烧合成法(LCS)

低温燃烧合成可以看做是一种特殊的热分解反应,它采用硝酸盐与有机燃料的混合物为原料,在较低的点火温度(300~500 ℃)和燃烧放热温度(1 000~1 600 ℃)下,简便快捷地制备多组分氧化物粉体的方法。

工艺过程以 α-Al_2O_3 粉体制备为例说明:分析纯硝酸铝[$Al(NO_3)_3 \cdot 9H_2O$]和尿素[$(NH_2)_2CO$]按1∶2.5比例称好,加适量糊精或淀粉和尽可能少量的水研磨成膏状,放入容器,在300 ℃下有氧燃烧,膏状物经熔化、脱水、分解等过程,产生大量的气体(N_2,CO_2,H_2O),最后,物料变浓鼓胀成泡沫状,并伴随有火焰,整个燃烧在几分钟内完成,可得粒径在100 nm以下的 α-Al_2O_3 粉体。

配料时使用硝酸盐的水合物可以降低混合体系的易爆性;有机燃料一般是含有元素N的肼的衍生物,可在较低的温度分解产生可燃气体。

该工艺中,燃烧火焰温度是影响粉体合成的重要因素之一,火焰温度高则合成的粉体颗粒较粗。燃烧反应的最高温度与混合物的组成有关,如硝酸盐与尿素体系的火焰温度为1 600 ℃左右,而尿素的衍生物卡巴肼与硝酸盐体系的燃烧温度为1 100 ℃左右;富燃料体系温度高,贫燃料体系温度低,甚至发生燃烧不完全或硝酸盐分解不完全的现象。点火温度也影响燃烧火焰温度,加热点火温度高时,燃烧温度也高,粉体颗粒变粗。

由于燃烧合成工艺过程中燃烧释放大量的气体,气体的排出使燃烧产物呈蓬松的泡沫状并带走体系中大量的热,而且合成速度很快,保证了体系能够获得颗粒小,比表面积高的粉体。用该法合成的 Mn-Zn,Ni-Zn 等铁氧体,颗粒尺寸为 6~22 nm,比表面积为 100~140 m^2/g。

但该工艺产出率低,如 100 g $Al(NO_3)_3 \cdot 9H_2O$ 只能得到 15 g Al_2O_3,所用有机燃料价格贵,成本高,废气排除量大。

(2)自蔓延高温燃烧合成法(SHS)

该方法有两种合成方式,一种是直接合成法,用两种或两种以上反应物直接合成产物。一般需要特制的反应器,设备复杂。多用于制取难熔的氮化物或金属基陶瓷,例如:

$$2Ti+N_2 =\!=\!= 2TiN$$

$$3Si+2N_2 =\!=\!= Si_3N_4$$

另一种是用金属或非金属氧化物为反应剂,活性金属(Mg,Al)为还原剂。首先把金属或非金属元素从其氧化物中还原出来,之后还原出来的元素之间相互反应合成所需的化合物,例如:

$$3Ti_2+3B_2O_5+10Al =\!=\!= 5Al_2O_3+3Ti_2B_2$$

在单纯的固相反应中,由于反应物颗粒接触面的限制,常常影响反应速度。为提高燃烧反应速度,可采取如下措施。

引入气相转移添加剂,增加颗粒间的有效接触面积。不同的反应其气体转移添加剂是不同的,如碳可被氢携带,金属可被卤素携带等。在氢气气氛中合成 WC 的反应过程如下:

$$nC+1/2(mH_2) =\!=\!= C_nH_m$$

$$nW+C_nH_m =\!=\!= nWC+1/2(mH_2)$$

氢气只起气体转移作用。

反应物的粒度、压实密度等将影响燃烧速度和燃烧波的稳定性,最终影响粉体粒度。

自蔓延燃烧合成法具有设备工艺简单,粉体纯度高,活性大,节约能源,时间短,产量高等特点,可扩大生产规模。

3.液相法

液相法包括沉淀法、溶胶-凝胶法、微乳液法、水热法、溶剂蒸发法等。

(1)沉淀法

常规的沉淀法制备粉体时,沉淀剂作为杂质会混入粉体中,而且易产生团聚。粉体颗粒的团聚分为软团聚和硬团聚,软团聚一般因范德华力、静电引力、毛细管力而结合,容易被外力粉碎;硬团聚则由化学键力而结合,难以粉碎,直接影响坯体成形及材料的烧结和显微结构。纳米颗粒由于比表面积大,很容易形成硬团聚,所以制备纳米粉体的关键是防止硬团聚的发生。如果消除具有巨大表面张力的气-液界面,或使颗粒不能相互靠近,就有可能消除硬团聚。主要的方法有乙醇洗涤法、共沸蒸馏法和超临界干燥技术。

①乙醇洗涤法。将经水反复洗涤无 OH^-、Cl^- 等离子的沉淀物再用比水的表面张力低的乙醇、丙酮等洗涤数次,以取代残留在颗粒间的水,减少液桥作用,之后煅烧成粉,可获得团聚较轻的粉体。

以 ZrO_2 粉体制备为例,当 $Zr(OH)_4$ 从液相中沉淀下来时,它不是一个 $Zr(OH)_4$ 单颗粒,而是一个水合离子 $[Zr_4(OH)_{16-n}(H_2O)_{n+8}]^{n+}$,这种水合离子结合在一起,达到 20 个左右时,开始产生沉淀,沉淀离子的分子式为

$$[Zr_4(\mu\text{-}OH)_8(OH)_8(H_2O)_8]\cdot XH_2O$$
$$\qquad\quad a \qquad\quad b \qquad c \qquad d$$

其中 a 为桥接羟基;b 为非桥接羟基;c 为结合配位水;d 为吸附水。

②水洗涤法。用水洗涤时水与非桥接羟基空余的键结合,在干燥过程中水被排除,但非桥接羟基空余的键结合在一起形成氧键,产生硬团聚。如果用乙醇洗涤,乙醇的乙氧基取代非桥接羟基,在每个粒子表面覆盖了一层不与水形成氢键的非极性基膜,干燥脱除后不会形成氧键。但是,取代不可能充分完成,仍会残留少量非桥接羟基,乙醇的沸点比水低,在干燥过程中乙醇先挥发,残留的羟基仍可能形成硬团聚。

③共沸蒸馏法。将水洗好的沉淀物与正丁醇混合,先在水-正丁醇共沸温度(93 ℃)下蒸馏,之后在正丁醇的沸点(117 ℃)排除剩余的正丁醇(蒸馏出的正丁醇可以回收)。该法与乙醇洗涤有同样的原理,但正丁醇的沸点比水高,即使有残留的水也先于正丁醇蒸发,同时,丁醇体积大,可以在胶粒间形成大的位阻,所以该法可以较好地防止硬团聚。共沸蒸馏装置如图 7.1 所示。

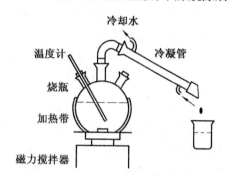

图 7.1　共沸蒸馏装置

表 7.1 为不同工艺制得的 3Y-TZP 粉体的粒度、压制性、烧结性的对比。

表 7.1　不同工艺制得的 3Y-TZP 粉体的粒度、压制性、烧结性的对比

	$S_{BET}/(m^2\cdot g^{-1})$	d_{BET}/nm	$d_{50}/\mu m$	$\rho_{压坯}/\%$	$\rho_{烧结}/\%$
水洗涤	30.42	32.4	4.05	42.0	92.2
乙醇洗涤	40.50	24.4	2.70	38.0	95.5
共沸蒸馏	60.84	16.2	1.08	37.0	98.0

注:沉淀经 800 ℃煅烧 1 h,模压压制压力 100 MPa,1 450 ℃烧结 2 h;$\rho_{压坯}$、$\rho_{烧结}$ 分别表示压坯和烧结坯的相对密度。S_{BET} 为用低温氮气吸附法(即 BET 法)测得的粉体的比表面积;d_{BET} 为用 S_{BET} 算得的等效粒径;d_{50} 为粉体中位径。

④超临界干燥技术。超临界流体是处于临界温度和临界压力以上,介于气体和液体之间的流体,兼有气体和液体的双重特性,即密度接近液体而黏度又与气体相似。超临界干燥技术就是利用这一特点,在超临界点以上使液体的压力高于其饱和蒸气压,液体会直接转化为无气-液界面的流体。不存在气-液界面,表面张力和毛细管作用力的影响也被消除。因此把溶剂在其临界状态下抽取除去,便可制得比表面积高、团聚少的粉体。

(2)溶胶-凝胶法(Sol-Gel)

这是以金属无机化合物、金属有机化合物或两者混合制成溶液、溶胶,经水解聚合逐渐形成凝胶固化,再将凝胶干燥、煅烧制得氧化物或化合物的方法。水解聚合是一个很复

杂的过程,聚合物的组成、结构受很多因素影响,如溶液中水的质量分数、pH 值、温度等。

溶胶-凝胶可分为以下三个体系。

①醇盐水解法。醇盐可由金属盐与醇反应,金属离子取代醇中的一个氢而形成。常用的有硅酸乙脂、丙醇锆、钛酸丁脂等。随着醇中烷基的增大,反应速率降低,所以戊基以后的盐很少见,甲醇挥发性大且有毒使其使用受限。

金属醇盐能溶于有机溶剂,遇水后很容易水解生成氧化物和氢氧化物。醇盐水解时无需添加其他阳离子或阴离子,而且水解的速度比溶液中金属元素趋向不均匀化所需的时间要快得多,因而可获得颗粒单元尺度上的高纯度、高组成均匀性的粉体,这是其他方法所难以达到的。用醇盐水解可制备单一氧化物或复合金属氧化物。

例 7.1 将乙醇加入到($TiCl_4$+矿物油)中,并通入 NH_3 气可得钛的醇盐,水解、煅烧得 TiO_2 粉,其反应方程式为

$$TiCl_4+4C_2H_5OH \Longrightarrow Ti(OC_2H_5)_4+4HCl$$

$$Ti(OC_2H_5)_4+4H_2O \Longrightarrow Ti(OH)_4+4C_2H_5OH$$

$$Ti(OH)_4 \xrightarrow{850\sim900\ ℃} TiO_2+2H_2O$$

例 7.2 将 $Ba(CH_3COO)_2$ 的醋酸溶液按 $Ba(CH_3COO)_2 : Ti(OC_4H_9)_4 = 1:1$ 的比例滴入 $Ti(OC_4H_9)_4$ 的正丁醇溶液中得溶胶,在 45 ℃干燥 2h 得凝胶,再在 650 ℃煅烧 1 h 得粒径为 30 nm 的 $BaTiO_3$ 粉。如果在溶胶阶段掺杂硝酸钇,则可得粒径为 18.8~21 nm 的 Y-$BaTiO_3$ 粉。

②非醇盐溶胶-凝胶体系。这是将金属无机盐水溶液与有机多功能酸、酮或醛等配合剂反应形成配合物溶胶,溶胶脱水聚合成凝胶,然后煅烧成氧化物粉末。有机配合剂的种类和性质及添加量(金属离子与配合剂的比值 r)、pH 值对粉体的比表面积有较大的影响,分述如下。

a. 配合剂的种类。作为配合剂,最早用的是柠檬酸,之后有草酸、乙酸、苹果酸、乳酸、乙二胺四乙酸(EDTA)、氨三乙酸(NTA)、羟基羧酸等。一般来说,带电荷的配合剂给予粉体原子在水溶液中与金属离子形成的络合物稳定性好,在干燥过程中不会产生硬团聚而使粉体变粗。用各种配合剂制取 ZrO_2 粉的粒径和比表面积见表 7.2。

表 7.2 用各种配合剂制取 ZrO_2 粉的粒径和比表面积

配合剂	EDTA	酒石酸	乙酸	NTA	柠檬酸	草酸
比表面积/($m^2 \cdot g^{-1}$)	107.3	72.80	61.72	57.71	26.61	26.37
粒径/nm	10	14	17	18	40	40

b. 金属离子与配合剂的比值 r 和体系 pH 值。配合剂加入量不足,形成的溶液不稳定,在凝胶过程中易析晶;有机物质量分数多,分解时产生的热量也多,致使粉体粒度增大。对不同的配合剂,其 r 值也不同,以 EDTA 为配合剂时,$r=2$ 所得配合物煅烧温度低,制得的粉体粒径小。

pH 值也关系到配合物的稳定性。以 EDTA 为配合剂制取 Y-TZP/Al_2O_3 复合粉体时,pH 值应控制在 4~6 之间,pH 值过低,配合物不稳定,pH>6 时,$Al(OH)_3$ 发生溶解。

表 7.3 给出了以 EDTA 为配合剂时 r 和 pH 值对 ZrO_2 粉体粒度的影响。

　　c. 凝胶的陈化时间对粉体的微观结构有很大影响。陈化时间短,则聚合物粒子尺寸分布不均匀;随陈化时间的延长,粉体粒径增大。

表 7.3　r 和 pH 值对 ZrO_2 粒度的影响(以 EDTA 为配合剂)

r	pH = 3		pH = 5		pH = 6		pH = 9	
	比表面积 $/(m^2 \cdot g^{-1})$	粒径/nm	比表面积 $/(m^2 \cdot g^{-1})$	粒径/nm	比表面积 $/(m^2 \cdot g^{-1})$	粒径/nm	比表面积 $/(m^2 \cdot g^{-1})$	粒径/nm
1	96.22	10.6	99.45	10.2	81.95	12.4	64.53	15.8
2	102.47	9.9	107.30	9.5	95.74	10.6	80.84	12.6

　　非醇盐溶胶-凝胶体系中若只引入有机酸配合剂,则由于没有-OH 活性基团,分子间的交联不是通过聚合反应实现,而是通过蒸发,迫使分子相互靠近以氢键相连形成凝胶。氢键不稳定,易吸潮,在煅烧时由于水分子氢键的"搭桥作用",也会形成氧键,产生硬团聚。若同时引入乙二醇等,则可代替氢键与有机酸的羧基发生聚合反应,使凝胶更稳定,减少硬团聚,见表 7.4。

表 7.4　以 EDTA 为配合剂制取 ZrO_2 时,添加乙二醇对粉体粒度的影响

配　　方	$S_{BET}/(m^2 \cdot g^{-1})$	d_{BET}/nm	Scherrer/μm	d_{50}/μm	团聚度(d_{so}/D_{bet})
不加乙二醇	15.33	65	6.8	1.88	29
加乙二醇	35.15	28	6.3	0.44	16

　　用柠檬酸作配合剂制取掺杂铬酸镧粉体的实例如下。

　　硝酸镧、硝酸铬、硝酸钙以化学计量比配制成适当浓度的溶液,在 60 ℃水浴条件下加入柠檬酸、乙二醇混合液,搅均于 80 ℃水浴蒸发,形成凝胶后,在烘箱中于 80 ℃烘干 24 h,磨细后在适当温度下煅烧 2 h,即得粒径 50 nm 的掺杂铬酸镧粉体。

　　煅烧时凝胶中的柠檬酸为还原剂,硝酸根为氧化剂发生氧化还原反应,可在较低温度下自蔓延燃烧。

　　③高分子网络凝胶(有机配合物前驱体法)。这是将易通过热分解去除的多齿配合物与不同金属离子配合,得到高度分散的复合前驱体,然后用热分解的方法去除有机配合物得到纳米粉体。以 $\alpha-Al_2O_3$ 粉体制备为例:

　　硝酸铝水溶液中加入丙烯酰胺单体,N,N′-亚甲基双丙烯酰胺网络剂及过硫酸胺引发剂,在 80 ℃聚合而得凝胶,将凝胶干燥,煅烧得 $\alpha-Al_2O_3$ 粉体。在干燥及煅烧过程中,由于高分子网络的阻碍,Al_2O_3 分子接触和聚集的机会减少,有利于形成团聚少的纳米粉体。

　　溶胶-凝胶法设备工艺简单、煅烧温度低(若反应物是氧化物则不需煅烧)、能准确控制化学计量比、纯度高、均匀性好,易实现多组分均匀掺杂。这种方法已成功用于生产钛酸钡基 PTC 纳米晶粉体。

　　(3)微乳液法

　　微乳化的概念最早由 Hoar 与 Shlman 于 1943 年提出,是近十几年来才开始研究和应用的化学方法。可定义为两种互不相溶的溶体在表面活性物质的作用下形成的外观透明或半透明、各向同性、热力学稳定、粒径为 1～100 nm 的分散体系。根据体系中水、油比例及其微观结构可将其分为正相的 O/W 和反相的 W/O。O/W 型是由水连续相、油核、表面活性剂、助表面活性剂构成的分散体系；W/O 型是由油连续相、水核、表面活性剂、助表面活性剂构成的分散体系。可由 W/O 型连续地转变为 O/W 型。通常使用的无机化学试剂溶于水而不溶于油，所以用来制备纳米颗粒的微乳液一般是油包水型（W/O）体系（W/O 型微乳液又称反胶束），油相多为 $C_6～C_8$ 烷烃或环烷烃。

其反应机理为：利用表面活性剂在溶液中形成微乳液滴等，其中的水核是一个纳米尺寸的反应器，无机物在此反应器中发生化学反应、成核、晶核生长成纳米颗粒，所以，最终形成的纳米粒子的大小和形状受水核的控制。其反应方式有三种，其一，将一种反应物增溶在微乳液的水核内，另一种反应物以水溶液或气体的形式与微乳液充分混合，反应物进入微乳液水核内，两者发生反应生成纳米颗粒。其二，利用金属醇盐能溶于有机溶剂且易于水解的特点，将溶有金属醇盐的油相与微乳液混合，醇盐扩散进入微乳液水核内发生水解反应生成纳米颗粒。其三，两种或两种以上溶有不同反应物的微乳液混合，由于微乳液滴之间的自由碰撞产生聚合，表面活性剂层被打开，进行物质交换、发生反应、生成纳米颗粒。聚合体的形成改变了表面活性剂膜的形状，所以聚合体处于高能状态，很快会分离，然后用水或丙酮破乳将生成物分离出。

影响粒子大小、增容水量的因素有以下几种。

①W 值的影响。若令 $W=[H_2O]/[$表面活性剂$]$（mol 比），研究表明，在一定范围内，水核半径 R 随 W 的增大而增大，且呈线性关系。如 AOT（琥珀酸二异辛脂磺酸钠）/水/异辛烷反微乳液体系，$R≈1.5\ W$。用该体系制备 CdS 粒子时，当 W 由 1 增加到 10 时，生成的 CdS 的粒子半径由 2 nm 增加到 10 nm。

W 值还控制了水核的形状，以 $Cu(AOT)_2$/水/异辛烷体系为例，当 $W<4$ 时，水核为球形；$W=4$ 时，水核为球形及少量（<13%）柱形；$W=6$ 时，球形为 68%（10 nm），柱形为 32%（长 22.6 nm 横 6.7 nm）；$W=11$ 时，柱状为 38%，少数线形（100～1 000 nm）。

微乳液滴的界面膜的强度取决于 W 的大小，AOT/水/异辛烷体系中，$W<6$ 时，水与表面活性剂极性基团的作用很强，以结合形式存在；$W>6$ 时，出现自由态水，使界面结构不致密，液滴间物质交换速率过大，单分散性差。

②反应物浓度的影响。一般来说随着反应物浓度增加，生成的晶核数多，晶粒生长速度慢，得到的颗粒尺寸小，不同的反应体系情况会有所不同。以 AOT/水/异辛烷体系制备 CdS 为例，$Cd^{+2}/S^{-2}=1$ 时，粒径最大；$Cd^{+2}/S^{-2}=2$ 时，粒径最小。这是因为当反应物之一过剩时，微乳液滴间碰撞几率增大，成核过程比反应物等量反应时要快，粒径就小。但反应物浓度增大后，增容水量会减少。

③表面活性剂结构和浓度的影响。阴离子型表面活性剂有 AOT，SDS（十二烷基硫酸钠）等；阳离子型表面活性剂有 CTAB（十六烷基三甲基胺溴）、十六烷基吡啶；非离子型表面活性剂有脂肪醇聚氧乙烯醚、烷基酚聚氧乙烯醚等。对不同离子的表面活性剂，若碳原子数相同，则所形成的微乳液聚集数大小的顺序是阴离子型>阳离子型>非离子型。浓度提高，增容水量提高，过多的表面活性剂覆盖在粒子表面，阻止晶核的生长，会使粒径变小。但超过一定量后，单胶团过饱和，胶团之间聚合成二次胶团，使粒径增大，增容水量也

减少。

④助表面活性剂的影响。助表面活性剂多是长链的醇,它可使界面膜的有序排列被打乱,降低油水界面的张力,增强微乳的空间位阻,从而增加了微乳的膜强度,使制得的纳米粒径减小并稳定存在,且使增容水量提高。当质量分数过高或碳链较短时,则会使界面膜强度下降,破坏微乳液结构导致破乳。

⑤温度的影响。一般情况下,温度升高,微乳液滴运动加剧,微乳液滴结构不稳定。

⑥反应物中电解质的影响。电解质中的离子的加入会导致表面活性剂亲水性的减弱,使微乳液滴形成区域减少,增容水量减少;会使液滴膜表面活性剂间的斥力减弱,侧向吸引力加强,液膜更稳固,生成的粒子更规则,但对非表面活性剂影响小。

微乳液制备纳米粉体实例:

用两种微乳液混合合成 $YBa_2Cu_3O_{7-x}$ 超导体为例。两个微乳液都由 29% 的表面活性剂 CTAB 和助表面活性剂正丁醇与 60% 的辛烷混合,各自在强烈搅拌下加入 11% 的水相溶液组成(体积比),其中一个水相是含有钇、钡、铜的硝酸盐水溶液,三者之比为1:2:3;另一个水相是草酸铵水溶液。然后在搅拌下将两个微乳液混合,水核在自由运动中不断碰撞、破裂、聚结,两种溶液在水核中反应生成草酸盐前驱体沉淀。由于水核的限制不会发生阳离子的依次沉淀,而这在其他化学合成方法中可能存在。将草酸盐沉淀分离、洗涤、干燥并在 820 ℃ 煅烧 2 h 即完全转化为氧化物纳米粉。

微乳液法具有设备简单,操作方便,应用领域广,粒度可控,可合成复杂结构微粒等优点。但由于要使用大量的表面活性剂,成本太高;微乳液中增溶的水量太少,产量很低。目前还处于研究阶段,需进一步探讨微乳液组成结构、物质交换速率等对颗粒的影响,寻求低成本、易回收的表面活性剂,与其他方法结合,建立适合工业化生产的体系。

(4)水热法(高温水解法)

这是一种在加热、加压下通过反应或溶解-重结晶过程制取粉体的方法,一般在密闭的耐酸碱的压力容器中进行。水热法的特点是产物在水热反应条件下晶化,无需再经过常规的热处理晶化过程,从而可以减少或消除热处理过程中难以避免的粒子间的团聚;结晶度高,烧结活性好,而且这种方法能耗低、投入低、污染小。近年来,引起了人们广泛的重视。有些粉体如 Al_2O_3,ZrO_2,$BaTiO_3$ 等的水热法制备已经实现工业化生产。

①水热晶化。采用无定形前驱体经水热反应后形成结晶完好的晶粒。如将浓度为 1 mol/L 的非晶态 TiO_2 水溶液和浓度为 2 mol/L 的 KOH 水溶液在 180 ℃ 下反应 6 h,即得形貌规则完整的金红石晶须。

②水热沉淀。如将 $ZrOCl_2 \cdot 8H_2O$,$YCl_3 \cdot 6H_2O$ 与尿素 $(NH_2)_2CO$ 混合水溶液置于高压釜中,在加热时尿素分解生成 NH_4OH,pH 值上升,产生 $Y(OH)_3$–$Zr(OH)_4$ 沉淀,在一定温度和压力下脱水进而生成 10 ~ 20 nm 的 $Y–ZrO_2$ 粉。

③水热合成。采用两种或两种以上一元金属氧化物(或氢氧化物、水合物)或盐作为前驱体,在水热条件下反应合成二元或多元化合物。如以 TiO_2 粉或新制备的 $TiO(OH)_2$ 凝胶和 $Ba(OH)_2 \cdot 8H_2O$ 粉为前驱体,经水热反应可得 $BaTiO_3$ 结晶形颗粒。

水热过程中温度、时间、pH 值、压力、反应物浓度等对晶体结构和结晶形态、粒径等有很大的影响。如用微波技术加载等,则可提高合成效率,且粒径分布窄,晶粒完整,团聚少。

（5）溶剂蒸发法

这是将溶液制成小滴后进行快速蒸发得到粉体的方法,为了在溶剂蒸发过程中保持溶液的均匀性,使液滴内组分偏析最小,必须将溶液分散成极微小的液滴,而且应迅速进行蒸发。一般可通过喷雾干燥法、喷雾热分解法或冷冻干燥法、酒精干燥法、热石油干燥法加以处理。

4. 气相法

用气相法制取纳米粉体的方法与制取微粉的方法相同,即化学气相沉积法(CVD 法)和蒸发冷凝法(PVD)。通过控制反应物浓度和反应温度等来控制生成颗粒的大小。通常的作法是一旦反应发生就尽量降低反应温度,加大反应物浓度,造成大的过饱和度而使其能在瞬时大量成核,接着提高温度降低浓度使成核过程停止而让核心均匀长大,然后,急速冷却,最好淬冷至室温,可得粒度均匀的纳米粉体。

5. 其他方法

①超重力反应沉淀法。利用旋转产生的比地球重力加速度高得多的超重力环境,在分子尺度上有效地控制化学反应、成核生长过程。克服了常规沉淀法固有的缺点,已制得了平均粒径为 15 ~ 30 nm 的 $CaCO_3$ 粉体,并进入商品生产阶段。

②低温直接合成法。利用强酸、强碱的中和反应放出的热量为形成物质的驱动力,不经过中间体直接形成反应物粒子的方法。

以 ZrO_2 粉体制备为例:

把氯氧化锆逐步加入到适当过量的氢氧化钠溶液中进行搅拌混合,可直接在室温下合成 ZrO_2 晶核,经 200 ~ 500 ℃热处理后使晶核长大,形成晶粒完整,粒径 70 nm 左右的粉体。反应的副产品氯化钠可回收。

纳米粉体制备技术关键是纳米颗粒尺寸分布范围要窄,颗粒形态近似球形。在众多纳米粉体的制备方法中,气相法所得纳米粉体纯度较高、团聚较少、烧结性能好,其缺点是设备昂贵、产量低、不易普及。机械法所用设备简单、操作方便,但在制备过程中常常会引入杂质元素,导致粉体纯度下降,粒径分布也较大,适用于要求较低的场合。固相法、液相法具有设备简单(无需高真空等苛刻条件),成本低,合成的纳米颗粒分散性好尺寸均匀,很容易实现工业化生产,因此最有发展前途。为得到高质量的粉体,往往将两种方法结合在一起使用。

7.1.2 纳米陶瓷的成形

纳米粉体极细的颗粒和巨大的表面积使其表现出不同于常规微米颗粒的成形状况,用传统的陶瓷成形方法成形会出现一系列问题,如压坯易产生分层和回弹、素坯密度低、粉体在模型里装不下、坯体易开裂等。因此,需要改进传统成形方法或寻求一些新的方法来制备素坯。

1. 干法成形

粉体的粒径越小越有利于烧结,但对成形却不利,尤其对干法成形,粉体颗粒越细,表面残余或吸附基团越多,单位体积内颗粒间的接触点多,因摩擦力的作用使颗粒间的滑动受阻,流动性不好,不能充满模子,坯体密度越低。所以,通常纳米粉体的坯体密度要比普通粉体低得多。为提高坯体密度,避免坯体在干燥和烧成时开裂或变形,常采用的方法有以下三种。

(1)粉体改性

用有机物与纳米粒子表面的活性羟基发生接枝反应相当于在纳米粒子表面覆盖一层有机分子膜,从而改变粒子表面极性,使粒子间作用力减小,硬团聚消除。同时有机膜的减摩润滑作用,可减小粉体压制过程中摩擦和机械铰合作用,避免了拱桥效应,提高粉体在成形时的流动性,从而提高坯体的均匀性、致密度和强度。

(2)连续加压成形

第一次加压导致软团聚的破碎,第二次加压导致颗粒的重排以使颗粒间能更好地接触,这样坯体可以达到较高的密度。如用冷等静压成形 ZrO_2 粉体时,压力达到 35 MPa 以上时软团聚破碎,然后加压到 450~550 MPa 下成形。该法成形的坯体显微结构均匀,气孔较小,可得到透明或半透明的素坯。

(3)超高压成形

由于通常素坯成形所用的冷等静压的最高压力为 500~600 MPa,所以很难得到高致密度的陶瓷素坯。目前设计出了新的成形设备,以获得更高的压力。如用脉冲磁力压机产生的脉冲电磁力,在瞬间(3~300 μs)产生 2~10 GPa 的高压,可将粒径为 20 nm 左右的 Al_2O_3 纳米粉体压成相对密度达 62%~83% 的坯体,比用冷等静压制备的坯体的密度高 15%。另一种超高压成形方法是用超高压成套设备(如制备人造金刚石的超高压设备)来获得高成形密度。成形在立方体高压容器中进行,六个面同时均匀受压。在 3 GPa 的超高压下,获得了相对密度达 60% 的 Y-TZP 陶瓷坯体,比冷等静压成形所得的坯体密度高 13%。其不足之处是设备复杂,获得的样品小(最大为 5 g)。

2. 湿法成形

到目前为止,纳米陶瓷的干法成形主要是通过高压或超高压实现,但由于实现高压或超高压的条件苛刻,很难获得体积较大结构均匀的素坯,即使获得成本也很高无法用于大规模生产。因此,如何发展新的成形工艺,使得在较低的成本下获得大面积结构均匀的素坯,是今后纳米陶瓷干法成形研究的主要方向。另一方面,为更有效地控制粉体团聚及杂质质量分数,减少坯体缺陷,成形各种复杂形状陶瓷部件,近年来出现了原位凝固胶态成形(包括直接凝固注模成形和凝胶注模成形)、渗透固化成形等新的湿法成形工艺。

(1)悬浮液的制备

原位凝固胶态成形工艺的关键是制备低黏度、高固相质量分数、稳定性好的料浆。一般情况下,低于 1 Pa·S 的料浆黏度在成形复杂部件时有利于浆料的脱气、除泡和充模,从而降低坯体缺陷。高的固相质量分数是坯体获得足够强度的保证。由于纳米粉体比表面积高,在水或有机介质中具有高的表面能,颗粒与颗粒之间形成较大的范德瓦耳斯力、静电力等引力,颗粒与溶剂之间容易形成氢键和配位键,因而容易产生团聚或絮凝,影响浆料的均匀、稳定性。目前制备稳定性好、浓的陶瓷悬浮体的主要途径是采用加入分散剂的方法。

①液相中分散剂分散纳米粒子的机理有以下三种：

a.静电分散机制。调整体系 pH 值或增加体系电解质浓度使颗粒表面形成的双电层电荷密度增加，颗粒间产生较大的静电斥力而使悬浮体保持较好的稳定性。

b.空间位阻分散机制。在溶胶中加入不带电的高分子化合物，使颗粒表面被高分子包裹，颗粒间形成空间位阻，阻碍颗粒间的团聚。

c.电空间位阻分散机制。在溶胶中加入聚电解质使其吸附在颗粒表面，通过调节 pH 值可使颗粒表面的聚电解质达到饱和吸附值，并使其有最大电离度，这时，静电斥力和高分子聚电解质的大体积形成的空间位阻共同作用使体系有高的分散性和稳定性，特别适用于复合纳米粉体悬浮液的制备。如制备 $\alpha-Al_2O_3$，SiC 混合悬浮液时，$\alpha-Al_2O_3$ 的等电点（IEP）约为 pH=6.2，最高正电位为+38 mV（pH=4.0 左右），最高负电位为-14 mV（pH>8.0），可见在酸性环境下有较好的静电稳定性，而在碱性条件下不能形成稳定悬浮液。SiC 颗粒的等电点约为 pH=3.5，在很宽的 pH 范围内 SiC 颗粒带负电荷，只有在碱性条件下（pH=10）才具有良好的静电稳定性。因此单一静电机制不能得到稳定混合悬浮液，若加入 0.2%~0.3%聚电解质 PMAA-NH₄，调 pH=9 时可得悬浮性良好的体系，pH=5.5~6.5 时絮凝。

②影响分散性能的因素有以下五点：

a.分散剂的种类。无机分散剂主要有聚磷酸盐、硅酸盐、碳酸盐等，属静电稳定机制，会带入杂质离子影响材料的导电率、介电常数、耐蚀性等；表面活性剂属空间位阻稳定机制，分散效果差，且对体系的 pH 值、温度等敏感；高分子聚电解质属电空间稳定机制，比表面活性剂的分子量高得多，对体系的 pH 值和温度敏感性小，分散效果好，且可根据不同体系的要求进行有针对性的人工合成。

b.分散剂的加入量。加入量多时高分子长链相互铰链而导致絮凝；过少时多个小颗粒会吸附在一个高分子链上，容易形成桥连而聚沉。

c.颗粒的表面性质。这是一重要影响因素，特别对非氧化物粉体尤为突出，因是非极性粒子且其表面容易被氧化，所以难以被分散（特别在水基料浆中），若用酸洗涤则可以有效地对粉体进行改性，使料浆稳定性提高。即使同一种粉体，若制备工艺不同，则分散效果也会不同；同一种分散剂可能使某一种粒子分散，而会使另一种粒子聚沉。

d.体系的 pH 值。如 PMAA-NH₄ 在水溶液中的离解度随 pH 值而变化，pH=3.4 时不离解，pH>3.4 时离解，且随 pH 升高，离解度由 0 升到 1，离解后带负电荷。

e.颗粒的形状、粒径。根据溶剂的种类这些对体系分散性都有不同程度的影响。

（2）成形方法

①直接凝固注模成形（DCC）。利用生物酶催化反应来控制陶瓷料浆的 pH 值和电解质浓度，使料浆中粒子表面双电层排斥能最小时依靠范德瓦耳斯力而原位凝固。

在各种酶催化反应中，由于甲酰胺、丙酰胺在分解过程中会产生有毒物质，因此采用尿素酶分解尿素的反应实现悬浮体系的凝固是主要方法。

制备工艺（以 Al_2O_3 浆料的制备为例）：将水、盐酸、尿素以一定的比例混合，然后在不断地搅拌下加入 Al_2O_3 粉制成料浆，将料浆加入球磨罐中，在低温下球磨 24 h 后，向料浆中加入尿素酶，搅拌 30 min，将料浆通过网眼为 3 μm 的聚酰胺筛，并脱气处理 10 min，注入模具,脱模后在室温下干燥 24 h 即可。在悬浮液中 Al_2O_3 的加入量为 60%,尿素酶的加入量为 2 unit/g Al_2O_3,尿素占总固相量的 0.14%。

DCC 法成形的优点:a. 除极少数生物酶外,不含有机物,不需脱脂处理;b. 坯体在成形和烧成过程中尺寸和形状变化很小;c. 坯体相对密度高(55% ~ 70%)且均匀;d. 可成形复杂部件;e. 模具材料可选择范围广(如金属、塑料、橡胶、玻璃等均可)。

存在的问题:a. 制得的湿坯强度低(但足以脱模)。坯体强度随固相质量分数提高而增高,实验表明,由增加离子强度制成的湿坯强度和杨氏模量均高于由改变 pH 值制得的,但在增加离子强度的方法中,由于料浆中的尿素质量分数比较高,使坯体脱模时间长,且湿坯在受振动时易出现流动倾向;b. 尿素酶价格高且不宜存放。低温时(<5 ℃)尿素酶活性很小与尿素反应很慢,当大于 60 ℃时,尿素酶自身将遭到破坏,所以处于实验室阶段。

②凝胶注模成形(gel casting)。该工艺是 1990 年美国橡树岭国家重点实验室 Mark 等人首先发明的,是依靠有机单体聚合完成坯体固化的一种成形方法。研究比较成熟的是丙烯酰胺凝胶体系,其成形工艺过程是,将一定比例的有机单体丙烯酰胺(AM)和交联剂 N,N′-亚甲基双丙烯酰胺(MBAM)配制成单体溶液,加入陶瓷粉体并加入适量分散剂,制成流动性好的稳定的悬浮液,球磨混合,然后抽真空除泡,注模前加入一定量的引发剂过硫酸铵[$(NH_4)_2S_2O_8$]和催化剂 N,N,N′,N′-四甲基乙二胺(TEMED),在惰性气体(或真空)保护下加热,引发浆料聚合,形成网络结构,陶瓷颗粒通过吸附作用固定在网络间,得到有一定强度和柔韧性的坯体。脱模后坯体需在 45 ℃左右相对湿度 90% 以上的环境干燥以防坯体开裂。

在凝胶注模工艺中关键的环节是提高陶瓷粉体在单体溶液中的分散性,即要保证浆料中固相体积分数高(>50%),又要保证料浆有低的黏度。高的固相质量分数有利于坯体密度的提高,好的流动性有利于脱气和注模。一般希望在剪切速度 50 s^{-1} 时,黏度小于 1.0 Pa·S。料浆球磨后能降低黏度,球磨时间越长黏度越低,流动性越好,一般球磨 8 ~ 12 h。

在实际操作中,希望浆料在浇注前能够长时间保持稳定不聚合,而浇注后快速聚合固化。聚合速度主要取决于下列因素。

a. pH 值。溶液的 pH 值能显著影响浆料的聚合引发速度,pH 值升高,聚合速度降低,聚合反应时间长,单体分子或聚合物中的酰铵基(—$CONH_2$)易发生水解,使聚合物含有羟基,羟基易使陶瓷颗粒表面产生吸附,使坯体强度提高;pH 值低时,丙烯酰胺聚合时易伴生分子内和分子间酰亚铵反应,形成支链或交联产物,同时释放 NH_3,NH_3 容易残留在聚合后的坯体内造成气孔缺陷。一般控制在中偏碱性,聚合速度和 pH 值大致呈线性关系。

b. 引发剂和催化剂的加入是浆料聚合固化的必要条件。引发剂的作用是引发单体中的自由基发生聚合,随加入量的提高,聚合时间变短,过多则可导致料浆在浇注前凝固而无法成形。一般控制在单体质量的 1%;催化剂可降低聚合反应激活能,显著提高聚合速度,加入量是单体质量的 0.2%。

c. 单体溶液浓度。单体和交联剂加入量多,则浆料聚合过快,坯体不均匀;加入量少,则坯体强度低。一般 100 份水中加入 14 ~ 16 份单体,交联剂的量小于 10% 单体的量。在适合凝固成形的单体溶液范围内,单体浓度和聚合时间的近似关系为

$$t = 104.42 + 886.36e^{-(M-10)/9.43}$$

d. 温度。聚合反应对温度变化非常敏感,随温度升高,聚合时间变短。在浇注前保持较低的温度(室温或更低)可使浆料保持稳定,浇注后加热到较高温度(一般为 60 ~ 80 ℃)可迅速引发聚合固化。

e. 压力。适当的压力可加速聚合反应速度,温度和压力共同作用能更有效地控制浆料固化。

f. 陶瓷粉体中杂质的影响。Cu^{2+},Fe^{2+} 在一定浓度下与体系发生氧化还原反应,使聚合速度加快,浓度过大,则会对聚合起阻聚作用,使聚合难以发生。碳黑也有阻聚作用,而 Al^{3+} 可使聚合速度加快。

该法制得的坯体密度高于干压法;对粉体适应性强,坯体气孔分布窄且为单峰分布,均匀性好,可成形近净尺寸形状复杂的坯体;坯体强度可达 15 ~ 40 MPa,并可进行机械加工;有机物质量分数低,仅为坯体质量的 2% ~ 4%,脱脂容易,已成功用于氧化物、非氧化物体系的成形。

该法存在的问题及解决的办法如下:

a. 丙烯酰胺在空气中聚合时会遇到氧阻聚问题,氧对固化过程中产生的自由基有极强的反应活性,能结合形成稳定的过氧自由基从而导致体系中自由基浓度下降,使固化反应速度下降,甚至不固化,坯体表面易产生裂纹和剥落,所以聚合反应需在惰性气体保护下进行。随着研究的深入,发现利用水溶性高分子的增稠作用和高分子间的氢键作用,在坯体表面起到黏结陶瓷粉的作用,从而可有效消除起皮现象。如果在单体溶液中加入分子质量为 10 000 的质量分数为 15% 的聚乙烯吡咯烷酮(PVP)即可消除起皮,但加入量过多会影响丙烯酰胺的聚合,进而影响坯体强度。

b. 单体丙烯酰胺有一定的毒性,对人体和环境不利,而且产生大量的气泡,若除不净会造成坯体缺陷。

近几年,低毒性的 2-甲基丙烯酸羟乙脂(HEMA)、明胶、海藻酸钠、硅胶等的凝胶特性也被用于胶态成形。

用硅胶注模成形的方法如下:

一定浓度的 NaOH 和正硅酸乙脂按一定的比例混合,机械搅拌使其水解得到溶胶,在搅拌下往溶胶中加入陶瓷粉(如 Al_2O_3,ZrO_2)得料浆,然后将料浆迅速注入模具中,硅溶胶发生凝胶固化成所需陶瓷坯体,该法不需脱气处理。

溶胶中固体质量分数对固化速度影响不大,不同固体体积分数的浆料黏度均在 100 Pa·S 左右增大,300 Pa·S 左右迅速增大,600 Pa·S 增大到 1 000 Pa·S 而固化。pH 值对凝胶效果影响较大,pH 偏高(为 13.1)时得絮状沉淀,pH 值偏低(为 11.7)时水解不充分,不能得到完整的网络结构,坯体强度低。

③渗透固化成形。这种方法最初被运用于蛋白质悬浮液的固化,近来人们将其用于纳米陶瓷的成形,并取得了成功。

渗透固化的原理是将纳米粉体的悬浮液放在一可使液体通过但陶瓷粉体不能通过的半透膜袋中,将半透膜袋置于采用相同溶剂的高浓度的高分子溶液中,同时保证高分子不能透过半透膜。由于半透膜内液体的化学势比半透膜外的高得多,在化学势的作用下半

透膜内的溶液向外渗透。在理想情况下,这种渗透要达到半透膜内外的势能相同为止,即

$$\mu_o = \mu_{poly} + \text{II}_{poly} V_m$$

式中,μ_o为纯溶剂的化学势能(近似等于陶瓷颗粒悬浮液中溶剂的化学势能);μ_{poly}为高分子溶液中溶剂的化学势能;II_{poly}为高分子溶液的渗透势能;V_m为高分子溶液中溶剂的摩尔体积。

化学势能可看做是一种对半透膜内的颗粒进行"压滤"的压力,这种压力非常大,可高达12 MPa,接近于一般机械压滤压力的极限。这样便可使半透膜中的陶瓷颗粒固化。图7.2为其示意图。利用这种方法可使粒径仅为8 nm的ZrO_2颗粒成形坯体的相对密度达47%以上。

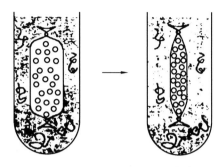

图7.2　渗透固化法成形过程示意图

渗透固化法制备纳米ZrO_2陶瓷坯体的过程如下:

首先将纳米ZrO_2颗粒分散在pH值为0.5~0.7的HNO_3水溶液中,高分子选用在高浓度的条件下依然可溶的聚乙烯氧化物(PEO),分子量选择为17 200以保证其不会穿过半透膜,同时分子量不太高,处理简单。采用再生纤维素分离半透膜,孔径为2 nm左右。将纳米ZrO_2颗粒的悬浮液置于半透膜中,然后将半透膜置于高分子溶液中,渗透时间为12 h,然后再更换一次高分子溶液,重复上述渗透过程,最后得到纳米ZrO_2坯体。

渗透固化成形的关键是要有足够高的渗透压。图7.3为不同浓度下PEO的渗透势能,从图中可以看到,PEO的浓度越高,渗透势能也越高,因此,在渗透固化过程中要保持足够高的高分子浓度。

④自动注浆成形。采用高固体质量分数(40%~55%)的水基胶体料浆以层叠方式注浆成形,可快速制备具有三维复杂结构的陶瓷材料,且不需要昂贵的模具和后期加工。

自动注浆成形的概念首先由美国Sandia国家实验室的J. Cesarano等提出,注浆成形设备如图7.4所示。这种技术将通过计算机

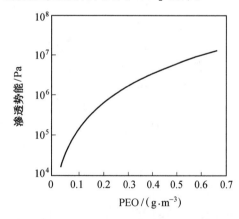

图7.3　不同浓度下PEO的渗透势能

辅助设计(CAD)得到预先设计的结构图形,安装在z轴上的料浆输送装置能随着计算机控制的x-y平台的运动在平台上按照设计方案精确地注浆成形出第一层浆料。在完成第一层注浆成形后,z轴马达带动料浆输送装置向上精确地移动到结构方案确定的高度,第二层注浆成形将在第一层注浆成形料浆形成的结构上进行。通过这样的层叠过程就可以制备出用传统的陶瓷成形工艺无法制备的复杂三维结构。还可以根据器件功能的要求,用多种料浆同时成形,或改变不同料浆的输送速率得到具有多重功能的复合功能材料器件和功能梯度材料器件。

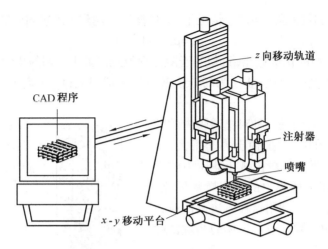

图7.4 自动注浆成形装置示意图

用于自动注浆成形的料浆由在液体介质中形成的相互连接的絮凝胶体颗粒网络构成,它必须满足以下两个标准。

a. 必须具有很好的黏弹性,即料浆能够在剪切应力作用下从注浆成形管口流出形成一条连续的圆柱状细丝,然后立即固化以保持预定的注浆成形形状,即使在下面一层的相应位置没有支撑。为促进料浆流动,施加的剪切应力必须高于它的临界剪切应力,此时,料浆具有了剪切变稀的流动行为。当料浆注浆成形在基板或已注料浆层上后,不再受到剪切应力作用,又恢复到黏弹状态,从而保持注浆成形出的细丝形状,支撑具有跨度部分的自身质量。

b. 料浆必须具有高的固体质量分数,尽量降低由于干燥引起的收缩,即颗粒网络必须能够抵抗由毛细作用引起的压应力。

料浆制备时,首先得到高固相质量分数稳定的分散料浆,然后通过调节料浆的 pH 值、离子强度或溶剂品质使料浆体系产生从流体到凝胶的变化。

由于纳米颗粒非常小,可以通过直径很小的注浆成形管,因此可以得到特征尺寸很小的器件。图7.5 为氧化铝和钛酸钡纳米浆料制备的二维及三维周期结构的最小特征尺寸为 30 μm 和 100 μm。这些结构可用作微波带隙材料,在制备高品质的片式微波天线等器件上有广泛的用途。

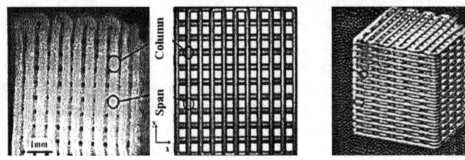

(a)氧化铝塔形三维结构俯视图与对应层间示意图　(b)氧化铝塔形三维结构示意图

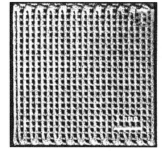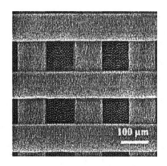

(c)由钛酸钡纳米浆料制备的二维螺旋 　　(d)由钛酸钡纳米浆料制备的三维周期
结构电镜照片;　　　　　　　　　　　格栅结构光学照片

图7.5　自动注浆成形的复杂结构器件示例

7.1.3　纳米陶瓷的烧结

纳米陶瓷的烧结过程将直接影响到纳米陶瓷的显微结构,从而影响其性能。纳米粉体对烧结过程将产生巨大的影响,由于纳米陶瓷粉体具有巨大的比表面积,使得作为粉体烧结驱动力的表面能剧增,烧结过程中物质反应接触面增加,扩散速率增加,扩散路径缩短,成核中心增多,反应距离缩小。这些变化必然使烧结活化能降低,烧结反应速率加快,引起整个烧结动力学的变化,烧结温度大幅度降低。如氧化锆陶瓷的致密化烧结温度通常在 1 600 ℃ 左右,而纳米氧化锆陶瓷在 1 250 ℃ 条件下即可达到致密化烧结。

尽管现在已经能够制备得到纳米陶瓷,但由于制备条件苛刻,所得到的纳米陶瓷体积都很小或不够致密,尚不能制成实用的器件。这除了粉体制备、素坯成形等方面的原因外,烧结工艺也是很重要的原因。

纳米陶瓷烧结的关键是控制晶粒的长大,因为晶粒尺寸的过分长大就会失去纳米陶瓷的特性。研究表明,陶瓷的烧结是分几个阶段进行的,在温度较低的烧结前期,表面扩散起主导作用,表面扩散不能促进陶瓷的烧结,只能引起颗粒的粗化;随着温度的升高,晶粒会随着迅速长大,所以,为了获得纳米陶瓷必须尽可能地降低烧成温度,以极快的升温速率和极短的保温时间快速越过表面扩散阶段。但是,烧成温度的降低和时间的缩短与烧结体的致密度是一对矛盾,要解决这一对矛盾,首先纳米粉体的粒径要适中、坯体的密度尽可能高;其次要采用新的烧结手段。由于纳米颗粒表面能巨大,与普通粉体比烧结活化能降低,烧结速率加快,烧结温度大幅度降低,即使在快速烧结的条件或很低的温度下晶粒也会很快长大,传统的烧结方法很难抑制晶粒的生长,必须采用一些特殊的烧结方式。

1．添加剂的应用

大量实践证明:少量添加剂会明显促进坯体致密化和控制晶粒的生长。对不同 Al_2O_3 质量分数的纳米 ZrO_2 陶瓷的制备研究表明,当 Al_2O_3 质量分数(摩尔分数)为3% ~ 5%时,可以在 1 000 ℃ 的低温下获得 40 ~ 45 nm、相对密度100%的纳米 ZrO_2 陶瓷。 Al_2O_3 质量分数越高,对晶粒生长的抑制效果越明显,但对烧结过程的致密化有阻碍。

添加剂在烧结中所起的作用尚未完全弄清楚,一般认为:①改变了点缺陷的浓度,从而改变某种离子的扩散系数。②在晶界附近富集,影响晶界的迁移速率,从而减小晶粒长大。③提高表面能/界面能的比值,直接提高致密化的驱动力。④在晶界上形成连续第二相,为原子扩散提供快速途径。⑤第二相在晶界的钉扎作用,阻碍晶界迁移。

2. 无压烧结

研究发现,温度是控制陶瓷晶粒长大的决定因素,而烧成时间是次要因素。在烧结过程中,颗粒粗化(coarsening)、坯体致密化(densification)、晶粒生长(graingrowth)三者的活化能不同($Q_g > Q_d > Q_c$),即在不同的温度区间进行。利用这种关系,可通过烧成温度的控制,获得致密化速率大、晶粒成长较慢的烧结条件。仅通过温度制度的控制而实现纳米陶瓷烧结的方法叫无压烧结,其中常用的有等速无压烧结法和分段无压烧结法。

等速无压烧结制备 Y-TZP 纳米陶瓷实例:

纳米 $ZrO_2(3Y)$ 粉体采用醇-水溶液加热法合成,经 450 ℃ 煅烧后所得粉体,用 450 MPa 冷等静压压成素坯,在 1 150 ℃ 下无压等速烧结,升温速率为 2 ~ 5 ℃/min,保温时间为 2 h,然后自然冷却,可获得烧结密度达 97.5%,晶粒大小仅 90 nm 左右的纳米 Y-TZP 材料。

一般的无压烧结都是采用等速烧结,即控制一定的升温速度,到达预定温度后保温一定时间获得烧结体。但有一些陶瓷的致密化过程和晶粒生长过程常发生在同一温度区间而很难分开,特别是烧结后期,晶粒生长非常迅速,往往是材料致密后晶粒也长大了。为解决这一问题,采用分段(两步)烧结法。首先,将温度升至较高温度,使坯体的相对密度达到 70% 左右,然后将烧结温度降至较低温度保温一段时间,使烧结继续进行而实现完全致密化。

无压烧结由于设备简单,易于工业化生产,被广泛地用于纳米陶瓷的烧结。因温度是唯一可控因素故对材料烧结的控制相对比较困难,致密化过程受到粉体性质、素坯密度等因素的影响十分严重。以纳米 $ZrO_2(3Y)$ 粉体为例,当煅烧温度低于 400 ℃ 时,会因粉体中残余基团未除尽而阻碍坯体的致密化;煅烧温度高于 600 ℃ 时,粉体颗粒较大,比表面能小,烧结动力也小,坯体密度也低。

3. 加压烧结

要降低烧成温度抑制晶粒的生长,又使坯体致密度提高,最有效的方法是在加热粉体的同时施加一定的压力,常用的加压烧结方式有以下几种。

(1)热压烧结

热压烧结是在加热粉体的同时施加一定的压力,样品的致密化主要依靠外加压力和颗粒表面张力驱动下的晶界扩散等而完成。热压烧结分真空热压烧结、气氛热压烧结、连续热压烧结等。热压烧结与常压烧结相比,烧结温度低很多,而且烧结体中气孔率也低。另外,由于在较低温度下烧结,就抑制了晶粒的生长,所得的烧结体晶粒较细,且有较高的强度。

以纳米 Y-TZP 陶瓷烧结为例:

纳米 $ZrO_2(3Y)$ 粉体采用溶胶-凝胶法制备,前驱体经 550 ℃ 下煅烧 2 h 获得粒晶为 40 nm 的 $ZrO_2(3Y)$ 粉体。将粉体置于氧化铝模具中,加载 23 MPa 的外压后,以 20 ℃/min

的速度升温到 1 300 ℃,保温 1 h 后以 10 ℃/min 的速度降至常温,获得致密的纳米 Y–TZP 陶瓷,晶粒大小仅为 90 nm。

（2）热锻压烧结

烧结锻压是一种与热压烧结相似的烧结方法,与热压烧结不同的是烧结锻压中样品先要成形,而烧结中不使用模具限制样品的径向形变,如图 7.6 所示。由于没有模具的受压限制,烧结锻压可以在比热压高得多的压力下进行,同时样品由于形变的作用更明显、更有利于陶瓷的烧结,因而被广泛地用在普通无压条件下难致密化的材料的烧结。研究表明,对同样的粉体,采用烧结锻压可在比热压更低的压力或温度下获得致密的纳米陶瓷。

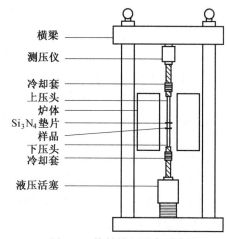

图 7.6 烧结锻压设备示意图

（3）高温等静压烧结

高温等静压烧结是将多孔的陶瓷素坯包套,以气体作为压力介质,使材料在加热过程中经受各向均衡的压力,从而使材料致密化。该法结合了无压烧结和普通单向热压烧结二者的优点,而烧结温度比无压烧结和热压烧结低很多,制备出的材料微观结构更均匀、晶粒更细且完全致密,可制备出形状复杂的产品,对粉体的要求不高,甚至有团聚的粉体也可用于纳米陶瓷的制备。用该法在 1 000 ℃氩气压力为 200 MPa 烧结时间为 1 h 的条件下,获得相对密度达 98% 平均晶粒仅 50 nm 左右的 $Al_2O_3–ZrO_2$ 纳米陶瓷。不过,由于封装材料(玻璃)的软化温度通常大大低于纳米氧化物陶瓷的最佳烧结温度 850 ~ 1 250 ℃,实际应用操作比较困难。

4. 快速烧结

快速烧结是制备纳米陶瓷的另一种途径,它是以极高的升温降温速度和极短的保温时间,在烧结过程中快速跳过表面扩散阶段,直接进入晶界扩散阶段,以促进烧结,减少晶粒的生长,也可缩短制备周期和节省能源。常见的快速烧结一般是在梯度炉中进行,用梯度炉烧结时由于烧结是通过外部加热进行的,当烧结的样品稍大时(0.2 g 以上)往往无法致密化甚至开裂破碎。近来又发展了更合理的快速烧结方法,如微波烧结、放电等离子烧结。

（1）放电等离子烧结（SPS）

放电等离子烧结是近几年发展起来的一种快速烧结方法,其结构如图 7.7 所示。主要是利用施加在压实材料上的由特殊电源产

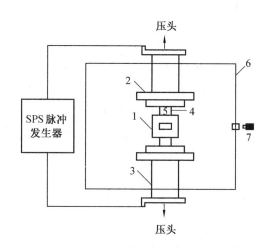

图 7.7 放电等离子烧结系统的结构
1—石墨模具;2—石墨块;3—压头;4—冲头;5—样品;
6—真空室;7—光学高温计

生的脉冲能、放电脉冲电压、焦耳热产生的瞬时高温实现烧结。通过重复施加开关电压，放电点(局部高温源)可在压实颗粒间移动而布满整个样品，这就使样品均匀地发热和节约能源。

从图中可看出它也属压力烧结的一种，除具有热压烧结的特点外，SPS过程中在晶粒间的空隙处产生的放电等离子会瞬时产生高达几千度至一万度的局部高温，这在晶粒表面引起蒸发和溶化，使体扩散和晶界扩散都得到加强，加速了致密化的过程，可在较低的温度和较短的时间得到高质量的烧结体。

SPS系统可用于短时、低温、高压(500～1 000 MPa)烧结，也可用于低压(20～30 MPa)、高温(1 000～2 000 ℃)烧结，因此可广泛用于金属、陶瓷和各种复合材料的烧结，包括一些用通常方法难以烧结的材料。

放电等离子烧结制备纳米 ZnO 陶瓷的方法：首先采用沉淀法制备纳米 ZnO 粉体，粉体颗粒大小约25 nm。把煅烧后的粉体装入 SPS 系统内径为30 mm 的石墨模具中，在真空气氛中以大约200 ℃/min 的升温速度加热到预定的温度。所加的压力为30 MPa 到达烧结温度后保温1 min，然后减去压力，迅速降温，获得纳米 ZnO 陶瓷。

微波烧结是一种常见的快速烧结方法，将微波烧结与放电等离子烧结作一比较，如图7.8所示，就可看出，放电等离子烧结效率极高。微波烧结下 ZnO 至少要到900 ℃才能达到较高的致密度，而用放电等离子烧结，在550 ℃下 ZnO 的相对密度就可达到98.5%。

（2）预热粉体爆炸烧结制备纳米氧化铝陶瓷

其原理是粉体在冲击波载荷下，受绝热压缩及颗粒间摩擦、碰撞和挤压作用，在晶界区域产生附加热能而

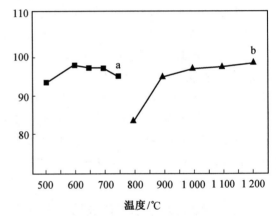

图7.8　微波烧结和 SPS 烧结的比较

a—放电等离子烧结；b—微波烧结

引起烧结。爆炸烧结持续时间极短(10～6 s)可以抑制晶粒的生长，同时冲击波产生极高的动压(几十兆帕)可使粉体迅速形成致密块体。

5.惰性气体冷凝原位加压成形(烧结)法

用惰性气体蒸发-凝聚原位成形(烧结)是最早被用于纳米陶瓷制备的方法之一。一般的成形方法都是在空气中进行，由于纳米粉体颗粒小，比表面积大，很容易吸附空气中的杂质，因此粉体不可避免地会受到一些污染，在某些情况下可能会对陶瓷的烧结和性能产生不利的影响。而原位成形则是在真空中完成坯体的压制，可以确保纳米颗粒表面及烧结后陶瓷晶界的清洁。目前用该法已成功制备了多种纳米氧化物陶瓷(Al_2O_3 , Fe_2O_3 , NiO,MgO,ZnO,ZrO)和纳米离子化合物陶瓷(CaF_2 ,NaCl, FeF_2)等，除了易升华的 MgO，ZnO 和纳米离子化合物可直接蒸发形成纳米颗粒，然后原位加压成坯体外，大多数纳米氧

化物陶瓷坯体的制备分两步。如纳米 TiO_2 陶瓷的制备,第一步将金属钛置于钨舟中,在 He 气氛下真空加热蒸发,形成的金属钛纳米颗粒附着在液氮冷却套管上;第二步向反应室注入 5×10^3 Pa 的纯氧,使纳米金属钛颗粒迅速氧化成氧化钛,氧化钛粒径为 14 nm。然后用刮刀将氧化物刮下通过漏斗转移到成形设备上,稍作预压和煅烧,之后将氧气排除,在真空度小于 10^{-6} Pa,150 ℃,2 GPa 压力下等静压成形,可得相对密度约为 75% 的坯体。然后将坯体烧结,这种方法可以获得克级到几十克级的块状纳米材料。

由于纳米陶瓷烧结的本身具有很多的特殊性,经典的烧结理论不能有效地指导,在特殊的烧结工艺条件下纳米陶瓷的烧结动力学尚未形成系统的理论,目前仍在研究探索中。

7.2 陶瓷纤维

近年来对高性能材料的需要,特别是对耐高温、高韧性、高强度材料的需要,纤维强韧化是目前材料强韧化方法中效果最为显著的一种方法。它不仅能提高材料的韧性,而且大多数情况下还同时能提高材料的强度,这是除细晶强化外其他强化方法所不及的。

最早使用的增韧纤维是金属纤维,这类纤维虽然可以提高材料的室温强度和韧性,但在高温下容易发生氧化和蠕变,因此应用受到限制,仅限于混凝土的强化。

很多陶瓷表现出相对高的高温强度和高温稳定性,在许多方面具有金属材料不可比拟的优点,所以真正意义上的纤维强韧化材料是在高性能陶瓷纤维和晶须(单晶纤维)出现后才得以实现的。除此之外,陶瓷纤维作为耐热保温材料广泛用于热工设备。

目前已有的陶瓷纤维或晶须种类有近百种,但开发最为成熟,性能优良,应用广,价格低廉,已实现工业化规模生产的主要有以下几种。

7.2.1 碳纤维

1. 碳纤维的结构和性能

高强度高模量碳纤维是现代制取复合材料的主要纤维之一,直径为 7~8 μm,由碳的一种同素异构体——乱层石墨微细晶体组成。在石墨中碳原子是六方晶体排列,如图7.9

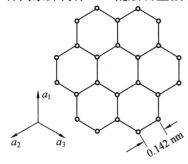

(a) 石墨层中碳原子排列

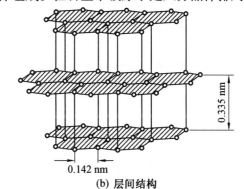

(b) 层间结构

图 7.9　石墨的结构

所示。原子的堆垛顺序为 $ABAB\cdots$，同层上的碳原子由强的共价键连接在一起，而层与层间由弱的范德瓦耳斯力连接。因此石墨晶体单元是高度各向异性的，在同一层内原子间的间距为 0.142 nm，所以平行于 a 轴的弹性模量高达 910 GPa；而层与层间的间距大致为 0.335 nm，所以平行于 c 轴的弹性模量只有 30 GPa。

X 射线衍射和电子显微镜的研究结果表明，碳纤维结构的基本单元是石墨层片。由石墨层片形成的乱层石墨微晶一头接一头地连接形成碳纤维。因此，为了制得高强度、高模量的碳纤维，必须设法使石墨晶体结构的层平面平行于纤维轴，取向程度越高，碳纤维的性能越好。事实上石墨晶体很小，且有许多缺陷，工艺上很难做到取向完全，而是形成倾斜和扭曲的界面，垂直于纤维轴方向的微晶，彼此之间被针状孔隙所分离，这类孔隙被认为是微晶间的边界，图 7.10 是碳纤维结构模型。

碳纤维不仅具有一般碳素材料的共同特性，如耐高温、耐磨、耐蚀、导热、导电、摩擦系数低、有自润滑性等，而且还有一般碳素材料所没有的特性。

碳纤维热膨胀系数小，热容量低，可以经受剧烈的加热或冷却，即使从 3 000 ℃的高温一下子降到室温也不会炸裂，在 -180 ℃时仍是柔软的（可编制成各种织物）。当温度发生变化时，在它的长度方向上不是热胀冷缩，而是热缩冷胀，所以它的膨胀系数是负数为 $-0.072\times10^{-6}/$ ℃，而垂直于纤维方向的膨胀系数几乎等于零。

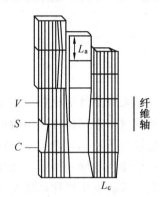

图 7.10　碳纤维结构模型
V—空隙；S—亚微粒的扭曲界面；
C—微晶之间的界面

碳纤维的热导率比较高，但随温度上升而减少，在 1 500 ℃时的热导率为常温的 15% ~ 30%，是很好的高温隔热保温材料。

石墨纤维的弹性模量很高，达 230 GPa，抗拉强度为 2 800 MPa，在 2 000 ℃以上高温惰性气氛中，弹性模量和强度保持不变，是目前高温性能最好的纤维。但其最大的弱点是脆性，打结时易断；高温抗氧化性能差，在空气中 360 ℃以上即出现氧化失重和强度下降现象。

2. 碳纤维的生产过程

制取碳纤维的主要方法是先驱丝法，即先制成有机纤维，主要是黏胶纤维、聚丙烯腈纤维、沥青纤维。

当前世界各国生产碳纤维的主要原料是聚丙烯腈（PAN）纤维，其分子式为 C_3H_3N，可溶于高离子化的溶剂中，如二甲基甲酰胺和无机盐的水溶液。其熔点为 317 ℃，加热时在 280 ~ 300 ℃分解，因此不能采用熔融纺丝，而只能采用溶液纺丝。用来制造碳纤维的聚丙烯腈原丝一般都为共聚物，典型的聚丙烯腈原丝的共聚物成分如下：丙烯腈占 96%、丙烯酸甲酯占 3%、衣康酸占 1% ~ 1.5%。丙烯酸甲酯的加入可降低聚丙烯腈大分子间的引力，增加可塑性，改善可纺性；衣康酸的加入可使聚丙烯腈容易形成梯形分子结构，降低环化温度，缩短环化时间，减少分子裂解，提高碳纤维质量。

碳纤维的生产过程包括聚丙烯腈原丝的制备、预氧化处理、碳化处理、石墨化处理几个阶段,如图 7.11 所示。

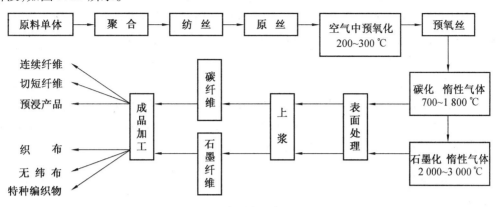

图 7.11 碳纤维生产工艺

(1)预氧化处理

预氧化处理是将处于牵伸状态的聚丙烯腈原丝置于 200～300 ℃温度下,在空气中加热,使原丝中链状分子环化脱氢,形成热稳定性好的梯形结构,以便进行随后的高温碳化处理。预氧化过程中施加张应力,可使先驱体丝择优取向改善碳纤维的性能。聚丙烯腈纤维在预氧化处理时,颜色由白经黄、棕逐渐变黑,这表明其内部发生了复杂的化学反应。其中最主要的反应为环化反应、脱氧反应和氧化反应。

影响预氧化的主要因素有温度、处理时间、升温速度和牵伸程度等。可在低温下长时间加热完成,如在 200～220 ℃预氧化数十小时,也可采用阶段升温的办法来缩短氧化时间。

(2)碳化处理

将预氧化处理的纤维在牵伸状态下于惰性气体中继续加热,大部分非碳原子(N,O,H)将经过一系列复杂的化学变化转变为低分子质量的裂变产物而被排除,分子间发生交联,碳含量增至 95% 以上,同时纤维结构也逐步转变为乱层石墨结构。碳化过程中温度低于 700 ℃时,主要是分子链间脱水脱氢交联及预氧化时未反应的聚丙烯腈进一步环化;高于700 ℃时,放出的气体主要是 N_2 和 HCN,碳网平面进一步增大。

碳化处理的参数直接影响碳纤维的性能,这些参数包括碳化温度、惰性气体的纯度和牵伸力的大小等。

通常碳化温度是逐步提高的,纤维的模量随温度的升高而连续地增

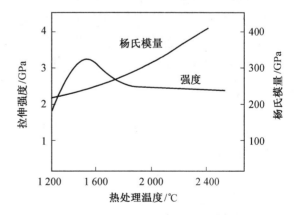

图 7.12 碳纤维模量和强度随温度的变化

加,强度随温度的升高出现一个最大值,超过 1 400 ℃强度下降,如图 7.12 所示,因此碳纤维的强度和模量取决于最后的碳化加热温度。碳化速度对纤维的强度也有影响,碳化

速度快碳纤维强度低,反之强度高。一般碳化时间为 25 min。

碳化是在高纯度的氮气中进行的,氮气中的杂质对碳纤维的性能影响很大,如氧气在碳化过程中能够生成 CO,CO_2,从而降低碳纤维的抗拉强度;水在高温下和碳发生反应生成水煤气,这对碳纤维有严重的损伤。

(3)石墨化处理

碳化处理后的纤维在适当的牵引力作用下,用氩气保护,在高于 2 000 ℃ 温度下加热,这叫做石墨化处理。加热温度越高,纤维的塑性越好,可施加的张应力就越大,制得的纤维取向度越高,弹性模量也就大大提高。

7.2.2 硼纤维

1. 制造方法

用硼的卤化物还原、热解、有机硼化物热解、熔融硼拉丝等方法都能制得硼纤维,常用的是卤化物还原。

卤化物还原法是用很细(约 10 μm 左右)的钨丝做芯材,使芯材加热到 1 000 ~ 1 200 ℃,并连续地通过有 BCl_3 和 H_2 混合气体的沉积室,于是在热的钨丝上发生反应而形成直径为 43 ~ 120 μm 的钨芯硼纤维,其反应式为

$$2BCl_3 + 3H_2 \Longrightarrow 2B + 6HCl \uparrow$$

卤化法原理简单,但过程较复杂,反应物的浓度、流速、反应产物 HCl 在沉积室的浓度和钨丝的温度均影响沉积速度和效率。

2. 硼纤维的性能

硼纤维是脆性纤维,在拉伸过程中没有塑性变形,应变值很小,具有优良的力学性能。硼纤维的抗拉强度为 2 800 ~ 3 500 MPa,在 650 ℃ 时仍能保持75%的强度,在 650 ℃ 和 820 ℃ 的蠕变性能比钨还好,弹性模量高达 385 ~ 490 GPa,约为普通纤维弹性模量的5 ~ 7倍;熔点高(2 050 ℃),密度比金属小(2.67 g/cm^2),因此用于金属基复合材料上。

硼纤维的缺点是价格昂贵,抗氧化性差,在 500 ℃ 的空气中短时间暴露后,强度严重降低。为防止纤维的氧化可在硼纤维上进行 SiC 涂层,涂层厚约为 2 μm。

7.2.3 碳化硅纤维

碳化硅纤维是以硅和碳为主要成分的多晶陶瓷纤维,其制造方法和性质如下。

1. 制造方法

(1)化学气相沉积法

用直流电把钨丝加热到 1 000 ℃ 以上,同时在反应管内通入硅烷及其载体氢气,硅烷在钨丝上分解并沉积出碳化硅晶体,即

$$R_m SiCl_n + H_2 \xrightarrow{\quad 1\,000 \sim 1\,500\ ℃\quad} SiC + HCl$$

沉淀区分为两段,温度分别为 1 200 ℃ 和 1 310 ℃,沉积时间为 80 s,从而所生产的纤维有两层晶粒大小不同的 SiC 层。该法成本高,工艺复杂,纤维直径粗(大于 140 μm),柔

韧性差,不利于复杂形状体的成形,应用受到限制。

（2）先驱体法

用聚碳硅烷纺丝、烧结制造碳化硅连续纤维,其工艺流程为

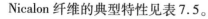

该类纤维的商品名为 Nicalon, Nicalon 纤维中除 SiC 外还残存一定量的 SiO_2、游离碳等,因此其力学性能较 CVD 法的低。但先驱体法生产率高,价格低,直径只有 10 μm,容易编织预型件,所以是最常用的优质陶瓷纤维。

2. SiC 纤维的性质

碳化硅纤维与硼纤维和碳纤维相比具有良好的高温稳定性。CVD 法纤维在氩气中的热稳定性可达到900 ℃,在空气中强度的降低比在氩气中快,600 ℃就十分明显。SiC 纤维在氩气和空气氛围下强度与热暴露温度的关系,如图7.13 所示。

Nicalon 纤维的典型特性见表7.5。

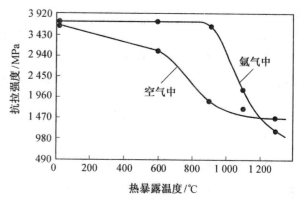

图7.13 氩气和空气氛围下 SiC 纤维强度与热暴露温度的关系

表7.5 Nicalon 纤维的典型特性

单丝直径/μm	断面形状	抗拉强度/GPa	抗拉模量/GPa	最高使用温度/℃	密度 g/cm^3
10~15	圆形	2.45~2.94	176~196	1 250	2.55

7.2.4 硅酸铝纤维

硅酸铝纤维因其形状、颜色与棉花相似,故常称为耐火棉。其化学组成相当于脱水高岭土,是一种常用的优良的高温隔热材料,可以制成纤维毯、纤维纸、纤维绳和其他耐火制品。

用硅酸铝纤维制成的耐火制品,气孔率可达 90% 以上,体积密度一般为 0.10~

0.16 g/cm^3,密度小,隔热性能好,常用做炉衬,可大大节约材料和能量以及缩小加热炉的体积。

工业中制造硅酸铝纤维通常以特级或一级硬质黏土熟料(焦宝石)为主要原料,或用氧化铝、耐火黏土和硅质原料配合一起,加入硼砂、氧化锆、氧化铬等添加物,在电弧炉中熔融,然后用喷吹法或纺丝法制成纤维,如图7.14所示。

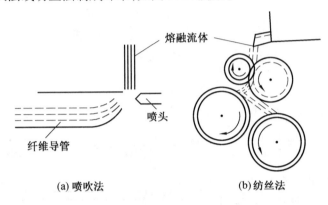

(a) 喷吹法　　　　　　　　(b)纺丝法

图 7.14　硅酸铝纤维制备方法示意图

熔融前需将原料粉碎成 3 mm 的粒料,加入 0.5% ~ 1% 的硼砂为助熔剂。当物料熔融稳定后,熔体从炉子下部出料口流出,用压力不小于 0.6 MPa 的压缩空气或蒸汽与溶流成一定的角度相击,迅速冷凝成丝。

7.2.5　玻璃纤维和光导纤维

玻璃纤维是常用的无机纤维,一般有三种组成见表7.6。E 玻璃易于拉丝,且具有高的强度、刚性、好的电性能和抗老化性能,所以是最常用的玻璃。C 玻璃比 E 玻璃有较高的抗化学腐蚀性能,但较贵,强度也较低。S 玻璃比 E 玻璃更贵,但有较高的弹性模量和耐温性能,因此常用于某些特殊应用方面,如航空工业。

表 7.6　用于制造纤维的玻璃成分

玻璃成分(摩尔分数)/%	SiO_2	Al_2O_3,Fe_2O_3	CaO	MgO	KNaO	B_2O_3	BaO
E 玻璃	52.4	14.4	17.2	4.6	0.8	10.6	—
C 玻璃	64.4	4.1	13.4	3.3	9.6	4.7	0.9
S 玻璃	64.4	25.0	—	10.3	0.3	—	—

玻璃纤维的一个重要的用途是制成光导纤维,用于通信。光导纤维的出现和使用是现代通信的一场革命,因为它是将声音信号变为光信号而不是通常的变为电信号进行传送,所以可实现大容量(为电信号的数千倍)、远距离(数百千米)、无杂音、不受电磁感应干扰的通信。

光导纤维分为阶跃型和梯度型两大类。阶跃型光导纤维由芯子和包层组成,芯子是高折射率玻璃,直径为 $10 \sim 50\ \mu m$,包层是低折射率玻璃。梯度型光导纤维的折射率在中心最高,朝周边呈抛物线分布。两种类型纤维的成分和制法归纳见表7.7。

表 7.7　光导纤维的分类和组成

类　　型		成　　分		制　　法
		芯　子	包　层	
阶跃型	石英系	SiO_2	$SiO_2+B_2O_3$	CVD+熔融,火焰熔融
		SiO_2+GeO_2	SiO_2	
梯度型	石英系	SiO_2+GeO_2		CVD+熔融
		$SiO_2+B_2O_3$		
		$Tl_2O-Na_2O-PbO-SiO_2$		
		$Tl_2O-Na_2O-SiO_2+B_2O_3$		离子交换,双坩埚
		$Li_2O-Al_2O_3-SiO_2$		
		$Li_2O-CaO-SiO_2$		

7.2.6　氧化物纤维

高熔点氧化物纤维通常用胶体悬浮液蒸发法和有机纤维载体浸渍法制备。

1. 胶体悬浮液蒸发法

胶体悬浮液蒸发法是将金属无机盐水溶液浓缩,形成稳定的胶体,再将稳定的胶体迅速蒸发形成纤维。以 Al_2O_3 纤维制造为例:

将 200 g 碱性醋酸铝水合物溶于 200 ml 蒸馏水中,使溶液保持在 75 ℃ 以下,再将 100 g 氯化铝缓慢地加入到醋酸溶液中(氯化铝的加入是为了提高铝离子的浓度,这对于在以后煅烧中保证纤维的长度和密度是必要的)。在上述两种溶液的混合液中再加入 5 g 氯化镁,由它所形成的氧化镁可使以后的纤维保持细晶。将过滤后的溶液慢慢加热到 65 ℃ 左右蒸发,达到所要求的黏度,此时溶液呈透明黄色状态。将这种料液喷丝,得到非常细的无机盐纤维。然后将这种纤维在 90 ℃ 干燥,在氧化气氛中快速升至 540 ℃,之后以 250 ℃/h 的速度升到 815 ~ 870 ℃ 煅烧 5 ~ 10 min。随着温度的升高和时间的延长,纤维由黑色或灰色变成白色,最终得到外观透明的 Al_2O_3 纤维。纤维气孔率为零,晶粒细小。

2. 有机纤维载体浸渍法

以亲水的人造纤维为载体,将其在无机盐水溶液中浸渍,吸收无机盐,然后在一定温度和气氛下使纤维素破坏,有机盐分解为氧化物,最后在高温下烧成。用这种方法制造的氧化锆纤维直径为 4 ~ 6 μm,密度为 5.6 ~ 5.9 g/cm³(为理论值的 92% ~ 98%),ZrO_2(包括 HfO_2 和 Y_2O_3)的质量分数为 99.6%,熔点为 2 593 ℃,最高使用温度为 2 483 ℃,抗拉强度为 350 ~ 1 400 MPa,弹性模量为 12.4 ~ 15.4 GPa。

7.2.7　晶须

20 世纪 60 年代国内外已经开始用金属或非金属晶须来增强金属。晶须是极短的微晶体,即近乎纯晶体的单晶,几乎无位错,其拉伸强度接近其纯晶体的理论强度,一般直径为 0.05 ~ 10 μm,长度为 10 ~ 1 000 μm。

晶须可以通过金属晶体长时间放置而自然生长得到,也可以用人工方法在高温下通过卤化物的热分解、还原及电解等化学反应得到,还可以由金属蒸气浓缩而得到。作为复合材料增强用晶须主要有碳化硅、蓝宝石、石墨等晶须。

1.碳化硅晶须

碳化硅晶须是一种灰绿色的单晶纤维,其晶体结构有 α 和 β 两种类型,α-SiC 为六方和菱方结构;β-SiC 为面心立方结构,β-SiC 晶须的力学性能优于 α-SiC 晶须。

制取 SiC 晶须的方法有气相沉积法、谷壳灰法等,其中以稻壳为原料制备 β-SiC 晶须方法的发明使生产成本大幅度降低,晶须的工业化生产和应用才成为现实。

(1)气相沉积法

将硅的卤化物与氢气和甲烷通入反应炉,在适当的条件下可在碳纤维表面形成垂直于纤维轴的高强度 SiC 晶须。

晶须的形成与温度关系很大,通常炉温不得低于 1 370 ℃,低于此温度晶须不易形成。

(2)谷壳灰法

将成分含有 15% ~ 20% SiO_2 的谷壳在无氧气氛中加热到 700 ~ 900 ℃,保温数小时,以排出其中的挥发物。剩余物为等质量 SiO_2 和 C,之后在 N_2 或 NH_3 气中在 1 500 ~ 1 600 ℃反应 1 h,其反应式为

$$SiO_2 + 3C \xlongequal{\quad\quad} SiC + 2CO \uparrow$$

为保证反应完全,要及时排出 CO。加入铁为催化剂可使反应强化。反应结束后,在空气中将产物加热到 800 ℃,以除去没有参加反应的碳。

晶须朝(1 1 1)面生长,直径为 0.1 ~ 1 μm,长约 50 μm。产物除晶须外其余为 SiC 粉。

2.蓝宝石晶须

蓝宝石晶须一般制备方法为蒸发冷却法,用纯铝粉或铝块作原料,在含有水分的氢气中,将原料加热到 1 500 ℃左右,并保温相当长一段时间,生成的晶须直径为 130 μm,长度为 5 mm。表 7.8 为几种常见晶须的性能。

表 7.8 几种常见晶须的性能

材　　料	密度/$(g \cdot cm^{-3})$	熔点/ ℃	抗拉强度/MPa	弹性模量/MPa
α-SiC 晶须	3.15	2316	6.9 ~ 34.5	482
β-SiC 晶须	3.15	2700	21.0	551 ~ 828
Al_2O_3 晶须	3.96	2050	19 ~ 22	430
Si_3N_4 晶须	3.20	1899	3.4 ~ 10.3	379

7.3　陶瓷涂层

用涂层保护金属构件防止腐蚀已有几个世纪的历史了。涂层材料主要以有机材料为主,但对于在高温和腐蚀介质中服役的构件,有机涂料不再能够胜任保护涂层的使命。在

这种工况下只有无机非金属材料才能担此重任,耐高温防腐蚀的陶瓷涂层得到了众多学者的青睐,其应用前景非常广阔。

耐高温防腐蚀陶瓷涂层是通过各种途径,将耐高温耐腐蚀的陶瓷材料牢固地涂覆在各种基体材料表面,从而起到耐热、隔热、耐磨、抗腐蚀、抗氧化、抗热冲击等作用。影响涂层质量的因素很复杂,与涂层材料、基体材质、外界环境等均有直接关系,但最关键的因素是能够满足不同材质要求和环境条件的涂覆工艺。陶瓷涂层的涂覆方法有以下几种。

1. 化学气相沉积法

化学气相沉积法(CVD)是用金属卤化物、碳氢化合物或氮气和氢气混合,在一定温度下离解,并相互作用,生成各种化合物或氧化物而沉积在基体表面的一种方法。CVD法制备陶瓷涂层的化学反应示例见表7.9。

表7.9 高温化学气相沉积陶瓷涂层的化学反应示例

反应生成物	反 应 式	反应温度/℃
碳化硼	$BCl_3+H_2+CxHg\rightarrow B_4C+HCl$	1 200 ~ 2 000
碳化硅	$SiCl_4+H_2+CxHg\rightarrow \beta-SiC+HCl$	1 300 ~ 2 000
碳化钛	$TiCl_4+H_2+CxHg\rightarrow TiC+HCl$	1 300 ~ 1 700
碳化锆	$ZrCl_4+H_2+CxHg\rightarrow ZrC+HCl$	1 700 ~ 2 400
二氧化硅	$SiCl_4+CO_2+H_2\rightarrow SiO_2+HCl$	600 ~ 1 000
氧化铝	$AlCl_3+CO_2+H_2\rightarrow Al_2O_3+CO_2+HCl$	800 ~ 1 000
氮化硼	$BCl_3+N_2+H_2\rightarrow BN+HCl$	1 200 ~ 2 000
氮化钛	$TiCl_4+N_2+H_2\rightarrow TiN+HCl$	1 100 ~ 1 700
硼化硅	$SiCl_4+BCl_3+H_2\rightarrow SiB_2+HCl$	1 000 ~ 1 300
硼化钛	$TiCl_4+BCl_3+H_2\rightarrow TiB_2+HCl$	1 000 ~ 1 300
硼化锆	$ZrCl_4+BCl_3+H_2\rightarrow ZrB_2+HCl$	1 700 ~ 2 500
硼化铬	$Cr+BCl_3+H_2\rightarrow CrB+HCl$	1 200 ~ 1 600
硅化锆	$Zr+SiCl_4+H_2\rightarrow ZrSi_2+HCl$	1 100 ~ 1 500
硅化钨	$W+SiCl_4+H_2\rightarrow WSi_2+HCl$	1 100 ~ 1 800

气相反应沉积陶瓷涂层的密度很高,接近于理论密度,并且不渗透气体,所以应用很广,对金属和非金属的线材、管材、棒材、板材以及其他各种形状的制品均可适用。能在较低温度下制备出在分子、原子、纳米层次上具有独特结构的单层、多层、复合涂层以及纳米结构和功能梯度的涂层材料。广泛用于宇宙探索工程、核能技术、导弹的耐热部件前锥体上的热解石墨涂层,原子能反应堆的石墨套管,电子工程用的各种绝缘层等领域。

2. 自蔓延高温合成陶瓷涂层

自蔓延高温合成(SHS)是材料领域比较活跃的研究方向之一。

SHS涂层具有工艺简单、过程时间短、合成物污染少、纯度高、节约能源、性能好等特点。SHS涂层的最大优势是可以采用离心法,将反应物放入管状工件内,使工件高速旋转,在离心力的作用下,反应物均匀地分布在工件内壁,然后点燃进行SHS过程,实现管状工件的内表面涂层。合成和涂层能同步进行,快速完成。

以 Al(或 Mg)热法为例:

以金属或非金属为反应剂、活化金属(Al 或 Mg)为还原剂合成化合物涂层。如采用化学纯的 TiO_2,B_2O_3 和分析纯 Al 粉,按比例配料、混合、球磨、烘干,加入水基无机盐溶液搅拌成悬浮液,涂在经过净化、活化的普通碳素钢片上,于 950 ℃下烧结,可得 TiB_2 和 Al_2O_3 涂层,其反应式为

$$3TiO_2+3B_2O_3+10Al\rightarrow 3TiB_2+5Al_2O_3$$

3. 火焰喷涂法

①氧气-乙炔火焰喷射粉料是传统的火焰喷涂方法,也是应用广泛的涂层方法。其作法是用喷枪将粉末料喷射到工件表面,喷涂温度为 2 770 ℃左右,涂层厚度为 0.127 ~ 2.54 mm。几乎所有的陶瓷和金属陶瓷都可以作为喷涂粉末材料,最常用的粉末是 Al_2O_3,ZrO_2 等耐热材料。

②超音速火焰喷涂法是比较先进的涂层方法。由于它的喷涂温度适中(3 000 ℃左右),喷涂粒子飞行速度快(火焰速度为 2 000 m/s),所得到的涂层具有结合强度高(70 ~ 200 MPa),孔隙率低(涂层致密度为 99.5% 以上),可喷涂最大厚度为 10 mm 以上。且喷涂效率高、控制自动化、操作简单、安全可靠、成本低、可喷涂粉末多样化(合金粉末、陶瓷粉末、金属陶瓷粉末、塑料粉末等),广泛应用于航空航天、钢铁、造船、石油化工、机械加工等领域。

4. 溶胶-凝胶法

配制金属的无机或有机盐溶液/溶胶,然后用浸渍提拉法或旋涂法将溶液/溶胶涂覆到基体表面,通过水解、聚合、干燥、烧结得到所需的陶瓷涂层。

浸渍提拉法是将涂层基体浸入到含金属离子的溶液/溶胶中,然后以一定的速度缓慢向上提出基体。涂层的厚度取决于溶液/溶胶的黏度和提拉速度。

旋涂法是将溶液/溶胶滴到附着在平面转盘上的基体表面,转盘转动时由于离心力将溶胶分布在基体表面。溶胶黏度、转盘转速决定涂层的厚度。

溶胶-凝胶法是制备涂层的一种有效方法,可得到成分均匀的多组元氧化物涂层,通过控制升温降温速度,烧结时间和气氛等还可控制涂层中晶粒的大小和取向。设备和工艺简单,成本低也是该法的优点之一。

其他制备涂层的方法还有等离子喷涂法、溅射法等。

7.4　陶瓷复合材料

众所周知,陶瓷材料虽然具有相对高的高温强度、高温稳定性、耐磨损等一系列性能,是金属材料所不可比拟的,但是由于其分子结构中键合的特点在受力作用下难以发生滑移,致使它缺乏像金属材料那样的塑性和变形能力。在陶瓷材料的断裂过程中,除了以增加新表面来增加表面能外,几乎没有其他可以吸收外来能量的机制,这就导致了陶瓷材料

的脆性本质。这一缺点极大地限制了陶瓷材料的应用范围,并成了这类材料发展的关键。为此陶瓷的韧化便成了近年来陶瓷研究的核心课题,并已成功地探索出了多种提高陶瓷强度和韧性的途径。

一类是自增韧陶瓷,它是由烧结或热处理等工艺使其微观结构内部自生出增韧相。ZrO_2 相变增韧陶瓷即为此类。

另一类是陶瓷复合材料,它是在制备陶瓷时用机械混合的方法加入起增韧作用的第二组元。纤维增韧陶瓷、金属增韧陶瓷、颗粒增韧陶瓷即为此类。

7.4.1 纤维增强陶瓷复合材料

1. 纤维增强陶瓷的机理

在外力作用下,在陶瓷坯体表面或内部的微裂纹尖端产生应力集中,使裂纹扩展。当裂纹扩展遇到弹性模量比基体大的纤维时,纤维的断裂、脱黏、拔出等都要吸收断裂能,阻止它继续延伸或使其偏转,从而提高材料的强度和韧性。纤维强化复合材料的断裂模型,如图 7.15 所示。

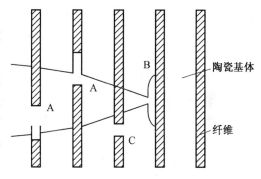

图 7.15　纤维强化复合材料的断裂模型
A—拔出效应;B—阻止裂纹扩展;C—纤维断裂

2. 陶瓷复合材料的设计原则

要制成好的陶瓷复合材料,首先必须考虑纤维和陶瓷基体物理和化学上的相容性。物理上的相容性是指组元间弹性模量和热膨胀系数要匹配;化学上的相容性是指在所服役的温度下纤维和基体间不发生化学反应,纤维性能不退化。因此,要制作高强度、高韧性陶瓷复合材料,需满足以下要求。

①纤维或晶须的弹性模量要大于基体材料,在 $E_{纤}$ 大于 $E_{基}$ 的前提下,强度提高的程度取决于 $E_{纤}$ 与 $E_{基}$ 的比值。

②纤维的热膨胀系数要适当大于基体,但不能过大,否则纤维承受的热拉伸应力过大会在基体内部断裂,对强韧化不利。

③基体和纤维间不应有明显的化学反应,两者间的界面强度不能高于纤维断裂强度。若两者发生反应,则界面有新相生成,纤维和基体间为化学键相连,界面结合强度高,不能发生界面解离和纤维拔出而导致纤维断裂,虽可提高强度,但不能提高韧性;反之,纤维与基体间的结合太弱,稍受力纤维就从基体中拔出,基体无法把外界载荷传递给纤维,纤维不能成为承受载荷的主体,强韧化效果也不好。

④在复合材料制备条件下(温度和气氛),纤维性能不退化。

⑤纤维的体积分数越高,复合材料的强度也越高,一般以 30% ~ 40% 为宜。体积分数过高,不利于纤维的分散,纤维若分散不均匀,形成无纤维区或无基体区,也使材料的力学性能下降。

另外,在纤维的体积分数一定的情况下,减小纤维的直径,将纤维从基体中拔出所需的能量增大,韧性也就随之增加。纤维的取向与外应力平行时增韧效果明显,而随机取向的短纤维强化复合材料的强度低于单向纤维强化的复合材料,所以用短纤维强韧复合材料时要考虑纤维长径比和纤维取向。

3.纤维强化陶瓷复合材料的制备工艺

根据所用纤维长度的不同,分为连续纤维增强陶瓷复合材料和短纤维增强陶瓷复合材料,其相应的制备方法和性能特点也有所不同。

(1)连续纤维增强陶瓷复合材料制备工艺

根据陶瓷复合材料服役条件和使用要求不同,将纤维按一定的排布方法制成预制体。根据纤维排布方式不同,制备方法分为两类,一类是叠合法,是将纤维或纤维布浸渍陶瓷料浆,然后黏结叠合成形、烧结;另一类为编织法,是将纤维编织成三维空间结构预制体骨架,然后浸渗陶瓷料浆烧结。具体方法如下。

①料浆浸渗法。泥浆浸渗法是玻璃及玻璃陶瓷基复合材料广泛采用且最为有效的一种方法。整个工艺过程如图7.16所示。让纤维通过含有基体或其先驱物的泥浆池,使纤维表面黏附上一层浆料,然后缠绕在卷筒上,经烘干和裁剪成一定规格的无纺布。之后将无纺布层叠置于模具中进行热压烧结。在加热过程中,黏合剂逐渐分解、挥发,剩下的陶瓷粉在高温高压下通过黏性流动等烧结成致密的复合材料。

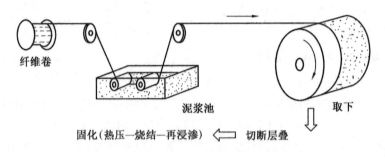

图7.16 泥浆浸渍工艺过程示意图

泥浆一般由蒸馏水、陶瓷微粉、有机黏结剂等组成,有时还加入一些促进纤维和陶瓷粉润湿的表面活性剂。陶瓷微粉粒径应小于纤维直径,以使其能均匀地黏附在纤维表面上。热压温度稍高于玻璃软化点的温度,具体取决于纤维的体积分数和玻璃的质量分数。

当块体材料制成纤维或晶须后,微缺陷出现的概率大大减少,其力学性能远优于相应的块体材料。这一工艺存在的不足使其应用范围受到限制,不适用于非氧化物陶瓷复合材料的制造,因这类材料的烧结温度过高,而随着热压温度的升高,纤维和基体间的反应加剧并导致纤维性能下降;只能适用于制作一维二维的纤维强化陶瓷复合材料。由于热压工艺的局限,难以制备形状复杂的大型产品,效率低成本高。

②化学气相沉积法(CVD法)。其原理是将纤维编织体置于化学气相沉积装置中,通入的反应源气体在沉积温度下发生分解或化学反应,生成陶瓷粉体,沉积在纤维骨架间隙中并逐渐将间隙填满。沉积温度与烧结温度一致,一般为1 100~1 500 ℃,在沉积过程的同时,材料的烧结过程也一并完成了。

与热压烧结相比,CVD法对纤维的机械损伤小,可制备三维和形状复杂的制品,还可制备功能梯度材料。但该法生产周期长、效率低、成本高;沉积过程中坯体间隙易堵塞,难以制备高密度的陶瓷复合材料。

③化学气相渗透法（CVI 法）。为了尽可能提高制品的沉积密度，获得性能优良的复合材料，在 CVD 基础上发展了各种 CVI 工艺。通过对预制件加热和对反应气体加压提高制品的沉积密度和沉积速度。

热梯度强制对流法是其中最典型的方法，它将预制件置于石墨坩埚内，在坩埚上部装有加热元件，使预制体单面加热；一定压力的反应气体从装置的底部通入，自下而上通过预制体，因下部温度低，气体通过时不发生反应，到达上部才沉积。随着温度的传导，沉积面不断下移，直至整个预制件孔隙被填满。如制备尺寸为 $\phi45$ mm×12.5 mm 的试样，用 CVD 法需要 14 ~ 21 d，而用该法仅需 16 ~ 20 h 即可得到密度为 85% ~ 90% 的制品。

④直接金属氧化法。它将纤维预制体置于熔融金属上，金属液一面在虹吸作用下浸渍到预制体内，一面在 1200 ~ 1400 ℃ 的高温下被空气氧化生成氧化物，沉积和包裹在纤维周围，形成纤维增强陶瓷复合材料。

该法的特点是工艺简单，对纤维损伤小，可以制备形状复杂的零件。但材料中不可避免地有金属残存，影响材料的高温性能；此法仅限于抗高温氧化性强的纤维材料。

⑤溶胶-凝胶法。这是在纤维预制体中浸渍溶胶，然后处理成凝胶，再加热分解成陶瓷沉积和包裹住纤维，形成复合材料。

该法的优点是能制成成分均匀、多相的陶瓷基体；对纤维预制体很容易浸渍；烧成温度低，一般不超过 1 400 ℃。但该法收缩率高且仅限于氧化物陶瓷材料。

⑥先驱体热解法。先驱体热解法是将液态或熔融聚合物侵入纤维预制体中，经高温裂解得到陶瓷基体并进而制成陶瓷复合材料，其原理与先驱法制取纤维相同。浸渍可以反复重复多次，以使基体达到最大密度。如果材料经裂解后再采用溶胶-凝胶法处理，不仅可进一步提高材料的密度，还能得到复相陶瓷基体。

（2）短纤维强化陶瓷复合材料的制备工艺

当需要复合材料各向同性时，常用短纤维或晶须与陶瓷基体制成复合材料。短纤维强化陶瓷复合材料的制备过程中，最大的问题在于纤维难以分散。由于短纤维的长度小于 2 mm，直径大于 10 μm，长径比大，在与陶瓷粉混合过程中易聚集，特别是当纤维材料的密度和基体材料相差悬殊时，这一问题更明显。混合不均将严重降低复合材料的性能。纤维的分散方法有搅拌法、超声波振荡法和溶胶-凝胶法。虽说都有一定作用，但都有局限性，常将几种方法合用，以取得好的效果。

短纤维强化陶瓷复合材料的制备除采用普通陶瓷粉末的常规方法外，还可采用以下几种特殊的方法。

①压力渗滤法。首先将短纤维制成坯体，然后对其进行表面处理使之与陶瓷浆料带同种电荷，置于石墨模具中，在压力作用下使浆料充填到坯体孔隙中。浆料中的液体通过过滤器排出，留下的固体加压、烧结即可。

②电泳沉积法。对短纤维和陶瓷微粉悬浮液施加直流电场，带电质点向电极迁移并在电极上沉积形成具有一定形状的坯体，经干燥烧结即成。

③定向排布法。将短纤维和陶瓷粉制成流动性适当的浆料，放入一端有众多漏斗形导向微孔的模具中，挤出浆料，即可使纤维或晶须实现定向排列。

4. 主要的纤维强化陶瓷复合材料体系

（1）碳纤维/玻璃（或玻璃陶瓷）复合材料

碳纤维和石英在制造温度下不会发生反应，且碳纤维的轴向热膨胀系数和石英玻璃的热膨胀系数相当，因此能制得质量好的复合材料，其性能见表7.10。

从表中可看出，碳纤维/石英复合材料的强度比石英玻璃提高了11倍，断裂功提高了两个数量级。此外，该复合材料还有极好的抗热震性，是一种很有前途的耐热材料。

表7.10　碳纤维/石英复合材料性能

	纤维体积分数/%	体密度/($g \cdot cm^{-3}$)	抗弯强度/MPa	断裂功/($J \cdot m^{-3}$)
C/SiO_2 复合材料	30	2.0	600	7.9×10^3
石英玻璃	—	2.16	51.5	5.9 ~ 11.3
C/LAS 复合材料	36	—	680	3×10^3
LAS 玻璃	—	—	100 ~ 150	3

碳纤维强化锂铝硅（LAS）微晶玻璃也具有强度高、弹性好、密度低及好的抗热冲击强度、抗热震性。

由于碳纤维具有一定的润滑能力，当其与玻璃复合后，复合材料表面将有较低的摩擦系数，因此，这类材料具有较高的耐磨性。

（2）SiC/LAS 复合材料

尽管碳纤维/玻璃（或玻璃陶瓷）复合材料获得了良好的性能，但碳纤维的高温抗氧化性能不理想，用碳化硅纤维增强可克服这方面的不足。

用先驱体法制得的 SiC 纤维增强 LAS 复合材料是研究较多的一个体系。研究表明，纤维的体积分数为 50% 时，这类复合材料在室温与 1 000 ℃ 之间的抗弯强度高于700 MPa，具有很好的高温力学性能。

（3）SiC/SiC 复合材料

SiC/SiC 复合材料主要由 CVI 法制得。它的强度高、弹性好、热膨胀系数低、导热性好、抗热震性好、耐磨性好，并有好的耐腐蚀性和化学稳定性，抗氧化可达 1 500 ℃，比 C/C 复合材料优越。

（4）Si_3N_4 基复合材料

BN/Si_3N_4 是一个可供选择的系统，而 C 纤维及 SiC 纤维与 Si_3N_4 的热膨胀系数不匹配，是一个有待解决的问题。

（5）SiC 晶须/氧化铝陶瓷复合材料

SiC 晶须增韧氧化铝陶瓷是研究较早的一种陶瓷复合材料，目前主要用于制造陶瓷刀具。热压法制得的 SiC 晶须其质量分数为 20% ~ 30%，这种复合材料的抗弯强度达650 MPa。

（6）C/C 复合材料

可由浸渍法和 CVI 法制得，其密度低、强度和刚性高、生物相容性好、抗热冲击性能优良，适用于航天航空材料。

7.4.2　颗粒强韧化陶瓷复合材料

第二相颗粒强韧化陶瓷复合材料工艺简单,价格便宜,易于大规模生产和被市场接受,具有广阔的应用前景。

1. 设计原则

(1)第二相颗粒与基体之间的化学相容性与共性

化学相容性是指所选择的第二相颗粒与基体间要有良好的润湿性、混合性,比较弱的扩散互溶和界面反应。这样才能保证所制备的复合材料具有适中的相界面结合强度。共存性是指所选择的第二相颗粒与基体必须具有相对的化学稳定性,相互之间不能有激烈的化学反应和完全溶解现象,这样才能保持各自的优势,提高复合材料的性能。

(2)第二相颗粒与基体间的物理匹配性与强化性

不同相间的物理匹配将对复合材料的性能产生巨大的影响,其中线膨胀系数和弹性模量的匹配程度影响最大。如第二相颗粒与基体的线膨胀系数和弹性模量失配,则容易造成陶瓷基体产生裂纹降低材料的强度。研究表明,当两者弹性模量相当时,若第二相颗粒的线膨胀系数小于基体的线膨胀系数,裂纹有可能沿两相界面偏转,也有可能穿过第二相,增韧的幅度较小(纳米级第二相颗粒除外)。若第二相颗粒的线膨胀系数大于基体的线膨胀系数,只要第二相颗粒粒径小于引起自发周向微开裂的临界粒径,残余热应力场的作用将会使裂纹在基体内产生偏转,带来较大的增韧效果。

(3)第二相颗粒的尺寸和数量

应满足一般的级配原则,同时有最佳组合的问题。对均匀分布模型,最优均匀分布粒径比为:$a/b=0.0\sim0.5$,体积比为 $V=8.41/(1+b/a)^3$;对增强分布模型,最优增强分布粒径比为:$a/b=0.02\sim0.2$,体积比为 $V=2.3/(1+b/a)^3$,其中 a 为第二相颗粒粒径,b 为基体颗粒粒径。

2. 制备工艺

由于第二相颗粒一般很少用特殊处理,因此第二相颗粒强韧化陶瓷复合材料多沿用传统陶瓷的制备工艺,主要有粉体制备、成形和烧结三部分组成,不再累述。而纳米复合材料的制备有所不同,作简单介绍。

(1)原位生成法

先将基体粉末分散于含有可生成纳米相组分的前驱体溶液中,经干燥、浓缩、预成形,最后在热处理或烧结过程中生成纳米颗粒。其特点是可以保证两相均匀分散,且热处理或烧结过程中生成的纳米颗粒不存在团聚的问题。

(2)液相分散包裹法

首先将纳米粉末分散于含有基体组分的溶液中,然后通过调整工艺参数,在没有析晶、沉淀、团聚等造成分散不均匀的因素存在的条件下,使体系冻结、凝胶或聚合,再经热处理得复合粉末。

(3)复合粉末法

经物理化学过程直接制取基体和第二相颗粒均匀分布的复合粉末,然后成形烧结。

其制备方法有 CVD 法、溶胶-凝胶法等。

一些颗粒增强补韧复合材料的性能见表7.11。

表7.11 一些颗粒增强补韧复合材料的性能

材料系统	断裂强度变化值/MPa	增值比/%	断裂韧性变化值/(MPa·m$^{1/2}$)	增值比/%
Si_3N_4/SiCp	620→800	29	4.5-6.8	51
SiC/TiCp	470→680	45	3.8→6.0	58
SiC/TiB_2(p)	379→485	28	3.1→4.5	45
Al_2O_3/SiCnp	350→1 520	334	3.5→4.8	37
Al_2O_3/Si_3N_4(np)	350→850	143	3.5→4.7	34
Si_3N_4/SiCnp	850→1 550	82	4.5→7.5	67
MgO/SiCnp	340→700	106	1.2→4.5	275

7.4.3 金属陶瓷

金属陶瓷是由一种金属或合金同陶瓷相所组成的非均质复合材料。

金属与陶瓷各有优缺点,一般说来金属及其合金的热稳定性好、延展性好,但在高温下易氧化和蠕变;陶瓷则脆性大、热稳定性差,但耐火度高、耐腐蚀性强。金属陶瓷就是将两者结合成整体,使其兼具两者的优点,可作为工具材料、结构材料、耐热耐腐蚀材料,已在不同的情况下得到了广泛的应用,并收到了显著的技术经济效果。

1.制造原则

对于金属陶瓷来说,需要考虑的问题是如何把两个以上不同的相结合起来,获得良好的显微结构,为此必须考虑以下条件。

(1)熔融金属(合金)与陶瓷相的润湿性要好

润湿性越好金属形成连续相的可能性越大,陶瓷颗粒聚集成大颗粒的趋向越小,金属陶瓷的性能越好。改善两相的润湿性,通常可采用以下方法。

①在金属陶瓷中加入第二种多价金属,其点阵类型要与第一种金属相同。如在Al_2-Cr中加入 Mo,也可通过提高陶瓷组分的细度、表面缺陷改善它们的润湿性。

②加入少量其他氧化物,如 V_2O_3,MoO_3,WO_3 等,其熔点应比金属陶瓷的烧结温度低,又能被氢还原成高熔点金属。

(2)金属相与陶瓷相之间应有一定的溶解度,但无剧烈的化学反应

金属陶瓷烧结时变化之一是在两相界面上生成新的陶瓷相,如 Al_2O_3-Cr 生成Al_2O_3-Cr_2O_3 固溶体。一定的化学反应有助于各相间的结合,但若反应剧烈,则金属相变为金属化合物相,金属相的量大大减少甚至不复存在,也就无法利用金属相改善陶瓷抵抗机械冲击和热振动的作用了。

(3)金属和陶瓷相的热膨胀系数尽可能接近

两相的膨胀系数相差过大,会降低金属陶瓷的热稳定性,破坏强度较差的相。差值不

能大于 $5×10^{-6}/℃$，当差值达到 $10×10^{-6}/℃$ 时，制品即会破坏。

（4）为了获得良好的显微结构，金属相和陶瓷相的量应有比例

金属陶瓷的显微结构往往随着用途的不同而有很大的差异。但从获得最好的力学性能出发，最理想的结构应该是细颗粒的陶瓷相均匀分布于金属相中，金属相以连续的薄膜状态存在，将陶瓷颗粒包围。陶瓷相的质量分数为 15% ~85% 。

2. 金属陶瓷的制备工艺

（1）原料选择

金属陶瓷中陶瓷相通常是由高熔点的化合物组成，大致分类如下。

氧化物：Al_2O_3，ZrO_2，MgO

碳化物：TiC，SiC，WC

硼化物：TiB，ZrB_2，CrB_2

氮化物：TiN，BN，Si_3N_4，TaN

金属相原料为纯金属及其合金粉末，如 Ti，Cr，Ni，一般用还原氧化物方法制得。由于钛、钴、镍极易氧化，因此还原后在出炉前必须彻底冷却，出炉后应在充有 CO_2 的容器中保存。

（2）混合料制备

将陶瓷粉和金属粉混合均匀并磨细，为防止混合物的氧化，粉末要放在有机液体（酒精、丙酮等）内进行湿磨。

（3）成形

一般采用干压、注浆、挤压、等静压、热压等方法。

（4）烧结

金属陶瓷一般在高于金属相熔点但低于陶瓷相熔点的温度下烧结，在空气中烧结往往会氧化和分解，所以必须根据坯体性质及成品质量控制炉内气氛，使炉内气氛保持真空或还原气氛。

比较成熟的复合体系主要有：Al_2O_3-Cr，ZrO_2-W，TiC-Ni-Mo，TiC-Ni-Co，Cr_3C_2-W-Ni，MgO-$MgO·Cr_2O_3$-Mo，WC 等。

MgO-$MgO·Cr_2O_3$-Mo 的制造实例如下。

以纯度大于 99% 的电熔 MgO 粉或在 1 850 ℃ 煅烧的化学纯 MgO 粉和纯度大于 99% 的工业钼粉为原料，以铬镁尖晶石为助烧剂。Mo 粉，MgO 粉，铬镁尖晶石粉按 65.3 : 32.5 : 2.2 的比例（质量比）湿磨 70 ~80 h，粉料粒度小于 5 μm。在 1 981 MPa 压力下等静压制，然后在 1 850 ℃ 氢气中或氩气中烧结 3 h。

用这种材料制成的热电偶保护套具有优良的抗高温钢渣、钢液和气体的化学腐蚀能力、耐机械冲刷和抗热震能力。

除此之外，还可用浸渍法制备金属陶瓷，先将陶瓷烧成多孔骨架，然后用熔融金属浸渍。

参 考 文 献

[1] 李世普.特种陶瓷工艺学[M].武汉:武汉理工大学出版社,1997.

[2] 金志浩.工程陶瓷材料[M].北京:机械工业出版社,2000.

[3] 王零森.特种陶瓷[M].长沙:中南大学出版社,2005.

[4] 陆佩文.无机材料科学基础[M].武汉:武汉理工大学出版社,2003.

[5] 穆柏春.陶瓷材料的强韧化[M].北京:冶金工业出版社,2002.

[6] 郭瑞松.工程结构陶瓷[M].天津:天津大学出版社,2002.

[7] 唐膺,翁文剑.生物陶瓷的发展与应用[J].材料科学与工程,1994,12(2):63-64.

[8] 王宙,李智,蔡军.生物陶瓷材料的发展与现状[J].大连大学学报,2001,22(6):57-62.

[9] 黄勇,杨金龙,谢志鹏,等.高性能陶瓷成形工艺进展[J].现代技术陶瓷,1995,4:4-11.

[10] 李懋强.关于陶瓷成形工艺的讨论[J].硅酸盐学报,2001,29(5):466-471.

[11] 杨金龙,谢志鹏,黄勇,等.精细陶瓷注射成形工艺现状及发展动态[J].现代技术陶瓷,1995,4:26-33.

[12] 颜鲁婷,司文捷,苗赫濯.陶瓷成形技术的新进展[J].现代技术陶瓷,2002,1:42-47.

[13] SI W J, MIAO H Z. Study on highly concentrated Si_3N_4 slury. pt. 1. the influence of de-flocculants on the colloidal behaviour of Si_3N_4 and sintering additives[J]. Chin. Ceram. Soc. , 1996, 24(3):241-246.

[14] WANG LIWU, ALDINGER F. Temperature induced forming[J]. Cfi/Ber. DKG, 2000, 77(7):25-26.

[15] FREY E. Shaping by electrophoresis of the slip[J]. Silik. J. ,1979,18(9/10):399-402.

[16] 高濂,李蔚.纳米陶瓷[M].北京:化学工业出版社,2002.

[17] 戴遐明.纳米陶瓷材料及其应用[M].北京:国防工业出版社,2005.

[18] 蒋成禹,胡玉洁,马明臻.材料加工原理[M].哈尔滨:哈尔滨工业大学出版社,2003.

[19] 李琦.自动注浆成形技术:一种新型三维复杂结构成形方法[J].无机材料学报,2005,20(1):13-20.

[20] 王瑞刚.可加工陶瓷及工程陶瓷加工技术[J].硅酸盐通报,2001,3:27-35.

[21] 钱耀川.陶瓷–金属焊接的技术与方法[J].材料导报,2005,19(11):98-100.

[22] 周永恒.无机材料超光滑表面的制备[J].材料导报,2003,3:18-20.